Kuch · Japanische Automobile

Joachim Kuch

JAPANISCHE AUTOMOBILE

Motorbuch Verlag Stuttgart

Schutzumschlaggestaltung: Gunar Braunke unter Verwendung von Werksfotos.
(Bildnachweis: Werksbilder und Archiv Autor (402), Haeberle (10), Mayer (1))

Für Ulrike

ISBN 3-613-01365-7

1. Auflage 1990

Ein Unternehmen der Paul Pietsch-Verlage GmbH & Co.

Druck: Rems Druck, Schwäbisch Gmünd
Bindung: Karl Dieringer, Gerlingen
Printed in Germany

Inhalt

Vorwort

Als sie hierzulande erschienen, wurden sie nur mitleidig belächelt: die japanischen Automobile in Deutschland. Wer ein japanisches Produkt fuhr, konnte sich kein »richtiges« einheimisches Auto leisten. Überdies sorgte die Angewohnheit der japanischen Hersteller, ständig am Erscheinungsbild ihrer Wagen zu basteln, allenthalben für Verwirrung. Wer sich jemals mit den frühen Toyota Corolla- und Corona-Modellen beschäftigt hat, weiß wovon ich rede.
Gleichwohl wurden die Eigenheiten der japanischen Automobilindustrie – und ihres Erfolges – in zahlreichen Veröffentlichungen behandelt. Die große Lernfähigkeit, schnelle Anpassung an die Bedürfnisse des Marktes, das Geschick im Aufspüren von Marktnischen, die häufigen Modellwechsel und die Faktoren wie Preisgestaltung, Ausstattung und Marketing wurden schon hinreichend interpretiert. Die Modellentwicklung aller Marken dagegen noch nicht.
Diese Dokumentation beschreibt die Modellentwicklungen und -varianten der einzelnen Typen – locker in den Formulierungen, aber zuverlässig in den Fakten.
Doch wer versucht, auch nur die wichtigsten Änderungen zu dokumentieren, braucht ein gutes Archiv. Und viel Unterstützung.
Ich hatte beides, eine umfangreiche Sammlung und jede Menge Hilfe – in erster Linie von meiner Frau. Ohne sie hätte dieses Buch nie entstehen können.
Kaum weniger hilfreich war die Betreuung durch die Pressestellen der jeweiligen Importeure. Herr Lothar Milde von der Firma Toyota, Herr Manfred Back von der deutschen Mazda-Zentrale, die Herren Pfirrmann und Winter von Honda, Herr Harald Rettig von der Firma MMC Auto Deutschland, Herr Harald Neuhaus von Subaru, Herr Klaus Rippelmeyer von Daihatsu und die Herren Köster und Falk von Nissan haben bei der automobilhistorischen Spurensuche geholfen. Last not least sei an dieser Stelle – wenngleich es etwas unüblich ist – auch an Kapitel 3, Vers 17 des Kolosserbriefes erinnert. Nicht zuletzt deswegen wurde dieses Buch geschrieben.

Stuttgart, im August 1990

Joachim Kuch

Einführung

Japan auf der Überholspur

Als der Tenno, Japans Kaiser, am 15. August 1945 die Kapitulation verkündete, legte er damit den Grundstein für den Aufstieg Japans zur Wirtschaftsgroßmacht. Das gedemütigte Bauernvolk machte sich mit Feuereifer an den Wiederaufbau. Coca-Cola und Chevrolet wurden zu den Leitbildern im Japan der Nachkriegszeit.

Den Wiederaufbau der Industrie steuerte MITI, das Ministerium für Industrie und internationalen Handel. Der Automobilwirtschaft wurde dabei eine Schlüsselposition zugedacht.

Bei Kriegsende existierten nach offiziellen Angaben noch rund 110.000 Automobile in Japan. Die tatsächliche Zahl der fahrbereiten dürfte um einiges darunter gelegen haben. MITIs automobilen Plänen standen vor allem zwei Faktoren im Wege: hohe Steuern auf Neufahrzeuge (zwischen 20 und 50 Prozent) und ein schwunghafter Gebrauchtwagenhandel mit den Fahrzeugen, die von amerikanischen GIs eingeführt wurden. 1953 importierten die Amerikaner 12.503 Personenwagen, der Ausstoß aller japanischen Firmen lag im selben Zeitraum bei gerade 8.789 Pkw. Der Markt für Fahrzeuge über 1,5 Liter Hubraum – zwei Drittel der insgesamt zugelassenen 90.000 Personenwagen – wurde zu 97 Prozent von den amerikanischen Herstellern beherrscht.

Dazu kam, daß die japanischen Produkte alles andere als konkurrenzfähig waren. Kleinwagen wie der Ohta – Radstand 2,10 m, 900 cm^3-Vierzylindermotor, seitengesteuert, 24 PS bei 4000/min – oder die »Fliegende Feder« von Suminoye, ein offener Zweisitzer mit Drahtspeichenrädern und Zweizylinder-V-Motor, waren keine Konkurrenz für die amerikanischen Großserienprodukte von General Motors, Ford oder Chrysler. Gemeinsames Merkmal der japanischen Nachkriegs-Erzeugnisse war die veraltete Technik. Noch 1952, als die Pkw-Produktion auf 4.921 Einheiten gestiegen war, gehörten Starrachsen und Blattfedern – vorn und hinten – zum Standard.

Um die noch junge Auto-Industrie zu schützen, wurden die Importe westlicher Fahrzeuge durch hohe Schutzzölle erschwert. Ausdrücklich erwünscht waren dagegen Kooperationen mit westlichen Produzenten, die das dringend benötigte technische Wissen ins Land brachten: Hino montierte den Renault 4CV, das »Cremeschnittchen«; Mitsubishi-Nippon komplettierte neben dem Jeep auch die Henry-J-Limousine der Kaiser Corp., während Nissan den britischen Austin A 40 in Lizenz produzierte.

Westliches Know-how, Steuervergünstigungen für Fahrzeuge unter 360 cm^3 Hubraum und eine kräftige Steuer auf amerikanische Gebrauchtwagen ließen die Inlandsnachfrage gewaltig wachsen: 1960 wurden bereits 308.020 Fahrzeuge hergestellt, davon 165.094 in der steuerbegünstigten Mini-Klasse. Die Zahl der Neuzulassungen hatte sich im ersten Nachkriegsjahrzehnt verfünfzehnfacht. Dennoch blieb das Auto ein Luxusgut für Priviligierte, lediglich jeder 240ste Japaner besaß einen eigenen Wagen.

Trotz des gewaltigen Nachholbedarfs gab MITI schon frühzeitig grünes Licht für den Export. Nur so ließen sich die kräftigen Devisenüberschüsse erzielen, die das rohstoffarme Land dringend benötigte. Lastwagen und Omnibusse wurden seit Mitte der fünfziger Jahre nach Taiwan, Thailand, Korea und Brasilien exportiert. Die ersten Pkw-Modelle folgten zu Beginn der sechziger Jahre (7.013 im Jahre 1960, 32 Prozent aller japanischen Autoexporte).

Bei den ersten japanischen Gehversuchen im Ausland spielte Europa keine Rolle. Von den 31.447 Automobilen, die von den japanischen Werken 1963 exportiert wurden, gelangten ganze 821 Einheiten nach Europa. Knapp die Hälfte – 326 – landeten in Dänemark. Hauptabnehmer für die automobile Hausmannskost aus Japan waren die asiatischen Nachbarn. Gerade dort erwies sich die einfache, aber robuste Machart der japanischen Vehikel als vorteilhaft: Jeder Dorfschmied konnte sie reparieren. Auch für japanische Verhältnisse war dieses simple Konzept richtig. Noch 1970 entsprach lediglich 1 Prozent des Straßennetzes europäischen Standards.

In den sechziger Jahren nahm die Automobilindustrie einen immer größeren Stellenwert ein. Die größten Hersteller, Toyota und Nissan, waren im internationalen Vergleich dennoch Zwerge: der Jahresausstoß 1962 betrug mit 97.000 bzw. 82.000 Einheiten nur rund ein Achtel der Fiat-Produktion. Andererseits waren die Fabrikationsanlagen nur wenige Jahre alt, sie hatten einen vergleichsweise hohen Automatisierungsgrad. Von Vorteil war auch die geringe Fertigungstiefe. Über 80 Prozent der Komponenten wurde von Zulieferern praktisch direkt ans Band geliefert. Mit diesen Voraussetzungen – und massiver staatlicher Hilfe – zeigte die Produktionskurve steil nach oben. 1966 überstieg der Ausstoß an Personenwagen erstmals die Nutzfahrzeug-Produktion, 1968 bereits war Japan der viertgrößte Automobilproduzent der Erde, noch vor Frankreich und Italien. Größter Exportmarkt war inzwischen Nordamerika mit 172.728 Einheiten vor dem asiatischen (67.990) und dem pazifischen Raum (58.640). Die Exporte nach Europa hatten sich nahezu verdoppelt, waren es 1967 noch 29.795 Fahrzeuge, wurden 1968 bereits 57.511 Einheiten verschifft. Das Hauptkontingent (12.963) gelangte nach Belgien.

In jenen Boomjahren wagte sich Honda als erste japanische Firma mit Automobilen nach Deutschland. Die überaus positiven Erfahrungen mit den Motorrädern ließen auf einen ähnlichen Erfolg hoffen – weit gefehlt allerdings. Die asiatischen Kleinwagen N 360 und N 600 konnten weder in der Technik noch in der Verarbeitung überzeugen. Überdies fehlte es an der Logistik, weder konnte ein genügend dichtes Werkstattnetz geknüpft werden, noch klappte die Ersatzteilversorgung. Nach vierjähriger Präsenz und rund 9000 verkauften Fahrzeugen wurde bis zum Erscheinen des neuen Civic 1972 der Import der N 360/600 ganz eingestellt. Die Konkurrenz von der Insel ließ sich das eine Lehre sein und stellte erst ihren Vertrieb auf sichere Basis, bevor die ersten Datsun und Toyota aus dem Bauch der firmeneigenen Fähren rollten.

Dennoch gelangten Toyotas Corolla- und Corona-Modelle oder die Datsun 1200- und 1600-Typen von Nissan über eine Außenseiterrolle nicht hinaus. Doch mehr wollten die Japaner für den Moment auch nicht. In dieser Phase ging es den japanischen Firmen darum, Erfahrungen zu sammeln und den Markt zu testen. Dabei ließen sie sich auch nicht von den westlichen Autoprofis stören, die ihnen vorwarfen, lediglich Kopisten und Nachahmer amerikanischer Design- und europäischer Technikideen zu sein. Das hat Japan allerdings noch nie gestört. Übernahme und Anpassung hat Tradition. Ob Pagoden, Bonsai oder Kameras: Am Anfang stand immer die Kopie. Doch die Japaner beließen es nie beim bloßen Kopieren, sie änderten, verbesserten, perfektionierten und entwikkelten daraus Neues. Der Erfolg gab ihnen recht.

1970 erreichte die japanische Automobilproduktion 3,1 Millionen Fahrzeuge. Japanische Firmen unterhielten Produktionsstätten in Lateinamerika (Nissan, Toyota) und Ostasien (Toyota, Nissan, Prince, Isuzu, Daihatsu, Suzuki und Mitsubishi) ebenso wie in Südafrika (Hino, Isuzu). Hino hatte sogar den Sprung auf den Alten Kontinent geschafft und war in Spanien und Griechenland vertreten.

Die erste Ölkrise von 1973 dämpfte die allgemeine Auto-Euphorie. Die Automobilfirmen rund um den Globus produzierten auf Halde. Besonders hart traf es die großen Drei aus Amerika, ihre hubraumgewaltigen Spritschlucker waren über Nacht praktisch unverkäuflich. Die japanische Automobilindustrie dagegen konnte sich noch glimpflich aus der Affäre ziehen. Die Fernost-Produkte waren billig, sparsam, komplett ausgestattet und nach amerikanischem Geschmack konzipiert – eine Tatsache, die gravierende Einbußen auf dem wichtigsten Exportmarkt USA verhinderte. Wohl folgte der Rekordmarke von 1971 (653.695 Neuzulassungen) zwei nicht ganz so fette Jahre (1972: 590.150; 1973: 583.861), doch wurde 1974 mit 683.580 Einheiten ein neuer Rekord aufgestellt.

Die Ölkrise hinterließ auch in Japan ihre Spuren, Toyo Kogyo (Mazda) mußte Federn lassen. Der Wankelmotor, das technische Aushängeschild der Firma, erwies sich als fast ebenso großer Spritschlucker wie die Detroiter Straßenkreuzer – und ebenso schwer verkäuflich. Der ehemalige Kork-Konzern konnte nur durch massive Bankhilfe und Personalabbau wieder flott gemacht werden. Auch die stürmische Entwicklung der Inlandsnachfrage verlangsamte sich. Der Tiefpunkt war 1976 erreicht, als lediglich 2,4 Millionen Fahrzeuge neu zugelassen wurden. In den goldenen Sechzigern lag die Zahl konstant bei 3 Millionen. Das stetige Bemühen nach Wachstum und größeren Marktanteilen, dem obersten Ziel japanischer Firmen, führte zu einem verschärften Wettbewerb. Die Folge: kürzere Modellzyklen, häufige Facelifts und noch bessere Ausstattung, ungeachtet des tatsächlichen Nutzwerts. Außerdem konzentrierte man sich mehr auf den Export. Der europäische Markt rückte in den Vordergrund, was sich dort verkaufen ließ, ging auch in den USA. Die ersten Vertreter der neuen Fahrzeug-Generation erschienen 1979. Im Styling europäisch, im Benzinverbrauch im Schnitt 20 Prozent sparsamer als die Vorgänger, kamen die Corollas und Bluebirds gerade rechtzeitig zur zweiten Ölkrise – und bewährten sich glänzend.

Die achtziger Jahre brachten auch in Deutschland den endgültigen Durchbruch. Die Zulassungszahlen schnellten nach oben: der japanische Marktanteil betrug 1980 10,3 Prozent und übertraf sowohl den französischen (9,4 Prozent) als auch den italienischen Anteil (4,3 Prozent). Insgesamt erzielten die Importeure einen Anteil von 28 Prozent. Trotz leichter Einbrüche 1981 und 1982 setzte sich der japanische Vormarsch ungebrochen fort.

Der japanische Marktanteil in Deutschland hat sich bei rund 15 Prozent eingependelt. Mehr verhindert die von MITI den japanischen Herstellern auferlegte »freiwillige Selbstbeschränkung«. Europaweit hält Japan etwa 11 Prozent, ein Prozentsatz, der nur wegen der Importrestriktionen in Frankreich und Italien nicht höher liegt. Um eventuelle Quotenregelungen eines vereinigten Europas zu umgehen, geht Japans Automobilindustrie dazu über, Produktionsstätten in Europa zu errich-

ten. Nissan zum Beispiel produziert in seinem neuen Werk im britischen Sunderland bereits die Mittelklasse-Limousine Primera, Honda läßt den Concerto bei Rover fertigen. Beide Fahrzeuge gelten somit als EG-Erzeugnisse und haben keine Einfuhrbeschränkungen zu fürchten.
Auch in Amerika produzieren die Japaner bereits im Land. Der Honda Accord aus amerikanischer Produktion war 1989 das meistverkaufte Auto in den USA. Chrysler, der drittgrößte amerikanische Produzent, wurde von Honda inzwischen auf den vierten Platz verdrängt, und Toyota schickt sich an, den Detroiter Konzern noch weiter ins Hintertreffen zu bringen. Ein ständiger Ausstoß neuer Modelle, das Aufspüren von Marktnischen und die hohe mechanische Zuverlässigkeit haben die Newcomer aus Fernost auf die Überholspur gebracht.
Ende der achtziger Jahre werden auch die letzten europäischen Bastionen in der gehobenen Mittel- und der Sportwagenklasse in Angriff genommen. Modelle wie der Toyota Lexus oder Honda NSX bilden die Vorhut. Mag auch der europäische Asphalt-Adel über das bessere Image und den größeren Namen verfügen, die größeren Stückzahlen sind den japanischen Produzenten gewiß. Und nur das zählt im Reich der aufgehenden Sonne. Für Imagefragen bleibt später noch Zeit. Die nächste Modellgeneration erscheint schon am Horizont.

DAIHATSU

Daihatsu

Im Schatten des großen Bruders

Daihatsu-Gesamtzulassungen in Deutschland (Pkw/Kombi/Geländewagen)

1977: 112	1982: 7.740	1987: 12.989
1978: 232	1983: 5.870	1988: 11.946
1979: 1.235	1984: 6.542	1989: 13.983
1980: 1.579	1985: 8.639	
1981: 4.454	1986: 11.970	

Die »Daihatsu Motor Co.Ltd.« wurde 1907 als »Hatsudoki Seizo Co.« in Osaka gegründet. Das erste Erzeugnis der jungen Firma wurde im Dezember fertiggestellt, ein sechs PS starker Benzinmotor. Motoren bildeten für das erste Viertel des Jahrhunderts die Haupterwerbsquelle. Der Schritt zum Fahrzeugproduzenten folgte 1930. Im Dezember stellte Hatsudoki das Motordreirad HA vor. Bis 1951 begnügte sich die Firma mit der Produktion dieses Zwittergefährts, halb Motorrad, halb offener Lastkarren, und seiner Weiterentwicklungen (im Juni 1933 mit 750 cm³-Motor als «Daihatsu-go» in Produktion).
Der nächste Schritt zum Automobilproduzenten erfolgte mit der Vorstellung des Dreirads «Bee» im Oktober 1951. Der Erfolg der «Biene» gab den Anstoß zur Umbenennung der Firma, seit Dezember 51 heißt das Unternehmen – mit Niederlassungen in Osaka und Tokio – «Daihatsu Motor Co.». Auch der Midget, 1957 eingeführt, war ein dreirädriger Lastkarren und hatte überhaupt keine Ähnlichkeit mit dem entzückenden britischen MG-Roadster. In dieser Zeit experimentierte Daihatsu auch mit Pkw-Aufbauten. Ein Prototyp mit drei Rädern (aber vier Türen) und luftgekühltem 0,6 Liter-Heckmotor entstand allerdings nur in einer Handvoll Exemplaren.
Für das vierte Rad am Wagen entschied sich Daihatsu erstmals im Oktober 1960. Die Nachfolger des Kleinlieferwagens Hijet sind auch heute noch im Programm. Den Einstieg in den Pkw-Großserienbau brachte der Compagno von 1963, erhältlich als Limousine, Kombi und Cabriolet. Zum wassergekühlten 0,8 l-Reihenvierzylinder gab es dagegen keine Alternativen, den Wunsch nach mehr erfüllte Daihatsu zwei Jahre später. Der Hubraum wurde aufgestockt und die Motorleistung des Starrachsers mit Blattfedern stieg um 14 auf 55 PS. Das Sportcabriolet hatte – dank geänderter Vergaseranlage – noch einmal zehn PS mehr. Die Compagno-Familie wurde bis 1969 gebaut, dann erschien als Ablösung der Consorte. Seit 1967 hat Toyota bei Daihatsu das Sagen, die Toyota-Beteiligung beläuft sich auf 14,7%. Der neue Daihatsu war lediglich eine leicht modifizierte Corolla-Version. Die Änderungen betrafen vor allem die Frontgestaltung. Auch sein Nachfolger, der Charmant, basierte auf Corolla-Technik. Die Daihatsu-Ingenieure sorgten lediglich für eine neue Verpackung.

Im Jahre 41 nach Amtsantritt des Kaisers Hirohito – in Westen schrieb man das Jahr 1966 – erschien der Fellow, ein typisch japanischer Stadtmini mit wassergekühltem Zweizylinder-Zweitaktmotor (356 cm³, 23 PS bei 5.000 Touren), der auch als Kombi auf den Markt gebracht wurde. Vier Jahre später kam die Neuauflage, mit neuer Karosserie und überarbeitetem Motor, Frontantrieb und Einzelradaufhängung rundum. Weitere vier Jahre später entstand daraus der Mira, der einen neuentwickelten Zweizylinder-Viertaktmotor erhalten hatte. Komplett überarbeitet, kam er als Cuore nach Deutschland.
Mit dem Charade, zwischen Cuore und Charmant angesiedelt, stieg Daihatsu in den Europa-Export ein. Hierzulande nahm sich Autobianchi-Importeur Walter A. Hagen in Krefeld ihrer an. Die Krefelder Firma übernahm nur die Daihatsu-Personenwagen. Der kleine Geländewagen Wildcat wurde seit 1977 von verschiedenen freien Importeuren angeboten. Generalimporteur für die Daihatsu-Geländewagen und leichten Nutzfahrzeuge wurde letztendlich die Münchner Firma Inthelco. Seit Anfang 1989 ist Daihatsu in der Bundesrepublik mit einer eigenen Tochtergesellschaft vertreten.

Am Anfang war der Geländewagen: Mit dem Taft/Wildcat beginnt die Daihatsu-Geschichte in Deutschland.

Daihatsu Cuore (seit 1981)
Großstadt-Herzchen

Die Benzinpreise kamen mächtig in Fahrt, die Automobilindustrie versuchte sich als Bremser. General Motors zum Beispiel nahm Abschied vom trinkfreudigen Siebenliter-V8-Vergasermotor und verordnete ein neues Sechsliter-V8-Triebwerk mit partieller Zylinderabschaltung, das einem Sechsmeter-Cadillac bei Bedarf zwei oder gar vier Zylinder selbsttätig stillegen konnte. Das stand beim Daihatsu-Diätvorschlag natürlich nicht zur Debatte: der neue Cuore (Herz) besaß überhaupt nur zwei.

Daihatsu Cuore (1981–1985)

Der Cuore war der jüngste Sproß einer langen Reihe von japanischen Bonsai-Erzeugnissen, dessen Wurzel bis ins Jahr 1966 zurückreichte: Kurz vor dem Einstieg von Toyota stellte die altehrwürdige Firma den Fellow vor, einen Kleinstwagen mit 356 Kubikzentimeter Hubraum und 23 PS-Zweizylinder. Die zweite Auflage, komplett überarbeitet, erschien 1970 (Fellow Max) und wurde ihrerseits 1976 durch den Cuore abgelöst. Mit komplett neuer Karosserie stand der Cuore II dann auf dem Genfer Salon 1981: mit 3,19 m kaum länger als ein Fiat 126 (3,07) oder ein Austin Mini (3,05), aber dennoch bemerkenswert großem Innenraum.

Eine sehr gute Raumökonomie war nach einhelliger Meinung der Tester nicht der einzige Pluspunkt des Asphaltflohs. Zu seinen Vorzügen zählte ebenso die durchdachte Anordnung aller Bedienungselemente, der relativ üppige Federungs- und Fahrkomfort sowie die spielerische Leichtigkeit, mit der sich der Cuore auch durch das dichteste Großstadtgewimmel dirigieren ließ. Längere Strecken bewältigte ein Cuore-Eigner dagegen besser mit der Bundesbahn, das winzige Zweizylindermotörchen war zu schwach und zu laut, um im Überlandverkehr mithalten zu können.

Cuore L 55 1981: die Heckklappe gab's nur für den Zweitürer.

Das neue Gesicht des Cuore L 60, Modelljahr 1983.

MODELLE, VARIANTEN, PREISE

Modellreihen:	Steilheck-Limousine mit zwei und vier Türen
Motoren:	542 cm³ / 20 kW (27 PS) bei 6000/min 617 cm³ / 22 kW (30 PS) bei 5700/min ab 8.82
Ausstattung:	Höhenverstellbare Kopfstützen vorn, heizbare Heckscheibe, Ausstellfenster hinten. Kontrolleuchten für Bremsflüssigkeit und angezogene Handbremse. Rücksitzbank umklappbar, Rückfahrscheinwerfer, abschließbarer Tankdeckel, Teppichboden.
Varianten:	Cuore L 55 – L 60
Preise (DM):	8.850,– / 8.995,– (L 55 / 4t)

Chronik:

1981: Einführung im März, wahlweise mit zwei oder vier Türen; Heckscheibe klappbar (Viertürer), variabler Innenraum durch (beim Viertürer geteilt) umlegbare Rücksitzlehne. Metallic-Lackierung gegen Aufpreis von 150 Mark.

1982: Cuore L 60 ersetzt L 55 (August): Hubraumvergrößerung des Twins, Motorleistung steigt um 3 PS. Geänderter Kühlergrill, geändertes Armaturenbrett. Preis-Senkung um 470 beziehungsweise 600 Mark.

1985: Modellreihe abgelöst (Herbst).

Daihatsu Cuore (1985 – 1990)

Klein von Statur und günstig im Unterhalt – die wesentlichen Charakterzüge des Vorgängers zeichneten auch die Cuore-Neuauflage aus. Die technische Konzeption mit McPherson-

Federbeinen vorn und schraubengefederten Schräglenkern hinten behielt man bei; an der enormen Handlichkeit (Wendekreis 9,80 Meter) änderte sich nichts.
Wesentlich besser waren die Fahrleistungen geworden. Der wassergekühlte Twin wurde durch einen 32 kW leistenden Dreizylinder ersetzt. Um Gewicht zu sparen, verzichtete Daihatsu bei dieser Neukonstruktion auf die noch im Vorgänger verwendeten Ausgleichswellen. Laufkultur und Innengeräuschpegel litten unter dieser Sparmaßnahme, dafür ging der Cuore herzhaft zur Sache: Aus dem Stand auf 100 km/h in knapp 17 Sekunden und eine Spitze von annähernd 140 km/h konnten sich allemal sehen lassen.

Nach dem Facelift mit Rahmenkopfstützen: der Cuore 44 CS im Frühjahr 1987.

MODELLE, VARIANTEN, PREISE

Modellreihen:	Zwei- und viertürige Steilheck-Limousine mit Heckklappe
Motoren:	838 cm³ / 32 kW (44 PS) bei 5500/min 838 cm³ / 29 kW (40 PS) Kat bei 5500/min ab 3.90
Ausstattung:	H4-Scheinwerfer, heizbare Heckscheibe, Heckwischer mit -wascher, zwei Außenspiegel. Rücksitzlehne geteilt umklappbar. Kontrolleuchten für Choke, Batterieladung, Bremsflüssigkeit. Kühlmittel-Temperaturanzeige.
Varianten:	Cuore 44 TG/TS/CS – 44 TS/CS Kat
Preise:	9.890,– / 10.390,– / 10.790,– (Cuore TG / TS / CS)

Chronik:

1985: Einführung nach der IAA im November. Neues Karosseriedesign, wassergekühlter Dreizylinder-Reihenmotor; vollwertige Heckklappe. Zweitürer TG nur mit Viergang-Schaltgetriebe. Cuore in Japan auch mit Turbolader und mit Allradantrieb.

1987: Leichter Facelift (Frühjahr): Motorhaube tiefer zwischen die Scheinwerfer gezogen; Innenraummodifikationen (Rahmenkopfstützen).

1988: Cuore 44 Zweitürer TS mit Automatikgetriebe lieferbar (September; 12.450 Mark).

1990: Cuore TS/CS mit geregeltem Katalysator und geringe-

Daihatsu Cuore 1981

Motor	
Zylinder / Bauart	2 Reihe, quer eingebaut
Bohrung × Hub	71,6 × 68 mm
Hubraum	542 cm³
Leistung	20 kW / 27 PS bei 6000/min
Max. Drehmoment	39 Nm bei 3500/min
Verdichtung	9,2:1
Gemischaufbereitung	1 Fallstrom-Doppelregistervergaser Mikuni-Solex
Ventile / Steuerung	2 / OHC
Batterie	12 V 35 Ah
Kraftübertragung	
Antrieb	Vorderradantrieb
Getriebe	4-Gang
Übersetzungen	I = 3,67
	II = 2,10
	III = 1,46
	IV = 0,97
	R = 3,53
Fahrwerk	
Radaufhängung vorn	McPherson-Federbeine, Querlenker
Radaufhängung hinten	Schräglenker, Schraubenfedern, Teleskopstoßdämpfer
Lenkung	Zahnstangenlenkung
Bremse	vorn und hinten Trommelbremsen
Allgemeine Daten	
Gesamtmaße	3195 × 1400 × 1365 mm
Radstand	2150 mm
Spur vorne/hinten	1205/1210 mm
Felgen	3,5 B × 10
Reifen	145 SR 10
Leergewicht	560 kg
Zul. Gesamtgewicht	920 kg
Höchstgeschwindigkeit	122 km/h
0 auf 100 km/h	32 s
Verbrauch l/100 km	7,1 Normal
Tankinhalt	26 l

Daihatsu Cuore (seit 1990)

Eine neugestaltete Karosserie mit aerodynamischen Qualitäten, ein komplett überarbeitetes Interieur und ein leicht modifiziertes Dreizylinder-Triebwerk waren die Merkmale der vierten Cuore-Generation.

Bei der Neuentwicklung dachten die Stylisten in Osaka in erster Linie an die Passagiere. Die Fahrzeugbreite blieb mit 1415 mm unverändert, die Außenlänge wuchs um zehn Zentimeter auf 3,29 Meter und der Radstand war mit 2280 mm um drei Zentimeter länger als noch im Vorgänger. Die konsequente Raumausnutzung machte sich bezahlt, Daihatsu nannte als nutzbare Innenraumlänge beachtliche 1,71 Meter. Besonders die Heckpassagiere im viertürigen Cuore GLX profitierten davon, ein Knieraum von maximal 43 Zentimetern stand ihnen zur Verfügung. Die hinteren Radkästen wurden verkleinert und engten nun nicht mehr die Sitzfläche im Fond ein.

Das bewährte Dreizylinder-Triebwerk wurde im Detail verbessert. Ein modifizierter, elektronisch geregelter Vergaser sorgte für besser Übergänge während der Beschleunigungsphase, innenbelüftete Scheibenbremsen vorn machten den kleinen Daihatsu noch standfester.

MODELLE, VARIANTEN, PREISE

Modellreihen:	Zwei- und viertürige Steilheck-Limousine mit Heckklappe
Motoren:	847 cm³ / 30 kW (41 PS) Kat bei 5500/min
Ausstattung:	GL: H4-Scheinwerfer, heizbare Heckscheibe, zwei Außenspiegel, Scheibenwischer-Intervallschaltung, Ausstellfenster hinten, Fünfgang-Getriebe. GLX: Drehzahlmesser, Heckscheibenwischer/-wascher, Dachantenne, Heckklappen-Fernentriegelung.
Preise (DM):	11.990,- / 12.990,- (Cuore GL / GLX)

Die vierte Cuore-Generation 1990: bei gleicher Technik deutlich erwachsener als der Vorgänger.

Chronik:

1990: Europa-Premiere auf AAA im Oktober in Berlin. Bei weitgehend unveränderter Technik neue Optik mit charakteristischen ovalen Scheinwerfern und Lufteinlaß in der Spoilerstoßstange. Verbesserte Sitze und neues Armaturenbrett, Tankinhalt 32 Liter (vier Liter mehr als beim Vorgänger). GLX auch als Viertürer lieferbar, 13.490 Mark.

Daihatsu Cuore 44 1990

Motor	
Zylinder / Bauart	3 Reihe, quer eingebaut
Bohrung×Hub	66,6×81 mm
Hubraum	847 cm³
Leistung	29 kW / 40 PS bei 5600/min
Max. Drehmoment	63 Nm bei 3250/min
Verdichtung	9,5:1
Gemischaufbereitung	elektronisch geregelter Vergaser
Abgasreinigungssystem	geregelter 3-Wege-Katalysator mit Lambdasonde
Ventile / Steuerung	2 / OHC
Batterie	12 V 35 Ah
Kraftübertragung	
Antrieb	Vorderradantrieb
Getriebe	5-Gang
Übersetzungen	I = 3,58 II = 2,10 III = 1,39 IV = 0,97 V = 0,82 R = 3,59
Fahrwerk	
Radaufhängung vorn	McPherson-Federbeine, Querlenker, Stabilisator
Radaufhängung hinten	Schräglenker, Schraubenfedern, Teleskopstoßdämpfer
Lenkung	Zahnstangenlenkung
Bremse	Bremskraftverstärker, vorn: Scheibenbremsen, hinten: Trommelbremsen
Allgemeine Daten	
Gesamtmaße	3195×1395×1410 mm
Radstand	2250 mm
Spur vorne/hinten	1215/1205 mm
Felgen	4 J×12
Reifen	145/70 SR 12
Leergewicht	600 kg
Zul. Gesamtgewicht	970 kg
Höchstgeschwindigkeit	132 km/h
0 auf 100 km/h	16,5 s
Verbrauch l/100 km	5,3 l Normal, bleifrei
Tankinhalt	28 l

Daihatsu Charade (seit 1979)
Gut gelöstes Silbenrätsel

Mit der Krefelder Firma Walter Hagen als Partner wagte sich Daihatsu im März 1979 auf den deutschen Markt. Hagen, bereits zwölf Jahre zuvor mit Toyota im Gespräch, entschied sich zunächst für den Charade – ein japanisches Kompaktformat in der Polo-Klasse. Der Spielmann aus Osaka war in Fachkreisen kein Unbekannter, in Japan kürte man ihn zum Auto des Jahres.

Die Werbung versprach »die Laufruhe eines Sechszylinders«: der Daihatsu Charade mit Dreizylinder-Motor, 1979.

Daihatsu Charade (1979–1983)

»Der optimale Hubraum pro Zylinder in der Einliterklasse ist 330 cm³. Der 993 cm³-Motor mit drei Zylindern bringt 10 % mehr Leistung als mit vier Zylindern und hat zusätzlich einen um 15 % geringeren Kraftstoffverbrauch.« Mit dieser Begründung betrat Daihatsu technisches Neuland und schickte seinen Charade mit einem neuentwickelten Dreizylinder-Viertaktmotor ins Rennen.

Allen Vorbehalten zum Trotz: die Rechnung ging auf. Der kleinste Fünftürer der Welt erwies sich schon bei niedrigen Drehzahlen als ungemein agil und elastisch, hing gut am Gas und war erfreulich leise. Mit zum positiven Erscheinungsbild trug das serienmäßig installierte Fünfgang-Getriebe bei, dessen letzter Gang Drehzahlen und Benzinverbrauch senkte. Um Raumangebot und Fahrkomfort war es dagegen weniger gut bestellt; ebenso wie die Karosserie im fortgeschrittenen Alter unter nachlässiger Verarbeitung und starkem Rostbefall zu leiden hatte.

MODELLE, VARIANTEN, PREISE

Modellreihen:	Viertürige Schrägheck-Limousine; Coupé
Motoren:	993 cm³ / 37 kW (50 PS) bei 5500/min 993 cm³ / 38 kW (52 PS) bei 5600/min ab 2.81
Ausstattung:	Getönte Scheiben, Liegesitze mit verstellbaren Kopfstützen, Kontrolleuchten für Bremslicht und -Flüssigkeit, Handbremse, Öldruck und Lichtmaschine. Heizbare Heckscheibe, Kindersicherung hinten, Gepäckraumabdeckung.

Daihatsu Charade 1979

Motor	
Zylinder / Bauart	3 Reihe, quer eingebaut
Bohrung × Hub	76 × 73 mm
Hubraum	993 cm³
Leistung	37 kW / 50 PS bei 5500/min
Max. Drehmoment	76 Nm bei 3600/min
Verdichtung	9 : 1
Gemischaufbereitung	1 Doppel-Register-Fallstrom-vergaser Aisan
Ventile / Steuerung	2 / OHC
Batterie	12 V 45 Ah
Kraftübertragung	
Antrieb	Vorderradantrieb
Getriebe	5-Gang
Übersetzungen	I = 3,666
	II = 2,150
	III = 1,464
	IV = 0,971
	V = 0,795
	R = 3,529
Fahrwerk	
Radaufhängung vorn	McPherson-Federbeine, Querlenker
Radaufhängung hinten	Starrachse; Längslenker, Schraubenfedern, Panhardstab, Teleskopstoßdämpfer
Lenkung	Zahnstangenlenkung
Bremse	Bremskraftverstärker und -regler, vorn: Scheibenbremsen, hinten: Trommelbremsen
Allgemeine Daten	
Gesamtmaße	3455 × 1515 × 1355 mm
Radstand	2300 mm
Spur vorne/hinten	1300/1280 mm
Felgen	4 J × 12
Reifen	155 SR 12
Leergewicht	700 kg
Zul. Gesamtgewicht	1040 kg
Höchstgeschwindigkeit	138,5 km/h
0 auf 100 km/h	17,1 s
Verbrauch l/100 km	8 l Normal
Tankinhalt	34 l

Daihatsu Charade Coupé: mit dem Bullauge in der C-Säule. Seit Februar 1981 mit Rechteckscheinwerfern und stärkerem Motor.

Varianten: Charade
Preise (DM): 9.995,– (4-Gang); 10.275,– (5-Gang)

Chronik:

1979: Der Import des Charade beginnt im März, mit Dreizylinder-Viertaktmotor; ausschließlich als Viertürer mit Heckklappe. Serienmäßig mit Fünfganggetriebe (Schriftzug am Heck »5speed«); Viergang-Getriebe auf Wunsch.
September: Einführung des Charade Coupés: Zweitürer mit Heckklappe, Seitenfenster hinten mit Aufschwung; rundes Minifenster (»Bullauge«) in der C-Säule. Technik wie Limousine, Mehrausstattung: Warnsummer für Beleuchtung, Tageskilometerzähler, Drehzahlmesser, Scheibenwisch/Waschanlage mit Intervall, Sportlenkrad, Heckscheibenwischer. DM 10.590,–.

1981: Motorleistung auf 38 kW angehoben (Februar), Facelift: Rechteckscheinwerfer, Begrenzungsleuchten an den Kotflügelecken. Fahrzeug 40 mm länger, Motorhaube ohne Ausbuchtung. Neues Armaturenbrettlayout und Lenkrad, neue Sitze. Coupé mit Seitenschutzleisten.

1983: Ablösung gesamte Reihe im April.

Daihatsu Charade (1983–1987)

Sechs Zentimeter mehr als der Vorgänger, aber mit 3,55 m Länge immer noch zehn Zentimeter kürzer als Fiat Uno, Ford Fiesta oder Nissan Micra – das Silbenrätsel Charade, zweiter Teil. Auf der 50.IAA in Frankfurt stand der runderneuerte Kleinwagen in drei Motorvarianten, mit dem schon bekannten 38 kW-Dreizylinder des Vorgängers, einem neu entwickelten Dreizylinder-Diesel und dem 50 kW starken Dreizylinder-Turbotriebwerk. Der längere Radstand (2320 mm) kam vor allem dem Innenraum zugute. Tests bestätigten dem Charade eine effektive Innenraumlänge (gemessen von der Rücksitzbank bis zum Armaturenbrett) von 160 cm – ein beachtlicher Wert, boten doch ungleich größere Autos nur wenig mehr. Nicht ganz so gut wie mit der Raumökonomie war es um die Wirtschaftlichkeit bestellt. Zwar erwies sich der Charade im Kauf und Unterhalt als billig, doch der überdurchschnittliche Wertverlust und das dünne Werkstattnetz schmälerten das Vergnügen am Dreizylinder mit Vierzylinder-Fahrleistungen.

Daihatsu Charade Diesel 1984

Motor	
Zylinder / Bauart	3 Reihe, quer eingebaut
Bohrung × Hub	76 × 73 mm
Hubraum	986 cm^3
Leistung	27 kW / 37 PS bei 4600/min
Max. Drehmoment	60 Nm bei 3500/min
Verdichtung	21,5 : 1
Gemischaufbereitung	Bosch-Dieseleinspritzung
Ventile / Steuerung	2 / OHC
Batterie	12 V 45 Ah
Kraftübertragung	
Antrieb	Vorderradantrieb
Getriebe	5-Gang
Übersetzungen	I = 3,09
	II = 1,842
	III = 1,23
	IV = 0,864
	V = 0,707
	R = 3,142

Fahrwerk	
Radaufhängung vorn	McPherson-Federbeine, Querlenker, Stabilisator
Radaufhängung hinten	Starrachse; Doppellängslenker, Panhardstab
Lenkung	Zahnstangenlenkung
Bremse	Bremskraftverstärker und -regler, vorn: Scheibenbremsen, hinten: Trommelbremsen
Allgemeine Daten	
Gesamtmaße	3550 × 1550 × 1395 mm
Radstand	2320 mm
Spur vorne/hinten	1340/1310 mm
Felgen	4,5 J × 13
Reifen	145 SR 13
Leergewicht	740 kg
Zul. Gesamtgewicht	1100 kg
Höchstgeschwindigkeit	120 km/h
0 auf 100 km/h	27,8 s
Verbrauch l/100 km	5,5 l Diesel
Tankinhalt	35 l

MODELLE, VARIANTEN, PREISE

Modellreihen:	Limousine mit Heckklappe, zwei und vier Türen
Motoren:	993 cm³ / 38 kW (52 PS) bei 5600/min 993 cm³ / 27 kW (37 PS) Diesel ab 7.83 993 cm³ / 50 kW (68 PS) Turbo ab 3.84 993 cm³ / 34 kW (46 PS) Turbo-Diesel ab 4.85
Ausstattung:	Getönte Scheiben, Liegesitze, H4-Scheinwerfer, Drehzahlmesser, geteilt umklappbare Rücksitzlehne, heizbare Heckscheibe; Schmutzfänger vorn, Teppichboden im Kofferraum.
Varianten:	TG/TS/CS/TX/CX – Turbo/Diesel/Turbo-Diesel
Preise (DM):	10.990,– / 11.530,– (Charade / 4t)

Mit dem kleinsten Pkw-Dieselmotor der Welt: Charade Diesel TS 1983.

Chronik:

1983: Zur IAA im September neue Charade-Reihe eingeführt. Als Zwei- und Viertürer, kein Coupé. Drei verschiedene Motorvarianten angekündigt; neben Diesel- auch Turbo-Triebwerk. 38 kW-Motor als Zweitürer auch mit Vierganggetriebe (10.590,–). Völlig neue Karosserie, Technik wie Vorgänger, 13"-Räder. Diesel (12.890,– und 13.290,–) ab Juli lieferbar, Modellreihe neu gegliedert. Charade als Zweitürer (T) und Viertürer (C) in Ausstattungsstufen TS/CS und TX/CX erhältlich. TS/CS: Warnsummer für Außenbeleuchtung, Außenspiegel rechts, elektrische Scheibenwaschanlage vorn und hinten. TX/CX: Leichtmetallfelgen, Kofferraum und Tankklappe von innen zu öffnen.

1984: Turbo-Modell ab März: Nur mit zwei Türen (DM 13.990,–); Zweifarbenlackierung auf Wunsch, Schriftzug und Seitenschutzleisten auf Wagenflanke, Sportsitze, Stahlgürtelreifen 165/70 SR 13.

1985: Umfassender Facelift zum Frühjahr: Frontpartie mit Breitbandscheinwerfern, nicht mehr eingesenkt; Standleuchten an den Außenkanten; geänderte Heckleuchten, modifizierte Innenausstattung (Rahmenkopfstützen). Außenlänge um 40 mm gewachsen. Baureihen-Bezeichnung »G11«. Einführung eines Turbo-Diesels (TS: DM 15.390,–; CS: DM 15.890,–). Turbo-Modell (Benziner) jetzt auch als Viertürer, DM 14.950,–. Grundmodell mit Viergang-Getriebe heißt nun TG.

1987: Ablösung gesamte Reihe zum April.

Kaum zwei Jahre nach dem IAA-Debüt schon wieder überarbeitet: der Charade CX 1985.

Daihatsu Charade (seit 1987)

Was an Image fehlte, sollte High-Tech wettmachen: der neu aufgelegte Charade in seiner schärfsten Form als GTti bestand vor allem aus Motor. Der Einliter-Giftzwerg zauberte sagenhafte 101 PS aus seinen drei Zylindern. So viel Leistung gibt es nicht bei der Bastelbude an der Ecke, die Techniker aus Oasaka spendierten jede Menge adretter Power-Accessoires. Zwei obenliegende Nockenwellen, vier Ventile pro Zylinder, elektronische Einspritzanlage und Turbolader samt Ladeluftkühler erhoben den GTti zum König im Reich der Zwerge: 185 km/h Spitze und 8,2 Sekunden für den Sprint zur Hundertermarke bezeugten die gelungene Kraftkur am drehfreudigen Zwölfventiler.

Wer den kleinen König richtig scheuchte, lernte ihn von der weniger erfreulichen Seite kennen. Beim Beschleunigen auf nassem Untergrund quittierte er den leichtsinnigen Tritt aufs Gaspedal unwirsch mit durchdrehenden Rädern, auf kurze Bodenwellen reagierte er ausgesprochen allergisch. Die Palastrevolution des Modelljahres 1989 überstand der Kraftzwerg ohne Schaden, die neu erschienen Vierzylinder-Mehrventiler mit 1296 cm³ Hubraum und 66 kW ergänzten die Modellreihe, ohne die Einliter-Dreizylinder zu ersetzen.

MODELLE, VARIANTEN, PREISE

Modellreihen:	Limousine mit zwei- und vier Türen und Heckklappe
Motoren:	993 cm³ / 38 kW (52 PS) bei 5600/min 993 cm³ / 50 kW (68 PS) Turbo bei 5500/min 993 cm³ / 74 kW (101 PS) Turbo 12V bei 6500/min 993 cm³ / 35 kW (48 PS) Turbo Diesel bei 4800/min 1296 cm³ / 66 kW (90 PS) 16V Kat bei 6500/min ab 12.88
Ausstattung:	TS: Seitenschutzleisten, abschließbare Tankklappe, Antenne. 1/3–2/3 umklappbare Rücksitzlehne; Drehzahlmesser, Automatic-Gurte vorn und hinten. Turbo: Heckspoiler, Ladedruckanzeige. GTti: Front- und Heckspoiler, Motorcheck-Anzeige.
Varianten:	TG/TS/CS – Turbo – Turbo Diesel – GTti – TX/ 1,3i CX/TXF/CXF
Preise (DM):	13.590,– / 15.990,– / 16.950,– / 17.990,– (TS / Turbo / Diesel / GTti)

Chronik:

1987: Neue Modellreihe eingeführt; zwei- und viertürige Limousine mit Heckklappe, vier Motorvarianten. Spitzenmodell GTti mit Vierventil-Zylinderkopf und Turbolader samt Ladeluftkühlung; innenbelüftete Scheibenbremsen vorn, Scheibenbremsen hinten. Automatik im TS (14.590,–) und CS (15.190,–). Grundmodell TG (12.990,–) mit Viergang-Getriebe; Aufpreis für Metallic-Lackierung DM 290,–. Für GTti Alufelgen mit Breitreifen 185/60 R 14 DM 1.200,– Aufpreis.

Zum 80jährigen Firmenjubiläum wurde auf dem Genfer Salon 1987 die dritte Charade-Generation – hier der GTti – vorgestellt.

Charade CXF 1,3i: Seit 1989 mit 16V-Reihenvierzylinder und permanentem Allradantrieb mit Visco-Kupplung.

Charade 1,3i TX: Insgesamt acht Versionen im Modelljahr 1990.

1988: Sondermodell »Sunset« (Juli): Zweitürer, Glaskurbeldach, 14.590,–.
Zum Jahresende Einführung der 66 kW-Vierzylindermotoren: Vierventil-Zylinderkopf und geregelter Katalysator (TX 1.3i: DM 17.800,–; CX 1.3i: DM 18.440,–). Automatik auf Wunsch (DM 19.100,–/DM 19.740,–). Optik und Ausstattung wie Dreizylinder-Versionen. Charade 1.3 auch mit permanentem Allradantrieb, zentralem Differential und Visko-Kupplung. Kraftverteilung 50:50. Versionen TXF (20.300,–) und CXF (20.940,–). Diesel aus dem Programm genommen.

1990: Sondermodell »Rio«: Sonnen-Hubdach, Radzierblenden, Fun-Sitzbezüge (Juli).

Daihatsu Charade GTti 1990

Motor

Zylinder / Bauart	3 Reihe, quer eingebaut
Bohrung × Hub	76 × 73 mm
Hubraum	986 cm³
Leistung	74 kW / 101 PS bei 6500/min
Max. Drehmoment	130 Nm bei 3500/min
Verdichtung	7,8:1
Gemischaufbereitung	elektronisch geregelte Kraftstoff-Einspritzung
Ventile / Steuerung	4 / DOHC
Batterie	12 V 36 Ah

Kraftübertragung

Antrieb	Vorderradantrieb
Getriebe	5-Gang
Übersetzungen	I = 3,090
	II = 1,750
	III = 1,230
	IV = 0,916
	V = 0,750
	R = 3,142

Fahrwerk

Radaufhängung vorn	McPherson-Federbeine, Stabilisator
Radaufhängung hinten	McPherson-Federbeine, Stabilisator, Gasdruckstoßdämpfer
Lenkung	Zahnstangenlenkung
Bremse	Bremskraftregler, vorn: innenbelüftete Scheibenbremsen, hinten: Scheibenbremsen

Allgemeine Daten

Gesamtmaße	3610 × 1600 × 1385 mm
Radstand	2340 mm
Spur vorne/hinten	1385/1365 mm
Felgen	5 J × 14
Reifen	175/70 HR 14
Leergewicht	810 kg
Zul. Gesamtgewicht	1190 kg
Höchstgeschwindigkeit	185 km/h
0 auf 100 km/h	8,2 s
Verbrauch l/100 km	6,8 l Normal, bleifrei
Tankinhalt	40 l

Daihatsu Charmant (1981–1989)
Wo bleibt der Charme?

Was gut ist für Japan, muß nicht immer gut für den Rest der Welt sein; Zum Beispiel der Daihatsu Charmant: Als »Pkw der gehobenen Mittelklasse« apostrophiert und als »eleganter Fortschritt« gepriesen, war er tatsächlich ein höchst konventionelles Fahrzeug, das zumindest in Deutschland kaum jemand vermißt hatte.

Dabei stammte der Charmant, der seine Weltpremiere 1981 auf der Frankfurter IAA feierte, beileibe nicht von schlechten Eltern: Fahrwerk, Antrieb und Motor wurden praktisch unverändert vom großen Bruder Toyota übernommen. Die Techniker aus Osaka zeichneten für Karosserie- und Innenraumdesign verantwortlich. Neu war dieses Rezept nicht, bereits seit Dezember 1974 zierte der Charmant das obere Ende der Daihatsu-Modellpalette.

Der charmant maskierte Corolla wurde in zwei Versionen angeboten, als 1300 LC mit 48 kW (65 PS) und als stärkerer 1600 LE mit 55 kW (75 PS); der Antrieb erfolgte auf die Hinterräder. Die Ausstattungsliste ließ wenig Spielraum, lediglich eine Metallic-Lackierung konnte gegen 220 Mark Aufpreis geordert werden. Ansonsten war alles drin und dran: neben einem Fünfganggetriebe gab es ohne Aufpreis getönte Scheiben, einzeln umklappbare Rücksitzlehnen, H4-Licht und jede Menge Ablagen.

Durchdacht und aufgeräumt präsentierte sich der Innenraum. Die Bedienungshebel an der Lenksäule – links mit Drehknopf für die Beleuchtung, rechts für den zweistufigen Scheibenwischer – folgten dem bewährten Toyota-Vorbild; sehr eigenwillig dagegen das Armaturenbrettlayout mit einem alles beherrschenden Rechteck-Tachometer im klobigen Gehäuse. Schlichtweg eine Zumutung waren die vorsintflutlichen Bekkengurte hinten, kein Mitbewerber erlaubte sich noch diese Primitivlösung.

MODELLE, VARIANTEN, PREISE

Modellreihen:	Viertürige Stufenhecklimousine
Motoren:	1290 cm^3 / 48 kW (65 PS) bei 5400/min
	1588 cm^3 / 55 kW (75 PS) bei 5400/min
	1588 cm^3 / 61 kW (83 PS) bei 5600/min ab 2.84
	1588 cm^3 / 60 kW (81 PS) Kat bei 5600/min ab 1.87
Ausstattung:	Liegesitze mit einstellbaren Kopfstützen, Velourssitze, Nackenstützen hinten. Digital-Zeituhr, Kindersicherung hinten, Kofferraumöffner innen. 1600: Tankklappe von innen zu öffnen, Heizungsausströmer für Fond. Reifen 165 SR 13.
Varianten:	Charmant 1300/LC – 1600/LE – Altair
Preise (DM):	13.680,– / 14.690,– (1300 / 1600)

Weltpremiere am 17. September 1981 auf der Frankfurter IAA: der Daihatsu Charmant.

Chronik:

1982: Auslieferung des Charmant zum neuen Jahr, Weltpremiere des Viertürers auf der Frankfurter IAA 1981. Technische Basis und Motorblock von Toyota Corolla übernommen; zwei Motorversionen zur Auswahl. Charmant 1300 mit Zahnstangen-, 1600 mit Kugelumlauflenkung. Ab August 1600 auch mit mit Automatikgetriebe (nur 1600; 15.685 Mark).

1983: Modellreihe unter neuer Bezeichnung 1300 LC und 1600 LE unverändert beibehalten (Juli).

1984: Sondermodell Kyoto eingeführt (Februar): 61-kW-Triebwerk, Servolenkung, Zentralverriegelung, Drehzahlmesser. Zweifarbenlackierung mit Dekor, DM 15.999,–. Ab Jahresmitte nur noch mit neuer Motorisierung lieferbar (1600 LE); alle anderen Versionen aus dem Programm genommen. Kühlergrill mit nur noch drei Lamellen; Außenspiegel – jetzt auch rechts – ganz nach vorn ins Fensterdreieck gerückt.

1985: Sondermodell Unique (März; DM 15.650,–): Stoßfänger in Wagenfarbe, Breitreifen 185/60 R 14; Drehzahlmesser.

1987: Januar: Modell Altair ersetzt 1600 LE (18.690,–): Stoßfänger und Kühlergrill in Wagenfarbe, geregelter Katalysator, Servolenkung, Zentralverriegelung. Reifen 185/60 R 14.

1988: Import der Modellreihe eingestellt (Juni). Kein direkter Nachfolger.

Wie auch schon die Vorgänger mit Toyota-Corolla-Technik: Charmant 1600 LE, Sondermodell »Kyoto« 1984.

Daihatsu Charmant 1600 1981

Motor	
Zylinder / Bauart	4 Reihe
Bohrung × Hub	85 × 70 mm
Hubraum	1588 cm^3
Leistung	55 kW / 75 PS bei 5400/min
Max. Drehmoment	130 Nm bei 3600/min
Verdichtung	9:1
Gemischaufbereitung	1 Fallstrom-Registervergaser
Ventile / Steuerung	2 / OHV
Batterie	12 V 32 Ah
Kraftübertragung	
Antrieb	Hinterradantrieb
Getriebe	5-Gang
Übersetzungen	I = 3,789
	II = 2,22
	III = 1,435
	IV = 1,00
	V = 0,865
	R = 4,316
Fahrwerk	
Radaufhängung vorn	McPherson-Federbeine, Querlenker
Radaufhängung hinten	Starrachse; Längslenker, Schraubenfedern, Querstabilisator
Lenkung	Kugelumlauflenkung
Bremse	Bremskraftverstärker, vorn: Scheibenbremsen, hinten: Trommelbremsen
Allgemeine Daten	
Gesamtmaße	4150 × 1620 × 1380 mm
Radstand	2335 mm
Spur vorne/hinten	1320/1335 mm
Felgen	5 J × 13
Reifen	165 SR 13
Leergewicht	915 kg
Zul. Gesamtgewicht	1410 kg
Höchstgeschwindigkeit	160 km/h
0 auf 100 km/h	12,7 s
Verbrauch l/100 km	10,5 l Normal
Tankinhalt	50 l

Daihatsu Applause (seit 1989)
Viel Beifall für Applause

Klein- und Kleinstwagen gereichten der Toyota-Tochter aus Osaka durchaus zur Ehre, nur in der Mittelklasse blieb der Beifall versagt: der Daihatsu Charmant war zu bieder, um gefallen zu können. Ungleich attraktiver und überraschend sportlich präsentierte sich der in Genf als Prototyp vorgestellte Charmant-Nachfolger Applause.
Der zierlich wirkende Viertürer mit eigenständiger Karosserielinie kombinierte das klassische Stufenheck mit einer praktischen Heckklappe – ähnlich dem Fiat Croma – und empfahl sich als idealer Caddy: die Pressemitteilung weist ausdrücklich darauf hin, daß im neuen Applause vier Golfausrüstungen Platz fanden. Wer statt zum nächsten Grün eher ins Grüne wollte, nahm vier Mitfahrer mit und hatte dennoch genügend Raum im Heckabteil: 336 Liter (nach Testangaben sogar 450) ließen sich problemlos in der glattflächigen, 90 cm langen Golftasche verstauen. Die mögliche Zuladung fiel ähnlich familienfreundlich aus, selbst mit fünf Norm-Figuren zu je 75 Kilogramm besetzt, durften noch zusätzlich bis zu 120 Kilogramm Gepäck mitgenommen werden.
Das Herz des Applause schlug im Takt des kräftigen 1,6 Liter-Vierzylinders aus dem Daihatsu-Geländewagen Feroza. Spontan und ruckfrei ging der Sechzehnventiler zur Sache, bewältigte in knapp 11,5 Sekunden die Standard-Übung von Null auf 100 km/h und absolvierte die Viertelmeile in rund 17 Sekunden. Den sportlichen Gesamteindruck unterstrich dabei nicht nur das kernige Röhren in bestimmten Drehzahlbereichen; bei Handling und Fahrwerksabstimungen fühlten sich manche Tester gar an den Austin Mini erinnert, freilich »erheblich gezähmt, kultiviert und mit hervorragendem Abrollkomfort« – viel Beifall für Applause.

MODELLE, VARIANTEN, PREISE

Modellreihen:	Viertürige Stufenhecklimousine mit Heckklappe
Motoren:	1589 cm³/77 kW (105 PS) 16V Kat bei 6000/min
Ausstattung:	Li: Drehzahlmesser, zwei Außenspiegel, Radiovorbereitung, Katalysator. Xi: Scheibenwischer mit Wisch/Waschautomatik, Kopfstützen hinten, geteilt umlegbare Rücksitzlehne, höhenverstellbare Gurte. XiL: Servolenkung, elektr. Fensterheber, elektr. verstellbare Spiegel, Zentralverriegelung. ZiL: permanenter Allradantrieb.
Varianten:	Applause Li/Xi/XiL/Zil 4×4
Preise (DM):	19.950,– / 22.750,– / 24.200,– / 27.200,– (Li / Xi / Xil / ZiL)

Mittelklasse ohne Mittelmaß: Daihatsu Applause Xi 1989. Als Zil auch mit permanentem Allradantrieb.

Besonders bemerkenswert: die Kombination von Stufenheck und Heckklappe.

Chronik:

1989: Premiere auf dem 59. Genfer Automobilsalon, Einführung zum September. Völlig neue Karosserie, 1,6 Liter-Katalysatormotor obligatorisch. Spitzenmodell ZiL mit permanentem Allradantrieb. Automatik (XiL) Aufpreis DM 1.700,–; Metallic-Lackierung DM 350,–.

1990: ABS-System für Zil und automatische Heizungsregulierung ab Frühjahr Serie.

Daihatsu Applause Li 1990

Motor	
Zylinder / Bauart	4 Reihe, quer eingebaut
Bohrung × Hub	76 × 87,6 mm
Hubraum	1589 cm³
Leistung	77 kW / 105 PS bei 6000/min
Max. Drehmoment	130 Nm bei 3500/min
Verdichtung	9,5 : 1
Gemischaufbereitung	elektronische Kraftstoffeinspritzung
Abgasreinigungssystem	geregelter 3-Wege-Katalysator
Ventile / Steuerung	4 / OHC
Batterie	12 V 44 Ah
Kraftübertragung	
Antrieb	Vorderradantrieb
Getriebe	5-Gang
Übersetzungen	I = 3,090
	II = 1,750
	III = 1,250
	IV = 0,916
	V = 0,750
	R = 3,142

Fahrwerk	
Radaufhängung vorn	McPherson-Federbeine, Querlenker und Querstabilisator
Radaufhängung hinten	McPherson-Federbeine, Doppelquerlenker, Zugstrebe, Querstabilisator
Lenkung	Zahnstangenlenkung
Bremse	Bremskraftverstärker und -regler, vorn: innenbelüftete Scheibenbremsen, hinten: Scheibenbremsen
Allgemeine Daten	
Gesamtmaße	4260 × 1660 × 1375 mm
Radstand	2470 mm
Spur vorne/hinten	1425/1415 mm
Felgen	5 J × 14
Reifen	185/60 SR 14
Leergewicht	930 kg
Zul. Gesamtgewicht	1420 kg
Höchstgeschwindigkeit	185 km/h
0 auf 100 km/h	9,8 s
Verbrauch l/100 km	7 l Super, bleifrei
Tankinhalt	50 l

HONDA

Honda

Der steile Weg zum Ruhm

»In jedem Alter träumt man von einem bestimmten Beruf, den man einmal ergreifen will. Ich habe niemals einen anderen Ehrgeiz gehabt als die Beschäftigung mit Maschinen.«
Soichiro Honda, der dies sagte, verwirklichte seinen Traum. Als Fünfzehnjähriger nahm der Sohn eines Hufschmieds und Fahrradhändlers 1921 in Tokio seine erste Stelle an. Die Ausbildung bestand allerdings mehr im Hüten des jüngsten Sprößlings des Inhabers. Achtzehn Monate später, am 1. September 1922, erschütterte ein katastrophales Erdbeben die Millionenstadt Tokio. Über 70.000 Einwohner starben bei den Erdstößen, bei Bränden oder ertranken durch die darauffolgende Flutwelle. Mitten im Inferno saß Honda – sein Meister hatte die Parole ausgegeben »Rettet die Wagen!« – zum ersten Mal am Steuer eines Automobils. Er brachte es sicher aus der Gefahrenzone, wenn auch »mehr schlecht als recht«, wie er sich erinnerte.
Beim Wiederaufbau zeigten sich schnell die wahren Fähigkeiten des Babysitters wider Willen. Nach sechsjähriger Lehrzeit beauftragte ihn sein Chef, eine Filiale in Hamamatsu zu errichten. Mit dreißig Jahren besaß der glühende Napoleon-Verehrer Honda eine florierende Stahlfelgen-Produktion, die alsbald um eine Kolbenring-Schmiede erweitert wurde. Am Vorabend des Zweiten Weltkrieges fusionierte die Kolbenring-Fabrik mit Hauptabnehmer Toyota.
500 kleine Benzinmotoren, in der alten kaiserlichen Armee als Stromerzeuger für die Funkgeräte benutzt, stehen am Anfang der Honda-Nachkriegsgeschichte. In den Ruinen der Werkstätten von Hamamatsu wurden sie auf das obere Rahmenrohr von Fahrrädern montiert und als Motorrad verkauft. Die Nachfrage war enorm, bald gab es keine Bestände mehr, und Honda war gezwungen, einen eigenen Antrieb zu entwickeln. Die »Modell A«-Produktion begann im März 1947 – »die Kunden schlugen mir fast die Türen ein, so groß war die Nachfrage«.
In den fünfziger Jahren gab es mehr als 50 japanische Motorradhersteller. Die Honda Motor Company – im September 1948 aus dem Honda Technical Research Institute hervorgegangen – belegte acht Jahre nach ihrer Gründung hinter Marktführer Tohatsu (22%) mit einen Anteil von 20 Prozent den zweiten Rang. Das war zu wenig, Honda investierte, gestützt von der Hausbank Mitsubishi, die gewaltige Summe von 1,5 Milliarden Yen (mehr als selbst Nissan und Toyota riskierten). 1960 beherrschte die Firma, seit 1950 in Tokio ansässig, nahezu die Hälfte des japanischen Motorrad-Binnenmarktes. Hauptkonkurrent Tohatsu meldet im Februar 1964 Konkurs an.
Im Jahr 1962 verkündete Honda offiziell, den Bau von Kraftfahrzeugen aufnehmen zu wollen. Der Zeitpunkt war denkbar ungünstig. MITI, das mächtige Ministerium für Industrie und Handel, war sowieso der Meinung, es gebe schon viel zu viele japanische Autobauer. Die starke Konkurrenz, so fürchteten die Bürokraten, könnte das Preisgefüge ruinieren und so die von Ministerpräsident Ikeda angestrebte Verdoppelung des Bruttosozialproduktes sabotieren. Nach amerikanischem Vorbild sollte es nur drei große Automobilfirmen geben – Honda war schneller. Auf dem Autosalon in Tokio im Herbst 1962 präsentierte der rührige Motorradbauer einen Kleinlastwagen (T 360) und den Prototyp eines Sportwagens (S 360). Als die Regierung dennoch nicht nachgeben wollte, griff Honda-Intimus Takeo Fujisawa zu einer List und ließ im Rahmen einer landesweit angelegten Kampagne den Preis des neuen Roadster-Modells schätzen. Der Erfolg war überwältigend, sechs Millionen Japaner beteiligten sich am Preisausschreiben. Des Volkes Stimme überzeugte auch die Parlamentarier. Anfang 1964 erhielt Honda grünes Licht für den Autobau.
Auf den Rennpisten der Formel I trat Honda als erste japanische Firma 1964 in Erscheinung. Der Prototyp – RA 270 – war 1963 entstanden, die Weiterentwicklung, der RA 271 mit Zwölfzylinder-V-Motor und eigenem Chassis, erhielt beim Grand Prix auf dem Nürburgring im August 1964 seine Feuertaufe. Nach zwölf Runden kam das Aus, Fahrer Ronnie Buckman, ein Amerikaner mit Formel II-Erfahrung, fuhr gegen eine Rampe. Buckman scheiterte auch in den beiden anderen Läufen, die Honda bestritt. Sowohl in Monza wie auch beim Großen Preis der USA auf der Bahn von Watkins Glen fiel der Honda wegen Motorüberhitzung aus.
Für die Saison 1965 verpflichtete Rennleiter Tadashi Kume den Amerikaner Ritchie Ginther, der mit dem RA 272 beim Großen Preis von Mexiko Ferrari, Lotus und Co auf die Plätze verwies –

der erste Formel-I-Sieg für Honda in der Königsklasse des Motorsports. Den zweiten Sieg steuerte John Surtees 1968 bei. Er gewann mit einem Vorsprung von zwei Zehntel Sekunden; Brabham wurde Zweiter. Es blieb der letzte Erfolg für lange Zeit. Nach dem Tod des französischen Rennfahrers Jo Schlesser beim Großen Preis von Frankreich am siebten Juli 1969 zog sich Honda vom Automobilrennsport zurück. Erst 1983 erschien man wieder in der Formel 1. Das Team von Williams-Honda avancierte zur erfolgreichsten Formel-1-Mannschaft der achtziger Jahre.

Auf dem Export-Sektor richtete Honda seine Blicke schon frühzeitig nach Europa. Der amerikanische Motorrad-Markt wurde im schwindelerregenden Tempo aufgerollt (»You meet the nicest people on a Honda«), danach richteten sich die Blicke auf den alten Kontinent. Die Länder Europas wurden in zwei Gruppen unterteilt, in solche mit und ohne Zweiradindustrie. Alle europäischen Operationen steuerte die European Honda GmbH, die im Juni 1961 ins Hamburger Handelregister eingetragen wurde. Im Frühjahr 1968 firmierte die Filiale als Honda Deutschland GmbH und wurde nach Offenbach bei Frankfurt verlegt. Dort waren auch Honda-Automobile nicht ganz unbekannt.

Bei der Internationalen Automobilausstellung Frankfurt im August 1963 stellte sich Firmengründer Soichiro Honda hierzulande auch als Automobilproduzent vor. Er präsentierte den serienreifen S 500 – und stieß auf wenig Gegenliebe. »Lärm ohne Leistung«, stellte die Fachpresse vernichtend fest. Weder der S 500 noch der Nachfolger S 600 tauchten im Programm von Honda Deutschland auf, der Import der Hondas mit vier Rädern begann erst nach der IAA im Oktober 1967 mit den N- und S-Typen. Nach einem enttäuschenden Verkaufsrückgang zu Beginn der siebziger Jahre – die N 360 und N 600-Limousinen konnten in keiner Weise überzeugen – gelang der Durchbruch etwas später mit dem Honda Civic.

Heute ist Honda ein multinationaler Konzern und unterhält eigene Forschungs- und Entwicklungsgesellschaften in Japan, Amerika und der Bundesrepublik. Der neuntgrößte Automobil- und größte Motorradproduzent der Welt beschäftigt 71.000 Mitarbeiter, verfügt über sechs japanische Werke (und ein weiteres für die NS-X-Produktion in Tochigi) und 77 Produktionsstätten in 40 Ländern der Erde. Produziert werden nicht mehr nur Autos oder Motorräder; die Vergaserfabrik Keihin und die Stoßdämpfer-Spezialisten Showa gehören ebenso zum Imperium wie Produktionsstätten für tragbare Generatoren, Außenbordmotoren, Kleinschlepper und Rasenmäher, die Rennstrecke von Suzuka und die japanische Variante von Disneyland – Hondaland ist überall.

Honda-Gesamtzulassungen in Deutschland

1967: 454	1975: 1.839	1983: 30.766
1968: 1.947	1976: 3.275	1984: 37.613
1969: 1.672	1977: 8.196	1985: 37.332
1970: 1.128	1978: 16.485	1986: 45.881
1971: 1.940	1979: 28.693	1987: 41.515
1972: 2.085	1980: 43.051	1988: 43.418
1973: 2.664	1981: 35.226	1989: 45.549
1974: 1.731	1982: 32.072	

Honda N 360 / N 600 (1967–1973)
Der Fehlstart

Wieviel Hubraum braucht ein Auto? Die Honda-Ingenieure waren der Meinung, daß 360 Kubikzentimeter für vier Personen vollauf genügen müßten. Ihr neuestes Werk, speziell für den japanischen Markt entwickelt, hielt sich wie seine Konkurrenten von Suzuki (Suzulight), Daihatsu (Miset), Fuji Juko (Subaru 360) und Toyo Kogyo (Mazda Coupé) an das für japanische Kleinwagen übliche Hubraumlimit. Soichiro Honda persönlich hatte sich für das luftgekühlte Minimobil eingesetzt, die Serienfertigung begann im März 1967 und wurde zu einem Knüller. Binnen zweier Monate waren, wie Honda in seiner Autobiographie stolz erwähnt, 5570 Stück verkauft worden, der Zulassungsanteil in diesem Segment betrug damit 31 Prozent – nicht schlecht für eine Firma, die sich erst Anfang 1963 gegen den Willen des allmächtigen MITI (Handels- und Industrieministeriums) als Autohersteller etablieren konnte.

Honda N 360 (1967–1969)

Nach Deutschland kamen die ersten N 360 zur IAA 1967 und wurden dort überaus positiv aufgenommen. Das pfiffige Kleinwagenkonzept wußte zu gefallen – zumindest auf dem Messestand.

In der Praxis enttäuschte der Stadtfloh auf der ganzen Linie. »Der Motor macht sich hauptsächlich dadurch bemerkbar, daß er einen enormen Lärm verursacht«, urteilte kurz und vernichtend Reinhard Seiffert im Juli 1968 in einem Test der Zeitschrift »auto motor und sport«. Das Fahrverhalten war gewöhnungbedürftig (»man lenkt also pausenlos, auch auf schnurgerader Straße«), der Komfort miserabel (»merkt erst wieder richtig, wie uneben doch Straßen sind«) und die Bremsen nur dem Stadtverkehr genügend. Außerdem verdiente die Heizung ihren Namen nicht, die zuerst aufpreispflichtige Zusatz-Heizung mit separatem Wärmetauscher wurde schließlich serienmäßig eingebaut.

Honda N 600 (1969–1974)

Ärger mit der Heizung gab es auch im Honda N 600, dem größeren Bruder des N 360, der Ende 1968 eingeführt wurde. Das ursprünglich verwendete Heizungssystem erhielt nicht die deutsche Bauartgenehmigung, Honda mußte mit Eberspächer-Benzinheizungen nachrüsten.

Ansonsten bemühte sich der 600er redlich, den schlechten Eindruck seines Vorgängers zu verwischen. Der N 360 war mit seinem hubraumschwachen Motörchen überfordert gewesen, das jetzt verwendete 0,6 l-Triebwerk verhalf dem Wagen zu ansprechenden Fahrleistungen. 42 PS leistete der luftgekühlte Twin, das reichte allemal, um einen VW Käfer 1300 abzuhängen. Auch beim Fahrverhalten hatte sich einiges getan, der modellgepflegte Honda zeigte sich als leicht untersteuerndes, gutmütiges Auto, das sich mühelos handhaben ließ. Kein Zweifel, die Honda-Ingenieure hatten ihre Lektion gelernt, oder, um mit dem Chronisten Seiffert zu sprechen: »Mehr kann man von einem so kleinen Zweizylinderfahrzeug nicht verlangen.«

Honda N 360 1968

Motor	
Zylinder / Bauart	2 Twin, quer eingebaut
Bohrung × Hub	62,5 × 57,8 mm
Hubraum	354,5 cm³
Leistung	23 kW / 31 PS bei 8300/min
Max. Drehmoment	31 Nm bei 5500/min
Verdichtung	8,6 : 1
Gemischaufbereitung	1 Keihin-Horizontalvergaser
Ventile / Steuerung	2 / OHC
Batterie	12 V 32 Ah
Kraftübertragung	
Antrieb	Vorderradantrieb
Getriebe	4-Gang
Übersetzungen	I = 2,53
	II = 1,57
	III = 1,00
	IV = 0,714
	R = 2,44
Fahrwerk	
Radaufhängung vorn	McPherson-Federbeine mit Querlenkern
Radaufhängung hinten	Starrachse; Längsblattfedern, Teleskopstoßdämpfer
Lenkung	Zahnstangenlenkung
Bremse	vorn und hinten Trommelbremsen
Allgemeine Daten	
Gesamtmaße	3025 × 1320 × 1330 mm
Radstand	2000 mm
Spur vorne/hinten	1130/1260 mm
Felgen	3,5 × 10
Reifen	5.20 – 10
Leergewicht	535 kg
Zul. Gesamtgewicht	855 kg
Höchstgeschwindigkeit	111,5 km/h
0 auf 100 km/h	41,1 s
Verbrauch l/100 km	6,9 l Normal
Tankinhalt	26 l

»Also aufgepaßt, Autohändler und Kunden, der N 600 wird ein Erfolg.« – Einführungs-Werbung zur IAA 1967.

»Karosserie: Kein Kitsch; Fahreigenschaften: harmlos« – der N 600 im Urteil der Presse.

MODELLE, VARIANTEN, PREISE

Modellreihen: Zweitüriger Steilheck-Limousine
Motoren: 354 cm³ / 23 kW (31 PS) bei 8500/min
598 cm³ / 30 kW (42 PS) bei 6600/min ab 9.68
598 cm³ / 27 kW (38 PS) bei 6000/min ab 5.71
Ausstattung: Ausstellfenster hinten mit oben angebrachtem Scharnier, Fußraum-Direktbelüftung, Haube und Tankdeckel von innen verriegelt. Durchgehende Ladefläche möglich durch leicht demontierbare Rücksitzlehne.
Varianten: N 360 – N 600/G/Touring
Preise (DM): 4.395,– (N 360)

Chronik:

1967: Produktionsbeginn des N 360 im März, Deutschlandstart nach der Frankfurter Autoschau im September. Karosserie bei kleinen Außenmaßen (kleiner als der englische Mini) mit Innenraum, der auch die Fondpassagiere akzeptabel unterbringt; reichhaltig ausgestattet. Haubenöffnung bei den ersten Modellen außen, Drehzahlmesser Sonderausstattung.

1968: Ab Jahresende nimmt allmählich der N 600 den Platz des N 360 ein. Karosserie bis auf Ausbuchtung auf der Fronthaube identisch, jedoch ungleich besser motorisiert. Federungsabstimmung und Fahreigenschaften harmonischer als beim Vorgänger. DM 4.894,–.

1969: Im Frühjahr Modellreihe durch den N 600 G ergänzt, kenntlich am Chromzierat an den Entlüftungsschlitzen und der besseren Ausstattung (verkleidete Schalthebelkonsole, Bodenteppiche, Armaturenbrett holzverblendet, chromumrandete Rundinstrumente, Deckel am Handschuhfach und Dreispeichen-Lederlenkrad, Drehzahlmesser, Scheibenbremsen). Preis DM 5.599,–. Ab Jahresmitte mit Dreigang-Automatik lieferbar, Hebel und Ganganzeige auf der Lenksäule angebracht.

1970: Honda meldet im September eine Million gebauter Kleinwagen der N 360-Serie.

1971: Auf privater Basis wird eine Umrüstsatz für die Besitzer des alten Führerscheins IV vertrieben. Modell nennt sich – folgerichtig – N 250. Ab Frühsommer ersetzt der N 600 Touring die bisherige Ausführung. Merkmale: Entlüftungschlitze durch Umrandung stärker betont, Schriftzug »Touring« am Heck und Motorleistung aus versicherungstechnischen Gründen auf 38 PS reduziert. Verbesserte Geräuschdämpfung und Heizungsanlage. DM 5.245,–.

1973: Civic als Ablösung im Oktober vorgestellt, Import des N 600 im März 1974 offiziell eingestellt. Tatsächlich dürften die letzten Exemplare schon 1972 verkauft worden sein.

Honda S 600 / 800 (1965–1971)
Das doppelte Flottchen

Mit unziemlicher Eile wurden die ersten Honda-Sportwägelchen zusammengezimmert, galt es doch, das mächtige Ministerium für Industrie und Handel auszutricksen. Die Strategen am grünen Tisch hatten, wie schon erwähnt, entschieden, daß es nach amerikanischem Vorbild nur drei Firmen zu geben habe, die Automobile herstellen dürften, basta. Motorrad-Produzent Honda war nicht dabei. Also schuf er vollendete Tatsachen: Im Oktober 1962 standen die Sportwagen-Prototypen S 360/S 500 auf der Tokio Motor Show.

S 600 (1964–1967)

Nach Deutschland sollte der weiterentwickelte S 600 kommen, vielfach bestaunt in Frankfurt 1965. Doch obwohl die Prospekte bereits gedruckt und die ersten Fahrberichte schon veröffentlicht wurden, zögerte Honda mit dem Import. Hierzulande beginnt die Honda-Automobilgeschichte nach offizieller Lesart erst mit dem S 800. Über die benachbarte Schweiz kam der S 600 dennoch nach Deutschland.

Kam offiziell nie nach Deutschland: das Honda S 600 Coupé, 1966.

25 Jahre nach seinem Klassensieg auf dem Nürburgring noch einmal unterwegs: Denis Hulme auf dem S 600 im Juni 1989.

Der flotte Schrumpf-Roadster, 3,30 m lang, erinnerte auf den ersten Blick an die englischen Sportwagen-Ideale jener Jahre. Jegliche Ähnlichkeit endete unter der Motorhaube. Dort werkelte das aufwendigste Triebwerk, das damals in dieser Klasse zu haben war. Nirgendwo sonst gab es vier Zylinder, zwei obenliegende Nockenwellen und vier Keihin-Vergaser. Das hochgezüchtete Feuerzeug gab bei höchsten Drehzahlen, gesunde 57 PS ab und erwies sich als ebenso elastisch wie standfest. Gemütliches Dahinrollen mit knapp 2000 Umdrehungen war ebenso möglich wie das bedenkenlose Hochdrehen bis an den roten Bereich, der erst bei 9500 Touren anfing. Nach Aussage des Herstellers konnten dem kleinen Sportler aber auch mehr als 11.000 Umdrehungen zugemutet werden...

Im täglichen Fahrbetrieb gab es keine Probleme. Das Fahrzeug sprang sowohl im warmen als auch im kalten Zustand spontan an und lief sofort rund. Das Viergang-Getriebe (erster Gang nicht synchronisiert) ließ sich schnell, genau und leicht schalten, die Abstufung war geglückt, wenn auch nicht perfekt. Für die Kraftübertragung hatten sich die Honda-Techniker etwas Besonderes einfallen lassen. Die Halbwellen, die normalerweise vom Differential direkt auf die Hinterräder wirken, endeten im Fall des Honda auf Zahnrädern, welche die Kraft über eine Kette an das Rad weitergaben. Beide Ketten liefen vollgekapselt im Ölbad, die Kettenkästen übernahmen die Funktion von Längslenkern. Trotz dieser exotischen Konstruktion bescheinigte die Presse dem Briten aus Fernost ein überzeugendes Fahr- und ein neutrales Kurvenverhalten. Nur im Grenzbereich schaukelte sich das Wagenheck auf.

Die Karosserie mit den typischen »Tropfaugen« war gut verarbeitet und bot, zumindest bei heruntergeklapptem Verdeck, ausreichend Platz. Das Lenkrad dagegen rückte dem Piloten sehr nahe und zwang ihm eine wenig entspannte Haltung auf. Dieses Manko wurde durch den begrenzten Aktionsradius wieder wettgemacht. Spätestens nach 35 Litern war nämlich der Tank leer und eine entkrampfende Pause fällig.

S 800 (1967–1971)

»Morgen wird Japan mit den großen Automobilherstellern konkurrieren.« Diese geradezu prophetische Voraussage stammt von der französischen Zeitung »Le Figaro« und erschien im Oktober 1966. Gerade eben hatte Honda auf dem Pariser Automobilsalon die neueste Auflage seines Zwergsportwagens vorgestellt: der S 800 war in aller Munde.

Wie der rund 13.000 mal gebaute S 600 übte sich auch der S 800 im Paarlauf. Neben dem beliebten Cabriolet gab es ein eigenwilliges Schrägheck-Modell im MG-GT-Look, das S 800 Coupé. In Ausstattung und Platzangebot glichen sich die beiden wie ein Ei dem anderen

Auf den ersten Blick unterschieden sich die kleinen Wilden nur durch einen anderen Kühlergrill von ihren Vorgängern. Die wichtigste technische Neuerung betraf den Hinterradantrieb, der ohne Umweg über Zahnräder und Ketten – wie noch beim S 600 – direkt auf die Räder wirkte. Ansonsten hatte sich nur wenig geändert. Die ausgesprochen hübsche gezeichnete Karosserie ruhte immer noch auf einem soliden Kastenrahmen nach alter Väter Sitte; das Cockpit, beherrscht vom Dreispeichen-Lenkrad – jetzt mit Holzkranz-Imitat – wirkte ebenso klassisch wie die Verarbeitung routiniert.

Die Honda-Zwillinge gehören heute zu den wenigen japanischen Fahrzeugen, die einen festen Liebhaberkreis gefunden haben. Die Ersatzteilversorgung ist gesichert, die größte Schwierigkeit dürfte inzwischen sein, eines der raren Exemplare zu ergattern. Wer Glück hat, besitzt damit nicht nur einen seltenen, sondern auch einen zuverlässigen Alltags-Klassiker – was man nun wirklich nicht von jedem Liebhaberfahrzeug behaupten kann.

MODELLE, VARIANTEN, PREISE

Modellreihen: Cabriolet, Coupé mit Heckklappe

Motoren: 606 cm³ / 42 kW (57 PS) bei 8500/min
791 cm³ / 49 kW (67 PS) bei 7570/min ab 9.67

Honda S 800 Cabriolet: mit ihm begann nach der IAA 1967 der Deutschland-Import.

Cabrio und Coupé waren technisch identisch, nur beim Tankinhalt gab es Unterschiede: Das Cabriolet faßte 30, das Coupé 35 Liter.

Honda S 800 1967

Motor	
Zylinder / Bauart	4 Reihe
Bohrung × Hub	60 × 70 mm
Hubraum	791 cm³
Leistung	49 kW / 67 PS bei 7579/min
Max. Drehmoment	72 Nm bei 5800/min
Verdichtung	9,2 : 1
Gemischaufbereitung	4 Keihin-Seiki-Vergaser
Ventile / Steuerung	2 / OHC
Batterie	12 V 40 Ah
Kraftübertragung	
Antrieb	Hinterradantrieb
Getriebe	4-Gang
Übersetzungen	I = 3,95
	II = 2,41
	III = 1,62
	IV = 1,143
	R = 4,52

Fahrwerk	
Radaufhängung vorn	Einzelradaufhängung an Dreieckslenkern, Drehfederstäbe, Teleskopstoßdämpfer
Radaufhängung hinten	Starrachse an Längslenkern und Panhardstab, Schraubenfedern, Teleskopstoßdämpfer
Lenkung	Zahnstangenlenkung
Bremse	vorn: Scheibenbremsen, hinten: Trommelbremsen
Allgemeine Daten	
Gesamtmaße	3335 × 1400 × 1215 mm
Radstand	2000 mm
Spur vorne/hinten	1150/1150 mm
Felgen	4,5 × 13
Reifen	SP 145 × 13 SR
Leergewicht	782 kg
Zul. Gesamtgewicht	950 kg
Höchstgeschwindigkeit	162 km/h
0 auf 100 km/h	13,7 s
Verbrauch l/100 km	10,7 l Super
Tankinhalt	35 l

Ausstattung:	Dreispeichenlenkrad, Drehzahlmesser mit Skala bis 11.000/min, Amperemeter, Tankuhr, elektrische Scheibenwaschanlage, Lichthupe. Abschließbares Handschuhfach.
Varianten:	S 600 – S 800
Preise (DM):	7.795,– / 8.375,– (S 600 Cabrio / Coupé) 7.750,– (S 800 / Coupé)

Chronik:

1964: Im August 1964 siegt ein Honda S 600 beim 500-km-Rennen mit Denis Hulme auf dem Nürburgring in der Einliter-GT-Klasse.

1965: Nach der IAA wird der offizielle Deutschland-Start angekündigt. Zunächst nur als Cabriolet lieferbar, Coupé mit Heckklappe soll bis zum Jahresende folgen. Import erfolgt auf Eigeninitiative einzelner Händler. Dezember 65: S 800-Produktion läuft in Japan an, 12 Exemplare entstehen, noch mit Kettenantrieb.

1966: Im Oktober Europa-Premiere für den S 800 in Paris.

1967: Export nach Deutschland nach der IAA; S 800 in zwei Karosserievarianten zur Auswahl, gleicher Preis für Roadster und Coupé. Gepäckbrücke für Cabrio Sonderausstattung. Modelle mit Starrachse importiert, Scheibenbremsen vorn (in Japan mit Trommelbremsen).

1968: Februar: Produktion des Coupés in Japan eingestellt.

1970: Mai: Cabrio-Produktion eingestellt.

1971: Die letzten gebauten Fahrzeuge erreichen Deutschland und die Schweiz. Insgesamt rund 1200 Fahrzeuge hierzulande verkauft.

Honda Jazz (1984–1986)
Etwas Auto braucht der Mensch

Neue Töne ins Honda-Konzert brachte der Jazz, als Honda City in Japan bestens bekannt. Dort gab es ihn bereits seit 1981 in verschiedenen Versionen: als City Turbo und als City R mit Hochdach, sogar ein schnuckliges Cabriolet mit Überrollbügel war seit August 1984 im Programm. Für Deutschland beließ man es bei der im Frontbereich überarbeiteten Ur-Version.

Der Neuling war mit 3,38 m Länge genauso kurz wie ein Fiat Panda, auch in der Höhe gab es keinen Unterschied, beide waren exakt 147 cm hoch. Dadurch bot der Jazz genügend Kopffreiheit, wie sich überhaupt der Innneraum von einer verblüffenden Geräumigkeit zeigte. Der Vierzylinder-Reihenmotor, quer eingebaut unter der steil abfallenden Motorhaube, leistete in der Normalbenzin-Ausführung 45 PS, als Superbenziner durfte es schon etwas mehr sein: mit dem stärkeren 56 PS Motor erreichte der Stadtfloh aus Hamamatsu eine Höchstgeschwindigkeit von 145 km/h – allemal genug, um im Verkehr gut mitzuschwimmen.

Zu den weniger angenehmen Seiten des Winzlings gehörte der kleine Gepäckraum und die unbequemen Sitze mit der zu kurz geratenen Rückenlehne. Auch der Innengeräuschpegel bei hohen Drehzahlen und nicht zuletzt der mäßige Fahrkomfort ließen eine Jazz-Session zum zweifelhaften Vergnügen werden. Honda Deutschland zog daraus die Konsequenz: wie seine Ur-Ahnen N 360 und N 600 verschwand auch der Jazz schnell wieder aus dem Programm.

Honda Jazz 1984

Motor	
Zylinder / Bauart	4 Reihe, quer eingebaut
Bohrung × Hub	66 × 90 mm
Hubraum	1231 cm³
Leistung	33 kW / 45 PS bei 4500/min
Max. Drehmoment	82 Nm bei 2500/min
Verdichtung	10,2:1
Gemischaufbereitung	1 Zweistufen-Fallstromvergaser
Ventile / Steuerung	2 / OHC
Batterie	12 V 47 Ah
Kraftübertragung	
Antrieb	Vorderradantrieb
Getriebe	4-Gang
Übersetzungen	I = 2,916 II = 1,526 III = 1,041 IV = 0,777 R = 2,916

Fahrwerk	
Radaufhängung vorn	McPherson-Federbeine, Zugstreben
Radaufhängung hinten	Einzelradaufhängung mit Dämpferbeinen und Querlenker, Schraubenfedern
Lenkung	Zahnstangenlenkung
Bremse	vorn: servounterstützte Scheibenbremsen, hinten: selbstnachstellende Trommelbremsen
Allgemeine Daten	
Gesamtmaße	3380 × 1570 × 1470 mm
Radstand	2200 mm
Spur vorne/hinten	1370/1370 mm
Felgen	4 J × 12
Reifen	145 SR 12
Leergewicht	700 kg
Zul. Gesamtgewicht	1070 kg
Höchstgeschwindigkeit	138 km/h
0 auf 100 km/h	18,2 s
Verbrauch l/100 km	8,6 l Normal
Tankinhalt	41 l

MODELLE, VARIANTEN, PREISE

Modellreihen:	Zweitürige Steilheck-Limousine mit Heckklappe
Motoren:	1231cm³ / 33 kW (45 PS) bei 4500/min 1231cm³ / 41 kW (56 PS) bei 5000/min 1231cm³ / 40 kW (54 PS) bei 5000/min ab 1.85
Ausstattung:	Getönte Scheiben, Außenspiegel Fahrerseite von innen einstellbar, Liegesitze vorn, umklappbare Rücksitzlehne, Teppichboden. Ablageschale unter Beifahrersitz
Varianten:	Jazz 45 – Jazz 55
Preise (DM):	11.690,–/12.190,– (Jazz 45 / 55)

Chronik:

1984: Modellreihe im Februar vorgestellt. Japanische Bezeichnung City in Deutschland nicht verwendet, da von Opel für sich geschützt. Zwei Motorversionen zur Auswahl, sonst identisch.

1985: Jazz 55 nur noch in Verbindung mit 3-Stufen-Hondamatic mit Wandlerüberbrückung erhältlich (Januar).

1986: Ab September nicht mehr im Programm für Deutschland.

Honda Civic (seit 1973)
Die Stunde des Siegers

Im Juli 1972 gab es Grund zum Feiern: In Honda-Land wurde die Fünftagewoche eingeführt – und das erste Civic-Modell vorgestellt. Doppelter Grund zur Freude also, denn der Civic brachte Honda Motor Co. endgültig auf die Straße des Erfolges.

Honda Civic (1973–1979)

Die Stunde des Siegers schlug in Deutschland im Oktober 1973. In Japan hochdekoriert als »Auto des Jahres«, startete der Civic 1200 durch. Auf dem japanischen Binnenmarkt war Honda längst eine feste Größe, jetzt galt es, den Export anzukurbeln. Im Gegensatz zu seinen Konkurrenten hatte die Firma von Anfang an auf formale Eigenständigkeit geachtet, und das kam ihr jetzt zugute. Anstatt dem amerikanischen Zeitgeist hinterherzuhecheln, studierte Honda die Kompakten aus Europa. Kurze Frontpartie und schräges Heck, querstehender Frontmotor und Frontantrieb – nach diesem modernen Konzept trat der Champion aus Hamamatsu gegen die Fiat 127, Peugeot 104 oder Renault 5 an.

Pfiffiger Stadtflitzer zur unrechten Zeit: der Honda Jazz 55.

Den Civic 1200 gab es in zwei Ausführungen: als Limousine mit backblechgroßer Kofferraumklappe und als Kombilimousine mit Heckklappe. Beide Versionen konnten mit der »Hondamatik« ausgerüstet werden, Aufpreis dafür 560 Mark.

MODELLE, VARIANTEN, PREISE

Modellreihen:	Zweitürige Schrägheck-Limousine; Limousine mit Heckklappe
Motoren:	1170 cm³ / 40 kW (54 PS) bei 5000/min 1488 cm³ / 51 kW (70 PS) bei 5500/min ab 9.75 1238 cm³ / 40 kW (54 PS) bei 5500/min ab 6.77 1238 cm³ / 44 kW (60 PS) bei 5500/min ab 6.78
Ausstattung:	Gürtelreifen, Bremskraftverstärker, Rückfahrleuchten, Liegesitze, elektrische Scheibenwaschanlage, heizbare Heckscheibe, Radio. Metallic-Lackierung.
Varianten:	Civic 1200/1200 Kombilim. – 1500
Preise (DM):	7.500,– / 7.770,– (1200 / Kombilimousine)

Mit dem N 600-Nachfolger schaffte Honda den Durchbruch: Civic 1200, 1973. Hier mit Heckklappe.

Civic 1200, Modelljahr 1978: Blinker in der Stoßstange und neue Motorhaube ohne seitliche Luftschlitze.

Chronik:

1973: Civic 1200 als Nachfolgemodell des N 600 lanciert. Zwei Karosserievarianten, ein Motor. Links und rechts auf der Haube je drei Lufteintrittsöffnungen.

1975: In Details modifiziert (Federungskomfort, Kopfstützen), Reihe im September durch viertüriges Modell 1500 mit 51-kW-Motor erweitert; DM 10.108. Kennzeichen: zwei Lufteintrittsöffnungen in der Haube und Blechsicke in der Mitte. Nur als Modell mit Kofferraumklappe im Angebot.

1976: Zum Herbst besteht die Modellreihe nur noch aus dem viertürigen Fünfzehnhunderter und der zweitürigen Kombilimousine.

1977: Zur Jahresmitte neues 1238-cm^3-Triebwerk mit 54 PS auf Basis des 1975 vorgestellten Modells mit Schichtlademotor CVCC.

1978: Facelift für den '78er Jahrgang: Begrenzungs- und Blinkleuchten in die Stoßstange intergriert, ebenso wie die Rückfahrscheinwerfer hinten. Kunststoffecken an den Stoßstangenenden. Innere Chromumrandung des Kühlergrills durchgehend, Honda-Enblem in der Mitte. 70-PS-Motor aus dem Programm genommen. Nur noch als Zweitürer mit Heckluke, jetzt mit 60 PS starkem Motor. Neue Motorhaube ohne charakteristische seitliche Öffnungen.

1979: Zum neuen Jahr Ausstattung leicht verbessert (Zweibandradio, Scheibenwischer mit Intervall-Einstellung als dritte Stufe). Ablösung naht zur IAA im September.

Honda Civic (1979–1983)

Nur wenige japanische Autos waren in der Bundesrepublik beliebter als der kleine Civic, weltweit über zwei Millionen Mal verkauft. Das Millionending aus Japan präsentierte sich in neuer Form, hatte seinen Babyspeck verloren und wirkte innen und außen deutlich erwachsener.

Honda Civic 1200 1973

Motor	
Zylinder / Bauart	4 Reihe, quer eingebaut
Bohrung×Hub	70×76 mm
Hubraum	1170 cm^3
Leistung	40 kW / 54 PS bei 5500/min
Max. Drehmoment	78 Nm bei 3500/min
Verdichtung	8,1 : 1
Gemischaufbereitung	1 Zweistufen-Fallstromvergaser Hitachi
Ventile / Steuerung	2 / OHC
Batterie	12 V 45 Ah
Kraftübertragung	
Antrieb	Vorderradantrieb
Getriebe	4-Gang
Übersetzungen	I = 3,000
	II = 1,798
	III = 1,182
	IV = 0,846
	R = 2,916
Fahrwerk	
Radaufhängung vorn	McPherson-Federbeine mit Querstabilisator und -lenkern
Radaufhängung hinten	McPherson-Federbeine mit Querlenkern
Lenkung	Zahnstangenlenkung
Bremse	Bremskraftverstärker, vorn: Scheibenbremsen, hinten: Trommelbremsen
Allgemeine Daten	
Gesamtmaße	3405×1505×1325 mm
Radstand	2200 mm
Spur vorne/hinten	1300/1280 mm
Felgen	4 J×12
Reifen	155 SR 12
Leergewicht	690 kg
Zul. Gesamtgewicht	1050 kg
Höchstgeschwindigkeit	145 km/h
0 auf 100 km/h	15,8 s
Verbrauch l/100 km	9,5 l Normal
Tankinhalt	38 l

Bei der Motorisierung stand nur der überarbeitete Motor aus dem Vorgänger zur Wahl. Mit einem anderen Bohrung-/Hubverhältnis leistete der nunmehrige 1,3 Liter-Vierzylinder im Grundmodell 40 PS, in der stärkeren SL-Version 60 PS. Auch am Fahrwerk hatte sich manches getan, wie der Prelude, der ebenfalls in Frankfurt debütierte, erhielt auch der neue Civic eine Schräglenker-Hinterachse.

MODELLE, VARIANTEN, PREISE

Modellreihen:	Schrägheck-Limousine mit zwei und vier Türen; Kombi
Motoren:	1335 cm³ / 33 kW (45 PS) bei 4500/min 1335 cm³ / 44 kW (60 PS) bei 5000/min 1488 cm³ / 52 kW (70 PS) bei 5750/min ab 1.82
Ausstattung:	Liegesitze, Teppichboden, Tageskilometerzähler, höhenverstellbare Kopfstützen, umklappbare Rücksitzlehne, Schmutzfänger. Metalliclackierung. SL: rechter Außenspiegel, Dachantenne, Radio, Automatikgurte vorn, Drehzahlmesser, Kofferraum-Fernentriegelung, heizbare Heckscheibe, Zigarettenanzünder.
Varianten:	Civic L – S – SL/SLW
Preise (DM):	9.998,– / 11.448,– / 12.258,– (Civic L / SL / Kombi SLW)

Der neue Civic SL Hatchback bei seinem Debüt in Frankfurt, September 1979.

Ab März 1980 lieferbar: Honda Civic SLW Kombi.

Honda Civic 1300 SL 1979

Motor	
Zylinder / Bauart	4 Reihe, quer eingebaut
Bohrung × Hub	72 × 82 mm
Hubraum	1335 cm³
Leistung	44 kW / 60 PS bei 5500/min
Max. Drehmoment	84 Nm bei 300/min
Verdichtung	8,4 : 1
Gemischaufbereitung	1 Zweistufen-Fallstromvergaser Keihin Seiki
Ventile / Steuerung	2 / OHC
Batterie	12 V 47 Ah
Kraftübertragung	
Antrieb	Vorderradantrieb
Getriebe	5-Gang
Übersetzungen	I = 2,916 II = 1,746 III = 1,181 IV = 0,846 V = 0,714 R = 2,916

Fahrwerk	
Radaufhängung vorn	McPherson-Federbeine, Querlenker, Stabilisator
Radaufhängung hinten	McPherson-Federbeine, Schräglenker, Stabilisator
Lenkung	Zahnstangenlenkung
Bremse	Bremskraftverstärker und -regler vorn: Scheibenbremsen, hinten: Trommelbremsen
Allgemeine Daten	
Gesamtmaße	3830 × 1580 × 1355 mm
Radstand	2320 mm
Spur vorne/hinten	1360/1370 mm
Felgen	4,5 J × 12
Reifen	155 SR 13
Leergewicht	740 kg
Zul. Gesamtgewicht	1215 kg
Höchstgeschwindigkeit	147,5 km/h
0 auf 100 km/h	14,6 s
Verbrauch l/100 km	9,5 l Normal
Tankinhalt	41 l

Honda Civic S 1982: nach dem Facelift mit Rechteck-Scheinwerfern und Kunststoff-Stoßfängern.

Chronik:

1979: Deutschland-Premiere auf der IAA, Auslieferung ab November. Neuer 1,3-Liter-Motor mit 33 und 44 kW Leistung. Drei Karosserievarianten: Zweitürer als L (33 kW) und SL (44 kW), Viertürer SL Hatchback und viertüriger Kombi SLW. Unterschiedlicher Radstand, Viertürer und Kombi um 70 mm länger als Basismodell. L mit Vierganggetriebe, Rest Fünfgang. Aufpreis für Automatikgetriebe DM 550,–.

1980: Lieferbeginn Kombi im März; Detailverbesserungen zum Oktober: Heckscheibenwischer, Drehzahlmesser und 13"-Räder Serie. L: heizbare Heckscheibe; SL: Verbundglas-Frontscheibe, Gepäckraumabdeckung, MW/UKW-Radio.

1981: IAA-Pflege: Neue Frontpartie mit Rechteck-Scheinwerfern, Kunsstoff-ummantelte Stoßfänger mit integrierten Nebelschlußleuchten.

1982: Zum Jahresbeginn Vorstellung des Civic S: 1,5 Liter-Motor, Stabilisatoren vorn und hinten; Spoilerlippe, neue Felgen, Zierstreifen, Rauchglas-Sonnendach. Reifen 165/70 SR 13. Preis DM 14.495,–.

1983: Wachablösung zur IAA im September.

Honda Civic (1983–1987)

Wie die Alten sungen...so tönten auch die Jungen. Civic Nummer eins war 1972, 1973 und 1974 zum Auto des Jahres in Japan gekürt worden, die dritte Civic-Generation schaffte dies 1983/84.

Aus dem Civic war inzwischen eine ganze Familie mit drei grundverschiedenen Modell-Varianten entstanden. Der Civic als Zweitürer mit großer Heckklappe blieb das Basismodell, ihn gab es mit wirtrschaftlichen 1,2- und 1,3 l-Triebwerken, als Civic S auch mit spritzigem 1,5 Liter-Vierzylindermotor. An die Stelle des Kombis war die Großraum-Limousine Shuttle (nur mit 63 kW-Maschine erhältlich) getreten und der Civic CRX knüpfte an die Tradition der kleinen Honda S 600- und S-800-Coupés an: Klein, aber oho.

Honda Civic Shuttle 4WD 1983

Motor	
Zylinder / Bauart	4 Reihe, quer eingebaut
Bohrung × Hub	74 × 86,5 mm
Hubraum	1477 cm^3
Leistung	63 kW / 85 PS bei 6000/min
Max. Drehmoment	126 Nm bei 3500/min
Verdichtung	8,7 : 1
Gemischaufbereitung	1 Zweistufen-Fallstromvergaser
Ventile / Steuerung	3 / OHC
Batterie	12 V 47 Ah
Kraftübertragung	
Antrieb	Permanenter Allrad-Antrieb
Getriebe	5-Gang + Geländegang (G)
Übersetzungen	I = 3,166
	II = 1,894
	III = 1,249
	IV = 0,896
	V = 0,750
	R = 3,000
	G = 4,469

Fahrwerk	
Radaufhängung vorn	Dämpferbeine, Querlenker und Drehstabfedern
Radaufhängung hinten	Starrachse; Längslenker, Schraubenfedern, Panhardstab, Gasdruckstoßdämpfer und Stabilisator
Lenkung	Zahnstangenlenkung
Bremse	Bremskraftverstärker, vorn: innenbelüftete Scheibenbremsen hinten: selbstnachstellende Trommelbremsen
Allgemeine Daten	
Gesamtmaße	4040 × 1650 × 1510 mm
Radstand	2450 mm
Spur vorne/hinten	1390/1420 mm
Felgen	4,5 J × 13
Reifen	165 R 13 S
Leergewicht	970 kg
Zul. Gesamtgewicht	1440 kg
Höchstgeschwindigkeit	157 km/h
0 auf 100 km/h	12,4
Verbrauch l/100 km	8,3 l Normal
Tankinhalt	46 l

Der CRX begann alsbald ein reges Eigenleben zu entwickeln. Das einstige Civic-Topmodell steht heute eigenständig innerhalb der Honda-Modellpalette.

MODELLE, VARIANTEN, PREISE

Modellreihen:	Zweitürige Steilhecklimousine; Kombi-Version mit Hochdach (Shuttle); Sport-Coupé CRX.
Motoren:	1187 cm^3 / 40 kW (54 PS) bei 6000/min 1342 cm^3 / 52 kW (71 PS bei 6000/min 1488 cm^3 / 63 kW (85 PS) bei 6000/min 1488 cm^3 / 74 kW (100 PS) bei 5750/min 1590 cm^3 / 92 kW (125 PS) 16V bei 6500/min ab 12.86
Ausstattung:	Einzeln umklappbare Sitze hinten, Ausstellfenster hinten, Digitaluhr, Tankklappe und Gepäckraum von innen zu öffnen, Gepäckraum-Beleuchtung, zwei von innen einstellbare Außenspiegel. Heckscheiben-Waschanlage. CRX: elektrisch bedienbares Stahlschiebedach, Blaupunkt-Stereoanlage.
Varianten:	Civic 1,2 – 1,3 – 1,5 S/1,5i GT – 1,5 Shuttle - CRX 1,5/1,6i-16
Preise (DM):	12.990,– / 13.990,– / 15.990,– (Civic 1,2 / 1,3 / S) 16.990,– / 19.940,– (Shuttle / CRX 1,5)

Nach weltweit 3,2 Millionen verkauften Fahrzeugen erschien 1983 die dritte Civic-Generation. Im Bild der Civic Shuttle.

Civic Coupé CRX 1983: die sportlichste Möglichkeit, einen Civic zu fahren.

Civic Hatchback GT 1985: mit minimalen Verbesserungen ins neue Modelljahr.

Chronik:

1983: Weltpremiere für die neue Civic-Reihe auf der IAA. Drei Karosserievarianten, drei neuentwickelte Motoren. Civic CRX als «Ballade Sports CRX» im Juli in Japan vorgestellt. 40 Prozent der Karosserie-Oberfläche aus Kunststoff. Auslieferung gegen Jahresende. Leichtmetall-Zylinderblock, Zwölfventil-Motoren, CRX mit Einspritzanlage.

1985: Zum neuen Jahr Modellpalette erweitert: 1,5 l-12V-Einspritzer aus CRX auch im Civic Zweitürer (1.5i GT, 18.990,–); Shuttle mit zuschaltbarem Allrad (19.990,–) nach dem Genfer Salon lieferbar.

1986: Weihnachtsbescherung: CRX erhält Facelift und neues Vierventil-Triebwerk mit 1,6 Liter-Hubraum. Heck-, Frontschürze und Stoßfänger jetzt in Wagenfarbe lakkiert, ebenso die Kunststoff-Seitenteile. Rückleuchten neue Optik, anderes Felgendesign, Doppelrohr-Auspuffanlage, neues Interieur. Richtpreis DM 22.490,–. Neue Bezeichnung CRX 1,6i-16.
Detailänderungen an den anderen Modellen: größere Front-Stoßfänger, Dachspoiler in Wagenfarbe gehalten, neues Armaturenbrett und Instrumenten-Layout, andere Lenkräder. Sitze überarbeitet, durchbrochene Kopfstützen. Neue Automatik mit Wandlerüberbrükkung. Shuttle Allrad mit Vico-Kupplung und neuem Interieur; Shuttle mit Frontantrieb neues Felgendesign und modifizierte Front (Grill mit vertikalen Streben). Civic 1.5 GT mit Kat lieferbar (DM 21.280,–).

1987: Ablösung gesamte Modellreihe zur IAA.

Honda Civic (ab 1987)

Es gehört anscheinend zu den ehernen Regeln der Autobauer-Zunft, daß jedes neue Fahrzeug größer zu sein hat als sein Vorgänger. Diesem Diktat unterwarf sich auch Honda, dessen Erfolgs-Modell Civic in der Neuauflage die Vier-Meter-Marke anpeilte, als Stufenheck-Variante sogar darüber lag.
Nur noch wenig Kleinwagenmäßiges also beim vierten Civic, noch nicht einmal der Preis: das Grundmodell war ebenso teuer wie ein gleichstarker Polo und nur wenig billiger als der etwas größere Golf. Wer sich für einen Civic entschied, erhielt eine adrette Außenhülle, flotte Fahrleistungen, einen geräumigen Innenraum, eine zielgenaue Lenkung und ein hochmodernes Vierventil-Triebwerk.

MODELLE, VARIANTEN, PREISE

Modellreihen: Zweitürige Steilheck- und viertürige Stufenheck-Limousine; allradgetriebener Kombi mit Hochdach; Sport-Coupé CRX.

Motoren: 1343 cm³ / 55 kW (75 PS) bei 6300/min
1396 cm³ / 66 kW (90 PS) bei 6300/min
1590 cm³ / 80 kW (109 PS) 16V Kat bei 6300/min

Honda Civic 1,6i 1989

Motor	
Zylinder / Bauart	4 Reihe, quer eingebaut
Bohrung × Hub	75 × 90 mm
Hubraum	1579 cm³
Leistung	81 kW / 110 PS bei 6300/min
Max. Drehmoment	133 Nm bei 5200/min
Verdichtung	9,2:1
Gemischaufbereitung	elektronisch gesteuerte sequentielle Kraftstoffeinspritzung
Abgasreinigungssystem	geregelter 3-Wege-Katalysator mit Lambda-Sonde
Ventile / Steuerung	4 / OHC
Batterie	12 V 47 Ah
Kraftübertragung	
Antrieb	Vorderradantrieb
Getriebe	5-Gang
Übersetzungen	I = 3,250
	II = 1,894
	III = 1,259
	IV = 0,937
	V = 0,771
	R = 3,153

Fahrwerk	
Radaufhängung vorn	McPherson-Federbeine, Doppelquerlenker, Stabilisator
Radaufhängung hinten	McPherson-Federbeine, Doppelquerlenkern, Stabilisator, Längslenker
Lenkung	Zahnstangenlenkung
Bremse	Bremskraftverstärker und -regler, vorn: innenbelüftete Scheibenbremsen, hinten: Scheibenbremsen
Allgemeine Daten	
Gesamtmaße	4295 × 1695 × 1360 mm
Radstand	2500 mm
Spur vorne/hinten	1450/1455 mm
Felgen	5 J × 13
Reifen	175/70 R 13
Leergewicht	940 kg
Zul. Gesamtgewicht	1400 kg
Höchstgeschwindigkeit	185 km/h
0 auf 100 km/h	9,6 s
Verbrauch l/100 km	6,9 l Normal, bleifrei
Tankinhalt	45 l

1590 cm^3 / 96 kW (130 PS) 16V bei 6800/min
1590 cm^3 / 91 kW (124 PS) 16V Kat
bei 6800/min ab 12.86
1493 cm^3 / 66 kW (90 PS) Kat bei 6000/min
ab 3.89
1343 cm^3 / 55 kW (75 PS) 16V Kat bei 6300/min
ab 9.89
1595 cm^3 / 110 kW (150 PS) 16V Kat
bei 7600/min ab 6.90

Ausstattung: Einzeln umklappbare Sitze hinten, Ausstellfenster hinten, Digitaluhr, Tankklappe und Gepäckraum von innen zu öffnen, Gepäckraum-Beleuchtung, zwei von innen einstellbare Außenspiegel. Heckscheiben-Waschanlage, Notrad.

Varianten: Civic 1,3 – 1,4 L – 1,5i – 1,6i/GL – Shuttle 4WD – CRX

Preise (DM): 17.690,– / 18.690,– / 19.990,–
(Civic 1,3 / 1,4 / 1,4 Stufenheck)
23.090,– / 24.290,–
(1,6i Kat / 1,6i GL Stufenheck)
26.490,– (CRX)

Chronik:

1987: IAA-Weltpremiere für die neue Civic-Reihe. Komplett neu, Stufenheck-Modell, außerhalb bislang als Ballade verkauft, steht nun ebenfalls in Deutschland zur Wahl

Seit 1987 auch mit klassischem Stufenheck: Civic Limousine 1,6i.

Civic Shuttle RT 4WD ALB: für 1990 nicht nur Allradantrieb, sondern auch Antiblockiersystem.

1987 vorgestellt, für das Modelljahr 1990 in Details modifiziert: Civic 1,6i.

CRX 1,6i-VT 1990: 150 PS dank variabler Ventilsteuerzeiten. Für 29.990 Mark gibt es auch den zweitürigen Civic mit VTEC-Technik.

(1,6i GL). Auslieferung ab November. Aufpreis Automatik DM 1.200,–. Civic Shuttle unverändert beibehalten; Katalysator im 1,6i GL serienmäßig. Für CRX kein Kat lieferbar.

1988: Neues Shuttle-Modell (Frühjahr): 1,6 L-Motor, Kat, Allrad serienmäßig, elektrisches Glasschiebedach, Zentralverriegelung, Dachreling. DM 27.290,–.
Modifikationen zum Jahresende: Digitaluhr, bessere Feder-/Dämpfer-Abstimmung. Limousine mit 1,4 Liter-Motor ausschließlich mit Servolenkung, Zentralverriegelung. CRX mit Katalysator ab November, Leistungseinbuße 6 PS.

1989: Einführung des 1,5i (Zweitürer) mit geregeltem Katalysator zum Frühjahr, ab September (IAA) geregelter Katalysator für alle Civic-Ableger. Neue Versionen (1,3 Kat Steilheck, 1,5i Stufe). Detail- und Ausstattungsverbesserungen, 1,5i Zweitürer serienmäßig mit Servolenkung.
Alle Modelle zum Jahresende: vergrößerte Rundinstrumente, überarbeitete Armaturentafel. Stylingretuschen im Bereich der Stoßfänger, Heckleuchten und Frontgrills. Shuttle gegen Aufpreis (3.500 DM) mit ALB (4-Rad-Antiblockiersystem) ausgerüstet.

1990: Ab Sommer CRX mit neuem V-TEC-Motor lieferbar: 150 PS bei 7600/min, max. Drehmonent 144 Nm bei 7100/min. 0 auf 100 km/h 8,1 Sekunden, Spitze 222 km/h. V-TEC-System: variable Ventilsteuerzeiten, bei 5300/min wird eine dritte Nockenwelle per Magnetventil aktiviert und übernimmt die Ventilsteuerung. Optik: Leichtmetallräder auf Breitreifen 195/60 R 14V, Stoßfänger, Außenspiel in Wagenfarbe lackiert, Spoiler leicht verändert. Innenraum: Ledersitze mit rotem Schriftzug und Nähten, Ledervolant und Drehzahlmesser mit erweiterter Skala. DM 35.990,–.

Honda CRX 1.6i-16 1988

Motor	
Zylinder / Bauart	4 Reihe, quer eingebaut
Bohrung × Hub	75 × 90 mm
Hubraum	1590 cm^3
Leistung	96 kW / 130 PS bei 6800/min
Max. Drehmoment	143 Nm bei 5700/min
Verdichtung	9,5 : 1
Gemischaufbereitung	elektronische Kraftstoffeinspritzung
Abgasreinigungssystem	geregelter 3-Wege-Katalysator mit Lambda-Sonde
Ventile / Steuerung	4 / OHC
Batterie	12 V 47 Ah
Kraftübertragung	
Antrieb	Vorderradantrieb
Getriebe	5-Gang
Übersetzungen	I = 3,250
	II = 1,944
	III = 1,346
	IV = 1,033
	V = 0,878 /
	R = 3,153

Fahrwerk	
Radaufhängung vorn	McPherson-Federbeine, Doppelquerlenkern, Stabilisator
Radaufhängung hinten	McPherson-Federbeine, Doppelquerlenkern, Stabilisator, Längslenker
Lenkung	Zahnstangenlenkung
Bremse	Bremskraftverstärker und -regler, vorn: innenbelüftete Scheibenbremsen, hinten: Scheibenbremsen
Allgemeine Daten	
Gesamtmaße	3755 × 1675 × 1270 mm
Radstand	2300 mm
Spur vorne/hinten	1450/1455 mm
Felgen	5 J × 14
Reifen	185/60 VR 14
Leergewicht	910 kg
Zul. Gesamtgewicht	1290 kg
Höchstgeschwindigkeit	212 km/h
0 auf 100 km/h	8,1 s
Verbrauch l/100 km	6,9 l Super, bleifrei
Tankinhalt	45 l

Honda Quintet (1980 – 1983)
Accord im Civic-Look

Ein weiteres Standbein in der Mittelklasse: der üppig ausgestattete Honda Quintet, November 1980.

Ein zweites Standbein in der Mittelklasse verschaffte sich Honda mit dem Quintet (in Japan Quint), der Mitte November 1980 offiziell eingeführt wurde. Die modern gestylte Schräghecklimousine bot bei identischer Technik und nahezu gleichen Außenmaßen mehr Nutzwert als der Accord.
Der viertürige Quintet mit Heckklappe glänzte durch die Honda-typische reichhaltige Serienausstattung. Besonders praktisch: die Scheinwerfereinstellung konnte mittels eines Drehknopfs am Armaturenbrett der Beladung angepaßt werden. Rund ein Jahr darauf wurde zur IAA eine Luxusvariante des Fünftürers vorgestellt. Der Quintet EX erhielt serienmäßig eine Servolenkung, ein Sonnendach und ein UKW/MW Stereo-Cassettenradio spendiert. Das Grundmodell verschwand alsbald aus den Preislisten, und auch der EX konnte sich nicht mehr lange halten. Im Sommer 1983 kam das Aus für den Accord im Civic-Look.

MODELLE, VARIANTEN, PREISE

Modellreihen:	Viertürige Schrägheck-Limousine
Motoren:	1602 cm³ / 59 kW (80 PS) bei 5300/min
Ausstattung:	Fahrersitz in Höhe und Neigungswinkel verstellbar, Heckscheibenwischer mit Waschanlage, Kontrolleuchten für nicht geschlossene Türen und defektes Bremslicht, Wartungsintervallanzeige. Gepäckraumabdeckung, Kindersicherung, UKW/MW Radio.
Varianten:	Quintet/EX
Preise (DM):	15.395,– / 16.995,– (Quintet / EX)

Chronik:

1980: Mitte November vorgestellt, Schrägheck-Limousine mit vier Türen und großer Heckklappe. Fünfganggetriebe serienmäßig, auf Wunsch Hondamatik (Aufpreis DM 600,–). Variable Innenraumgestaltung durch mittig umlegbare Rücksitzlehne.

Honda Quintet 1980

Motor

Zylinder / Bauart	4 Reihe, quer eingebaut
Bohrung × Hub	77 × 86 mm
Hubraum	1602 cm³
Leistung	59 kW / 80 PS bei 5300/min
Max. Drehmoment	126,5 Nm bei 3500/min
Verdichtung	8,4 : 1
Gemischaufbereitung	1 Zweistufen-Fallstromvergaser Keihin
Ventile / Steuerung	2 / OHC
Batterie	12 V 47 Ah

Kraftübertragung

Antrieb	Vorderradantrieb
Getriebe	5-Gang
Übersetzungen	I = 3,181
	II = 1,944
	III = 1,291
	IV = 0,928
	V = 0,774
	R = 3,00

Fahrwerk

Radaufhängung vorn	McPherson-Federbeine mit Querlenker und Stabilisator
Radaufhängung hinten	McPherson-Federbeine mit Quer- und Längslenker, Stabilisator
Lenkung	Zahnstangenlenkung
Bremse	Bremskraftverstärker und -regler, vorn: Scheibenbremsen, hinten: Trommelbremsen

Allgemeine Daten

Gesamtmaße	4110 × 1615 × 1355 mm
Radstand	2360 mm
Spur vorne/hinten	1360/1380 mm
Felgen	4,5 J × 13
Reifen	155 SR 13
Leergewicht	950 kg
Zul. Gesamtgewicht	1440 kg
Höchstgeschwindigkeit	163,2 km/h
0 auf 100 km/h	13,8 s
Verbrauch l/100 km	11,7 l Normal
Tankinhalt	50 l

Vier Türen zum bequemen Einstieg, aber knapper Knieraum im Fond. Die Heckklappe wurde von zwei Gasdruck-Stoßdämpfern gehalten.

1981: Zur IAA besser ausgestattete EX-Variante eingeführt: Servolenkung, Sonnendach, Veloursполster, beleuchtetes Handschuhfach. Facelift: Breitband-Scheinwerfer, Kühlergrill mit Honda-Signet in der Mitte, Kunststoff-Stoßfänger, Rückspiegel im vorderen Fensterdreieck.

1983: Im Juli Import beendet.

Honda Concerto (seit 1990)
Keiner fehlt beim Kurkonzert

Einer fehlte beim Honda-Konzert – zumindest bis 1990. Zwischen Civic und Accord klaffte eine Lücke im Modellprogramm, und das mußte geändert werden. Um den europäischen Konkurrenten Golf und Escort, Renault 19 und Fiat Tipo Paroli bieten zu können, lancierte Honda auf dem Genfer Automobilsalon 1990 den Concerto.

Die Uraufführung der neuen Honda-Sinfonie fand im Juli 1988 statt. Sie umfaßte sowohl eine Stufen- als auch eine Fließheck-Limousine mit den 1,5 und 1,6 Liter großen Vierzylinder-Motoren der Civic-Reihe und zwei verschiedenen Allradsystemen. Für Deutschland durfte es etwas weniger sein, zwei Motoren und die geräumige Fließheck-Karosserie sollten vorerst genügen.

Der Neue mit dem klangvollen Namen war das erste in Europa komponierte Honda-Modell. Bei der technischen Entwicklung spielte das »Honda Research and Development Europe-Zentrum« in Offenbach die erste Geige. Innenraumgestaltung und Ausstattung besetzten die Rover-Ingenieure, die somit zu ihrer

Honda Concerto EX 1.6i 1990

Motor

Zylinder / Bauart	4 Reihe, quer eingebaut
Bohrung × Hub	75 × 90 mm
Hubraum	1590 cm³
Leistung	82 kW / 112 PS bei 6300/min
Max. Drehmoment	137 Nm bei 5200/min
Verdichtung	9,1 : 1
Gemischaufbereitung	elektronische Benzineinspritzung PGM-FI mit Schubabschaltung
Abgasreinigungssystem	geregelter 3-Wege-Katalysator mit Lambdasonde
Ventile / Steuerung	4 / OHC
Batterie	12 V / 60 Ah

Kraftübertragung

Antrieb	Vorderradantrieb
Getriebe	5-Gang
Übersetzungen	I = 3,250
	II = 1,894
	III = 1,259
	IV = 0,937
	V = 0,771
	R = 3,153

Fahrwerk

Radaufhängung vorn	Einzelradaufhängung mit unterem Querlenker, Zugstrebe, progressive Schraubenfedern, koaxiale Gasstoßdämpfer und Querstabilisatoren
Radaufhängung hinten	Einzelradaufhängung mit doppelten Dreiecksquerlenkern, progressive Schraubenfedern, koaxiale Gasstoßdämpfer
Lenkung	Zahnstangenlenkung mit Servounterstützung
Bremse	Bremskraftregler, servounterstützt, vorn: innenbelüftete Scheibenbremsen, hinten: Scheibenbremsen

Allgemeine Daten

Gesamtmaße	4265 × 1690 × mm
Radstand	2550 mm
Spur vorne/hinten	1475/1470 mm
Felgen	5 J × 14
Reifen	175/65 R 14
Leergewicht	1085 kg
Zul. Gesamtgewicht	1530 kg
Höchstgeschwindigkeit	185 km/h
0 auf 100 km/h	11,0 s
Verbrauch l/100 km	7,9 l Normal, bleifrei
Tankinhalt	55 l

neuen Rover 200/400-Modellreihe gelangten. Die künstlerische Leitung übernahm Shinya Iwakura, Produktplaner und Designchef mit einer Vorliebe für den Ford Scorpio. Die Produktion des Concerto sollte im englischen Swindon erfolgen: »Honda of the UK Manufacturing Ltd.« – an der die Rover-Gruppe mit 20 Prozent beteiligt war – produzierte zunächst nur die Motoren für Rover 200 und Concerto. Der deutsche Markt sollte mit komplett in England gefertigten Concertos beschickt werden – ein trefflicher Schachzug, um eventuelle Importbeschränkungen und Quotenregelungen nach Einführung des EG-Binnenmarktes 1993 zu umgehen.

Der Concerto wird zunächst nur als Fließheck-Variante angeboten. Eine Coupé- und Cabriolet-Version sind im Gespräch.

MODELLE, VARIANTEN, PREISE

Modellreihen:	Viertürige Schrägheck-Karosserie mit Heckklappe
Motoren:	1590 cm^3 / 82 kW (111 PS) 16V Kat bei 6300/min 1590 cm^3 / 90 kW (122 PS) 16V Kat bei 6800/min
Ausstattung:	Getönte Scheiben, elektr. Fensterheber, Zentralverriegelung, elektrisch verstellbare Außenspiegel, Radio-Cassettengerät mit 2 oder 4 Boxen, elektrisches Glasschiebe/Hubdach. Asymetrisch umklappbare Rücksitzlehne, Gepäckraumabdeckung, progressive Servolenkung.
Varianten:	Concerto EX/EXi
Preise (DM):	ca. 25.000,–

Chronik:

1990: Premiere auf dem 60. Genfer Automobilsalon. Völlig neues Modell, zwischen Civic und Accord angesiedelt, Fließheck-Variante. Rover 200-Reihe wird parallel dazu vertrieben. Concerto-Produktion in England. Deutschland-Start im Oktober.

Honda Concerto 1990: eine Gemeinschaftsentwicklung mit der britischen Rover-Gruppe.

Honda Accord (seit 1976)
Die Viel-Harmoniker

Ein Akkord, so weiß es das Lexikon, ist der »Zusammenklang von mehreren, in der Höhe verschiedenen Tönen«. Die Karriere des gleichnamigen Hondas dagegen begann mit einem Mißklang: die Adam Opel AG ließ den Namen per einstweiliger Verfügung verbieten – wegen Verwechslungsgefahr mit dem Rekord. Man einigte sich. Die japanische Firma verpflichtete sich, den Honda-Schriftzug mindestens ebenso groß zu gestalten wie die eigentliche Typenbezeichnung.

Honda 1600 / Accord (1976–1981)

Außer dieser phonetischen ließen sich beim besten Willen keinerlei Ähnlichkeiten zwischen den beiden Kontrahenten entdecken. Der Wagen, zuerst als »Honda 1600« im Verkauf, entpuppte sich als wohlproportionierte Schrägheck-Limousine mit großer Heckklappe und Coupé-Flair.

Für 11.880 DM erhielt der Kunde eine beispielhaft komplette Ausstattung, einen lautstarken OHC-Motor und eine gefühlsarme Lenkung – Mängel, die den Erfolg des europäischen Japaners nicht beeinträchtigen konnten. Die ersten 4000 Fahrzeuge wurden noch im Einführungsjahr verkauft. 1980 avanciert der Accord, inzwischen auch als Stufenheck-Limousine, zum meistverlangten japanischen Auto in Deutschland.

MODELLE, VARIANTEN, PREISE

Modellreihen:	Zweitürige Schrägheck-, viertürige Stufenheck-limousine
Motoren:	1588cm³ / 59 kW (80 PS) bei 5300/min 1600cm³ / 59 kW (80 PS) bei 5300/min ab 1.79
Ausstattung:	Getönte Scheiben, Verbundglas-Frontscheibe, beheizbare Heckscheibe, Halogen-Licht, Heckscheibenwischer, Gurte hinten, Fernentriegelung für Heckklappe, umlegbare Rücksitzbank, Metallic-Lackierung, Zweiband-Radio.
Varianten:	1600/Accord/Hatchback/EX – Accord/EX
Preise (DM):	11.880,–

Chronik:

1977: Im März Auslieferungsbeginn in Deutschland. Reichhaltig ausgestattet, Zielgruppe: VW-Scirocco-Fahrer. Europa-Premiere auf dem Pariser Salon im Herbst 1976. Rechtsstreit kurz nach Verkaufsstart beendet, der 1600 wird zum Accord, da auf der Heckklappe gleichrangig mit der Typenbezeichnung der Honda-Schriftzug auftaucht.

1978: Zum Frühjahr Stufenheck-Limousine eingeführt, Technik identisch, Viertürer. Preis DM 13.828,–. Zum Spätjahr modifizierter Kühlergrill.

1979: Kontaktlose Zündung und verbesserter Motor (Verhältnis Bohrung/Hub 86,0×77,0) ab Januar. Facelift für die

Honda Accord 1976

Motor	
Zylinder / Bauart	4 Reihe, quer eingebaut
Bohrung × Hub	74 × 93 mm
Hubraum	1588 cm³
Leistung	59 kW / 80 PS bei 5300/min
Max. Drehmoment	125 Nm bei 3700/min
Verdichtung	8,4:1
Gemischaufbereitung	1 Zweistufen-Fallstromvergaser Keihin
Ventile / Steuerung	2 / OHC
Batterie	12 V 45 Ah
Kraftübertragung	
Antrieb	Vorderradantrieb
Getriebe	5-Gang
Übersetzungen	I = 3,181 II = 1,823 III = 1,181 IV = 0,846 V = 0,714 R = 2,916
Fahrwerk	
Radaufhängung vorn	McPherson-Federbeine, Querlenker und -stabilisator
Radaufhängung hinten	McPherson-Federbeine, Querlenker
Lenkung	Zahnstangenlenkung
Bremse	Bremskraftverstärker und -regler, vorn: Scheibenbremsen, hinten: Trommelbremsen
Allgemeine Daten	
Gesamtmaße	4125 × 1620 × 1335 mm
Radstand	2380 mm
Spur vorne/hinten	1400/1390 mm
Felgen	4,5 J × 13
Reifen	155 SR 13
Leergewicht	890 kg
Zul. Gesamtgewicht	1360 kg
Höchstgeschwindigkeit	165 km/h
0 auf 100 km/h	13 s
Verbrauch l/100 km	11 l Normal
Tankinhalt	50 l

Accord EX, Genf 1980: Servolenkung, Velourspolster und elektrische Radioantenne serienmäßig.

Kam, sah und siegte: der Accord 1600 mit Schrägheck. Bereits im Einführungsjahr 1977 wurden über 4000 Fahrzeuge verkauft.

IAA: beide Modelle mit größeren Rückleuchten, breiteren Seitenschutzleisten, Stoßstangenecken bis zu den Radkästen. Innenausstattung farblich abgestimmt. Besser ausgestattete EX-Variante mit Servolenkung, Automatikantenne (nur Stufenheck.), Velourspolsterung. Neue Hondamatik. Preise 14.790,– und 15.750,–. Accord mit Schrägheck erhält die Bezeichnung »Hatchback« bzw. »Hatchback EX«.

1980: Stereo-Cassettenradio wird Serie (September), Accord meistverkauftes japanisches Auto in Deutschland.

1981: Frankfurter IAA im September: der neue Honda Accord.

Honda Accord (1981–1985)

Ein besseres Fahrwerk (Stabilisatoren vorn und hinten), eine stilistisch dem Vorgänger angepaßte, aber geräumigere und glattflächigere Karosserie zeichneten den neuaufgelegten Accord aus. Beim Motor dagegen begnügte man sich mit Detailmodifikationen. Größere Ventile, geänderte Brennraumformen und ein erhöhtes Verdichtungsverhältnis ließen das langhubige Aggregat sparsamer und antrittsschneller werden. In seiner vierjährigen Laufzeit wurde der Accord nur einem größeren Facelift unterzogen. Im Herbst 1983 wurden neue Motoren eingeführt und die Frontpartie abgesenkt, besonders

Die zweite Accord-Generation 1981: Im Vordergrund der Hatchback EX, dahinter die Stufenhecklimousine.

Deutlich verbessertes Fahrverhalten und eine komplett neue Karosserie: Honda Accord, September 1981.

Accord Hatchback 1983: durch neuen Zwölfventil-Motor mit deutlich geänderter Frontansicht.

offensichtlich beim Hatchback. Bei ihm zog sich die Haube nun deutlich zwischen die Scheinwerfer und stellte so einen Bezug zu den neuen Civic-Modellen her.

MODELLE, VARIANTEN, PREISE

Modellreihen:	Hatchback; Limousine
Motoren:	1598 cm³ / 59 kW (80 PS) bei 5000/min
	1598 cm³ / 65 kW (88 PS) bei 6000/min ab 9.83
	1817 cm³ / 74 kW (100 PS) bei 5800/min ab 9.83
Ausstattung:	Wartungsintervallanzeige, Metallic-Lackierung, Drehzahlmesser, Digitaluhr, Fernentriegelung für Kofferraum und Tankklappe. EX: Servolenkung, Scheinwerfer-Waschanlage, Zentralverriegelung, Radio-Cassettenrekorder, elektrische Antenne, Kartentaschen.
Varianten:	Accord L/EX – EXR – Hatchback L/EX
Preise (DM):	15.995,– / 16.995,– (Hatchback / Accord L);
	17.695,– / 18.995,– (Hatchback / Accord EX)

Chronik:

1981: Neue Modellreihe auf der IAA. Zwei Karosserie- und Ausstattungsvarianten.

1983: Überarbeitung der Modellreihe zum September: Einführung von zwei neuentwickelten Motoren (Zwölfventi-

Honda Accord EX 1981

Motor	
Zylinder / Bauart	4 Reihe, quer eingebaut
Bohrung × Hub	77 × 86 mm
Hubraum	1602 cm³
Leistung	59 kW / 80 PS bei 5000/min
Max. Drehmoment	127 Nm bei 3500/min
Verdichtung	8,8 : 1
Gemischaufbereitung	1 Zweistufen-Fallstromvergaser Keihin
Ventile / Steuerung	2 / OHC
Batterie	12 V 47 Ah
Kraftübertragung	
Antrieb	Vorderradantrieb
Getriebe	5-Gang
Übersetzungen	I = 3,181
	II = 1,944
	III = 1,250
	IV = 0,869
	V = 0,741
	R = 3,866

Fahrwerk	
Radaufhängung vorn	McPherson-Federbeine, Querlenker und -stabilisator
Radaufhängung hinten	McPherson-Federbeine, Querlenker und -stabilisator
Lenkung	Zahnstangenlenkung mit Servounterstützung
Bremse	Bremskraftverstärker und -regler, vorn: innenbelüftete Scheibenbremsen, hinten: Trommelbremsen
Allgemeine Daten	
Gesamtmaße	4410 × 1650 × 1375 mm
Radstand	2450 mm
Spur vorne/hinten	1430/1420 mm
Felgen	5 J × 13
Reifen	165 SR 13
Leergewicht	975 kg
Zul. Gesamtgewicht	1520 kg
Höchstgeschwindigkeit	168 km/h
0 auf 100 km/h	13 s
Verbrauch l/100 km	10,4 l Normal
Tankinhalt	50 l

ler, wie beim Prelude verwendet). Spurweite vorn um 15 mm größer. Motorhaube flacher (beim Hatchback zwischen die Scheinwerfer gezogen), neue Scheinwerfereinheiten, Scheibenwischer versenkt, Rückleuchten vergrößert. Innenraum: bessere Sitze, neues Armaturenbrettlayout, Mittelarmstütze hinten. EX-Modelle mit Blaupunkt-Stereocassettenradio. Ausstattungsvariante »EXR« (nur Limousine) mit automatischer Geschwindigkeitskontrolle, LM-Felgen, elektr. Fensterheber und -Schiebedach, Automatikgetriebe; Antiblockiersystem A.L.B.; Stereoanlage. Neue Palette umfaßt sieben Modelle, von DM 17.600,– bis DM 26.990,–.

1985: Die Ablösung erscheint pünktlich zur IAA.

Mit Klappscheinwerfern und Heckklappe, die bis ins Dach hineinragt: Accord Aero Deck 2,0 EXi, zwischen 1985 und 1989 importiert.

Über 75 Prozent aller Kunden entschieden sich für den komplett ausgestatteten Accord mit Stufenheck.

Honda Accord (1985–1989)

»Alles was für den Menschen bestimmt ist, soll seinem Geschmack und seinen Bedürfnissen entsprechen.«
Getreu den Worten ihres großen Vorsitzenden Soichiro Honda verfeinerten die cleveren Technik-Köche ihr Accord-Rezept. Für den mehr rustikalen Geschmack reichten sie den Accord Stufenheck, modisch gestreckt und schnörkellos. Die Anhänger der Nouvelle Cuisine wurden mit einen Coupé á la surprise bedient, in den Preislisten als »Aero-Deck« bezeichnet. Dieses Schlafaugen-Coupé im Langdach-Stil folgte einem Konzept, das die Civic-Modellreihe aus dem Jahre 1983 vorgezeichnet

Honda Accord 2,0 EX Aero-Deck 1985

Motor	
Zylinder / Bauart	4 Reihe, quer eingebaut
Bohrung × Hub	82,7 × 91 mm
Hubraum	1955 cm³
Leistung	78 kW / 106 PS bei 5500/min
Max. Drehmoment	154 Nm bei 3500/min
Verdichtung	9,2 : 1
Gemischaufbereitung	1 Zweistufen-Fallstromvergaser
Ventile / Steuerung	3 / OHC
Batterie	12 V 47 Ah
Kraftübertragung	
Antrieb	Vorderradantrieb
Getriebe	5-Gang
Übersetzungen	I = 3,181
	II = 1,842
	III = 1,250
	IV = 0,937
	V = 0,771
	R = 3,00
Fahrwerk	
Radaufhängung vorn	McPherson-Federbeine, doppelte Dreiecksquerlenker, Stabilisator
Radaufhängung hinten	McPherson-Federbeine, Doppelquerlenker, Stabilisator
Lenkung	Zahnstangenlenkung mit Servounterstützung
Bremse	Bremskraftverstärker und -regler, vorn: innenbelüftete Scheibenbremsen, hinten: Trommelbremsen
Allgemeine Daten	
Gesamtmaße	4335 × 1695 × 1335 mm
Radstand	2600 mm
Spur vorne/hinten	1480/1475 mm
Felgen	5 J × 13
Reifen	185/70 HR 13
Leergewicht	1065 kg
Zul. Gesamtgewicht	1660 kg
Höchstgeschwindigkeit	178,5 km/h
0 auf 100 km/h	10,1 s
Verbrauch l/100 km	9,5 l Normal/bleifrei
Tankinhalt	60 l

hatte – seinerzeit aus der innigen Verbindung von Nippon-Technik und Turiner Formenzauber nach Art des Hauses Pininfarina entstanden. Doch gerade die italienische Küche schien deutschen Gästen nicht zu schmecken. Über 75 Prozent entschieden sich für den gutbürgerlichen Accord.

MODELLE, VARIANTEN, PREISE

Modellreihen:	Viertürige Stufenhecklimousine, zweitüriges Kombi-Coupé Aero-Deck
Motoren:	1598 cm³ / 65 kW (90 PS) bei 6000/min 1955 cm³ / 78 kW (106 PS) bei 5500/min 1955 cm³ / 90 kW (122 PS) bei 5500/min 1955 cm³ / 75 kW (102 PS) Kat bei 5500/min ab 12.86 1955 cm³ / 85 kW (115 PS) Kat bei 5500/min ab 12.86 1958 cm³ / 101 kW (137 PS) 16V bei 6000/min ab 12.86 ab 9.87: 1955 cm³ / 75 kW (102 PS) Kat bei 5500/min 1955 cm³ / 85 kW (116 PS) Kat bei 5500/min 1985 cm³ / 98 kW (133 PS) 16V Kat bei 5500/min
Ausstattung:	Getönte Scheiben, Metallic-Lackierung, Kindersicherung hinten, Quarzuhr, Drehzahlmesser. Fahrersitz in der Höhe verstellbar. EX/EXi: Blaupunkt-Stereo-Cassettengerät mit Travel Ari, Servolenkung, Bereifung 185/70 HR 13.
Varianten:	Accord L – 2,0 EX – 2,0 EXi – 2,0 EXi-16
Preise (DM):	19.490,– / 22.290,– / 25.090,– (Accord L / EX / EXi) 21.790,– / 25.090,– (Aero-Deck / EXi)

Chronik:

1985: Im September Einführung; neues Karosseriedesign, neuentwickelte Mehrventil-Motoren mit Querstrom-Zylinderkopf. EXi-Version mit elektronisch programmierter Einspritzanlage mit Schubabschaltung. Erstmals bei einem Fronttriebler: »Double-Wishbone«-Radführung (doppelte Dreieck-Querlenkern und Achsschenkel) vorn und hinten. Geregelter Katalysator für Stufenhecklimousine Sonderausstattung.

1986: Honda-Antiblockiersystem A.L.B. für EXi gegen Aufpreis verfügbar. Ab Jahresmitte werksseitig umfangreiches Zubehör lieferbar. Styling-Set umfaßt Frontspoiler, Heckschürze, Seitenschweller, Leichtmetallfelgen. Zum Jahresende Modellreihe verstärkt. Topmodell jetzt die 2.0 EXi-16 Limousine mit 16-V-Motor, elektrisch gesteuertem Glasschiebedach und digitalem Radio-Cassettengerät. Front- und Heckschürze in Wagenfarbe lackiert. Serienmäßig mit A.L.B.; Preis DM 30.890,– . Bisher als Option angebotene 2.0 EX Kat-Variante geht in Serie, gleichzeitig Kat-Triebwerk für EXi-Modell.

Honda Accord 2,2i 1990

Motor	
Zylinder / Bauart	4 Reihe, quer eingebaut
Bohrung × Hub	85 × 95 mm
Hubraum	2156 cm³
Leistung	110 kW / 150 PS bei 5900/min
Max. Drehmoment	198 Nm bei 5000/min
Verdichtung	9,8:1
Gemischaufbereitung	elektronisch gesteuerte sequentielle Kraftstoffeinspritzung
Abgasreinigungssystem	geregelter 3-Wege-Katalysator
Ventile / Steuerung	4 / OHC
Batterie	12 V 65 Ah
Kraftübertragung	
Antrieb	Vorderradantrieb
Getriebe	5-Gang
Übersetzungen	I = 3,307 II = 1,809 III = 1,230 IV = 0,933 V = 0,757 R = 3,000

Fahrwerk	
Radaufhängung vorn	McPherson-Federbeine, Doppelquerlenker, Stabilisator
Radaufhängung hinten	McPherson-Federbeine, Doppelquerlenker, Längslenker, Stabilisator
Lenkung	Zahnstangenlenkung
Bremse	Antiblockiersystem ALB vorn: innenbelüftete Scheibenbremsen, hinten: Scheibenbremsen
Allgemeine Daten	
Gesamtmaße	4685 × 1695 × 1390 mm
Radstand	2720 mm
Spur vorne/hinten	1475/1480 mm
Felgen	5,5 J × 15
Reifen	195/60 R 15
Leergewicht	1305 kg
Zul. Gesamtgewicht	1840 kg
Höchstgeschwindigkeit	212 km/h
0 auf 100 km/h	8,4 s
Verbrauch l/100 km	9,0 l Normal, bleifrei
Tankinhalt	65 l

1987: Modellpflege zur IAA: Neue Motoren mit anderem Bohrung/Hub-Verhältnis und Kat für alle Modelle. Basis-Accord 1.6 L aus dem Programm genommen. Limousine: Frontpartie tiefer, Heck um 35 mm angehoben.
1989: Nach vier Jahren Bauzeit abgelöst.

Honda Accord (ab 1989)

Vier Türen und ein Stufenheck gehören in Deutschland zum guten Ton, das hatte die vorherige Accord-Auflage bewiesen. Folgerichtig war Honda Deutschland beim IAA-Neuheitenreigen nur mit einer Accord-Karosserieform präsent: dem klassischen Stufenheck.
In der Optik gab sich der Solist betont konservativ. Der 4,70 m lange Wagen bot durch den längeren Radstand und den um 3 cm höheren Aufbau vor allem den Fondpassagieren mehr Kopf- und Beinfreiheit. Unter der Haube musizierte ein neu engagiertes 16 V-Triebwerk in vier Sätzen, vom 2.0 mit 66 kW bis zum 2.2i mit 110 kW. Erstmals sorgten in einem Accord-Motor zwei Ausgleichswellen für Ruhe im Orchestergraben, und die aufwendige Geräuschdämmung in Sandwich-Bauweise schluckte das Crescendo der Fahr- und Windgeräusche.

Das elektrisch bedienbare Glasschiebedach ist nur beim Accord 2,2i serienmäßig.

MODELLE, VARIANTEN, PREISE

Modellreihen: Viertürige Stufenheck-Limousine
Motoren: 1997 cm³ / 66 kW (90 PS) 16V Kat bei 5500/min
1997 cm³ / 81 kW (110 PS) 16V Kat bei 5700/min
1997 cm³ / 98 kW (133 PS) 16V Kat bei 5300/min
2156 cm³ / 110 kW (150 PS) 16V Kat bei 5900/min ab 4.90

Modernster Motorenbau, betont konservatives Karosseriedesign: Accord 2,0i, 1990.

Ausstattung:	Katalysator, Servolenkung, Zentralverriegelung, Motorantenne, Durchlademöglichkeit in der Mittelarmlehne. 2.0i: ALB, elektrische Fensterheber und Außenspiegel, Scheibenbremsen rundum. 2.2i: Elektrisch bedienbares Glasschiebedach.
Varianten:	Accord – 2.0 – 2.0i – 2.2i
Preise (DM):	28.990,– / 29.990,– / 33.490,– (Accord / 2.0 / 2.0i)

Chronik:

1989: Zur IAA wird der neue Accord vorgestellt. Vier verschiedene Motorisierungsstufen, für Deutschland nur eine Karosserieform vorgesehen, kein Coupé. 85 Prozent aller Blechbauteile verzinkt. Gegen Aufpreis: Elektrisch bedienbares Glaschiebedach DM 1.350,–; Viergang-Automatik DM 1.500,–; elektronisch geregelte Automatik (nur 2.0i mit 110 PS) DM 1.600,–.

1990: Ab Jahresbeginn läuft der bundesweite Verkauf an; April: Auslieferungsbeginn für den 2.2i, das Top-Modell der Reihe. Farben: »Navajo-Rot«; »Charcoal-Granit«; »Noble Silber«; »Florence-Blau«, jeweils Metallic. DM 36.990,–.

Honda Prelude (seit 1979) Vorspiel mit Nachspiel

Prelude, Vorspiel, so hieß das attraktive Honda-Coupé, das im Mai 1979 den bundesdeutschen Markt bereicherte. Zum Vorspiel gehört ein Nachspiel, der Prelude zählt heute zu den beliebtesten Fahrzeugen. Das Coupé, bei dem nur der Name unverändert blieb, überlebte alle seine Konkurrenten, den langschnauzigen Capri ebenso wie den Manta. Erst mit dem Opel Calibra erschien wieder ein aussichtsreicher deutscher Mitbewerber in der Mittelgewichts-Klasse.

Honda Prelude (1979–1983)

Keine Experimente – in Hondas neuem Top-Modell vertraute man bewährter Technik. Der schmucke 2+2-Sitzer erhielt den nur wenig modifizierten 1,6 Liter-Vierzylindermotor aus dem 1976 vorgestellten Accord. Das quer vor der Vorderachse eingebaute Aggregat erreichte sein maximales Drehmoment von 126 Nm bei 3.500 Umdrehungen und die Höchstleistung von 59 kW bei einer Drehzahl von 5.300/min. Dabei erwies sich der Accord-Gastarbeiter als ausgesprochener Leisetreter, Honda ermittelte einen Innengeräusch-Pegel von 72 dB (A) bei einer Geschwindigkeit von 140 km/h.

Technische Änderungen erfuhr auch das Fahrwerk. Während die Radführung vorn an Querlenkern direkt vom Accord über-

Honda Prelude 1979

Motor		**Fahrwerk**	
Zylinder / Bauart	4 Reihe, quer eingebaut	Radaufhängung vorn	McPherson-Federbeine mit Querlenkern, Stabilisator
Bohrung × Hub	77 × 86 mm	Radaufhängung hinten	Einzelradaufhängung an Federbeinen mit Schräglenkern und Schraubenfedern, Stabilisator
Hubraum	1602 cm³	Lenkung	Zahnstangenlenkung
Leistung	59 kW / 80 PS bei 5300/min	Bremse	Bremskraftverstärker und -regler, vorn: Scheibenbremsen, hinten: Trommelbremsen
Max. Drehmoment	126,5 Nm bei 3500/min		
Verdichtung	8,4:1		
Gemischaufbereitung	1 Zweistufen-Fallstromvergaser Keihin		
Ventile / Steuerung	2 / OHC		
Batterie	12 V 47 Ah	**Allgemeine Daten**	
Kraftübertragung		Gesamtmaße	4090 × 1635 × 1295 mm
Antrieb	Vorderradantrieb	Radstand	2320 mm
Getriebe	5-Gang	Spur vorne/hinten	1400/1410 mm
Übersetzungen	I = 3,181	Felgen	4,4 J × 13
	II = 1,842	Reifen	155 SR 13
	III = 1,2	Leergewicht	920 kg
	IV = 0,896	Zul. Gesamtgewicht	1360 kg
	V = 0,718	Höchstgeschwindigkeit	164,2 km/h
	R = 3,0	0 auf 100 km/h	13,8 s
		Verbrauch l/100 km	10,4 Normal
		Tankinhalt	50 l

nommen wurde, traten hinten neuentwickelte Schräglenker an die Stelle der Querlenker. Dazu kam eine ebenfalls neue »Offset-Federung«, die neben besserem Fahrkomfort auch eine längere Lebensdauer der Stoßdämpfer verhieß.

MODELLE, VARIANTEN, PREISE

Modellreihen:	Coupé 2+2
Motoren:	1602 cm³ / 59 kW (80 PS) bei 5300/min
Ausstattung:	Elektrisches Glasschiebedach mit Innen-Jalousie, Stereoradio, regelbare Instrumentenbeleuchtung, Drehzahlmesser und Tachometer in einem Rundinstrument zusammengefaßt mit integrierter Anzeige für nicht korrekt geschlossene Türen. Service – Intervallanzeige für Öl-, Ölfilter- und Reifenwechsel.
Varianten:	Prelude
Preise (DM):	15.798,–

▲
Honda Prelude 1979: bewährte Accord-Technik, ansprechend verpackt.

Bei der Konkurrenz nur gegen Aufpreis, beim Prelude serienmäßig: das elektrische Schiebedach. ▶

Honda Prelude Cabriolet, rund 30 mal umgebaut von der Firma Tropic in Crailsheim: attraktiv, aber wenig verwindungssteif. ▼

Chronik:

1979: Im November 1978 in Japan vorgestellt, im Mai auf dem deutschen Markt: der üppig ausgestattete Accord-Ableger Prelude. Erstes japanisches Automobil mit einem serienmäßig eingebauten und elektrisch bedienbaren Sonnendach. Extras: Hondamatik, Aufpreis DM 640,–.

1980: Zum Jahresende mit Leichtmetallfelgen 5 J×13 und Reifen der Größe 175/70 SR 13 ausgerüstet (weniger seitenwindempfindlich); Heckscheibenwischer Serie, auf Wunsch Servolenkung.

1983: Im März Ablösung durch komplett neuentwickeltes Modell.

Honda Prelude (1983–1987)

Vorhang auf für den neuen Prelude – er wurde zum Welterfolg. Mit ihm begründete Honda seinen Ruf als innovativster der japanischen Autobauer. Ein Schmuckstück: der einzigartige Zwölfventil-Motor. Zwei Einlaß- und ein Auslaßventil pro Zylinder, das gab es in keinem anderen Großserienfahrzeug. Elastisch, leistungsfähig und durchzugsstark, der langhubige Vierzylinder hielt, was die rasante Optik versprach. Und das neue Design mit Klappscheinwerfern ließ die Konkurrenz ganz schön alt aussehen.

Das Fazit der Tester: »Im neuen Honda Prelude ist also jede Menge Musik drin. Dazu ist er ein technisch aufwendiges und zeitgemäß sparsames Auto, bei dem nur noch gewisse Fahrwerksschwächen durchgehende Bestnoten vereiteln.«

MODELLE, VARIANTEN, PREISE

Modellreihen:	Coupé 2+2
Motoren:	1800 cm³ / 77 kW (105 PS) bei 5500/min 1800 cm³ / 74 kW (100 PS) Kat bei 5500/min ab 9.85 1958 cm³ / 101 kW (137 PS) 16V bei 6000/min ab 9.85
Ausstattung:	Sportsitze, Veloursbezüge, Fernentriegelung für Tankklappe und Kofferraum, Warnsummer für Lichtabschaltung. EX: elektrisch bedienbares Sonnendach, Servolenkung, höhenverstellbares Lenkrad, Blaupunkt-Kassettenradio »Hamburg«, elektrische Antenne.
Varianten:	Prelude 1,8/EX – EX 2,0i-16
Preise (DM):	18.490,– / 21.490,– (Prelude / EX)

Chronik:

1983: Einführung des neuen Modells im März. Motorhaube tief heruntergezogen, Klappscheinwerfer. Neu entwickelter Zwölfventil-Motor. Zwei Ausstattungsvarianten: Prelude und Prelude EX. EX gegen Aufpreis (2.500,–) mit Honda-Antiblockiersystem ALB ausrüstbar.

1985: Modellreihe zur IAA überarbeitet und erweitert: Grundmodell 1.8 nur noch als EX erhältlich, mit Detail-Modifikationen (Innenraum, Radkappendesign). Einführung eines Katalysator-Modells mit 74 kW. DM 25.280,–. Neu vorgestellt wird der Prelude EX 2.0i-16 mit DOHC-

Nur der Name war geblieben: Prelude, Modelljahr 1983. Erstvorstellung im November 1982 in Japan.

Motor und Vierventil-Zylinderkopf. (In der Schweiz serienmäßig mit ALB und Katalysator.) Optik: Frontpartie mit Chromzierleiste in der Mitte, große Lufteintritte in der Frontschürze, Ausbuchtung auf der Haube. Stoßstangen, Front- und Heckspoiler in Wagenfarbe, Breitreifen 195/60 HR 13. Heckleuchten breiter. Innenraum-Renovierung umfaßt neugeordnetes Armaturenbrett, neues Lenkrad, bessere Sitze. Ausstattung: Alpine-Radio-Cassettenanlage mit vier Boxen, elektrische Fensterheber, Fahrersitz mit verstellbarer Lendenwirbelstütze. Diverse Kontrolleuchten. Richtpreis DM 28.990,–.

1987: Abgelöst zur IAA.

Con-Moda-Cabriolet auf Basis der zweiten Prelude-Generation. 100 Fahrzeuge bauten die Kölner um.

Prelude 1985: nach der Frankfurter Autoschau mit neuer Optik und verbesserter Ausstattung.

Honda Prelude (seit 1987)

Der Prelude III, rundherum ein neues Auto, sah nur auf den ersten Blick seinem Vorgänger zum Verwechseln ähnlich. Die Karosserie wurde geglättet und entgratet, die Silhouette schnittiger. Als Top-Modell fungierte wiederum der 2.0i-16 mit seinem Zweiliter-Vierventil-Triebwerk, jetzt allerdings zeitgemäß mit einem Dreiwege-Katalysator ausgerüstet. Gegen Aufpreis von 1.400 Mark auch mit Allradlenkung (4WS) erhältlich.

Das 4WS-System übertrug durch eine Welle die Lenkbewegungen auf ein hinteres Lenkgetriebe, das seinerseits über Spurstangen die Hinterräder beeinflußte. Der Ausschlag der Hinterräder (maximal fünf Grad) verhalf zu einer beispielhaften Stabilität beim Spurwechsel, einem fast optimalen Kurvenverhalten bei hoher Geschwindigkeit und zu großer Wendigkeit beim Einparken in enge Lücken.

Honda Prelude EX 1.8 1983

Motor	
Zylinder / Bauart	4 Reihe, quer eingebaut
Bohrung × Hub	80 × 91 mm
Hubraum	1829 cm³
Leistung	77 kW / 105 PS bei 5500/min
Max. Drehmoment	152 Nm bei 4000/min
Verdichtung	9,5:1
Gemischaufbereitung	2 Fallstrom-Gleichdruck-Vergaser
Ventile / Steuerung	3 / OHC
Batterie	12 V 47 Ah
Kraftübertragung	
Antrieb	Vorderradantrieb
Getriebe	5-Gang
Übersetzungen	I = 3,181
	II = 1,944
	III = 1,250
	IV = 0,933
	V = 0,757
	R = 3,0

Fahrwerk	
Radaufhängung vorn	McPherson-Federbeine, Doppelquerlenker und Stabilisator
Radaufhängung hinten	McPherson-Federbeine mit Querlenker und Stabilisator
Lenkung	Zahnstangenlenkung
Bremse	Bremskraftverstärker, vorn: innenbelüftete Scheibenbremsen, hinten: Scheibenbremsen
Allgemeine Daten	
Gesamtmaße	4295 × 1690 × 1295 mm
Radstand	2450 mm
Spur vorne/hinten	1470/1470 mm
Felgen	5 J × 13
Reifen	185/70 HR 13
Leergewicht	995 kg
Zul. Gesamtgewicht	1490 kg
Höchstgeschwindigkeit	184 km/h
0 auf 100 km/h	9,8 s
Verbrauch l/100 km	10,4 Normal
Tankinhalt	60 l

Der Ausschlag der Hinterräder ist beim Allradlenksystem 4WS »4 Wheel Steering« auf fünf Grad begrenzt.

MODELLE, VARIANTEN, PREISE

Modellreihen: Coupé 2+2

Motoren: 1958cm³ / 80 kW (109 PS) Kat bei 5800/min
1985cm³ / 101 kW (137 PS) 16V Kat bei 6200/min
1985 cm³ / 103 kW (140 PS) 16V Kat bei 6000/min ab 4.90

Ausstattung: Geregelter Katalysator, Servolenkung, Glasschiebedach (elektrisch); Automatikantenne, Metallic-Lackierung. EX 2.0i: Blaupunkt-Radio »Bremen«, A.L.B., Zentralverriegelung, elektr. Fensterheber, Außenspiegel elektr. einstellbar, Nebelscheinwerfer. Reifendimension 195/60 VR 14

Varianten: Prelude EX 2.0 – EX 2.0i-16/4WS

Preise (DM): 27.680,– / 34.780,– (EX / EX 2.0i-16)

Chronik:

1987: Völlig neues Modell ab September, 85 mm länger und 5 mm breiter als sein Vorgänger. Einzelrad-Aufhängung an Dreiecks-Querlenkern hinten, neuentwickelter Zweiliter-Dreiventiler mit Katalysator. Spitzenmodell mit Vierventilmotor auf Wunsch mit Allradlenksystem 4WS.

1989: Ab Modelljahr '89 auch Basismodell EX mit 4WS erhältlich. EXi-16 erhält besseres Cassetten-Radio. Sondermodell »Sound Edition« für DM 29.950 mit hochwertiger Stereo-Anlage, Zentralverriegelung und Stoßfängern in Wagenfarbe.

1990: Facelift im April: 16V-Motor leicht überarbeitet (Ventilsteuerzeiten geändert, Verdichtungsverhältnis 9,4); hydraulische Motorlagerung, kürzerer Achsantrieb, Servolenkung jetzt progressiv (vorher linear). Optik: Formänderung Stoßfänger vorn und hinten, Anordnung und Design von Standlicht, Blinker und Nebelscheinwerfer geändert, neue Schutzleisten. Detailmodifikationen innen (Lenkrad, Sitzbezüge); Armaturenbrett überarbeitet. EXi mit zwei in Wagenfarbe lackierten Außenspiegeln; Lederausstattung auf Wunsch.

Bewährte Stilelemente beibehalten: die Prelude-Neuauflage 1987.

EX 2.0i-16, 1990: dezent überarbeitet, mit neuer Abrißkante an der Kofferraumklappe.

Honda Prelude 2.0i-16 4WS 1987

Motor

Zylinder / Bauart	4 Reihe, quer eingebaut
Bohrung × Hub	81 × 95 mm
Hubraum	1958 cm³
Leistung	101 kW / 138 PS bei 6200/min
Max. Drehmoment	175 Nm bei 4500/min
Verdichtung	9 : 1
Gemischaufbereitung	elektronische Kraftstoffeinspritzung
Abgasreinigungssystem	geregelter 3-Wege-Katalysator
Ventile / Steuerung	4 / OHC
Batterie	12 V 50 Ah

Kraftübertragung

Antrieb	Vorderradantrieb
Getriebe	5-Gang
Übersetzungen	I = 3,166
	II = 1,857
	III = 1,259
	IV = 0,935
	V = 0,794
	R = 3,0

Fahrwerk

Radaufhängung vorn	Einzelradaufhängung mit Doppelquerlenkern, Federbeinen, Stabilisator
Radaufhängung hinten	Einzelradaufhängung mit Doppelquerlenkern, Federbeinen, Stabilisator, Längslenker
Lenkung	Zahnstangenlenkung
Bremse	Bremskraftverstärker, vorn: innenbelüftete Scheibenbremsen, hinten: Scheibenbremsen

Allgemeine Daten

Gesamtmaße	4460 × 1695 × 1295 mm
Radstand	2565 mm
Spur vorne/hinten	1480/1470 mm
Felgen	5,5 J × 14
Reifen	195/60 VR 14
Leergewicht	1150 kg
Zul. Gesamtgewicht	1620 kg
Höchstgeschwindigkeit	202 km/h
0 auf 100 km/h	10,3 s
Verbrauch l/100 km	12,7 l Normal, bleifrei
Tankinhalt	60 l

Honda Legend (seit 1987)
Jaguar auf japanisch

Hondas Spitzenmodell Legend war eine Gemeinschafts-Entwicklung mit Austin Rover, mit dem die Japaner schon seit Jahren kooperierten. Erstes sichtbare Resultat dieser eurasischen Verbindung war der Triumph Acclaim von 1981 gewesen, jener Civic-Verschnitt mit Stufenheck, der japanische Technik mit britischem Ambiente verbinden sollte. Der Erfolg blieb zumindest in Deutschland aus. Ungleich vielversprechender ließ sich die Realisierung des Oberklassen-Hondas an, über dessen Entwicklung man sich im August 1983 geeinigt hatte. Zweieinhalb Jahre später feierte der anglo-japanische Zögling auf der Tokio Motor Show sein Debüt.
Als Antriebsquelle diente ein neuentwickelter Sechszylinder-Motor, bestückt nach den letzten Erkenntnissen japanischer Ingenieurskunst. Dagegen prägte britisches Understatement die äußere Erscheinung. Lediglich die pausbäckigen Wülste über den Radläufen (auf die der Rover verzichtete) paßten nicht so recht zu der schnörkellosen Sachlichkeit der Sechszylinder-Limousine. Gegensätzliches auch im Innenraum: kühle Funktionalität und reichlich Plastik beim Legend; Holz, Leder und Kaminfeuer-Atmosphäre beim Rover 825 Sterling.
Gebaut wurde der Legend im britischen Austin Rover-Werk von Cowley. Das Coupé dagegen, ab Dezember 1987 lieferbar, entstand in Saitama und wurde über das belgische Gent nach Deutschland geschafft.

MODELLE, VARIANTEN, PREISE

Modellreihen:	Viertürige Limousine, Coupé
Motoren:	2493 cm³ / 127 kW (173 PS) 16V bei 6000/min 2493 cm³ / 110 kW (150 PS) 16V Kat bei 5800/min 2675 cm³ / 132 kW (180 PS) 16V Kat bei 6000/min ab 12.87
Ausstattung:	Außenspiegel li/re elektrisch einstellbar, elektrische Fensterheber und Fahrersitzverstellung, Tempomat. Elektrisches Schiebe-/Hubdach (Glas), Blaupunkt-Radio-Cassettengerät, Zentralverriegelung, Leichtmetallfelgen, Servolenkung. Coupé: A.L.B.
Varianten:	Legend V6 2.5 – V6 L Kat – V6 2.7 Kat.
Preise (DM):	39.800,– / 43.900,– (Legend V6 / V6 Kat)

Honda Legend V6 2.7i Coupé 1988

Motor	
Zylinder / Bauart	V6, quer eingebaut
Bohrung × Hub	87×75 mm
Hubraum	2656 cm³
Leistung	124 kW / 169 PS bei 5900/min
Max. Drehmoment	225 Nm bei 4500/min
Verdichtung	9:1
Gemischaufbereitung	elektronisch gesteuerte sequentielle Kraftstoffeinspritzung
Abgasreinigungssystem	geregelter 3-Wege-Katalysator
Ventile / Steuerung	4 / OHC
Batterie	12 V 65 Ah
Kraftübertragung	
Antrieb	Vorderradantrieb
Getriebe	5-Gang
Übersetzungen	I = 2,923 II = 1,798 III = 1,222 IV = 0,909 V = 0,750 R = 3,000
Fahrwerk	
Radaufhängung vorn	Einzelradaufhängung mit Doppelquerlenkern, Federbeinen, Stabilisator
Radaufhängung hinten	Einzelradaufhängung mit Doppelquerlenkern, Federbeinen, Stabilisator, Längslenker
Lenkung	Zahnstangenlenkung
Bremse	Bremskraftverstärker und -regler, Anti-Blockier-System ALB, vorn: innenbelüftete Scheibenbremsen, hinten: Scheibenbremsen
Allgemeine Daten	
Gesamtmaße	4775 × 1745 × 1370 mm
Radstand	2705 mm
Spur vorne/hinten	1500/1500 mm
Felgen	5,5 J × 15
Reifen	205/60 VR 15
Leergewicht	1395 kg
Zul. Gesamtgewicht	1920 kg
Höchstgeschwindigkeit	213 km/h
0 auf 100 km/h	8,8 s
Verbrauch l/100 km	10,1 l Normal, bleifrei
Tankinhalt	68 l

Chronik:

1987: Im Mai soll der Verkauf in Deutschland des neuen Honda-Topmodells beginnen (Parallelmodell zum englischen Rover 825 Sterling). Qualitätsprobleme bei Rover und die Weigerung des Kraftfahr-Bundesamtes, den Legend als Honda anzuerkennen, verzögern den Start bis zum Herbst. In Amerika eigenes Vertriebsnetz aufgebaut, Legend nennt sich dort »Acura«, erntet beste Kritiken. Grundmodell hier ohne Katalysator erhältlich. Ab Dezember wird das auf der IAA vorgestellte Coupé eingeführt. Dank größerer Bohrung 2,7 Liter Hubraum; »Double Wishbone«-Einzelradaufhängung rundum. Nur mit Katalysator-Triebwerk, DM 52.800,–. Aufpreis Automatik DM 2.100,–.

1988: Zur Jahresmitte Limousine mit dem 2,7 Liter V6-Triebwerk des Coupés. Nur noch als Katalysator-Modell Legend V6 2.7 Kat erhältlich (DM 51.990,–).

1989: Mai: Double-Wishbone Federung auch für Limousine; Mittelkonsole aus Wurzelholz, Zentralverriegelung über Fernbedienung. Wichtigste IAA-Neuheit: gegen Aufpreis von DM 2.500,– Airbag (SRS-Airbag-System) erhältlich.

Hondas Einstieg in die Oberklasse erfolgte 1987 mit der Legend-Reihe, die in den USA unter dem Namen »Acura« verkauft wird.

Durchzugskräftiger Sechszylinder-Motor, doch leichte Schwächen auf schlechten Fahrbahnen: Honda Legend Coupé 1987.

Legend / Acura als Cabrio: ein vollwertiger Viersitzer mit elektrischer Verdeckbetätigung. Die Hamburger Firma Design+Technik baute 1988 zwei Prototypen.

Honda NS-X (seit 1990)
Ferrari aus Fernost

Weder Porsche noch Ferrari, weder Renault noch die Ford Cosworth beherrschten das Formel-1-Geschehen der späten Achtziger, Williams-Honda dominierte auf den Pisten zwischen Monaco und Suzuka. Der supersportliche NS-X im Ferrari-Format sollte Hondas Vormachtstellung auch auf der Straße dokumentieren.

Das Lastenheft war schnell geschrieben: Leicht, flach, stark und alltagstauglich sollte das neue Honda-Flaggschiff werden. Die fünfköpfige Sportkommission unter Shigeru Uehara begab sich ins Trainingslager nach Tochigi. Von Anfang an wurde das Mittelmotorkonzept favorisiert, nur so ließen sich ideales Handling und optimale Kraftübertragung verwirklichen. Das Herz des 1280 Kilogramm schweren Spitzensportlers NS-X bestand aus einem völlig neuentwickelten V-Sechszylinder mit zwei obenliegenden Nockenwellen pro Zylinderreihe, mit variabler Ventilsteuerung (V-TEC) und 270 PS Leistung. Man installierte ihn mittschiffs quer vor der Hinterachse; die Wärmetauscher, durch die Lufteinlässe vor den Hinterrädern reichlich mit Frischluft versorgt, beugten dem thermischen Kollaps vor. Die Kraftübertragung auf die Hinterräder übernahm ein butterweich zu schaltendes Fünfgang-Getriebe; Differentialsperre und Antischlupfregelung (TCS) verhinderten Fehlstarts.

Ein erfolgreicher Sportler hat kein Gramm Fett zuviel, Cheftrainer Ushera achtete streng auf Diät. Die verordnete Aluminimbeplankung statt der üblichen Karosseriebleche sparte rund 140 Kilogramm ein, Allradantrieb und -lenkung bedeuteten nur unnötigen Ballast und waren daher entbehrlich. Konsequenter Leichtbau auch bei der Fahrwerkskonstruktion, die »Double wishbone«-Radaufhängungen wurden ebenfalls aus Aluminium gefertigt. Alle vier Achsschenkel hingen an gegossenen Dreiecksquerlenkern.

Sieht aus wie Ferrari, klingt wie Porsche, aber funktioniert wie ein Honda – die kompromißlose Sportlichkeit der europäischen Asphaltelite suchte man beim NS-X vergeblich. Der Sechszylinder-Vierventiler ging vergleichsweise dezent zu Werke, der Innengeräuschpegel erreichte nie die Schmerzgrenze. Armaturenbrett und Innenarchitektur waren funktionell und sachlich, sogar an die Warnleuchte für nicht geschlossene Türen hatte man bedacht. Kupplung, Bremse und Lenkung ließen sich ohne übermäßigen Kraftaufwand bewegen, und der Kofferraum unter der spoilerbewehrten Heckklappe machte mit einem Fassungsvermögen von 242 Litern seinem Namen alle Ehre. Der alltagstaugliche Bolide mit seinem ganz auf Gutmütigkeit abgestimmten Fahrwerk (bewußt untersteuernd ausgelegt) ließ sich in jeder Situation souverän beherrschen. Im Grenzbereich dagegen war ein sensibles Fahrerhändchen unabdingbar: ein Mittelmotorsportler am Limit verzeiht keine Fehler.

Honda NS-X 1990

Motor	
Zylinder / Bauart	V6 Mittelmotor, quer vor der Hinterachse
Bohrung × Hub	90,0 × 78 mm
Hubraum	2977 cm³
Leistung	201 kW / 274 PS bei 7300/min
Max. Drehmoment	284 Nm bei 5400/min
Verdichtung	10,2 : 1
Gemischaufbereitung	elektronische Benzineinspritzung PGM-FI
Abgasreinigungssystem	Zwei geregelte 3-Wege-Katalysatoren mit Lambda-Sonde
Ventile / Steuerung	4 / DOHC, variable Ventilsteuerung VTEC
Batterie	12 V 68 Ah
Kraftübertragung	
Antrieb	Hinterradantrieb mit Tracktionskeilrolle, Sperrdifferential
Getriebe	5-Gang
Übersetzungen	I = 3,071 II = 1,727 III = 1,230 IV = 0,967 V = 0,771 R = 3,186

Fahrwerk	
Radaufhängung vorn	Einzelradaufhängung mit unteren und oberen Dreiecksquerlenkern, Schraubenfedern, Stoßdämpfer und Querstabilisator
Radaufhängung hinten	Einzelradaufhängung mit unteren und oberen Dreiecksquerlenkern, Schraubenfedern, Stoßdämpfer und Querstabilisator
Lenkung	Zahnstangenlenkung mit Servounterstützung
Bremse	Bremskraftverstärker und -regler, zuschaltbares 4-Kanal-ALB-System, vorn und hinten innenbelüftete Scheibenbremsen
Allgemeine Daten	
Gesamtmaße	4315 × 1800 × 1170 mm
Radstand	2500 mm
Spur vorne/hinten	
Felgen	vorn: 6,5 J × 15 hinten: 8 J × 16
Reifen	vorn: 205/50 ZR 15 hinten: 225/50 ZR 16
Leergewicht	1300 kg
Zul. Gesamtgewicht	1520 kg
Höchstgeschwindigkeit	250 km/h
0 auf 100 km/h	6 s
Verbrauch l/100 km	10, Super bleifrei
Tankinhalt	70 l

MODELLE, VARIANTEN, PREISE

Modellreihen: Zweisitziges Sportcoupé
Motoren: 2977 cm^3 / 199 kW (270 PS) 16V Kat bei 7300/min
Ausstattung: Lederausstattung, mehrfach verstellbares Lederlenkrad. Elektrisch betrieben: Sitzverstellung, Fensterheber, Außenspiegel und Radioantenne. Auf der Fahrerseite: Honda Airbag. 4-Kreis-Antiblockiersystem ALB, Antischlupfsystem TCS, Klimaanlage. Elektronisch gesteuerte Servolenkung (Automatikversion). Zwei geregelte Katalysatoren.
Varianten: Honda NS-X
Preise (DM): ca. 130.000,–

Alltagstauglicher Hochleistungs-Sportwagen: Honda NS-X 1989. Hier ein Vorserien-Exemplar mit leistungsgesteigertem Legend-Motor.

Alles drin, alles dran: der NS-X soll mit seiner üppigen Ausstattung vor allem die amerikanische Kundschaft überzeugen. Dort wird er über die Acura-Schiene vertrieben.

Chronik:

1990: Europa-Debüt Genf 1990. Zweisitziges Mittelmotor-Sportcoupé mit Aluminium-Monocoque und Aluminium-Karosserie. Heckantrieb, Achslastverteilung 43 Prozent vorn und 57 Prozent an der Hinterachse. Wassergekühlter Sechszylinder-V-Motor, vom Legend-Triebwerk abgeleitet. Mehrventil-Zylinderkopf, Titan-Pleuel; variables Ventilsteuersystem V-TEC, neues Antiblockiersystem mit jeweils einem Regelkreis pro Rad. Lieferbeginn in Deutschland Ende November.

Zum Produktionsbeginn mit modifizierter Frontpartie und neuentwickeltem Sechszylinder-Mittelmotor: NS-X, Genf 1990.

ISUZU

Isuzu
General Motors ist überall

Isuzu-Gesamtzulassungen in Deutschland (Pkw/Kombi/Geländewagen)

1983: 1.488	1986: 5.592	1989: 6.139
1984: 3.029	1987: 5.656	
1985: 4.219	1988: 7.827	

»Wer den Deutschen ein Auto verkaufen will, muß schon etwas bieten«, das wußten schon die Nissan-Werber 1975. Isuzu nahm sich diese Erkenntnis nicht zu Herzen: Sie erschienen zum Jahresende 1987 mit dem Typ Gemini in Deutschland, einem entfernten Verwandten des Opel Kadett und erlebten ein Desaster. Ende März 1990 schloß die Importzentrale in Bremerhaven wieder ihre Pforten: Das Auto »aus einer anderen Welt« konnte hier nicht landen.

Der drittgrößte Nutzfahrzeughersteller Japans und nach Mercedes-Benz zweitgrößte Hersteller von Dieselmotoren war 1981 mit dem Geländewagen Trooper erstmals in Deutschland in Erscheinung getreten. Als Importeur zeichnete die Conveco Vehicle Sales mit Sitz in Rüsselsheim. Sie setzte über ihre 450 Stützpunkthändler, zumeist Opel-Niederlassungen, jährlich 6000 Fahrzeuge ab. General-Motors Tochter Opel ergänzte somit ihre Modellpalette um einen Geländewagen, und die leichten Isuzu Midi-Transporter füllten die Lücke, die seit dem Auslaufen der Opel Blitz und Bedford entstanden war.

Doch die bewährten Opel-Vertriebswege konnten für den Gemini nicht genutzt werden, und es ist nicht gelungen, ein genügend engmaschiges Händlernetz aufzubauen. Das war aber sicher nicht der einzige Grund für das Scheitern von Isuzu. Der neue Gemini war ein alter Hut, in Japan lief er bereits seit 1984; er erschien zuerst mit Dieseltriebwerk – in Deutschland herrschte Flaute – ; er war teuer und die Marke vollkommen unbekannt. Es gab keinen Grund, ausgerechnet einen Gemini zu kaufen.

In Japan kannte man Isuzu sehr wohl. Die Marke beschäftigte sich schon seit 1916 mit dem Autobau. In diesem Jahr schlossen sich die Tokio Ishikawajiama-Schiffahrtsgesellschaft und die Tokyo Gas and Electric Industrial Co zusammen. 1918 verständigte man sich mit dem englischen Hersteller Wolseley und sicherte sich die Rechte für den Alleinvertrieb in Fernost. Im Dezember 1922 erschien der erste in Japan gebaute Lizenz-Wolseley, ein A9-Typ. Unabhängig davon wurden 1929 die Ishikawajiama Automotive Works gegründet. Die neue Firma, bald in Automoble Industries Co umbenannt, widmete sich der Entwicklung eigener Fahrzeuge, vordringlich der Nutzfahrzeugen, die sie unter den Markennamen »Sumida« und »Chiyoda« vertrieben. Beide faßte man dann unter dem »Isuzu«-Dach zusammen.

»Isuzu Motor Ltd«, so heißt die Firma seit 1949, beschäftigte sich überwiegend mit der Nutzfahrzeugproduktion (der erste Isuzu-Diesel – 5,3 Liter, Luftkühlung – erschien 1936). Obwohl der Prototyp einer Limousine bereits 1943 fertiggestellt wurde, fängt die Geschichte von Isuzu als Hersteller von Personenwagen erst 1953 an. Die britische Roots-Gruppe vergab die japanischen Rechte und lieferte Bausätze, die Isuzu dann vor Ort montierte und komplettierte. 1957 wurde der Hillman »Minx« von der ersten bis zu letzten Schraube in Japan hergestellt.

Der erste echte Isuzu-Personenwagen, der Bellel von 1961, erinnerte an zeitgenössische Franzosen wie den Simca Aronde. Sein Nachfolger Bellet von 1963 war der erste japanische Personenwagen, den es auch mit einem Dieseltriebwerk gab. Italienischen Schick brachte die Isuzu-Neuerscheinung des Jahres 1966: der schmucke »117 Sport« erhielt von italienischen Designkünster Ghia eine schnittige Coupé-Karosserie angepaßt. Das teuerste japanische Auto blieb, nur mäßig modifiziert, bis 1981 im Programm. Nachfolger wurde der Piazza, gezeichnet vom Giorgetto Giugiaro (Ital Design).

Um seine Pkw-Produktion auf breitere Basis zu stellen – die Yen wurden nach wie vor bei den Lastwagen verdient – war Isuzu seit Mitte der sechziger Jahre auf Suche nach geeigneten Partnern. Eine Zusammenarbeit mit Fuji Heavy Industries (Subaru) scheiterte 1968 nach kaum zwei Jahren, und die mit Mitsubishi war noch kurzlebiger. Auch Nissan zeigte nur kurzfristig Interesse, im März 1970 vereinbart, endete sie nach reichlich einem Jahr. Der Pkw-Ausstoß ging dramatisch zurück, waren es 1968 noch 39.776 Wagen, so verließen 1970 nur noch 18.815 Isuzus die Fabrikhallen.

Als Retter in der Not erschien General Motors. Der größte Automobilproduzent der Welt übernahm im September 1971 34 Prozent der Anteile, modernisierte die Modellpalette und gab den Anstoß zur Pick-up- und Geländewagen-Entwicklung. Das erste neue Pkw-Modell der amerikanisch-japanischen Ehe war der Gemini von 1974, eine Abart des Opel Kadett. Seine Ablösung erschien 1984 – eben jener Gemini, der sich in Deutschland überhaupt nicht durchsetzen konnte.

Isuzu Gemini (1988–1990)
Wie aus einer anderen Welt

»Ein Auto wie aus einer anderen Welt« – mit diesem Slogan über den zweifarbigen Anzeigen stellte sich Mitte 1988 ein neuer Kompaktwagen in Deutschland vor. Der Bote aus der schönen neuen Welt hieß Gemini, abgesandt hatte ihn Isuzu Motors Ltd., Tokio. In Deutschland kannte man den General Motors-Ableger durch seine Geländewagen (Trooper) und die leichten Nutzfahrzeuge der Midi-Klasse.

Der erste Gemini war 1975 als Ablösung des betagten Bellet erschienen. Von ihm übernahm er die Technik und vom Opel Kadett die Karosserie. Noch bis 1984 war der Gemini in dieser Form erhältlich – nach den Maßstäben der schnellebigen Modellzyklen eine kleine Ewigkeit. Der Nachfolger sollte dem nicht nachstehen, deswegen wurde das renommierte italienische Studio Ital Design damit beauftragt, eine ähnlich zeitlose Kompaktkarosse zu entwerfen. Giorgio Giugiaros Kadett-Widerpart erschien mit Stufen- und Schrägheck. Unter der Haube nagelte ein 1,5 Liter großer Vierzylinder-Diesel.

Der laufruhige Selbstzünder mit Vorglüh-Automatik zählte zu den besten Seiten des Italo-Japaners: geräuscharm, durchzugsstark – schon lange vor dem maximalen Drehmoment von 92 Nm bei 3000/min – und sparsam. Um die Leistungsausbeute dagegen war es nicht so gut bestellt; der 50 PS starke Diesel erreichte kaum die in den Papieren angegebene Höchstgeschwindigkeit von 145 km/h. Richtig in die vollen ging Isuzu dagegen beim Anschaffungspreis, der zweitürige Gemini CLD war mit 18.490 Mark um 365 Mark teuerer als ein viertüriger Golf Diesel in Grundausstattung.

Nicht zuletzt deswegen: das Auto aus der anderen Welt konnte hier nicht landen, daran änderte auch der Ende 1988 eingeführte Gemini GTi 16V nichts. Nach zum Teil dramatischen Preissenkungen stellte Isuzu im März 1990 den Pkw-Import nach Deutschland wieder ein. Der ungleich attraktivere Piazza, das von Ital Design entworfene Sportcoupé, gelangte nicht mehr in den Verkauf.

MODELLE, VARIANTEN, PREISE

Modellreihen:	Viertürige Stufenhecklimousine, mit Schrägheck als Zwei- und Viertürer
Motoren:	1488 cm^3 / 37 kW (50 PS) Diesel bei 4800/min 1488 cm^3 / 49 kW (67 PS) Turbo-D bei 4600/min 1588 cm^3 / 85 kW (115 PS) 16V Kat bei 7200/min ab 1.89
Ausstattung:	Getönte Scheiben, Ausstellfenster hinten, (Fließheck), beide Außenspiegel von innen einstellbar, höhenverstellbares Lenkrad, Kindersicherung hinten. Radiovorbereitung, Heck- und Tankklappe von innen zu entriegeln. Digitaluhr, Servolenkung.

Hätte das luxuriöse Piazza-Coupé, statt des Gemini nach Deutschland importiert, das Isuzu-Desaster verhindert?

Isuzu Gemini GTi 16V 1989: Das Auto vom anderen Stern erlebte ein Bruchlandung. Hier eine in der Schweiz angebotene Stufenheck-Version.

Isuzu Gemini GTI 16V 1989

Motor	
Zylinder / Bauart	4 Reihe
Bohrung × Hub	80×79 mm
Hubraum	1588 cm³
Leistung	85 kW / 125 PS bei 6800/min
Max. Drehmoment	130 Nm bei 4800/min
Verdichtung	9,8:1
Gemischaufbereitung	elektronisch Kraftstoffeinspritzung
Abgasreinigungssystem	geregelter 3-Wege-Katalysator mit Lambda-Sonde
Ventile / Steuerung	4 / DOHC
Batterie	12 V 50 Ah
Kraftübertragung	
Antrieb	Vorderradantrieb
Getriebe	5-Gang
Übersetzungen	I = 3,727
	II = 2,043
	III = 1,448
	IV = 1,027
	V = 0,829
	R = 3,583
Fahrwerk	
Radaufhängung vorn	McPherson-Federbeine Querlenker, Stabilisator
Radaufhängung hinten	Verbundlenkerachse mit Längslenker und Schraubenfedern, Stabilisator, Gasdruckstoßdämpfer
Lenkung	Zahnstangenlenkung
Bremse	Bremskraftverstärker, vorn: innenbelüftete Scheibenbremsen, hinten: selbstnachstellende Trommelbremsen
Allgemeine Daten	
Gesamtmaße	3995×1615×1380 mm
Radstand	2400 mm
Spur vorne/hinten	1410/1390 mm
Felgen	5 J×14
Reifen	185/60 R 14
Leergewicht	986 kg
Zul. Gesamtgewicht	1430 kg
Höchstgeschwindigkeit	188 km/h
0 auf 100 km/h	9,6 s
Verbrauch l/100 km	10,5 Normal bleifrei
Tankinhalt	42 l

Auch der GTI konnte, trotz beachtlichen Qualitäten, den Isuzu-Niedergang nicht verhindern.

Klobiges Lederlenkrad, gewöhnungsbedürftige Bedienungssatelliten – Gemini GTi.

Varianten: CLD/GLD–GTD/GLTD/Super GLTD–GTi 16V
Preise (DM): 18.490,- / 19.990,- (CLD Fließheck / Limousine)
21.495,- / 23.295,- (GLD Fließheck / Limousine)
22.630,- (GTD Fließheck)
25.780,- (Super GLTD Limousine)

Chronik:

1988: Einführung im Mai. Drei Karosserievarianten, zwei Dieselmotoren, auch als Turbodiesel (GTD bzw. GLTD, 67 PS). Vertrieb über eigenes Netz, Geländewagen und Nutzfahrzeuge weiterhin über GM/Opel.

1989: Einführung des GTi 16V (Januar): Neuentwickelter Vierventilmotor mit geregeltem Katalysator. Nur als Zweitürer mit Fließheck. Stoßstangen als Spoiler bzw. Heckschürze ausgebildet, Schwellerverbreiterung, Heckspoiler, Dreispeichenlenkrad. Fahrwerksabstimmmung unter Mithilfe von Opel-Tuner Irmscher. 24.950 Mark.

1990: Deutschland-Export endet im März, Ersatzteilversorgung gesichert. Radikale Preissenkungen für alle Gemini-Modelle (DM 6.000,- durchschnittlich).

MAZDA

Mazda

Felix Wankels Musterschüler

Mazda-Gesamtzulassungen in Deutschland (Pkw/Kombi/Transporter)

1973: 458	1979: 32.398	1985: 66.863
1974: 1.926	1980: 46.727	1986: 86.172
1975: 4.849	1981: 44.143	1987: 90.969
1976: 8.972	1982: 40.573	1988: 91.508
1977: 15.363	1983: 58.567	1989: 89.155
1978: 17.391	1984: 63.474	

Kork ist ein vielseitig verwendbarer Rohstoff, auch Jujiro Matsuda hatte Verwendung dafür: Die »Toyo Cork Kogyo«, die er 1920 gründete, widmete sich vor allem der Veredelung von Kork. Das aufstrebende Unternehmen, nur einen Steinwurf von der Hafenstadt Hiroshima entfernt angesiedelt, entdeckte bald darauf ein weiteres, sehr lukratives Betätigungsfeld: den Maschinenbau und insbesondere die Produktion von Werkzeugmaschinen. 1927 war die Kork-Ära überwunden, man verbannte das Wort gleich aus dem Firmennamen. Am 1. Mai 1984 wurde das Unternehmen zum letzten Mal umbenannt und firmiert seitdem als »Mazda Motor Co.«

1930 kam die Firma aus Hiroshima auf das Rad. Ihr Motorrad-Prototyp konnte sich jedoch nicht durchsetzen. Die Zweirad-Produktion wurde unverzüglich wieder eingestellt, das im folgenden Jahr präsentierte Vehikel konnte mit einem Rad mehr aufwarten. Der Kleinlieferwagen vom Typ DA wurde auf den Namen »Mazda« getauft, eine Referenz an die altpersische Lichtreligion und deren Gottheit des Lichtes, Ahura Mazda. 66 Minitrucks entstanden im ersten Jahr, doch weil man nicht wußte, wie lange Mazdas Sonne schien, suchte sich das Unternehmen ein zweites Standbein. Seit 1935 gehören Gesteinsbohrer für den Bergbau zum Programm von Toyo Kogyo.

Am 6. August 1945 fiel die erste Atombombe und machte Hiroshima, die Hafenstadt am japanischen Binnenmeer, dem Erdboden gleich. Toyo Kogyo, kaum drei Kilometer von der Stadt entfernt, überstand das Inferno erstaunlicherweise nahezu unbeschädigt. Die gewaltige Druckwelle zerschmetterte die Fenster und riß das Dach ab, doch ansonsten waren keine wesentlichen Schäden zu beklagen. Der Aufbau ging schnell vonstatten, im Dezember 1945 konnte Toyo Kogyo die Arbeit wieder aufnehmen. Für die nächsten 13 Jahre war an Autos nicht zu denken, wohl stellte Mazda 1950 den kleinen vierrädrige CA-Lkw vor, doch von einer regelrechten Serienproduktion kann man erst seit 1958 sprechen. 1960 wandte sich Mazda dem Bau von Personenwagen zu. Der Stadtfloh, keine drei Meter lang und ohne Kofferraum, war mit umgerechnet 3.410 Mark das billigste japanische Auto seiner Zeit. Der luftgekühlte Zweizylinder-V-Motor im R 360 Coupé – mit großer Panorama-Heckscheibe – leistete 16 PS bei 5300 Touren; die Höchstgeschwindigkeit lag bei 90 km/h. Alternativ zum manuell betätigten Vierganggetriebe war auch ein zweistufiges Automatikgetriebe lieferbar. Die Weiterentwicklung, der Carol von 1962, erhielt den auf Wasserkühlung umgestellten Heckmotor des Vorgängers. Er leistete jetzt 20 PS bei 6800 Touren. Der Carol eroberte auf Anhieb einen Marktanteil von 67 Prozent in seiner Kategorie. Weitere Modelle, 323-Urahn Familia und der 929-Vorgänger Luce (übrigens mit Bertone-Karosserie) machten Mazda mit einem Ausstoß von über 81.000 Fahrzeugen (1965) zum drittgrößten japanischen Automobilproduzenten.

1961 erwarb Toyo Kogyo die Lizenz-Rechte am NSU-Wankel-Motor. Mit Feuereifer machten sich die Techniker in Hiroshima an die Arbeit, und noch bevor die ersten drei NSU-Aggregate aus Deutschland eingetroffen waren, lief der erste selbstentwickelte Japan-Wankel. Die vielversprechende Technik – laufruhig, leistungsstark und vergleichsweise einfach im Aufbau – wurde von Mazda im Laufe der Zeit mehr und mehr verfeinert. Das Cosmo 110 Coupé, 1967 vorgestellt, war das erste Automobil mit einem Zweischeiben-Kreiskolbenmotor. Im Prototyp von 1964 leistete er noch 70 PS, in den Verkauf gelangte er mit 111 PS, und als die Produktion 1972 auslief, standen 124 PS zur Verfügung. Mit diesem Fahrzeug bewies Mazda die Leistungsfähigkeit dieses Antriebs. 1978 hatte Mazda bereits eine Mil-

Ein halbes Jahr vor dem NSU Ro 80 vorgestellt: das erste Auto mit Wankelmotor, der Mazda Cosmo 110 S, 1967.

lion Wankelmotoren produziert.
Das Wankel-System war es auch, das Toyo Kogyo beinahe in den Abgrund stürzte. Nach der Ölkrise 1973 waren die trinkfreudigen RX-Wankel-Typen nahezu unverkäuflich. In Japan und den USA standen über 130.000 Mazdas auf Halde. Das marode Unternehmen, wie die meisten japanischen Firmen mit nur wenig Eigenkapital ausgerüstet, stand unversehens mit 300 Milliarden Yen in der Kreide. Als Retter in der Not präsentierten sich der Bankenriese Sumitomo und das Handelshaus Itoh. 3.500 Arbeiter, rund 10 Prozent der Belegschaft, wurden entlassen, das Management umgebildet, Servicenetz und Händlerorganisation ausgedünnt. Eine renovierte Modellpalette, sparsamere Wankelmotoren und die steigende Autonachfrage brachte Mazda innerhalb von fünf Jahren wieder nach oben. Seit November 1979 hält die amerikanische Ford-Company ein Viertel der Mazda-Anteile, verschiedene Mazda-Typen rollen nun mit der blauen Ford-Pflaume durch die USA. Die deutsche Mazda-Niederlassung – Eigentümer Toyo Kogyo und C.Itoh – wurde am 23. November 1972 in das Düsseldorfer Handelsregister eingetragen. Der Verkauf begann offiziell am 1. März 1973. Das erste Jahr war mit kaum 400 Zulassungen ein glatter Mißerfolg. Das änderte sich nachhaltig, aus den sechs Mitarbeitern der ersten Stunde waren bis Ende 1976 fast 100 geworden. Inzwischen gehört Mazda Motors Deutschland – seit 1978 in Leverkusen-Hitdorf angesiedelt – zu den größten und erfolgreichsten japanischen Importeuren. Das soll so bleiben, und nicht zuletzt deswegen wurde das europäische Mazda Forschungszentrum 1988 in Oberursel im Taunus errichtet.

Mazda 121 (seit 1988)
Der Kleine mit dem großen Namen

Keine andere Marke baute sein Modellprogramm so klar auf wie Mazda. Es war logisch, daß ein Wagen vom Typ 626 größer als ein 323 sein mußte, aber wiederum nicht so groß sein konnte wie der Mazda 929. Somit gestaltete sich die Zuordnung des neuen 121 einfach: er war der kleinste aller Mazdas. Zehn Jahre zuvor wäre die Rechnung noch nicht so glatt aufgegangen. Damals gab es, wenn auch nicht überall, schon einmal einen Mazda 121 – den großen Cosmo, alias RX–5.
Der kleine 121 eroberte die Herzen der Autofahrer gleichsam im Sturm. Rund 4500 Käufer entschieden sich im Einführungsjahr für den Einkaufskorb auf Rädern, den sein sogenanntes Canvas Top besonders beliebt machte. Dahinter verbarg sich ein elektrisch bedientes Faltschiebedach, das, ganz zurückgeschoben, Dreiviertel des Daches freilegte. Damit aber nicht genug, ein Handgriff genügte, und die hintere Sitzbank ließ sich bis zu 18 Zentimeter nach hinten oder vorn verschieben.
Der Erfolg in der hart umkämpften Kompaktklasse kam um so überraschender, als der Stadtfloh zwar klein in den Abmessungen, aber groß im Preis war. Für weniger Geld erhielt man schon bei einem der rund 1000 Händler den größeren Mazda 323. Kurz vor der IAA 1989 stellte Mazda seinen Mini ohne Canvas Top vor. Das Sparmodell nannte sich 121 L und sollte »vor allem jungen Leuten mit kleinem Budget den Autokauf ermöglichen.«

Mazda 121 1988

Motor	
Zylinder / Bauart	4 Reihe, quer eingebaut
Bohrung × Hub	71 × 83,6 mm
Hubraum	1139 cm^3
Leistung	44 kW / 60 PS bei 5500/min
Max. Drehmoment	100 Nm bei 3000/min
Verdichtung	9,4:1
Gemischaufbereitung	1 Fallstrom-Registervergaser
Abgasreinigungssystem	geregelter 3-Wege-Katalysator mit Lambda-Sonde
Ventile / Steuerung	2 / OHC
Batterie	12 V 50 Ah
Kraftübertragung	
Antrieb	Vorderradantrieb
Getriebe	5-Gang
Übersetzungen	I = 3,45
	II = 1,94
	III = 1,28
	IV = 0,91
	V = 0,69
	R = 3,58
Fahrwerk	
Radaufhängung vorn	McPherson-Federbeine mit progressiver Kennlinie, Querlenker, Stabilisator
Radaufhängung hinten	Verbundlenkerachse an Federbeinen, Torsionsstab
Lenkung	Zahnstangenlenkung
Bremse	Bremskraftverstärker und -regler, vorn: Scheibenbremsen, hinten: Trommelbremsen
Allgemeine Daten	
Gesamtmaße	3485 × 1615 × 1370 mm
Radstand	2295 mm
Spur vorne/hinten	1400/1385 mm
Felgen	4 B × 12
Reifen	145 R 12 S
Leergewicht	770 kg
Zul. Gesamtgewicht	1270 kg
Höchstgeschwindigkeit	150 km/h
0 auf 100 km/h	13,1 s
Verbrauch l/100 km	7,3 l Normal, bleifrei
Tankinhalt	38 l

Seit dem Facelift 1989 auch ohne elektrisches Faltschiebedach lieferbar: der Mazda 121 L 1989. Im Hintergrund der LX.

MODELLE, VARIANTEN, PREISE

Modellreihen:	Zweitürige Steilheck-Limousine mit Heckklappe
Motoren:	1139 cm³ / 44 kW (60 PS) Kat bei 5500/min
Ausstattung:	Dreistufiges Gebläse mit Smogschaltung, Fernbedienung für Tank-/Heckklappe. Rücksitzbank teilbar und in der Neigung zu verstellen. Insgesamt verschiebbar. Gepäckraumabdeckung, Ausstellfenster hinten.
Varianten:	121 L – 121 Canvas Top/LX
Preise (DM):	16.650 (121 Canvas Top)

Chronik:

1988: Der Mazda 121 wird im April in Deutschland vorgestellt. Von Anfang an mit elektrischem Faltschiebedach und vergleichsweise üppig ausgestattet. Nur Metalliclack gegen Aufpreis (DM 260,-).

1989: Ab April serienmäßig mit rechtem Außenspiegel. Im Sommer wird der 121 L ohne Schiebedach eingeführt, Canvas-Top-Modell heißt nun LX. Neue Optik (Grill durch lackierte Blenden am unteren und oberen Rand verengt.)

Mazda 1000 / 1300 (1974–1976)
Frischer Wind aus Hiroshima

Der Ölschock vom Herbst 1973 ließ die Automobilhersteller unsanft in der Flaute dümpeln, besonders hart traf es die Nobodys auf dem deutschen Markt, so zum Beispiel Mazda. Von den ersten 1000 Wagen standen 300 immer noch unverkauft herum, als im Frühjahr 1974 der Mazda 1300 frischen Wind ins schleppende Deutschland-Geschäft bringen sollte. Stramme 66 PS beflügelten den 3,85 m langen Zweitürer, der nun über rund 160 Mazda-Werkstätten vertrieben wurde; ab Juni stand auch eine viertürige Ausgabe zur Wahl. Der wassergekühlte Reihenvierzylinder mit obenliegender Nockenwelle erwies sich als robust und ausgereift, sprang in warmem und kaltem Zustand zuverlässig an, lärmte allerdings beträchtlich bei höheren Geschwindigkeiten. Die starre Hinterachse an Blattfedern neigte stark zum Trampeln. Auch kleinste Bodenunebenheiten riefen unangenehme kurze Schwingungen hervor und vergällten den Aufenthalt im ohnehin zu engen Fond. Der Mazda 1000, im September desselben Jahres vorgestellt, unterschied sich nur durch Motor und Leistung vom größeren Bruder.

Von beiden Versionen war jeweils nur der Viertürer empfehlenswert, beim Zweitürer gelangten nur durchtrainierte Gummimenschen unversehrt auf die Rücksitzbank.

MODELLE, VARIANTEN, PREISE

Modellreihen:	Stufenhecklimousine mit zwei und vier Türen
Motoren:	985 cm³ / 35 kW (45 PS) bei 5800/min 1272 cm³ / 48 kW (66 PS) bei 6000/min 1272 cm³ / 44 kW (60 PS) bei 5500/min ab 10.75
Ausstattung:	Verbundglas-Windschutzscheibe, heizbare Heckscheibe, Liegesitze mit integrierten Kopfstützen, Scheibenwisch-Waschanlage, dreistufiges Gebläse. Hintere Seitenscheiben ausstellbar (nur Zweitürer).
Varianten:	1000 – 1300
Preise (DM):	7.290,– / 7.690,– (1000 /4t); 7.490,– / 7.890,– (1300 / 4t)

Chronik:

1974: Im März kommt der 1300 nach Deutschland; im Juni auch als Viertürer erhältlich. Automatik gegen Aufpreis. Ab September auch mit 1.0 Liter-Maschine (Mazda 1000) in beiden Karosserievarianten.

1975: Im Oktober wird die Motorleistung von 66 auf 60 PS reduziert, Modellpflege: Sitzflächen jetzt karierter Stoff statt wie bisher Kunstleder; Beifahrersitz gleitet beim Vorklappen der Lehne nach vorn.

1976: Im neuen Jahr mit neuen Radkappen, läuft die Modellreihe zum Jahresende aus. Nachfolger wird der Mazda 323.

Ein wenig verheißungsvoller Auftakt: die Mazda-Zwillinge 1000 / 1300 1974. ▶

Nur der Viertürer empfehlenswert: Mazda 1300, 1974. ▼

Mazda 1300 1974

Motor	
Zylinder / Bauart	4 Reihe
Bohrung × Hub	73 × 76 mm
Hubraum	1272 cm^3
Leistung	48 kW / 66 PS bei 6000/min
Max. Drehmoment	97 Nm bei 3500/min
Verdichtung	8,8 : 1
Gemischaufbereitung	1 Doppelregister-Fallstromvergaser Hitachi
Ventile / Steuerung	2 / OHC
Batterie	12 V 35 Ah
Kraftübertragung	
Antrieb	Hypoidantrieb auf die Hinterräder, Halbpendelachse
Getriebe	4-Gang
Übersetzungen	I = 3,337 II = 1,995 III = 1,301 IV = 1,00 R = 3,337
Fahrwerk	
Radaufhängung vorn	McPherson-Federbeine, Stabilisator
Radaufhängung hinten	ungeteilte Hinterachse, Halbelliptik-Blattfedern und Teleskopstoßdämpfer
Lenkung	Kugelumlauflenkung,
Bremse	Bremskraftbegrenzer, vorn: Scheibenbremsen hinten: Simplex-Trommelbremsen
Allgemeine Daten	
Gesamtmaße	3855 × 1540 × 1385 mm
Radstand	2260 mm
Spur vorne/hinten	1275/1255 mm
Felgen	4,5 J × 13
Reifen	155 SR 13
Leergewicht	830 kg
Zul. Gesamtgewicht	1330 kg
Höchstgeschwindigkeit	145 km/h
0 auf 100 km/h	18 s
Verbrauch l/100 km	10 l Super
Tankinhalt	40 l

Mazda 323 (seit 1977)
Golf aus Hiroshima

Die Traditionsbaureihe Familia, erstmals 1964 aufgelegt, 1967 und 1973 renoviert, kam 1974 als Mazda 1000/1300 nach Deutschland. Die vierte Familia-Generation hieß Mazda 323 – und wurde zum Bestseller. Bereits im Startjahr 1977 entfielen mehr als die Hälfte der 13.500 Mazda-Neuzulassungen auf den Japaner im Europa-Look.

Mazda 323 (1977–1980)

Die feine Schrägheck-Karosserie des neuen 323 ließ die anderen Mitbewerber von der Insel ganz schön alt aussehen, weder der verknautschte Cherry F-II noch der ruppige Toyota 1000 konnten mit dem flotten Jüngling konkurrieren. Wer genauer hinsah, entdeckte unter dem europäischen Maßanzug den altbekannten Kimono: Hinterradantrieb, längs stehende Vierzylinder-Motoren, Stoßdämpfer und Federung immer noch mangelhaft – obwohl sich gerade auf diesem Gebiet allerhand verbessert hatte. Schraubenfedern ersetzten die Blattfederpakete, die Starrachse hing jetzt an doppelten Längslenkern.

MODELLE, VARIANTEN, PREISE

Modellreihen: Schrägheck-Limousine mit zwei- und vier Türen; Kombi mit vier Türen

Trotz zeitgemäßer Optik nur Starrachse und Heckantrieb: der erste Mazda 323 1977.

Motoren: 985 cm³ / 33 kW (45 PS) bei 5500/min
1272 cm³ / 44 kW (60 PS) bei 5500/min
1415 cm³ / 51 kW (70 PS) bei 5700/min ab 9.78

Ausstattung: Frontscheibe Verbundglas, heizbare Heckscheibe, Ausstellfenster hinten, Gepäckraumabdeckung, dreistufiges Gebläse. Rücksitzbank umklappbar (1300 auch geteilt), abschließbarer Tankverschluß. Reich instrumentiert.

Varianten: 1000 – 1300 – 1,4 Variabel/SP

Preise (DM): 8.490,– / 9.490,– (1000 / 1300 2t);

Mazda 323 1977

Motor	
Zylinder / Bauart	4 Reihe, quer eingebaut
Bohrung × Hub	70 × 64 mm
Hubraum	985 cm³
Leistung	33 kW / 45 PS bei 5500/min
Max. Drehmoment	68 Nm bei 3000/min
Verdichtung	8,8 : 1
Gemischaufbereitung	1 Fallstrom-Registervergaser
Ventile / Steuerung	2 / OHC
Batterie	12 V 35 Ah
Kraftübertragung	
Antrieb	Hinterradantrieb
Getriebe	4-Gang
Übersetzungen	I = 3,66
	II = 2,19
	III = 1,43
	IV = 1,00
	R = 3,66

Fahrwerk	
Radaufhängung vorn	McPherson-Federbeine, Querlenker
Radaufhängung hinten	Starrachse an Längslenker mit Schraubenfedern, Querlenker und -stabilisator
Lenkung	Kugelumlauflenkung
Bremse	Bremskraftverstärker und -regler vorn: Scheibenbremsen, hinten: Trommelbremsen,
Allgemeine Daten	
Gesamtmaße	3835 × 1605 × 1375 mm
Radstand	2315 mm
Spur vorne/hinten	1295/1310 mm
Felgen	4,5 J × 13
Reifen	155 SR 13
Leergewicht	850 kg
Zul. Gesamtgewicht	1300 kg
Höchstgeschwindigkeit	140 km/h
0 auf 100 km/h	17,7 s
Verbrauch l/100 km	10,5 l Normal
Tankinhalt	40 l

Seit 1979 mit Rechteckscheinwerfern und neuem Kühlergrill. Im Bild die sportliche SP-Variante.

Chronik:

1977: Im Februar präsentiert Mazda den 323 als Nachfolger der 1000/1300-Typen. Lieferbar mit den bekannten Motoren, als Zwei- und Viertürer mit Heckklappe, Frontdesign erinnert an den Mazda 818.

1978: Im Frühjahr 323/1300-Zweitürer jetzt auch mit Vierganggetriebe und Automatik lieferbar; Sonderserie »Special« mit einer Auflage von 1600 Exemplaren aufgelegt, Ausrüstung wie die späteren Sp-Modelle mit Ausnahme des Motors.
Modellpflege für den 78er-Jahrgang: Neben technischen Verbesserungen (Motor, Bremsanlage) Verfeinerungen im Innenraum. Tachometer geht nun bis 160 km/h (vorher 150), Rücksitzlehne um 6 cm erhöht; Stoßstangenecken aus Kunststoff.
Im September Einführung des 323 als Kombi (»Variabel«) mit vier Türen, DM 11.390,–. Technik identisch bis auf Motor (neues 1,4 Liter-Triebwerk, Vierganggetriebe), Hinterradaufhängung (Blatt- statt Schraubenfedern) und größeren Tankinhalt. Zum gleichen Preis ab September erhältlich: das sportliche Sp-Modell (Zwei- und viertürig). Motor wie Variabel, dazu Fünfganggetriebe, H4-Scheinwerfer, Dekorstreifen, neue Instrumententafel, Sportsitze und -lenkrad. Zierleisten mattschwarz.

1979: Facelift zur IAA, 323-Familie jetzt mit Rechteck-Scheinwerfern, Kühlergrill mit quer verlaufenden Rippen, glattflächiger Motorhaube, größeren Heckleuchten und höhenverstellbaren Kopfstützen.

1980: Im Frühjahr erhalten die 1300er Halogen-Scheinwerfer und Intervallschaltung serienmäßig. Der Frontantriebs-323 erscheint zur Wachablösung im November, der Variabel bleibt unverändert im Programm.

Der Lastesel der 323-Reihe: Kombi »Variabel« mit 1,4-l-Triebwerk und 70 PS Leistung. September 1979.

Mazda 323 (1980–1985)

Neu: Frontantrieb und die Motoren der »E«-Generation (E für economy, Wirtschaftlichkeit). Sieben Zentimeter kürzer, zehn Kilogramm leichter, mit Querstrom-Zylinderkopf aus Leichtmetall, boten gute Fahrleistungen bei bescheidenem Durst.
Zeitgemäß: das Styling. Sachlich und schnörkellos im Design, klar und sauber gezeichnet die Frontpartie, große Fensterflächen mit guter Rundumsicht.
Vorbildlich: die Raumökonomie. Genügend Raum für Fahrer und Beifahrer, viel Kopf- und Beinfreiheit für die Hintensitzenden. Kein anderes Fahrzeug konnte in dieser Klasse mit Vergleichbarem aufwarten.
Überwältigend: der Erfolg. Der 323 wurde zum meistgekauften japanischen Auto in Deutschland.

Mit Einzelradaufhängung und Frontantrieb: der Mazda 323 in der zweiten Generation 1980.

▲ **Die traditionelle Fahrzeugform mit Stufenheck, beim 323 vom September 1981 mit Durchlademöglichkeit.**

◀ **Im April 1982 kräftig modernisiert, aber immer noch mit Heckantrieb: 323 Variabel.**

MODELLE, VARIANTEN, PREISE

Modellreihen:	Schrägheck-Limousine mit zwei- und vier Türen; viertürige Stufenhecklimousine; Kombi
Motoren:	1071 cm³ / 40 kW (55 PS) bei 6000/min 1296 cm³ / 44 kW (60 PS) bei 6000/min 1415 cm³ / 51 kw (70 PS) bei 5700/min 1490 cm³ / 63 kW (85 PS) bei 6000/min 1490 cm³ / 52 kW (72 PS) bei 5500/min ab 4.82 1490 cm³ / 55 kW (75 PS) bei 5500/min ab 4.82
Ausstattung:	Für alle Modelle außer dem 1,1: Beifahrersonnenblende, Gepäckraumabdeckung, Teppichboden, Kofferraumbeleuchtung, Scheibenwischer-Intervallschaltung. Rechter Außenspiegel, höhenverstellbares Lenkrad und Heckscheibenwischer beim GT.
Varianten:	323 1,1 – 1,3 – 1,5 GT – 1,4/1,5 Kombi
Preise (DM):	10.990,– / 11.590,– / 13.790,– / 12.590,– (1,1 / 1,3 / GT / Kombi)

Mazda 323 GT 1980

Motor	
Zylinder / Bauart	4 Reihe, quer eingebaut
Bohrung × Hub	77 × 80 mm
Hubraum	1490 cm³
Leistung	63 kW / 85 PS bei 6000/min
Max. Drehmoment	122 Nm bei 3200/min
Verdichtung	10:1
Gemischaufbereitung	2 Register- Fallstromvergaser
Ventile / Steuerung	2 / OHC
Batterie	12 V 45 Ah
Kraftübertragung	
Antrieb	Vorderradantrieb
Getriebe	5-Gang
Übersetzungen	I = 3,416 II = 1,947 III = 1,290 IV = 0,918 V = 0,775 R = 3,214

Fahrwerk	
Radaufhängung vorn	McPherson-Federbeine, Dreiecksquerlenker und Stabilisator
Radaufhängung hinten	McPherson-Federbeine, Teleskopstoßdämpfer, Querlenker, Querstabilisator
Lenkung	Zahnstangenlenkung,
Bremse	Bremskraftverstärker, und -regler vorn: Scheibenbremsen, hinten: Trommelbremsen
Allgemeine Daten	
Gesamtmaße	3955 × 1630 × 1375 mm
Radstand	2365 mm
Spur vorne/hinten	1390/1395 mm
Felgen	5 J × 13,
Reifen	175/70 SR 13,
Leergewicht	860 kg
Zul. Gesamtgewicht	1350 kg
Höchstgeschwindigkeit	168 km/h
0 auf 100 km/h	11,3 s
Verbrauch l/100 km	10,1 l Super
Tankinhalt	42 l

Chronik:

1980: Im November als Zwei- und Viertürer vorgestellt, drei neuentwickelte Motoren stehen zur Wahl. Der hinterradgetriebene Kombi wird in der 79er-Form weitergebaut.

1981: Nach der IAA bereichert Stufenheck-Limousine mit 60 PS im Angebot DM 12.090.–.

1982: 1,5 Liter-Triebwerk mit 75 PS – Handschaltung oder Automatik – ab April für die Stufenheck-Version. Kombi, immer noch mit Hinterradantrieb, wird kräftig modernisiert; neben der Front im typischen 323-Look neuer 1,5 Liter-Motor mit 52 kW. Außerdem: mit 24.669 verkauften Exemplaren das erfolgreichste Jahr für die 323-Familie.

1983: Zum Jahresbeginn Facelift: Haube zwischen die Scheinwerfer heruntergezogen, Kühlergrill mit drei Lamellen; Blinker vorn in die Stoßfänger integriert. Sitze besser gepolstert, neues Lenkrad. Kombi unverändert.

1984: Beide Schrägheck-Varianten ab Oktober mit 1,5 Liter-(55 kW-) Motor lieferbar.

1985: Im Juli Modellwechsel.

Modifizierte Frontpartie im typischen Mazda-Familienlook: der Mazda 323-Stufenheck 1983.

Neu im Oktober 1984: 1,5 Liter-Motor mit 55 kW im Schrägheck-323.

Mazda 323 GTX 1,6i Kat Turbo 4WD 1987

Motor	
Zylinder / Bauart	4 Reihe, quer eingebaut
Bohrung × Hub	78 × 83,6 mm
Hubraum	1585 cm^3
Leistung	103 kW / 140 PS bei 6000/min
Max. Drehmoment	185 Nm bei 3000/min
Verdichtung	7,9 : 1
Gemischaufbereitung	Abgas-Turbolader mit Ladeluftkühlung und elektronischer Kraftstoffeinspritzung L-Jetronik
Abgasreinigungssystem	geregelter 3-Wege-Katalysator mit Lambdasonde
Ventile / Steuerung	4 / OHC
Batterie	12 V 50 Ah
Kraftübertragung	
Antrieb	Permanenter Allradantrieb 50 : 50 mit sperrbarem Zentraldifferential
Getriebe	5-Gang
Übersetzungen	I = 3,307
	II = 1,833
	III = 1,233
	IV = 0,970 /
	V = 0,795 /
	R = 3,166
Fahrwerk	
Radaufhängung vorn	McPherson-Federbeine, Querlenker, Stabilisator
Radaufhängung hinten	McPherson-Federbeine Längs- und Querlenker, Stabilisator
Lenkung	servounterstützte Zahnstangenlenkung
Bremse	Bremskraftverstärker und -regler vorn: innenbelüftete Scheibenbremsen, hinten: Scheibenbremsen
Allgemeine Daten	
Gesamtmaße	3990 × 1645 × 1395 mm
Radstand	2400 mm
Spur vorne/hinten	1405/1425 mm
Felgen	5,5 J × 14
Reifen	185/60 VR 14
Leergewicht	1125 kg
Zul. Gesamtgewicht	1650 kg
Höchstgeschwindigkeit	195 km/h
0 auf 100 km/h	8,3 s
Verbrauch l/100 km	9,5 l Super, bleifrei
Tankinhalt	45 l

Mazda 323 (1985–1989)

Bessere Aerodynamik, mehr Platz, bessere Fahreigenschaften, gestiegener Fahrkomfort, gefälliges Design nach Art des Hauses enthielt das Lastenheft für den »Drei-zwo-drei« Nummer drei.

Im Mai 1983 rollte der erste von 280 Prototypen. Die Fahrversuche fanden auf der Teststrecke von Miyoshi, 70 Kilometer nördlich von Hiroshima gelegen, statt. Dann wurde auf Japans Straßen der Ernstfall geprobt. Schließlich ging es auf Weltreise; USA, Kanada, Australien, Skandinavien gehörten zum Programm, das Schlimmste stand am Schluß – die Parforcejagd auf bundesdeutschen Autobahnen. Schrott gab es natürlich jede Menge, rund 80 der teuren Einzelstücke wurde bei Crashtests vernichtet. Das Resultat dieses emsigen Bemühens kam schließlich Mitte 1985 nach Deutschland: Mazda 323, Typ »BF«.

MODELLE, VARIANTEN, PREISE

Modellreihen: Schrägheck-Limousine mit zwei- und vier Türen; viertürige Stufenheck-Limousine; Kombi.

Motoren:
1071 cm³ / 40 kW (54 PS) bei 6000/min
1296 cm³ / 44 kW (60 PS) bei 6000/min
1490 cm³ / 55 kW (75 PS) bei 5500/min
1586 cm³ / 77 kW (105 PS) bei 6000/min
1586 cm³ / 63 kW (85 PS) Kat bei 5000/min
1586 cm³ / 110 kW (150 PS) Turbo bei 6000/min
1708 cm³ / 40 kW (54 PS) Diesel bei 4700/min
ab 9.87
1313 cm³ / 44 kW (60 PS) Kat bei 5500/min
1480 cm³ / 54 kW (73 PS) Kat bei 5500/min
1585 cm³ / 63 kW (85 PS) Kat bei 5000/min
1585 cm³ / 103 kW (140 PS) Turbo-Kat bei 6000/min
1708 cm³ / 42 kW (57 PS) Diesel bei 4700/min

Mazda 323 1,4 LX: Seit der Überarbeitung im Herbst 1987 nur noch mit geregeltem Katalysator oder Diesel-Motor erhältlich.

Ausstattung: Getönte Scheiben, von innen verstellbarer Außenspiegel, Heckscheibenwischer, Fahrersitz mit Lendenwirbelstütze, Warnsummer für Licht, geteilt umklappbare Rücksitzbank. GLX: Drehzahlmesser, Sportlenkrad, Breitreifen. GT: Niederquerschnittsreifen, Doppelheckspoiler, Servolenkung.

Varianten: 1,1 – 1,3 LX – 1,4 LX Kat – 1,6i LX – 1,5 GLX – 1,6i GT – 4WD Turbo – GTX – 4WD GTX

Preise (DM): 12.900,–, / 13.650,– / 14.150,– / 14.900,– (1,1 LX / 1,3 LX / LX 4t / Stufenheck)
14.650,– / 15.150,– / 15.900,– (1,5 GLX / GLX 4t / Stufenheck)
19.900,– / 20.400,– (GT / GT Stufenheck)

Chronik:

1985: Im Juli in der Bundesrepublik neu eingeführt; Grundmodelle, ob Schräg- oder Stufenheck, heißen LX, besser ausgestattete GLX. Vier Triebwerke zur Auswahl, Topmodell trägt die Bezeichnung GT und erscheint mit neuentwickeltem 1,6 Liter-Einspritzer. Kat nur für 1,6i lieferbar (Preise von DM 15.900,– bis 17.900,–). Kombi in alter Form weitergebaut.

1986: Im Mai wird auch der Kombi auf Frontantrieb und im neuen Design vorgestellt. Ab September Diesel-Triebwerk in allen Karosserievarianten, Preise von 16.180,– bis 18.750,–. Neues Spitzenmodell wird der allradgetriebene 4WD Turbo: Sechzehnventil-Zylinderkopf, Turbolader mit Ladeluftkühlung, permanenter Allradantrieb, L-Jetronic, Niveauregulierung, Servolenkung, Leichtmetallfelgen. Auffälliger Spoiler. Preis 29.930 Mark, lieferbar ab Jahresende.

1987: Zum Herbst Reihe neugeordnet, modfiziert und mit neuen Motoren versehen. Nur noch Kat- oder Dieselmotoren, Hubraum Benziner 1,4- 1,5- und 1,6-Liter, Diesel 1,8 l. Optisch zu unterscheiden an den leicht abgeschrägten Scheinwerfern vorne; Begrenzungsleuchten und klare Blinkeinheit greifen weich um die Flanke. Kennzeichenfeld am Heck schwarz. Spitzenversionen GTX und 4WD GTX unterscheiden sich durch ihren Kühlergrill im Stil der Gruppe A-Rallye-Mazdas und den Lufteinlaß in den Stoßstangen. Üppig ausgestattet. Insgesamt 16 Versionen zur Wahl, billigstes Modell: 323 1,4 LX Kat für DM 15.500,–; teuerste Version GTX 4 WD für DM 33.950,–.

1989: Im Frühjahr erscheint das »Sonderwunschmodell 323 Sport«: rot oder weiß, Grill und Spoiler in Wagenfarbe lackiert, elektrisch einstellbare Außenspiegel, ebenfalls lackiert; Servolenkung. Andere Radkappen, wahlweise in silber oder weiß. Sonderpreis DM 19.950,–. Im September IAA-Premiere für den neuen 323, ab Ende des Monats im Verkauf.

Nur als Prototyp entstanden: Mazda 323 Cabriolet, 1985. Auch vom Vorgänger-Modell gab es bereits eine Cabrio-Studie.

»Sonderwunschmodell Sport« 1989: in rot oder weiß, Grill und Spoiler in Wagenfarbe lackiert; Servolenkung. Ausschließlich mit 63 kW-Motor lieferbar.

Über den Modellwechsel hinaus in in der Form von 1987 weitergebaut: der 323 Kombi. Seit 1986 mit Frontantrieb.

Mazda 323 (ab 1989)

Dezent im Hintergrund hielt sich der neue 323 auf der Frankfurter IAA und ließ anderen den Vortritt. Dem MX–5 Miata zum Beispiel. Alle Welt scharte sich um ihn und feierte die Wiedergeburt glorreicher Roadster-Herrlichkeiten; das Mazda-Volumenmodell in der Golf-Klasse blieb dabei etwas in der Ecke stehen. Schade. So vielfältig und dabei gelungen hatte sich noch keine 323-Generation zuvor gezeigt.

Für Aufsehen sorgte das hübsche Trio aus Hiroshima alsbald selbst. Schräg- und Stufenhecklimousine waren auf den ersten Blick als Mazda 323 und erst auf den zweiten an den schmalen Scheinwerfern als neu zu erkennen, der 323 F fiel sofort als neu auf, konnte dafür aber nicht als 323 klassifiziert werden. Klappscheinwerfer und Fließheck – und dabei vier Türen plus Heckklappe – , all das paßte wenig in diese ansonsten brave Modellfamilie, in der fünf Motoren und drei Ausstattungspakete für Abwechslung sorgten. Beim Kombi war alles beim alten geblieben, schließlich hatte man seinen Arbeitsanzug erst 1986 aufgebügelt.

Gegenüber dem Vorgänger mit 100 mm längerem Radstand und breiterer Spur: Mazda 323 Stufenheck. Die 4-Stufen-Getriebeautomatik mit Wandlerüberbrückung gibt es nur im 1,6 Liter.

MODELLE, VARIANTEN, PREISE

Modellreihen: Schrägheck-Limousine zweitürig, Stufenheck-Limousine viertürig. Coupé F mit Fließheck und vier Türen. Kombi.

Motoren:
1324 cm³ / 49 kW (67 PS) Kat bei 5200/min
1598 cm³ / 62 kW (84 PS) Kat bei 5200/min
1840 cm³ / 76 kW (103 PS) Kat bei 5300/min
1840 cm³ / 94 kW (128 PS) 16V Kat bei 6500/min
1720 cm³ / 41 kW (57 PS) Diesel bei 4300/min
1840 cm³ / 120 kW (165 PS) Turbo 16V bei 5500/min ab 4.90

Ausstattung: LX: Colorverglasung, höhenverstellbare Gurte vorn, geteilt umklappbare Rücksitzlehnen. GLX: Zentralverriegelung, höhenverstellbares Lenkrad, Drehzahlmesser. GT: Scheibenbremsen hinten, Sportsitze, elektrische Fensterheber.

323 F: Ungewöhnliches Styling in der Kompaktklasse. Als GLX und GT mit 1,6-l- (84 PS) und 1,9-l-Motor (103 bzw. 128 PS) lieferbar.

Varianten:	LX – GLX – GT – Coupé F – GLX 1,9i 4WD – GLX 1,6i 4WD – TX 1,9i 4WD
Preise (DM):	17.870,– / 19.950,– (323 LX / GLX 2t); 19.520,– (LX 4t);

Chronik:

1989: Auf der IAA wird die vierte 323-Generation präsentiert. Drei völlig eigenständige Karosserien, fünf Motoren, drei Ausstattungen. Schrägheck: 1,4 l/ 67 PS; 1,6 l/ 84 PS; 1,9 l/ 128 PS; 1,8 l/ 57 PS Diesel. Stufenheck: wie Schrägheck, Ausnahme: 1,9 l mit 103 PS. Fließheck-Coupé F: 1,6 l/ 84 PS; 1,9 l/ 103 PS; 1,9 l/128 PS. Ausstattungen: Schrägheck: LX, GLX, GT. Stufenheck: LX, GLX. Fließheck F: GLX, GT. Fahrzeuge mit Diesel und 1,4-l-Motor ausschließlich als LX; Fahrzeuge mit 1,6 l und 1,9 l (OHC, 103 PS) als GLX. GT-Ausstattung für Schrägheck und Coupé F mit 1,9-l-DOHC-Motor (128 PS). Bereits Ende September im Handel. Kombi in alter Form weitergebaut. Extras: Metallic-Lackierung 370,–; Elektrisches Schiebedach 1.300,–, Automatik 1.500,–.

1990: Im April Erweiterung der Modellreihe um die allradgetriebenen 323 Versionen: 323 TX 1,9i (120 kW); 323 GLX 1,9i (76 kW); 323 GLX 1,6i Kombi (63 kW). Alle Fahrzeuge verfügen über permanenten Allradantrieb, Kraftverteilung erfolgt über ein zentrales Planetendifferential auf die Achsen; Kraftverteilung 50:50. Elektromagnetisch zuschaltbare Differentialsperre. 323 TX mit Viskokupplung, Kraftverteilung 43 % Vorder-, 47 % Hinterachse. TX mit Turboaufladung, Ladeluftkühler, ABS, Breitreifen 195/60 R 14 auf 5,5 J×14 LM-Felgen.

Vier Motorvarianten und drei Ausstattungspakete für den 323 mit Schrägheck: als LX, GLX und GT.

Mazda 323 Kombi 4WD: Mit Allradantrieb und 1,6-l-Motor ab Mai 1990.

Mazda 323 1,8 LX Diesel 1989

Motor	
Zylinder / Bauart	4 Reihe, quer eingebaut
Bohrung×Hub	78×90 mm
Hubraum	1720 cm³
Leistung	41 kW / 57 PS bei 4300/min
Max. Drehmoment	105 Nm bei 3000/min
Verdichtung	22,2:1
Gemischaufbereitung	Verteiler Einspritzpumpe
Ventile / Steuerung	2 / OHC
Batterie	12 V 50 Ah
Kraftübertragung	
Antrieb	Vorderradantrieb
Getriebe	5-Gang
Übersetzungen	I = 3,42
	II = 1,84
	III = 1,29
	IV = 0,92
	V = 0,73
	R = 3,21

Fahrwerk	
Radaufhängung vorn	McPherson-Federbeine, Dreieckslenker und Querstabilisator
Radaufhängung hinten	McPherson-Federbeine, Quer- und Längslenker, Querstabilisator
Lenkung	Zahnstangenlenkung
Bremse	Bremskraftverstärker und -regler vorn: innenbelüftete Scheibenbremsen, hinten: selbstnachstellende Trommelbremsen
Allgemeine Daten	
Gesamtmaße	4215×1675×1375 mm
Radstand	2500 mm
Spur vorne/hinten	1430/1435 mm
Felgen	5 J×13
Reifen	175/70 R 1382 S
Leergewicht	995 kg
Zul. Gesamtgewicht	1559 kg
Höchstgeschwindigkeit	145 km/h
0 auf 100 km/h	16,5 s
Verbrauch l/100 km	5,8 l Diesel
Tankinhalt	50 l

Mazda 818 (1973–1979)
Die Geheimnisse des Ostens

Durch die hohe Motorleistung überfordert: Mazda 818 1600, 1973.

Der Mazda 818 gehörte zu jenen drei Modellen, die Masayuki Kirihara im Handgepäck hatte, als er im olympischen Jahr 1972 in Düsseldorf aus dem Flugzeug stieg, um für die bis dato weitgehend unbekannte Automobil-Abteilung von Toyo Kogyo eine deutsche Niederlassung aufzuziehen.
Es gehört zu den unergründlichen Geheimnissen des Ostens, warum man den knapp 4 m langen Wagen ausgerechnet mit derselben 1,6 Liter-Maschine anbot wie den nächst größeren Mazda 616. Das war zu viel Motor für so ein kleines Auto, die 75 PS überforderten den Neuankömmling mit seiner hinteren Starrachse. Das merkten auch die Mazda-Mannen, im September 1975 wurde wahlweise der besser geeignete 1,3 Liter-Motor mit 60 PS ins Programm aufgenommen. Und weil man gerade dabei war, ersetzte man die bisherigen Rechteckscheinwerfer durch versenkte Rundscheinwerfer und änderte den Kühlergrill.

»Es überholt Sie ein Mazda«: 818 Kombi (1976) mit reichlich optimistischem Schriftzug auf der Scheibe.

MODELLE, VARIANTEN, PREISE

Modellreihen: Viertürige Limousine, Coupé, Kombi
Motoren: 1586 cm³ / 55 kW (75 PS) bei 5000/min
1272 cm³ / 44 kW (60 PS) bei 5500/min ab 9.75

Mazda 818 Coupé 1975

Motor

Zylinder / Bauart	4 Reihe
Bohrung × Hub	73 x 76 mm
Hubraum	1272 cm³
Leistung	44 kW / 60 PS bei 5500/min
Max. Drehmoment	97 Nm bei 3500/min
Verdichtung	9,2:1
Gemischaufbereitung	1 Doppelregister-Fallstrom Vergaser Zenith-Stromberg
Ventile / Steuerung	2 / OHC
Batterie	12 V 60 Ah

Kraftübertragung

Antrieb	Hypoidantrieb auf die Hinterräder, Halbpendelachse
Getriebe	4-Gang
Übersetzungen	I = 3,337
	II = 1,995
	III = 1,301
	IV = 1,000
	R = 3,337

Fahrwerk

Radaufhängung vorn	McPherson-Federbeine mit Querlenker und Stabilisator
Radaufhängung hinten	Starrachse mit Halbelliptikfedern, Gasdruckstoßdämpfer
Lenkung	Kugelumlauflenkung
Bremse	Bremskraftverstärker, vorn: Scheibenbremsen, hinten: Trommelbremsen

Allgemeine Daten

Gesamtmaße	4075 × 1595 × 1405 mm
Radstand	2310 mm
Spur vorne/hinten	1295/1290 mm
Felgen	4,5 J × 13
Reifen	155 SR 13
Leergewicht	875 kg
Zul. Gesamtgewicht	1400 kg
Höchstgeschwindigkeit	140 km/h
0 auf 100 km/h	13 s
Verbrauch l/100 km	10 l Super
Tankinhalt	45 l

Ausstattung:	Verbundglas-Windschutzscheibe, Liegesitze mit integrierten Kopfstützen, getönte Scheiben, Heckscheibe heizbar. Scheibenwisch-Waschanlage, abschließbarer Tankdeckel. Rückfahrscheinwerfer. Coupé: Drehzahlmesser, Mittelkonsole, Zeituhr.
Varianten:	1600 – 1300
Preise (DM):	8.980,– / 9.960,– (1600 Limousine / Coupé)

Chronik:

1973: Der 818 als Coupé und Limousine wird zum Mazda-Einstiegsmodell. Nur mit 75 PS-Maschine lieferbar (ab Juni).

1976: Frühjahrsputz: 1,3 Liter-Motor (mit Automatik für Limousine), Rund- statt Rechteckscheinwerfer, anderes Felgendesign, Bremskraftverstärker, Stoffbezüge. Neue Karosserievariante: Viertüriger Kombi mit umklappbarer Rücksitzbank. (1,3 l: DM 10.090,–; 1,6 l: DM 10.500,–)

1977: 1600er-Triebwerk kann nicht mehr für viertürige Limousine bestellt werden; Kombi und Coupé weiterhin mit beiden Motoren lieferbar.

1978: Zum Herbst werden die Coupé-Versionen aus dem Programm gestrichen.

1979: Offizielles Ende im Juli.

Mazda 616 (1973–1979)
Hallo Fräulein!

Schmal, hochbeinig und mit dem schüchternen Charme eines ältlichen Fräuleins warb Toyo Kogyos 616, in Japan als Capella bekannt, um Käufer in der Mittelklasse.

Unter der Haube: ein konventionell aufgebauter Vierzylinder mit obenliegender Nockenwelle, langhubig ausgelegt und so niedrig verdichtet, daß er sich mit Normalbenzin begnügte. Sportlich-straff dagegen das Fahrwerk: Vier Längs- und ein Querlenker führten die starren Hinterachse. Für Ruhe sorgten Schraubenfedern und Teleskopdämpfer. Die McPherson-Federbeine an der Vorderhand wurden von einem Stabilisator unterstützt. Damit umrundete der Mazda 616, auf seinen serienmäßigen Gürtelreifen nur wenig untersteuernd, alle Kurven.

Zeitgenössische Tester äußerten sich positiv über die sorgfältige Verarbeitung und eine reichhaltige Ausstattung zum günstigen Preis – das Fräulein aus Hiroshima fand dennoch nur wenige Liebhaber.

MODELLE, VARIANTEN, PREISE

Modellreihen:	Viertürige Limousine, Coupé
Motoren:	1586 cm³ / 55 kW (75 PS) bei 5000/min

Mazda 616 Limousine 1973

Motor	
Zylinder / Bauart	4 Reihe
Bohrung × Hub	78 × 83 mm
Hubraum	1586 cm³
Leistung	55 kW / 75 PS bei 5000/min
Max. Drehmoment	121 Nm bei 3500/min
Verdichtung	8,6:1
Gemischaufbereitung	1 Doppelregister-Fallstromvergaser Zenith-Stromberg
Ventile / Steuerung	2 / OHC
Batterie	12 V 60 Ah
Kraftübertragung	
Antrieb	Hypoidantrieb auf die Hinterräder
Getriebe	4-Gang
Übersetzungen	I = 3,403
	II = 2,005
	III = 1,373
	IV = 1,000
	R = 3,665
Fahrwerk	
Radaufhängung vorn	McPherson-Federbeine mit Querstabilisator, Teleskopstoßdämpfer
Radaufhängung hinten	Halbpendelachse; Längs- und Doppelquerlenker mit Schraubenfedern, Teleskopstoßdämpfer
Lenkung	Kugelumlauflenkung
Bremse	Bremskraftverstärker, vorn: Scheibenbremsen hinten: Trommelbremsen
Allgemeine Daten	
Gesamtmaße	4260 × 1580 × 1430 mm
Radstand	2470 mm
Spur vorne/hinten	1290/1290 mm
Felgen	4 J × 13
Reifen	165 SR 13
Leergewicht	995 kg
Zul. Gesamtgewicht	1480 kg
Höchstgeschwindigkeit	152 km/h
0 auf 100 km/h	16 s
Verbrauch l/100 km	12 l Super
Tankinhalt	50 l

Der Capella RX–2 1970 mit Wankelmotor. Das Modell für Deutschland nannte sich 616, erhielt runde Doppelscheinwerfer und einen konventionellen Hubkolbenmotor.

Reichhaltig ausgestattet und günstiger Preis: 616 Limousine, 1975.

Ausstattung:	Getönte Scheiben, Antenne in der Windschutzscheibe, Rückfahrscheinwerfer, Zeituhr. Liegesitze mit Kopfstützen, Teppichboden. Coupé: Drehzahlmesser, Mittelkonsole, versenkbare hintere Seitenscheiben.
Varianten:	616
Preise (DM):	9.740,– / 10.400,– (Limousine / Coupé)

Chronik:

1973: Erscheint zum deutschen Mazda-Start als viertürige Limousine und zweitüriges Coupé. Für Deutschland ausschließlich mit 1,6 Liter-Motor, andernorts auch mit 1,8 Liter.

1974: In Details modifiziert, so werden die Kunstlederbezüge durch solche aus Stoff ersetzt (ab August).

1975: Facelift zum September: Neugestalteter Kühlergrill ohne Steg in der Mitte, Rundscheinwerfer jetzt voll integriert; vordere Blinker und Begrenzungsleuchten nicht mehr über, sondern in der Stoßstange. Grauschwarze Heckblende mit neuen Rückleuchten. Neue Armaturentafel, Instrumentierung sowie Lenkrad. Heizbare Heckscheibe.

1976: Dreigang-Automatik für Limousine (Spätjahr).

1977: Coupé taucht nicht mehr im Programm auf (September).

1979: Im Juli wird der Import eingestellt, Nachfolger wird der neue Mazda 626.

Zwei Jahre vor Ablösung der gesamten Reihe wurde das 616-Coupé aus dem Programm genommen.

Mazda 626 (seit 1978)
Bestseller mit drei Ziffern

Mazda 626 1600 Debüt 1979. Bei der stärkeren Zweiliter-Version waren Kühlergrill und Scheinwerfer auf gleicher Höhe.

Der Mazda 626 löste in Deutschland eigentlich zwei Modelle ab: den 818 und seinen direkten Vorgänger, den 616 »Capella«. Es wurde ein Glücksgriff: Die Mazda 626 der zweiten und dritten Generation avancierten zum meistverkauften Importauto ihrer Klasse und brachten Mazda an die Spitze. Kein anderer japanischer Importeur verkaufte in Deutschland so viele Fahrzeuge.

Mazda 626 (1978–1982)

Zwischen Anspruch und Wirklichkeit liegen oft Welten. Das mußten zur ihrer eigenen Überraschung auch die Mazda-Werber feststellen. Anspruch: »Mazda 626. Der Exclusive in der Mittelklasse.« Wirklichkeit: 13.210 Käufer im ersten Dreivierteljahr nach der Deutschland-Premiere. Keine Spur also von Exclusivität, stattdessen satte 86,3 Prozent Verkaufszuwachs gegenüber 1978.

Die Modellreihe, die den Verkauf so mächtig ankurbelte, bestand aus zwei Karosserievarianten, für die jeweils zwei Motoren zur Wahl standen. Beiden Varianten gemeinsam war das schnörkellose Design und die ausgewogenen Proportionen, die europäischem Geschmack entsprachen. Doch die »neue Größe in der Mittelklasse« (O-Ton) hatte noch mehr zu bieten: sparsame und durchzugsstarke Motoren, genügend Platz auch für fünf Personen, akzeptable Federungs- und Fahreigenschaften und eine reichhaltige Ausstattung – eben »Gediegenheit auf Rädern«.

MODELLE, VARIANTEN, PREISE

Modellreihen:	Viertürige Stufenheck-Limousine; Coupé
Motoren:	1586 cm³ / 55 kW (75 PS) bei 5000/min
	1970 cm³ / 66 kW (90 PS) bei 4800/min

Im europäischen Format: Mazda 626 2,0 Coupé, 1979.

Mazda 626, Modell 1981: mit neuer Front und verbesserter Ausstattung.

Ausstattung:	Getönte Scheiben, heizbare Heckscheibe, klappbare Rücksitzlehnen, Kartentasche in den Vordertüren. Kofferraumdeckel elektrisch von innen zu entriegeln, Mittelkonsole. 2.0 und Coupé: elektrischer Außenspiegel, Drehzahlmesser.
Varianten:	1.6 l – 2.0 l
Preise (DM):	12.690,– / 12.990,– (Limousine / Coupé 1.6) 13.690,– / 13.990,– (Limousine / Coupé 2.0)

Chronik:

1979: Seit Oktober 1978 in Produktion, kommt der 626 im Februar nach Deutschland. Zwei Karosserieformen, zwei Motoren, wobei die Zweiliter-Limousine mit einer Dreigang-Automatik geordert werden kann. 2.0 l anderer Kühlergrill (nicht abgeschrägt in die Haube eingelassen, Chromzierat).

1980: Im Frühjahr elektrisch verstellbarer Außenspiegel für Zweiliter-Version, im November Modellpflege: Neue Kunststoff-Stoßstangen mit verlängerten Ecken, glatte Haube, durchgehender Kühlergrill und größere Scheinwerfer, breite Seitenschutzleisten und vergrößerte Heckleuchten, geändertes Raddesign. Verbesserte Ausstattung: Fünfgang-Getriebe jetzt auch für kleinere Maschine, Drehzahlmesser, verstellbare Lenksäule, Warnsummer für nicht abgezogenen Zündschlüssel. Straffere Polster, neue Bezüge, handlicheres Lenkrad. Coupé 2.0 jetzt ebenfalls mit Automatik.

1981: Ab Frühjahr elektrisches Schiebedach gegen Aufpreis von 900 Mark.

1983: Modellreihe mit Erscheinen der zweiten Generation auf Frontantrieb umgestellt.

Mazda 626 Coupé 1979

Motor	
Zylinder / Bauart	4 Reihe
Bohrung × Hub	80 × 98 mm
Hubraum	1970 cm³
Leistung	66 kW / 90 PS bei 4800/min
Max. Drehmoment	159 Nm bei 2500/min
Verdichtung	8,6 : 1
Gemischaufbereitung	1 Fallstrom-Registervergaser
Ventile / Steuerung	2 / OHC
Batterie	12 V 45 Ah
Kraftübertragung	
Antrieb	Hinterradantrieb
Getriebe	5-Gang
Übersetzungen	I = 3,21
	II = 1,82
	III = 1,30
	IV = 1,00
	V = 0,86
	R = 3,46
Fahrwerk	
Radaufhängung vorn	Federbeine mit Querlenker und Zugstreben, Teleskopstoßdämpfer, Stabilisator
Radaufhängung hinten	Längs- und Querlenker, Schraubenfedern, Gasdruckstoßdämpfer
Lenkung	Kugelumlauflenkung
Bremse	Bremskraftverstärker und -regler vorn: Scheibenbremsen, hinten: Trommelbremsen
Allgemeine Daten	
Gesamtmaße	4305 × 1660 × 1370 mm
Radstand	2510 mm
Spur vorne/hinten	1370/1380 mm
Felgen	5,5 J × 13
Reifen	185/70 SR 13
Leergewicht	1065 kg
Zul. Gesamtgewicht	1540 kg
Höchstgeschwindigkeit	175 km/h
0 auf 100 km/h	11,3 s
Verbrauch l/100 km	11,5 l Normal
Tankinhalt	55 l

Mazda 626 (1983–1987)

Der Bestseller der Jahre 1983, 1984 und 1985 überzeugte durch ein harmonisches Fahrverhalten und guten Komfort, absolute Zuverlässigkeit und uneingeschränkte Alltagstauglichkeit. Und außerdem bot der 626 mit Frontantrieb seinem Besitzer reichlich Kurzweil. Eine ganze Batterie von Warn- und Kontrolleuchten hielt den Fahrer stets auf dem laufenden; ein melodiöses Computerchip gemahnte den Fahrer, den Schlüssel abzuziehen, das Fahrtlicht zu löschen und bitteschön rechtzeitig die nächste Tankstelle anzufahren, indes der zehnfach verstellbare GLX-Fahrersitz auch experimentierfreudige Fahrer auf ihre Kosten kommen ließ. Und wer bei all dem noch zum Fahren kam, hatte immer noch Spaß am neuen Mittelklässler.

Die neuentwickelten Leichtmetallmotoren – wobei der Zweiliter die bessere Wahl darstellte – gefielen sowohl durch Durchzugskraft als auch durch Temperament und beschleunigten den eine Tonne schweren Wagen je nach Modell bis zu einer Höchstgeschwindigkeit von 185 km/h. Dann allerdings vergaß der sonst so kultivierte Mazda seine guten Manieren und wurde zum trinkfreudigen Radaubruder.

Mit dem Vorgänger nur noch den Namen gemeinsam: die erste 626-Generation mit Frontantrieb. ▲

Der Dritte im Bunde: seit 1983 neben Stufenheck-Limousine und Coupé auch mit Fließheck-Karosserie und Heckklappe. ▶

Mazda 626 GLX Fließheck 1983

Motor	
Zylinder / Bauart	4 Reihe
Bohrung × Hub	86 × 86 mm
Hubraum	1998 cm³
Leistung	74 kW / 101 PS bei 5600/min
Max. Drehmoment	156 Nm bei 3700/min
Verdichtung	8,6:1
Gemischaufbereitung	1 Doppelregister-Fallstromvergaser
Ventile / Steuerung	2 / OHC
Batterie	12 V 60 Ah
Kraftübertragung	
Antrieb	Vorderradantrieb
Getriebe	5-Gang
Übersetzungen	I = 3,307
	II = 1,833
	III = 1,310
	IV = 1,030
	V = 0,837
	R = 3,133

Fahrwerk	
Radaufhängung vorn	McPherson-Federbeine, Dreiecksquerlenker, Querstabilisator
Radaufhängung hinten	McPherson-Federbeine, Quer- und Längslenker, Querstabilisator
Lenkung	Zahnstangenlenkung
Bremse	Bremskraftverstärker und -regler vorn: Scheibenbremsen hinten: Trommelbremsen
Allgemeine Daten	
Gesamtmaße	4430 × 1690 × 1365 mm
Radstand	2510 mm
Spur vorne/hinten	1430/1425 mm
Felgen	5,5 J × 14
Reifen	185/70 HR 14
Leergewicht	1065 kg
Zul. Gesamtgewicht	1650 kg
Höchstgeschwindigkeit	181 km/h
0 auf 100 km/h	11,7 s
Verbrauch l/100 km	10,7 l Normal
Tankinhalt	60 l

MODELLE, VARIANTEN, PREISE

Modellreihen: Viertürige Stufenheck-Limousine; viertürige Fließheck-Limousine mit Heckklappe; Coupé

Motoren: 1587 cm^3 / 59 kW (80 PS) bei 5500/min
1998 cm^3 / 74 kW (101 PS) bei 5600/min
1998 cm^3 / 46 kW (63 PS) Diesel bei 4650/min
1998 cm^3 / 88 kW (120 PS) bei 5400/min ab 10.85
1998 cm^3 / 68 kW (92 PS) Kat bei 5000/min ab 10.85

Ausstattung: LX: Colorverglasung, zwei von innen verstellbare Außenspiegel, Fahrersitz mit Lendenwirbelstütze, einzeln umklappbare Rücksitzlehnen. GLX: elektrische Fensterheber vorn und hinten, Zentralverriegelung. Servolenkung als Option.

Varianten: 1,6 LX/LX Diesel – 2,0 GLX – 2,0 GT

Preise (DM): 15.200,– / 15.990,– / 15.990,– (LX / Fließheck / Coupé); 16.700,– / 17.490,– / 16.990,– (GLX / Fließheck / Coupé)

Chronik:

1983: Der neue Mazda mit Frontantrieb ist ab Februar lieferbar. Drei verschiedene Karosserieformen, zwei Ausstattungspakete, zwei neuentwickelte Leichtmetall-Motoren

1984: Für die Stufenheck-Limousine ist ab April ein Diesel-Triebwerk lieferbar (LX, 17.690,–)

1985: Der März bringt den Diesel-Motor im Fließheck-Modell (GLX; 20.790 Mark); zur IAA findet, bei gleichzeitiger Präsentation der GT-Modelle, ein dezenter Facelift statt. Kühlergrill hat nun vier leicht hervorstehende Lamellen; schwarze Kunststoffstoßstange umschließt jetzt teilweise die vordern Blinker, breitere Seitenschutzleisten. B-Säule und Fensterrahmen generell in mattschwarz, Rückfahrscheinwerfer jetzt oben an der Innenkante der Heckleuchten. Neugestaltetes Armaturenbrett und Lenkrad, Kopfstützen durchbrochen, neue Polster und Stoffe, Ausstattungsverbesserungen. GT: 120 PS, Servolenkung, Scheibenbremsen hinten, feine rote Linie in Seitenschutzleisten und Stoßfängern als optisches Erkennungszeichen. Katalysator-Versionen von GLX erhältlich. Preis für GT-Coupé beträgt 22.800,–; Coupé GLX Kat schlägt mit 21.450 Mark zu Buche.

1987: IAA Frankfurt bringt die erwartete Ablösung.

Mazda 626 (seit 1987)

Im goldenen Oktober 1987 rollte der neue 626-Jahrgang auf Deutschlands Straßen. Behutsam modifiziert, steckte unter der fließend-weich gezeichneten Außenhaut ein reifer Jahrgang, den die Käufer zu schätzen wußten: die rege Nachfrage sorgte

626-Umbau auf Coupé-Basis, für 15.000 Mark zweimal in Szene gesetzt von Karosseriebauer Lorenz und Automobilveredler Küwe.

1988 zeitweise für eine mehrmonatige Lieferfrist bei dieser japanischen Spätlese.

Der meistverkaufte Importwagen in der Mittelklasse (48.911 Neuzulassungen in 1988) wurde zunächst nur in den drei schon bekannten Karosserievarianten angeboten, mit Stufen- und Fließheck und als pausbäckiges Coupé. Mitte 1988 erhielt die Familie Zuwachs in Form eines großzügig dimensionierten Kombis. Die Motorisierung reichte von 2,0 l/66 kW bis zum Zweiliter mit 103 kW im Mazda GT. Zur Wahl stand außerdem für alle Karosserieformen ein 2,2 Liter-Motor mit 85 kW. Als technischen Leckerbissen servierte Mazda im Dezember den 626 4 WS. Das »4 WS« stand für »Four Wheel Steering« und bezeichnete eine elektronisch geregelte Vierradlenkung.

Mazda 626 Kombi 1988: Die Heckklappe reicht bis in den Dachbereich hinein und geht bis auf Stoßstangenhöhe hinunter.

MODELLE, VARIANTEN, PREISE

Modellreihen:	Viertürige Stufen- und Fließhecklimousine; Coupé, Kombi
Motoren:	1998 cm³ / 66 kW (90 PS) bei 5200/min
	1998 cm³ / 66 kW (90 PS) Kat bei 5000/min
	1998 cm³ / 79 kW (107 PS) 12V Kat bei 5300/min
	1998 cm³ / 103 kW (140 PS) 16V Kat bei 6000/min
	1998 cm³ / 44 kW (60 PS) Diesel bei 4000/min
	2184 cm³ / 85 kW (115 PS) 12V Kat bei 5000/min ab 8.88
Ausstattung:	LX: Geteilt klappbare Rücksitzlehnen, Zündschloßbeleuchtung, GLX: Servolenkung, höhenverstellbare Sicherheitsgurte, Ablageschale unter Beifahrersitz. GT: elektrische Fensterheber, elektrisches Stahlschiebe/Hubdach, Tempomat.
Varianten:	LX 2.0i – GLX 2.0i – GLX 2.0 D – GT 2.0i 16V Kat – GLX 2.2i – GLX 2.2i 4WD – GLX 2.2i 4WS

Mazda 626 Kombi 2,2i 12V GLX 1989

Motor	
Zylinder / Bauart	4 Reihe, quer eingebaut
Bohrung × Hub	86 × 94 mm
Hubraum	2184 cm³
Leistung	85 kW / 115 PS bei 5000/min
Max. Drehmoment	180 Nm bei 3000/min
Verdichtung	8,6 : 1
Gemischaufbereitung	elektronisches Kraftstoff-Einspritzsystem
Abgasreinigungssystem	geregelter 3-Wege-Katalysator mit Lambda-Sonde
Ventile / Steuerung	3 / OHC
Batterie	12V 60 Ah
Kraftübertragung	
Antrieb	Vorderradantrieb
Getriebe	5-Gang
Übersetzungen	I = 3,31
	II = 1,83
	III = 1,23
	IV = 0,91
	V = 0,72
	R = 3,17
Fahrwerk	
Radaufhängung vorn	McPherson-Federbeine, Dreiecksquerlenker, Querstabilisator
Radaufhängung hinten	McPherson-Federbeine, Quer- und Längslenker, Querstabilisator
Lenkung	Zahnstangenlenkung mit drehzahlabhängiger Servounterstützung
Bremse	Bremskraftverstärker und -regler, vorn: innenbelüftete Scheibenbremsen, hinten: Scheibenbremsen,
Allgemeine Daten	
Gesamtmaße	4610 × 1690 × 1430 mm
Radstand	2575 mm
Spur vorne/hinten	1455/1465 mm
Felgen	5,5 J × 14
Reifen	185/70 R 1486 H
Leergewicht	1215 kg
Zul. Gesamtgewicht	1900 kg
Höchstgeschwindigkeit	182 km/h
0 auf 100 km/h	10,2 s
Verbrauch l/100 km	8,5 l Normal, bleifrei
Tankinhalt	60 l

Wie auf Schienen:
Mazda 626 4WS mit elektronischer Vierradlenkung.

Preise (DM): 24.390,– / 25.440,– / 25.040,–
(LX / Fließheck / Coupé)
34.300,– / 34.100,–
(GT 2,0i 16V Fließheck / Coupé)
22.500,– / 23.550,–
(LX 2,0 Diesel / Fließheck)

Chronik:

1987: Einführung des neuen Mazda 626 nach der IAA. Drei Karosserievarianten; fünf Motorisierungsstufen. Zwei-, Drei- und Vierventiltriebwerke. Grundmodell LX mit 66 kW mit ungeregeltem Katalysator.
Aufpreis Automatik DM 1.590,–, elektrisches Schiebedach DM 1.450,–.

1988: Im August erscheint neben dem Kombi auch ein 2,2 Liter-Einspritz-Aggregat (GLX 2.2i), Lim: DM 26.190,–; Fließheck: DM 27.240,–; Coupé: 26.840.–. Im Dezember Vierradlenkung »4WS« mit ABE (allgemeiner Betriebserlaubnis), lieferbar für 2,2i (Aufpreis DM 1.500,–). Klimaanlage (DM 2.000,–) für GT gegen Aufpreis.

1990: Facelift zum März: Fenstereinfassungen ohne Chrom, Türgriffe in Wagenfarbe. Kühlergrill und Heckleuchten leicht modifiziert. Ausstattungsverbesserung (elektrische Fensterheber, Zentralverriegelung, Radiovorbereitung).
Top-Modell mit ABS, Kombi mit Dachreling. Einführung der 4WD-Modelle im April zeitgleich mit 323 4WD: 626 GLX 2,2i mit Schräg- und Stufenheck. Permanenter Allradantrieb über Planetenausgleichsgetriebe auf Vorder-und Hinterachse (50:50); Visko-Sperre.

Das bestverkaufte Importmodell aus Japan im klassischen Stufenheck-Look.

Mazda 929 (seit 1977)
Kein Anschluß unter dieser Nummer

Die großen Mazdas hatten Ähnlichkeit mit dem Ungeheuer von Loch Ness: Immer wieder tauchten ihre Bilder in der Presse auf, doch niemand konnte glaubhaft versichern, wirklich einem begegnet zu sein. Daran hat sich bis heute nicht viel geändert, Mazdas große Limousine im Straßenverkehr zu entdecken, gelingt nur selten.

Mazda 929 (1977–1978)

Bereits kurz nachdem der 929 zum ersten Mal gesichtet worden war – im November 1973 – schlug er in Deutschland Wellen. Schuld daran waren Pressemeldungen, die sich letztendlich als Enten entpuppten, denn hinter Nessie steckte nicht der erwartete Kreiskolben-Motor, sondern »nur« ein ebenso robuster wie konventioneller 1,8 Liter-Vierzylinder-Motor. Die RX-4-Version mit Zweischeiben-Wankelmotor, einem Kammervolumen von 2×574 cm³ und einer Leistung von rund 110 PS trat im Mutterland des Wankels nie in Erscheinung.
RX-4-Karosse und ein Motor der Gattung »Schüttelhuber« zusammen ergaben den Mazda 929, wie er im Frühjahr 1977 in den Auslagen erschien. Dort bewies er alsbald ein letztes Mal seine Ähnlichkeit mit dem sagenhaften schottischen Ungetüm: Schneller als er gekommen war, tauchte er in der Versenkung unter. Und kaum jemand hatte ihn gesehen.

MODELLE, VARIANTEN, PREISE

Modellreihen:	Viertürige Stufenheck-Limousine; Coupé
Motoren:	1769 cm³ / 61 kW (83 PS) bei 5000/min
Ausstattung:	Getönte Scheiben, Verbundglasscheibe vorn mit eingelassenen Antenne, Zeituhr, heizbare Heckscheibe. Coupé: Drehzahlmesser, versenkbare hintere Seitenscheiben, Mittelkonsole, Breitreifen.
Varianten:	929
Preise (DM):	12.990,– / 13.890,– (Limousine / Coupé)

Chronik:

1977: Einführung der Modellreihe im Februar, lieferbar als viertürige Limousine (auf Wunsch mit Automatik) und Coupé. Kombi in Deutschland nicht im Angebot.
1978: Im Mai naht die Ablösung in Form des 929 L.

Mazda 929 Coupé 1977

Motor	
Zylinder / Bauart	4 Reihe
Bohrung×Hub	80×88 mm
Hubraum	1769 cm³
Leistung	61 kW / 83 PS bei 5000/min
Max. Drehmoment	137 Nm bei 2900/min
Verdichtung	8,6:1
Gemischaufbereitung	1 Doppelregister-Fallstromvergaser Nippon Denso
Ventile / Steuerung	2 / OHC
Batterie	12 V 60 Ah
Kraftübertragung	
Antrieb	Hypoidantrieb auf die Hinterräder
Getriebe	4-Gang
Übersetzungen	I = 3,403
	II = 2,005
	III = 1,373
	IV = 1,000
	R = 3,801
Fahrwerk	
Radaufhängung vorn	McPherson-Federbeine, Querlenker, Querstabilisator
Radaufhängung hinten	Starrachse mit Halbelliptik-Blattfedern, Teleskopstoßdämpfer
Lenkung	Kugelumlauflenkung
Bremse	Bremskraftverstärker, Servounterstützung, vorn: Scheibenbremse, hinten: Trommelbremse
Allgemeine Daten	
Gesamtmaße	4405×1665×1380 mm
Radstand	2510 mm
Spur vorne/hinten	1380/1370 mm
Felgen	5,5 J×13
Reifen	195/70 SR 13
Gewicht	1095 kg
Zul. Gesamtgewicht	1600 kg
Höchstgeschwindigkeit	160 km/h
0 auf 100 km/h	13 s
Verbrauch l/100 km	12 l Super
Tankinhalt	62 l

Nur für Japan mit Wankelmotor: Mazda 929, 1977. In Deutschland nur mit konventionellem Hubkolbenmotor.

Mazda 929 L Kombi 1978

Motor

Zylinder / Bauart	4 Reihe
Bohrung × Hub	80 × 98 mm
Hubraum	1970 cm^3
Leistung	66 kW / 90 PS bei 4800/min
Max. Drehmoment	159 Nm bei 2500/min
Verdichtung	8,6:1
Gemischaufbereitung	1 Fallstrom-Registervergaser
Ventile /. Steuerung	2 / OHC
Batterie	12 V 45 Ah

Kraftübertragung

Antrieb	Hinterradantrieb
Getriebe	4-Gang
Übersetzungen	I = 3,21
	II = 1,82
	III = 1,30
	IV = 1,00
	R = 3,46

Fahrwerk

Radaufhängung vorn	McPherson-Federbeine mit Dreiecksquerlenker, Stabilisator
Radaufhängung hinten	Starrachse mit Längs- und Querlenkern, Schraubenfedern, Gasdruckstoßdämpfer
Lenkung	Kugelumlauflenkung
Bremse	Bremskraftverstärker und -regler vorn: innenbelüftete Scheibenbremsen hinten: Trommelbremsen

Allgemeine Daten

Gesamtmaße	4670 × 1690 × 1445 mm
Radstand	2610 mm
Spur vorne/hinten	1430/1400 mm
Felgen	5,5 J × 14
Reifen	175 SR 14
Gewicht	1200 kg
Zul. Gesamtgewicht	1680 kg
Höchstgeschwindigkeit	160 km/h
0 auf 100 km/h	13,5 s
Verbrauch l/100 km	13,5 l Normal
Tankinhalt	65 l

Mazda 929 L (1978–1981)

Schön: Für 14.440 Mark gab es bei den knapp 850 Mazda-Händlern einen geräumigen Viertürer zum Spar-Preis, umfangreiche Ausstattung und solide gezimmerte Karosserie inklusive. Schlecht: Man erwarb damit auch das unbefriedigende Fahrverhalten, die reichlich gefühllos agierende Lenkung und den nur mäßigen Fahr- und Federungskomfort des Mazda-Dickschiffes. Wenig Grund zur Freude bot auch der horrende Wertverlust von rund 40 Prozent im ersten Jahr, und das schreckte ab: während zum Beispiel die Kölner Ford-Werke in diesem Zeitraum 314.451 Taunus-Typen in den Verkehr schickten, entschieden sich nur rund 18.700 Käufer für die Alternative aus Hiroshima.

Ganz sicher spielte dabei die mißglückte Optik eine Rolle, die Herren von Toyo Kogyo hatten nach der falschen Seite über den großen Teich geschaut und schufen mit dem 929 L ein Spätwerk des amerikanisch-japanischen Blechbarocks. Beim Facelift im April 1980 wurde dies so gut wie möglich korrigiert.

Ein Spätwerk des japanischen Blechbarocks: der 929 L, Jahrgang 1978.

MODELLE, VARIANTEN, PREISE

Modellreihen:	Viertürige Stufenheck-Limousine, Kombi
Motoren:	1970 cm³ / 66 kW (90 PS) bei 4800/min
Ausstattung:	Scheibenantenne, abschließbares Handschuhfach, beleuchteter Aschenbecher, Tankverschluß und Kofferraumschloß elektrisch zu entriegeln, Scheinwerfer-Waschanlage.
Varianten:	929 L
Preise (DM):	14.440,– (Limousine)

Der 929 L »Variabel« trat 1979 gegen die europäische Kombi-Konkurrenz von Opel und Ford an. Sein Vorteil: der Preis.

Chronik:

1978: Im Mai wird das neue Modell eingeführt. Charakteristisch die Frontpartie: zwei übereinanderliegende Rechteckscheinwerfer im Chromrahmen und markanter Kühlergrill.

1979: Im Mai erscheint als zusätzliche Variante die Kombi-Version Variabel; DM 15.440,–.

1980: Ab April mit neuer Front- und Heckpartie beibehalten. Breitband-Scheinwerfer, Kühlergrill flacher und breiter, breite Flankenschutzleisten, Kunststoff-Stoßstangenekken. Heckleuchten reichen nun bis zum Nummernschildfeld, Inneneinrichtung in Details modifiziert (anderes Lenkrad, Bandscheibenstütze für Fahrersitz, elektrisch verstellbarer Außenspiegel, beleuchtetes Zündschloß). Ab September Fünfgang-Getriebe für die Limousine erhältlich.

1982: Zum Frühjahr abgelöst; Kombi überarbeitet (Fünfgang-Getriebe, geteilt umklappbare Rücksitzlehne) beibehalten.

Umfassend überarbeitet und mit neuem Kühlergrill im Mercedes-Format: 929 L, 1980.

Mazda 929 (1982–1987)

Auf den ersten Blick gar nichts gemein mit der Limousine hatte das 929-Coupé, das Mazda im Frühjahr 1982, zusammen mit der überarbeiteten Limousine präsentierte. Kein Wunder, das Coupé stammte nämlich vom Modell »Cosmo« ab, das nur in Japan vertrieben wurde. Dort gab es den Cosmo auch in der sogenannten Hardtop-Version als viertürige Limousine, mit Motoren von 52 bis 118 kW.

Bei gleichem Radstand war das Coupé nur 2,5 Zentimeter kürzer, aber 6,5 Zentimeter niedriger als die 929-Limousine, die windschnittige Keilform mit abgerundetem Bug und effektheischenden Klappscheinwerfern unterstrich den sportlichen Anspruch. Beim Fahrwerk gaben sich die Mazda-Werker besonders viel Mühe, Einzelradaufhängung vorn und Schräglenker-Hinterachse sollten europäische Ansprüche erfüllen. Das Resultat konnte nicht in jeder Lage überzeugen, versöhnlich dagegen stimmte die überkomplette Ausstattung und die saubere Verarbeitung.

Viel Glas, eine niedere Gürtellinie und die flach heruntergezogene Motorhaube wurden das Merkmal der 929-Limousine 1982.

MODELLE, VARIANTEN, PREISE

Modellreihen:	Viertürige Stufenheck-Limousine, Kombi, Coupé
Motoren:	1970 cm³ / 66 kW (90 PS) bei 4800/min 1998 cm³ / 74 kW (101 PS) bei 5600/min ab 3.84 1996 cm³ / 88 kW (120 PS) bei 5400/min ab 10.84
Ausstattung:	Lenkradhöhenverstellung, zentrale Türverriegelung, Fernentriegelung von Kofferaumhaube und Tankklappe. Coupé: Servolenkung, Tempomat, elektrisch verstellbare Außenspiegel, Instrumenten-Anzeige über Leuchtdioden.
Varianten:	929 LX/GLX – 2.0i
Preise (DM):	16.840,– / 18.840,– (929 LX / Coupé)

Chronik:

1982: Zum Frühjahr erscheinen 929-Limousine und Coupé bei den Händlern. Neue Karosserien, Kombi nur leicht modifiziert beibehalten.

Völlig eigenständig im Design: 929 Coupé mit Klappscheinwerfern und Fenster in der B-Säule (1982).

1984: März: Modellreihe neu gegliedert und mit 74 kW-Motor aus dem Mazda 626 GLX ausgestattet. Kombi nicht mehr nachgewiesen. Limousine: schmalere Scheinwerfer, vordere Blinker in Stoßstange eingelassen, breitere Seitenschutzleisten. Innen in Details modifiziert (Lenkrad neu). Coupé: Blinker in vordere Stoßstange integriert, breitere Seitenschutzleisten, Chrom-Zierleiste zwischen Grill und Haube. Seitenfenster der B-Säule schwarz verblendet. Grundmodelle heißen LX, besser ausgestattete GLX. Neues Automatikgetriebe mit Overdrive und Wandlerüberbrückung lieferbar. Ab Oktober zusätzliche Motor-Variante: 2.0i mit Benzineinspritzung (L-Jetronic, System Bosch). 2.0i-Coupé mit elektronisch geregelter Fahrwerksabstimmung, die Dämpferabstimmung kann manuell eingestellt werden (Stufen Hard/Soft/Auto). Preise: DM 22.950,–/24.950,– (Limousine, Coupé).

1987: Modellwechsel im April des Jahres.

Neuer Motor, überarbeitete Optik, üppige Ausstattung: Mazda 929 nach dem Facelift vom Februar 1984. ▲

Ab Oktober 1984 gab es Limousine und Coupé auch als 2,0i mit L-Jetronic-Benzineinspritzung und elektronischem Fahrwerk. ▲

Blieb ein Einzelstück: 929-Cabriolet vom Mazda-Händler Döbele, Tuttlingen. ▶

Mazda 929 Coupé 1984

Motor

Zylinder / Bauart	4 Reihe
Bohrung × Hub	86 × 86 mm
Hubraum	1996 cm³
Leistung	88 kW / 120 PS bei 5300/min
Max. Drehmoment	169 Nm bei 4200/min
Verdichtung	10:1
Gemischaufbereitung	1 Fallstrom-Registervergaser
Ventile / Steuerung	2 / OHC
Batterie	12 V 60 Ah

Kraftübertragung

Antrieb	Hinterradantrieb
Getriebe	5-Gang
Übersetzungen	I = 3,489
	II = 1,888
	III = 1,330
	IV = 1,000
	V = 0,851
	R = 3,758

Fahrwerk

Radaufhängung vorn	McPherson-Federbeine mit Querlenkern und Stabilisator
Radaufhängung hinten	Federbeine an Schräglenkern, Stabilisator, Gasdruckstoßdämpfer
Lenkung	Zahnstangenlenkung, Servounterstützt
Bremse	Bremskraftverstärker und -regler, vorn: innenbelüftete Scheibenbremsen hinten: Scheibenbremsen

Allgemeine Daten

Gesamtmaße	4650 × 1690 × 1355 mm
Radstand	2615 mm
Spur vorne/hinten	1430/1415 mm
Felgen	5,5 J × 14
Reifen	195/70 HR 14
Gewicht	1140 kg
Zul. Gesamtgewicht	1740 kg
Höchstgeschwindigkeit	192 km/h
0 auf 100 km/h	10,2 s
Verbrauch l/100 km	12,4 l Normal
Tankinhalt	60 l

Mazda 929 (seit 1987)

Der Mazda 929, in vierter Auflage seit Frühjahr 1987 auf dem Markt, sollte nun endlich den Durchbruch in die automobile Oberklasse bringen.

Dafür allerdings braucht man hierzulande immer noch einen Untertürkheimer Stammbaum, eine weiß-blaue Vergangenheit oder den Adel, den nur echtes Connolly-Leder verleiht. Der Mazda hatte nichts von all dem, und tat sich entsprechend schwer. Was allerdings nicht heißen soll, daß er nichts zu bieten hätte, denn da hatte er allerhand. Zum Beispiel einen seidenweich laufenden Sechszylinder-Dreiventilmotor im Topmodell 3,0i oder eine Ausstattung, welche die Mitbewerber erbleichen ließ. Nur eines fehlte, und das ist unverzeihlich im Kreise der Nobelmarken: das Image. Daran ändern auch polierte Wurzelholz-Einlagen nichts.

MODELLE, VARIANTEN, PREISE

Modellreihen:	Stufenheck-Limousine mit vier Türen
Motoren:	1998 cm³ / 85 kW (115 PS) bei 5300/min 2169 cm³ / 100 kW (136 PS) bei 5500/min 2169 cm³ / 85 kW (115 PS) Kat bei 5000/min 2918 cm³ / 140 kW (190 PS) bei 5500/min 2918 cm³ / 125 kW (170 PS) Kat bei 5300/min
Ausstattung:	LX: Colorverglasung, von innen verstellbare Außenspiegel, höhenverstellbares Lenkrad. GLX: elektrisches Stahlhub- und Schiebedach, elektrische Fensterheber vorn und hinten, Zentralverriegelung. GLX 3.0i: elektronisch gesteuerte Servolenkung, ABS, beheizbare Frontsitze.
Varianten:	2,0 LX – 2,2i GLX – 3.0i GLX
Preise (DM):	26.300,– / 29.800,– / 38.800,– (2,0 / 2,2i / 3,0i)

Chronik:

1987: Im April vorgestellt, nur noch als Stufenheck-Limousine. Coupé nicht mehr im Programm. Fünf Motoren stehen zur Wahl, Top-Angebot wird der neuentwickelte Sechszylinder-Motor mit Dreiventil-Zylinderkopf. Extras: Metallic-Lackierung DM 490,–; Klimaanlage DM 2.000,–; Automatik DM 2.100,–.

1989: Zum Frühjahr leicht überarbeitet, der 929 erhält eine Nase im Stil des Audi V8 mit aufgesetzter Kühlermaske und Chromumrandung. Nur noch Katalysator-Motoren lieferbar.

Mazda 929 V6 1990 mit dem neuen Kühlergrill im Stil des Audi V8.

Mazda 929 V6: In der aktuellsten Ausgabe mit Dreiliter-Sechszylinder-Aggregat und Dreiventil-Zylinderkopf.

Mazda 929 3,0i GLX V6 1989

Motor

Zylinder / Bauart	V6 Reihe
Bohrung × Hub	90 × 77,4 mm
Hubraum	2918 cm^3
Leistung	125 kW / 170 PS bei 5300/min
Max. Drehmoment	242 Nm bei 4000/min
Verdichtung	9,2 : 1
Gemischaufbereitung	elektronisches Einspritzsystem
Abgasreinigungssystem	geregelter 3-Wege-Katalysator mit Lambda-Sonde
Ventile / Steuerung	3 / OHC
Batterie	12 V 65 Ah

Kraftübertragung

Antrieb	Hinterradantrieb
Getriebe	5-Gang
Übersetzungen	I = 3,48
	II = 2,02
	III = 1,39
	IV = 1,00
	V = 0,76 /
	R = 3,29

Fahrwerk

Radaufhängung vorn	McPherson-Federbeine, Querlenker und Stabilisator
Radaufhängung hinten	McPherson-Federbeine mit Quer- und Längslenker, Stabilisator
Lenkung	Zahnstangenlenkung mit Servounterstützung
Bremse	Bremskraftverstärker und- regler, vorn und hinten innenbelüftete Scheibenbremsen

Allgemeine Daten

Gesamtmaße	4885 × 1725 × 1425 mm
Radstand	2710 mm
Spur vorne/hinten	1440/1450
Felgen	6 J × 15
Reifen	205/60 R 1590 V
Gewicht	1470–1536,5 kg
Zul. Gesamtgewicht	2040 kg
Höchstgeschwindigkeit	205 km/h
0 auf 100 km/h	10,2 s
Verbrauch l/100 km	11,3 l Super, bleifrei
Tankinhalt	75 l

Mazda RX-3 (1973–1974)
Wankel-Mut

Mazda RX–3, 1974: Die Wankel-Ausführung des Mazda 818 mit charakteristischer Frontansicht. In Deutschland gelangte nur das Coupé in den Verkauf.

Im Juni 1973 sorgte der Wankel-Motor wieder einmal für Schlagzeilen: In Hiroshima verließ der 500.000. Mazda mit Kreiskolbenmotor die Werkshallen, und gleichzeitig erreichten die ersten für Deutschland bestimmten RX–3 Bremerhaven. 12 480 Mark ab Auslieferungslager kostete die Wankel-Version des Mittelklasse-Mazdas 818, von dem er sich optisch durch den Kühlergrill und die Doppelscheinwerfer unterschied.

Erstmals im September 1971 präsentiert, wurde der RX–3 im Januar 1973 vom amerikanischen »Road & Test Magazine« zum »Import-Auto des Jahres« gekürt. Überhaupt fanden die Mazdas mit den rotierenden Scheiben in den USA reißenden Absatz, sie machten den japanischen Hersteller dort zum viertgrößten Auto-Importeur. In Ölkrisen-geschockten Deutschland dagegen wurde bereits im September 1974 der RX–3 Import wieder eingestellt. Es dauerte Jahre, bis sich wieder ein japanischer Wankel nach Deutschland verirrte.

Auch die amerikanische Wankel-Begeisterung erlahmte. Schuld daran waren die Kohle-Dichtleisten der Kreiskolben, welche – ähnlich den Kolbenringen im Otto-Motor – für einen vollständigen Abschluß des Brennraums sorgen sollten. Undichtigkeiten führten zu Motorschäden – und zum Rechtsstreit. Eine Vereinigung von betroffenen RX–2- und 3-Besitzern zog vor Gericht und klagte auf volle Erstattung aller Reparaturkosten, einschließlich der Arbeitslöhne. Der Klage wurde 1980 in Los Angeles stattgegeben, Toyo Kogyo leistete Schadensersatz in Millonenhöhe.

Die ganze Episode blieb ein Einzelfall, die Eigner der neueren RX–5 und RX–7-Modelle hatten keinen Grund, ihren Wankel-Mut zu bereuen. Und das ist so geblieben.

Mazda RX-3 1973

Motor		**Fahrwerk**	
Zahl der Scheiben	Zweischeiben-Wankelmotor	Radaufhängung vorn	McPherson-Federbeine mit Querstabilisator
Kammervolumen	2×573 cm³	Radaufhängung hinten	Halbelliptik-Blattfedern, Teleskopstoßdämpfer
Leistung	75 kW / 95 PS bei 6000/min	Lenkung	Kugelumlauflenkung
Max. Drehmoment	142 Nm bei 4000/min	Bremse	Bremskraftverstärker und -regler vorn: Scheibenbremsen hinten: Trommelbremsen mit
Verdichtung	9,4:1		
Gemischaufbereitung	1 Zweistufen-Doppelregister-Fallstromvergaser Hitachi		
Batterie	12 V 60 Ah		
Kraftübertragung		**Allgemeine Daten**	
Antrieb	Hypoidantrieb auf die Hinterräder	Gesamtmaße	4065×1595×1350 mm
Getriebe	5-Gang	Radstand	2310 mm
Übersetzungen	I = 3,683	Spur vorne/hinten	1300/1290 mm
	II = 2,263	Felgen	4 J×13
	III = 1,937	Reifen	155 HR 13
	IV = 1,000	Gewicht	945 kg
	V = 0,862	Zul. Gesamtgewicht	1300 kg
	R = 3,692	Höchstgeschwindigkeit	175 km/h
		0 auf 100 km/h	13 s
		Verbrauch l/100 km	16 l Normal
		Tankinhalt	60 l

MODELLE, VARIANTEN, PREISE

Modellreihen:	Zweitüriges Coupé
Motoren:	Zweischeiben-Wankelmotor, Kammervolumen 2×573 cm³ 70 kW (95 PS) bei 6000/min
Ausstattung:	Verstellbare Liegesitze mit integrierten Kopfstützen, Teppichboden, Drehzahlmesser, Zeituhr, Tankschloß. Hintere Seitenscheiben voll versenkbar, Rückfahrscheinwerfer.
Varianten:	RX–3
Preise (DM):	12.480,–

Chronik:

1973: Lieferbar zum Deutschlandstart, teuerstes Modell von Toyo Kogyo. Nur Coupé, Limousine mit Wankelmotor in Deutschland nicht angeboten.

1974: Im September wird der Import offiziell eingestellt, kein Nachfolge-Modell in Sicht.

Mazda RX–5 (1976–1979) Willkommen im Club

Satt schließend die Türen, anheimelnd das Interieur, lautlos und willig die dienstbaren Geister von Motor, Getriebe und Elektrik: die gediegene Atmosphäre eines britischen Country-Clubs umfing den Eigner eines Mazda RX–5.

Kuschelige Fauteuils und Dreispeichen-Lenkrad mit Holzkranzimitat, Edelholz-Schaltknüppel und -Handbremshebel verliehen dem Wankel-Mazda die plüschige Atmosphäre viktorianischer Kaminzimmer, sogar die Wurzelholz-Folie auf dem Armaturenbrett gab sich soigniert wie ein britischer Landedelmann. Kultiviertes auch unter der Haube: ein Zweischeiben-Wankelmotor mit einer Rolls-Royce-ähnlichen Laufruhe, der eine Leistung von 85 kW (115 PS) entwickelte und dem wuchtigen Fünfsitzer-Coupé eine Höchstgeschwindigkeit 185 km/h verlieh.

Mit dezentem Säuseln erklärte sich der Kreiskolbenmotor zur Leistungsabgabe bereit, dabei ging er eher betulich zu Werke. Im unteren Drehzahlbereich wirkte sich das große Massenmo-

Mazda RX–5 1976

Motor	
Zahl der Scheiben	Zweischeiben-Wankelmotor
Kammervolumen	2×654 cm³
Leistung	85 kW / 115 PS bei 6000/min
Max. Drehmoment	174 Nm bei 4000/min
Verdichtung	9,2:1
Gemischaufbereitung	1 Doppelregister-Fallstromvergaser
Batterie	12 V 60 Ah
Kraftübertragung	
Antrieb	Hypoidantrieb auf die Hinterräder
Getriebe	5-Gang
Übersetzungen	I = 3,683
	II = 2,263
	III = 1,397
	IV = 1,00
	V = 0,862
	R = 3,692
Fahrwerk	
Radaufhängung vorn	McPherson-Federbeine, Dreiecks-Querlenker, Stabilisator
Radaufhängung hinten	Starrachse mit Längslenkern, Panhardstab, Gasdruckstoßdämpfer, Stabilisator
Lenkung	servounterstützte Kugelumlauflenkung
Bremse	Bremskraftverstärker und -regler, Servounterstützung, vorn: innenbelüftete Scheibenbremsen, hinten: Scheibenbremsen
Allgemeine Daten	
Gesamtmaße	4545×1685×1320 mm
Radstand	2510 mm
Spur vorne/hinten	1380/1370 mm
Felgen	5,5 JJ×14
Reifen	185/70 HR 14
Gewicht	1195 kg
Zul. Gesamtgewicht	1650 kg
Höchstgeschwindigkeit	180 km/h
0 auf 100 km/h	11,3 s
Verbrauch l/100 km	16,9 l Normal
Tankinhalt	62 l

»Ein Wagen mit soviel Qualitäten mußte erst noch gebaut werden.« – Mazda-Werbung für den RX–5, 1976.

ment der kreisenden Kolben dämpfend auf das Temperament aus. Erst höhere Drehzahlen – die allerdings schnell erreicht wurden – brachten seine Vorzüge zum Vorschein.
Tüchtig auf Trab gebracht, ließ der sonst solide RX–5 alle Zurückhaltung fahren und der Verbrauch stieg heftig an, obwohl die Mazda-Techniker versucht hatten, den Spritkonsum durch die magere Einstellung der Doppelvergaser-Anlage einzudämmen. Das wiederum hatte zur Folge, daß der Mazda im Schiebebetrieb laut und vernehmlich im Auspufftrakt schmatzte.

MODELLE, VARIANTEN, PREISE

Modellreihen:	Zweitüriges Coupé
Motoren:	Zweischeiben-Wankelmotor, Kammervolumen 2×654 cm^3 85 kW (115 PS) bei 6000/min
Ausstattung:	Radioantenne in der Verbundglas-Frontscheibe, heizbare Heckscheibe, abschließbarer Tankdeckel, Stereo-Radio und Kassettenabspielgerät, Zeituhr und Drehzahlmesser. Servolenkung, innenbelüftete Scheibenbremsen vorn, Mittelscheibe voll versenkbar.
Varianten:	RX–5
Preise (DM):	21.990,-

Chronik:

1976: Im Juli 1976 präsentiert Mazda den RX–3 Nachfolger RX–5. In Japan unter der Bezeichnung Cosmo verkauft, ist er dort bereits seit Oktober 1975 lieferbar, auch mit konventionellem Hubkolbenmotor.

1979: Im Frühjahr durch RX–7 abgelöst, Cosmo in Japan modifiziert (Breitbandscheinwerfer) weitergebaut.

Wie ein kleiner Amerikaner: der Mazda 121 Cosmo, hierzulande mit Wankel-Motor als RX–5 verkauft. Die mittlere Seitenscheibe war voll versenkbar.

Mazda RX-7 (seit 1979)
Porsches jüngere Brüder

Dem Porsche 924 wie aus dem Gesicht geschnitten: der Mazda RX-7 der ersten Generation.

Wer nach dem Ableben des NSU Ro 80 auch das Ende für den Wankelmotor heraufdämmern sah, kannte Kenichi Yamamoto noch nicht. Mit eiserner Beharrlichkeit hielt der Wankel-Papst an der reinen Lehre des Kreiskolbenmotors fest. Er verfaßte sein Glaubensbekenntnis in Form des RX-7.

Mazda RX-7 (1979–1986)

Der RX-7, wie er im April 1978 auf Amerikas Straßen rollte, schien dem Porsche 924 wie aus dem Gesicht geschnitten – und überholte ihn deutlich in der Käufergunst, zumindest in den Staaten. In diesem wichtigen Prestigemarkt kamen auf einen verkauften 924 zehn verkaufte RX-7, kein Wunder also, daß weit über die Hälfte der 95.000 Wankel-Mazdas, die bis zum Deutschland-Start produziert wurden, in den Vereinigten Staaten landete. Dieser Erfolg hatte gute Gründe, der beste trug ein Schild mit der Aufschrift »7000 Dollar« und signalisierte die Differenz zwischen den ungleichen Brüdern aus Zuffenhausen und Hiroshima.

Und daß der ehedem unzuverlässige Wankel überdies standfest geworden war, das bewies eine deutsche Autozeitschrift, die den RX-7 über 160 000 Kilometer lang testete. Der Motor überstand diese Tortur klaglos und präsentierte sich wie neu: Keine Schäden am Rotorgehäuse, Verschleißrillen auf den Gleitflächen unter 0,005 Millimetern, Seiten- und Öldichtungen in Ordnung – die Zeiten, wo Wankel-Fahrer ein neues Triebwerk gleich auf Vorrat bestellten, waren unzweifelhaft vorbei. Die Schwachstellen, die sich im Langstreckentest herauskri-

Mazda RX-7 1980

Motor

Zahl der Scheiben	Zweischeiben-Wankelmotor
Kammervolumen	2×573 cm^3
Leistung	85 kW / 115 PS bei 6000/min
Max. Drehmoment	152 Nm bei 4000/min
Verdichtung	9,4:1
Gemischaufbereitung	1 Doppelregister-Fallstromvergaser
Batterie	12 V 45 Ah

Kraftübertragung

Antrieb	Hinterradantrieb
Getriebe	5-Gang
Übersetzungen	I = 3,67
	II = 2,22
	III = 1,43
	IV = 1,00
	V = 0,83
	R = 3,54

Fahrwerk

Radaufhängung vorn	McPherson-Federbeine und Querlenkern, Zugstreben, Querstabilisator
Radaufhängung hinten	Starrachse mit Längslenkern, Wattgestänge, Schraubenfedern, Querstabilisator, Gasdruckstoßdämpfer
Lenkung	Kugelumlauflenkung
Bremse	Bremskraftverstärker und -regler vorn: innenbelüftete Scheibenbremsen, hinten: Scheibenbremsen

Allgemeine Daten

Gesamtmaße	4320×1670×1260 mm
Radstand	2420 mm
Spur vorne/hinten	1420/1400 mm
Felgen	5,5 J×13
Reifen	185/70 HR 13 Stahlgürtelreifen
Gewicht	1045 kg
Zul. Gesamtgewicht	1420 kg
Höchstgeschwindigkeit	200 km/h
0 auf 100 km/h	8,8 s
Verbrauch l/100 km	14,1 l Normal
Tankinhalt	55 l

Auffälligstes Merkmal nach dem Facelift Ende 1980: der Heckspoiler und die neuen Felgen im Wankel-Design.

stallisiert hatten (Bremsen, Lenkung, Getriebe, Sitze) wurden beim 81er-Modell nahezu ausgemerzt.

MODELLE, VARIANTEN, PREISE

Modellreihen:	2+2 Coupé
Motoren:	Zweischeiben-Wankelmotor, Kammervolumen 2×573 cm^3 77 kW (105 PS) bei 6000/min 85 kW (115 PS) bei 6000/min ab 11.80 83 kW (113 PS) bei 6000/min ab 3.84
Ausstattung:	H4-Klappscheinwerfer, Rückfahrleuchten, getönte Scheiben, Leichtmetallräder, Vierspeichen-Lederlenkrad, Drehzahlmesser, Ablagefach mit Deckel in der Mittelkonsole, Rücksitzlehne umlegbar, Quarzuhr.
Varianten:	RX–7
Preise (DM):	22.990,–

Chronik:

1979: Im Mai 1979 als Nachfolger des glücklosen RX–5 eingeführt. Vollkommen neuentwickelte Karosserie.

1980: Erhöhung der Motorleistung auf 85 kW, gleichzeitiger Facelift zum Jahresende: Heckspoiler, vergrößerte Heckleuchten mit Riffelglas, breitere Seitenschutzleisten, verbesserte Federung, Scheibenbremsen hinten, Schalensitze. Außenspiegel elektrisch verstellbar, beleuchtetes Zündschloß, Warnsummer für nicht ausgeschaltetes Licht, Tankdeckel elektrisch zu öffnen, Gepäckraumabdeckung. Preis um 2.000 Mark angehoben.

1984: Motorleistung um zwei PS verringert (März), neues Felgendesign, senkrechte Schlitze links und rechts im Frontspoiler neben dem Lufteinlaß.

1986: April: Neues Modell mit mehr Leistung und geänderter Karosserie löst den alten RX–7 ab.

RX–7 Cabriolet: Umgebaut von der Firma Lorenz, veredelt von Küwe, Essen. Rund 30 Stück – Umbaukosten 18.400 Mark – entstanden.

Mazda RX–7 (seit 1986)

Am 24. Februar 1986 erschien die Erstausgabe einer neuen Zeitung für Autofahrer. Auf der Titelseite prangte, eine halbe Seite groß, der neue Wankel-Mazda. Das war der erste große Auftritt für den Porsche-Konkurrenten RX–7. In Übersee schon seit 1985 verkauft, mußten deutsche Enthusiasten noch bis zum April des folgenden Jahres warten, erst dann kam Deutschland an die Reihe.

Nicht nur die Optik war neu, auch unter der Haube hatte sich eine ganze Menge getan. Durch die Vergrößerung des Kammervolumens und den Einbau einer Einspritzanlage wuchs die Motorleistung auf 110 kW – mehr als genug, um den 1205 Kilogramm schweren Wagen auf eine Höchstgeschwindigkeit von 210 km/h zu beschleunigen. Auch das Fahrwerk wurde neu konzipiert. Der RX–7 erhielt eine »Hinterachse mit dynamischer Radführung«. Dahinter verbarg sich nichts anderes als eine passive Hinterradlenkung, die auf Seiten- und Längskräfte mit Vorspuränderungen reagierte. Vorn kam eine geschwindigkeitsabhängige Servolenkung zum Einsatz.

Die schönste Art, Wankel zu fahren, bot ab Juni 1989 das Mazda RX–7 Cabrio. Das Verdeck wurde per Knopfdruck durch einen Elektromotor fast vollständig versenkt. Wer es nicht ganz so offenherzig liebte, konnte das Dachmittelteil herausnehmen und erhielt so ein hübsches Targa-Modell.

RX–7 Cabrio: Das Verdeck läßt sich auf Knopfdruck ganz versenken. Das serienmäßig installierte Windschott verhindert Verwirbelungen.

MODELLE, VARIANTEN, PREISE

Modellreihen:	2+2 Coupé; Cabriolet
Motoren:	Zweischeiben-Wankelmotor, Kammervolumen 2×654 cm³
	110 kW (150 PS) bei 6500/min
	133 kW (180 PS) Turbo Kat bei 6500/min ab 4.87
	147 kW (200 PS) Turbo Kat bei 6500/min ab 6.89

Mazda RX–7 Turbo 1989: Mit Lufteinlaß auf der Haube und elektrischem Hub-Schiebedach.

Dreiteilige BBS-Leichtmetallfelgen und das elektrische Verdeck gehören zum serienmäßigen Lieferumfang.

Ausstattung:	Scheibenwaschanlage mit regulierbarer Intervallschaltung (auch für Heckscheibe), akustische Warneinrichtung für eingeschaltetes Licht, Servolenkung. S-Paket: elektrische Fensterheber, elektrisches Schiebedach, höhenverstellbares Lenkrad, vielfach verstellbarer Sportsitz.
Varianten:	RX–7 – RX–7 Turbo – RX–7 Cabrio
Preise (DM):	40.100,– (RX-7)

Chronik:

1986: Einführung des neuen Modells im April. Bosch L-Jetronic Benzineinspritzung, 6-Kanal-Einlaßventil. Zum Herbst hin zusätzlich mit S-Paket (bei unveränderter Motorleistung) für 41.800 Mark lieferbar.

1987: Modellreihe um Turbo-Kat-Version erweitert (April): Mehrleistung von 30 PS durch Zweistufen-Turbolader mit Ladeluftkühler, optisch signalisiert durch Lufthutze auf der Fronthaube. S-Ausstattung serienmäßig, Breitreifen 205/55 VR 16 auf neuen LM-Felgen (7J×16), ABS-System, Tempomat, Schalensitze. Preis DM 48.400,–. Basismodell läuft aus. RX–7 Cabriolet auf der IAA im September präsentiert, vorerst kein Import nach Deutschland.

1989: Import des Cabriolets beginnt im Juni, nur mit überarbeitetem Turbo-Motor verfügbar, der jetzt 146 kW/200 PS leistet. Modifikationen am Turbolader, am Bau der Rotoren und an der Schwungscheibe. Optische Retuschen im Front- (Lufteinlaß unterhalb der Stoßstange) und Heckbereich (Rückleuchteneinheiten). Neue, um 8 Kilogramm leichtere BBS-Felgen. Neupreis 62.500,–. Das Turbo-Coupé kommt erst für den Modelljahrgang 1990 in den Genuß dieser Kraftkur.

Mazda RX–7 Turbo Cabriolet 1989

Motor	
Zahl der Scheiben	Zweischeiben-Wankelmotor
Kammervolumen	2×654 cm³
Leistung	147 kW / 200 PS bei 6000/min
Max. Drehmoment	265 Nm bei 3500/min
Verdichtung	9:1
Gemischaufbereitung	Elektronische Kraftstoff-Einspritzung, L-Jetronic
Abgasreinigungssystem	geregelter 3-Wege-Katalysator mit Lambda-Sonde
Batterie	12 V 55 Ah
Kraftübertragung	
Antrieb	Hinterradantrieb
Getriebe	5-Gang
Übersetzungen	I = 3,48 II = 2,02 III = 1,39 IV = 1,00 V = 0,72 R = 3,29
Fahrwerk	
Radaufhängung vorn	McPherson-Federbeine, Dreiecksschräglenkern, Stabilisator
Radaufhängung hinten	McPherson-Federbeine, Dreiecksschräglenkern, Stabilisator
Lenkung	servounterstützte Zahnstangenlenkung
Bremse	Bremskraftverstärker und -regler, vorn und hinten innenbelüftete Scheibenbremsen
Allgemeine Daten	
Gesamtmaße	4335×1690×1265 mm
Radstand	2430 mm
Spur vorne/hinten	1450/1440 mm
Felgen	vorn: 6 J×15, hinten: 6,5 J×15
Reifen	vorn: 205/60 VR 15, hinten: 225/60 VR 15
Gewicht	1380 kg
Zul. Gesamtgewicht	1600 kg
Höchstgeschwindigkeit	230 km/h
0 auf 100 km/h	7,0 s
Verbrauch l/100 km	13,3 l Super, bleifrei
Tankinhalt	72 l

Mazda MX–5 (seit 1990)
Hiroshima mon amour

Manche Vorurteile sind so alt wie das Auto selbst. Eines davon besagt, daß ein zünftiger Roadster nur aus England kommen kann. Doch auch dort sah es Ende der 70er Jahre düster aus: der Triumph Spitfire lag in den letzten Zügen, das TR-7 Cabriolet konnte nie den Ruf loswerden, nur ein nachträglich geöffnetes Coupé zu sein – das Ende der Roadster? Damit wollte sich Robert L.Hall nicht abfinden.
Der spätere Produktplaner in der kalifornischen Mazda-Entwicklungszentrale in Irvine gab den Anstoß zur MX–5-Entwicklung. Das war 1979, doch erst vier Jahre später wurde seine Idee (»ein offener Sportwagen, preislich unterhalb der ersten RX–7-Generation angesiedelt«) wieder aufgegriffen. Im Rahmen des »Offline, Go,Go«-Zukunftsprogramms liefen die Vorarbeiten im November 1983 an. Zwei japanische und das kalifornische Mazda-Designteam reichten ihre Vorschläge zum Roadster-Projekt 729 LWS ein, die nordamerikanische Lösung setzte sich durch. Im September 1985 wurde der erste Prototyp von der britischen Firma International Automotive Design IAD in Worthing/Sussex fertiggestellt, zwei Jahre Feinarbeit in Hiroshima folgten, und dann war es endlich soweit: auf der Chicago Motor Show im Februar 1989 stand der produktionsreife MX–5. Er sorgte für Schlagzeilen rund um den Globus.
Ein MX–5 kann auch überzeugte Langschläfer am Sonntagmorgen aus dem Bett treiben. Vor Tau und Tag wird dann die speckige Cabriomütze übergestülpt und das Verdeck mit zwei schnellen Handgriffen weggeklappt. Vorn längs unter der Haube kauert der B6-Motor, der auch bei den braven 323-Verwandten Dienst tut. Der 1,6 Liter-Motor, ein feiner Doppelnocken-Vierventiler mit elektronischem Motormanagement und Fächerkrümmer aus Edelstahl, wird erst bei höheren Drehzahlen richtig lebendig. Ein größerer Motor würde besser zum Roadstercharakter passen. Andererseits kommt so der MX–5 Eigner öfter in den Schaltgenuß, für jeden Wechsel der Übersetzung wird das Ohr mit einem satten »Klack« belohnt. Getriebeabstufung und -synchronisation sind bemerkenswert gut gelungen. Und der kleine Metallstift, eigens dazu konstruiert, um für das »Klack« zu sorgen, läßt die Perfektion nicht zur Langeweile geraten.
Die Domäne eines Roadsters ist die Landstraße, offen und Autobahn will nicht so recht zueinanderpassen. Das Fahrwerk

Solide 323-Großserientechnik unter aufregender Roadster-Hülle: Mazda MX–5.

ist für die Kurvenhatz bestens präpariert. Eine aufwendige Konstruktion aus doppelten Dreiecksquerlenkern samt Drehstab-Stabilisator an Vorder- und Hinterachse verhelfen zu überzeugenden Fahreigenschaften. Unbeirrbar folgt das Haifischmaul dem Verlauf der Straße, wedelt souverän um die Kurven und reagiert wunderbar präzise auf die Befehle des Piloten. Auto und Fahrer verschmelzen zu einer Einheit, die oft proklamierte Freude am Fahren, hier wird sie er-fahrbar. Da macht es dann auch nichts, daß der Tank nur kümmerliche 45 Liter faßt, das Fassungsvermögen des Gepäckabteils noch unter dem des Handschuhfachs liegt oder daß der Miata, völlig roadsterwidrig, mit einer (sehr feinfühligen) Servolenkung ausgestattet wird – nein, der einzig wirkliche Nachteil dieses Fahrzeugs ist die monatliche Kontigentierung auf nur 5000 Exemplare. Die Hälfte davon geht gleich in die USA, die andere Hälfte teilt sich der Rest der Welt. Hierzulande wurden die ersten MX–5 zu kräftigen Überpreisen gehandelt...

Ohne Ecken und Kanten: der Mazda MX–5, das Kultauto der 90er Jahre.

Optimale Straßenlage durch Einzelradaufhängung an doppelten Dreiecksquerlenkern an Hilfsrahmen.

MODELLE, VARIANTEN, PREISE

Modellreihen:	Zweisitziges Cabriolet
Motoren:	1598 cm³ / 85 kW (124 PS) 16V Kat bei 6500/min
Ausstattung:	Dreispeichen-Lederlenkrad, getönte Scheiben, Drehzahlmesser, Scheinwerfer-Leuchtweitenregulierung, Dimmer für die Armaturenbrettbeleuchtung, abschließbare Mittelkonsole. Tankdeckel-Fernentriegelung, Leichtmetallscheibenräder, Servolenkung.
Varianten:	Mazda MX–5
Preise (DM):	35.500,–

Chronik:

1989: Erstvorstellung in Chicago: Offener Zweisitzer nach klassischen Roadsterlayout, Motor vorn, Antrieb hinten. Optik erinnert an Lotus Elan. Technische Basis von 323-Reihe übernommen. Einziger Konkurrent: Alfa Romeo Spider.

1990: Übergabe der ersten Fahrzeuge im April, Hardtop gegen Aufpreis von DM 2.500,–. 1990er Kontingent von 2000 Stück bereits ausverkauft, Lieferzeit ca. eineinhalb Jahre. Vertrieb ausschließlich über rund 300 »Plus X-Händler, die auch den neuen Mazda 323 1,9 4WD vertreiben. Gehandelt zu Überpreisen von bis zu 10.000 Mark.

Die ersten 300 MX–5 wurden im April 1990 den Händlern übergeben.

Mazda MX-5 1990

Motor	
Zylinder / Bauart	4 Reihe, längs eingebaut
Bohrung × Hub	78,0 × 83,6 mm
Hubraum	1598 cm³
Leistung	85 kW (115 PS) bei 6500/min
Max. Drehmoment	135 Nm bei 5500/min
Verdichtung	9,4:1
Gemischaufbereitung	elektronische Benzineinspritzung System L-Jetronic
Abgasreinigungssystem	geregelter 3-Wege-Katalysator mit Lambda-Sonde
Ventile / Steuerung	4 / DOHC
Batterie	12 V 32 Ah
Kraftübertragung	
Antrieb	Hinterradantrieb
Getriebe	5-Gang
Übersetzungen	I = 3,14 II = 1,89 III = 1,33 IV = 1,00 V = 0,81 R = 4,30

Fahrwerk	
Radaufhängung vorn	McPherson-Federbeine, doppelte Dreiecks-Querlenker, Drehstabilisator
Radaufhängung hinten	McPherson-Federbeine, doppelte Dreiecks-Querlenker, Gasdruck-Stoßdämpfer, Drehstabilisator
Lenkung	Zahnstangenlenkung mit Servounterstützung
Bremse	Bremskraftverstärker und -regler vorn: innenbelüftetet Scheibenbremsen hinten: Scheibenbremsen
Allgemeine Daten	
Gesamtmaße	3975 × 1675 × 1230 mm
Radstand	2265 mm
Spur vorne/hinten	1410/1430 mm
Felgen	5,5 J × 14
Reifen	185/60 HR 14
Leergewicht	955 kg
Zul. Gesamtgewicht	1190 kg
Höchstgeschwindigkeit	185 km/h
0 auf 100 km/h	10,5 s
Verbrauch l/100 km	7,9 Super, bleifrei
Tankinhalt	45 l

MITSUBISHI

Mitsubishi

Im Zeichen der drei Diamanten

Mitsubishi-Gesamtzulassungen in Deutschland (Pkw/Kombi/Geländewagen)

1976: 28	1981: 43.815	1986: 62.909
1977: 5.446	1982: 33.530	1987: 68.579
1978: 12.637	1983: 37.516	1988: 62.368
1979: 20.725	1984: 44.017	1989: 67.269
1980: 41.605	1985: 45.182	

Die Meji-Restauration, das Wiedererstarken des japanischen Kaisertums, brach die Vormacht der Shogune. Die Adelscliquen, die Japan jahrhundertelang regierten, mußten sich nach anderen Beschäftigungen umsehen. Das galt auch für den niedrigen Samurai-Adel. Yataro Iwasaki war Sproß einer verarmten Kriegerkaste. 1834 geboren, hatte er schon bald gemerkt, daß die Zeit der Krieger vorüber war und konzentrierte sich ganz auf die Tätigkeit als Kaufmann.

Im Jahre 1870 gründete er in der Hafenstadt Kobe die »Tsukumo-Shokai-Handelsgesellschaft«, eine Reederei mit drei eigenen Schiffen. 1875 änderte Iwasaki – inzwischen Herr über 30 Schiffe – den Firmennamen. Die neue Gesellschaft erhielt den Namen »Mitsubishi Steamship Company« und führte im Firmenwappen drei stilisierte Diamanten. Diese drei Rauten standen für die edlen Ziele der Samurai-Linie: »Verantwortung gegenüber der Gesellschaft, Redlichkeit und Fairneß, Völkerverständigung durch Handel.«

Bis zur Jahrhundertwende wuchs Mitsubishi – immer auf bestem Fuß mit der Regierung – zum größten Industriekonzern Japans heran. Von der eigenen Schule für den Marinenachwuchs bis zur Meiji-Versicherungsgesellschaft, von der Mitsubishi-Bank bis zur Kirin-Brauerei (die nach deutschem Reinheitsgebot braute) – ohne die drei Diamanten lief bald nichts mehr im Reich der Sonne.

1916 kam Koyata Iwasaki ans Ruder. Der Cambridge-Absolvent vergrößerte das väterliche Imperium, aquirierte den Kamerahersteller Nippon Kogu (besser bekannt unter dem Markennamen Nikon), gründete Ölgesellschaften und die »Mitsubishi Heavy Industries«. Unter seiner Ägide entstand auch das erste Mitsubishi-Automobil, das Modell A aus dem Jahre 1917. Der hochbeinige Siebensitzer mit rotem Holzaufbau und schwarzen Kotflügeln erinnerte stark an zeitgenössische Fiat- oder Ford-Typen. Insgesamt 20 Exemplare wurden gebaut, damit gebührt Mitsubishi der Ruhm, die erste japanische Firma gewesen zu sein, die ein Automobil in mehrfacher Ausfertigung gebaut hat.

In den zwanziger Jahre konzentrierte sich Mitsubishi ganz auf den Bau von Nutzfahrzeugen; 70 Mitsubishi-Lkws halfen beim Wiederaufbau des 1922 vom Erdbeben zerstörten Tokio. Der erste japanische Dieselmotor ging 1931 in Produktion – natürlich eine Mitsubishi-Entwicklung, und der erste Geländewagen mit Dieselmotor und Allradantrieb – der PX–33 von 1934 – trug gleichfalls das Zeichen der drei Diamanten. 54 Jahre später sorgte der Mitsubishi 4WD PX–33 noch einmal für Aufsehen: der französische Importeur Sonauto rekonstruierte den Urahn aller Pajero-Geländewagen und nahm damit an der strapaziösen Wüstenrallye Paris-Dakar teil.

Nach dem Zweiten Weltkrieg hörte die Firma Mitsubishi auf zu existieren – offiziell zumindest. Die amerikanischen Behörden, die jetzt das Sagen hatten, lösten den ganzen Konzern auf. Mitsubishi Heavy Industries, seit 1934 für den Land- und Luftverkehr zuständig, wurde in drei kleinere Firmen unterteilt; die persönlichen Kontakte der einzelnen Vorstände zueinander wurden dadurch natürlich nicht berührt. Nach und nach fand man wieder zusammen, und als die amerikanischen Behörden 1957 abzogen, war Mitsubishi wieder da. Seitdem treffen sich die Präsidenten der 29 wichtigsten Mitsubishi-Firmen mit schöner Regelmäßigkeit in der sogenannten Kinjo Kai, der Freitagsrunde.

Fast zeitgleich mit dem Einstieg ins Atomgeschäft (1958, Mitsubishi Atomic Power Industries) wagte sich Mitsubishi auch wieder an den Bau von Personenwagen. Der Typ 500 A von 1959 war ein typischer japanischer Kleinwagen, allerdings mit aerodynamischem Feinschliff: getestet im firmeneigenen Windkanal. Eine Nummer größer fiel 1962 der Colt 600 aus. Der Name hatte nichts mit der Waffe zu tun, sie steht im Amerikanischen auch für ein Hengstfohlen. In diesem Zusammenhang sollte sie wohl das Temperament des luftgekühlten Autozwergs dokumentieren.

Auf den 600er folgte 1965 der 45 PS starke Colt 800, übrigens die erste japanische Limousine mit Schrägheck, und der stärkere Colt 1000 F machte bei der Süd-Australien Cross-Rallye 1967 von sich reden: Der vierte Platz im Gesamtklassement bewies, daß Mitsubishi nicht nur Supertanker (der größte Tanker seiner Zeit, 312.000 Bruttoregistertonnen, entstand 1968 in Nagasaki), sondern auch beachtenswerte Automobile zu bauen verstand. Dieser Meinung war man auch in Deutschland: »Ein lebendiger und doch folgsamer Wagen der Mittel-

klasse, dessen Motor bei einer Höchstgeschwindigkeit von 125 km/h bestimmt nicht überanstrengt wird.« – Zitat aus der Zeitschrift »Quick«, über den Colt, vom Oktober 1963.
Im Juni 1970 wurde Mitsubishi Motors Cor. als eigenständige Firma ins Leben gerufen. Grundkapital der neuen Gesellschaft betrug 220 Millionen Mark; 22.000 Angestellte und sechs japanische Werke produzierten für den ältesten (und zugleich auch jüngsten) japanischen Automobilhersteller. Wie für jeden anderen Autobauer war auch für Mitsubishi der amerikanische Markt von überragender Bedeutung. Um ihn besser erobern zu können, intensivierte man die Zusammenarbeit mit Chrysler. 1971 übernahm der Detroiter Autoriese 15 Prozent der Mitsubishi-Anteile und vermarktet die japanischen Exportversionen über das Plymouth- und Dodge- Händlernetz.
Der Export nach Europa begann 1974 nach allen Regeln der klassischen japanischen Marktstrategie: zuerst die Länder ohne oder nur mit wenig eigener Automobilproduktion (Schweiz, Skandinavien, Benelux-Länder); danach die Länder mit starker Industrie. Und als krönender Abschluß: die Werksniederlassung in der Bundesrepublik. 1977 war es so weit, die deutsche Mitsubishi-Zentrale (Hauptanteilseigner Hanns Trapp-Dries) warb mit den Modellreihen Lancer, Celeste und Galant Sigma um die Gunst der Käufer, zunächst von der Opel-Stadt Rüsselsheim, seit 1982 von Trebur aus.
Die Verbindung nach Deutschland hat Tradition. Schon 1920 eröffnete Mitsubishi – als erste japanische Firma überhaupt – ein Büro in Berlin, bezog von dort moderne Technik und westliche Zigaretten. Damals vergab Flugzeugbauer Junkers Lizenzen nach Japan, heute ist es eher umgekehrt: Die Rechte an Mitsubishis »Silent Shafts«-Technologie – bei der neben der Kurbelwelle eine Ausgleichswelle rotiert – wurden vom Sportwagenhersteller Porsche für seinen Typ 944 erworben.

Mitsubishi Lancer (seit 1977)
Leichte Kavallerie

Napoleon kam nicht ohne sie aus: die Lancer (englische Bezeichnung für den französischen »Lancier«, Lanzenreiter oder Ulan). Mit langen Lanzen bewaffnet, bildeten sie die Vorhut jeder größeren Kavallerieeinheit. Die Lancer-Familie bildete auch den Aufgalopp für die Automobilabteilung des japanischen Großkonzerns »Mitsubishi Heavy Industries«. Die leichte Kavallerie reitet heute noch.

Mitsubishi Lancer (1977–1979)

Den Deutschland-Feldzug eröffnete die Mitsubishi Motors Corporation in Rüsselsheim mit einem alten Kämpen: Der Mitsubishi Lancer, 1973 erstmals präsentiert, war ein rechter Haudegen. Seine Bewährungsprobe hatte er 1974 abgelegt, als er unter Joginder Singh die Ostafrika-Rallye siegreich beendete. Bei der Safari-Rallye des Jahre 1976 standen gleich drei Ulanen an vorderster Front. Auch 1977 war ein gutes Jahr für Roß und Reiter, der Brite Andrew Cowan belegte den vierten Platz bei der »Safari«, noch vor seinem Markenkollegen Joginder Singh.
Beim ersten großen Vergleichstest japanischer Kleinwagen, den die Zeitschrift »auto, motor und sport« durchführte, setzte sich der Lancer gut in Szene. Im Vergleich zu seinen Konkurrenten Datsun Cherry F II, Honda Civic 1200, Mazda 323 und Toyota Corolla gab sich der Fremdenlegionär die wenigsten Blößen. Nach Fahr-, Federungs- und Bedienungskomfort betrachtet, gehörte er mit zum Besten, was Japan in jenen Jahren zu bieten hatte.

Der Lancer 1977: fünf verschiedene Modellversionen für Mitsubishis Deutschlandstart.

MODELLE, VARIANTEN, PREISE

Modellreihen:	Zwei- und viertürige Limousine; Kombi
Motoren:	1238 cm³ / 40 kW (55 PS) bei 5000/min 1439 cm³ / 50 kW (68 PS) bei 5000/min 1597 cm³ / 60 kW (82 PS) bei 5500/min
Ausstattung:	Höhenverstellbare Kopfstützen, Verbundglasscheibe, abschließbarer Tankdeckel, Innenluftumwälzung. GL: Zigarettenanzünder, Tageskilometerzähler, Mittelkonsole, Ablage unter Handschuhkasten, heizbare Heckscheibe. GSR: Doppelvergaser, Fünfganggetriebe, getönte Scheiben, Drehzahlmesser, Öldruckmesser.
Varianten:	1200 – 1400 GL/Kombi – 1600 GSR
Preise (DM):	8.990,– / 10.490,– / 11.590,– (1200 / GL / GSR)

Die Lancer 1200 und 1600 GSR gab es nur als Zweitürer, den 1400 GL nur als Viertürer, als Kombi und mit Automatik-Getriebe.

Chronik:

1977: Modellreihe ab Januar lieferbar. Drei Motorvarianten zur Auswahl, Lancer 1200 und 1600 GSR nur als Zweitürer. 1400 GL auch als Automatik-Version (10.990,–).

1978: Zum Jahresende Import des 1600 GSR eingestellt, Ausstattungsverbesserungen bei anderen Modellen.

1979: Präsentation des Nachfolgers auf der IAA. Nur noch als Viertürer.

Mitsubishi Lancer (1979–1983)

Des Lancers neue Kleider waren gefällig glatt und schnörkellos; die leichte Keilform versprach eine akzeptable Aerodynamik und moderate Verbrauchswerte. Die Uniform des Jahres 1980 kam gut an, 11.346 Fahrzeuge wurde allein im ersten Jahr in Deutschland verkauft.

Mitsubishi Lancer 1200 1977

Motor	
Zylinder / Bauart	4 Reihe
Bohrung × Hub	73 × 74 mm
Hubraum	1238 cm³
Leistung	40 kW / 55 PS bei 5000/min
Max. Drehmoment	84,4 Nm bei 3000/min
Verdichtung	9:1
Gemischaufbereitung	1 Zweistufen-Vergaser Solex
Ventile / Steuerung	2 / OHC
Batterie	12 V 40 Ah
Kraftübertragung	
Antrieb	Hinterradantrieb
Getriebe	4-Gang
Übersetzungen	I = 3,525 II = 2,193 III = 1,442 IV = 1,000 R = 3,867
Fahrwerk	
Radaufhängung vorn	McPherson-Federbeine mit Querlenkern, Stabilisator
Radaufhängung hinten	Starrachse, Blattfedern, Teleskopstoßdämpfer
Lenkung	Kugelumlauflenkung,
Bremse	Bremskraftverstärker und -regler, vorn: Scheibenbremsen, hinten: Trommelbremsen
Allgemeine Daten	
Gesamtmaße	3995 × 1535 × 1360 mm
Radstand	2340 mm
Spur vorne/hinten	1285/1255 mm
Felgen	4 J × 13
Reifen	155 SR 13
Gewicht	860 kg
Zul. Gesamtgewicht	1340 kg
Höchstgeschwindigkeit	150 km/h
0 auf 100 km/h	15,4 s
Verbrauch l/100 km	10 l Normal
Tankinhalt	45 l

Lancer 1400 GL Kombi: Laderauminhalt 635 Liter, schluckte bei vorgeklappter Rücksitzlehne bis zu 1500 Liter.

Gefälliges Aussehen, europäisches Styling: der neue Lancer 1400 GLX (1979) – und nach Willen der Erbauer so robust wie die Junkers Ju 52.

1981 übernahm der Lancer 2000 Turbo ECI das Kommando. Dem obersten Lanzenreiter verlieh ein von Mitsubishi entwikkelter Abgas-Turbolader Flügel; bereits bei Drehzahlen zwischen 2000 und 2500/min wurde ein Ladedruck von 0,4 bar aufgebaut. Das Maximum lag bei 0,75 bar. Über allem wachte das »Electronic Controlled Injection«-System ECI. Diese computergesteuerte Einspritzanlage informierte sich ständig über die Luftmasse im Luftfilter und aktivierte danach die beiden Einspritzdüsen über dem Drosselklappenteil. Solcherart ausgerüstet erstürmte der Lancer die 200 km/h-Grenze; häufige Attacken dieser Art allerdings ließen den Benzinverbrauch auf horrende 20 Liter Super steigen.

Mitsubishi Lancer Turbo ECI 1981

Motor	
Zylinder / Bauart	4 Reihe
Bohrung × Hub	85 × 88 mm
Hubraum	1997 mm
Leistung	125 kW / 170 PS bei 5500/min
Max. Drehmoment	245 Nm bei 3500/min
Verdichtung	7,6:1
Gemischaufbereitung	elektronische Benzineinspritzung L-Jetronic, Klopfsensor, Abgas-Turbolader Garrett TC 05
Ventile / Steuerung	2 / OHC
Batterie	12 V 60 Ah
Kraftübertragung	
Antrieb	Hinterradantrieb
Getriebe	5-Gang
Übersetzungen	I = 3,740
	II = 2,136
	III = 1,360
	IV = 1,000
	V = 0,856
	R = 3,635

Fahrwerk	
Radaufhängung vorn	Querlenker, McPherson-Federbeine, Stabilisator
Radaufhängung hinten	Starrachse; Blattfedern, Gasdruckstoßdämpfer
Lenkung	Kugelumlauflenkung
Bremse	Bremskraftverstärker und -regler, vorn und hinten innenbelüftete Scheibenbremsen
Allgemeine Daten	
Gesamtmaße	4220 × 1610 × 1390 mm
Radstand	1440 m,
Spur vorne/hinten	1375/1355 mm
Felgen	5,5 J × 14
Reifen	185/65 HR 14
Gewicht	1075 kg
Zul. Gesamtgewicht	1530 kg
Höchstgeschwindigkeit	205 km/h
0 auf 100 km/h	7,6 s
Verbrauch l/100 km	16,5 l Super
Tankinhalt	50 l

Biedermann als Brandstifter: der Lancer 2000 Turbo ECI bot viel Fahrspaß für vergleichsweise wenig Geld.

MODELLE, VARIANTEN, PREISE

Modellreihen: Viertürige Limousine

Motoren: 1410 cm³ / 50 kW (68 PS) bei 5000/min
1597 cm³ / 60 kW (82 PS) bei 5500/min
1238 cm³ / 40 kW (55 PS) bei 5000/min ab 1.80
1597 cm³ / 61 kW (84 PS) bei 6200/min ab 1.81
1997 cm³ / 125 kW (170 PS) Turbo bei 5500/min ab 1.81

Ausstattung: Getönte Scheiben, heizbare Heckscheibe, Kofferraumdeckel von innen zu öffnen. Höhenverstellbares Lenkrad. GLX: Mittelkonsole, Kartenfach in den Vordertüren, integrierte Kopfstützen hinten. GSR: Fünfganggetriebe, Drehzahlmesser, Öldruckmesser

Varianten: Lancer 1200 GL – 1400 GLX – 1600 GSR – 2000 Turbo ECI

Preise (DM): 12.490,– / 13.290,– (GLX / GSR)

Chronik:

1979: Heckantrieb, Händlerauslieferung ab November. Nur viertürige Limousine, zwei Ausstattungs- und Motorvarianten (1400 GLX und 1600 GSR). GLX auch mit Automatik (Aufpreis DM 800,–); GSR mit »silent shaft«-Triebwerk mit zwei Ausgleichswellen.

1980: Lancer GL 1200 eingeführt (Januar, 11.690,–)

1981: Modifikationen zum neuen Jahr: Lancer GL nicht mehr im Programm. Fünfganggetriebe, Mittelarmlehne hinten, Ablagefach unter Beifahrersitz, Nebelschlußleuchte serienmäßig. GSR in der Motorleistung leicht angehoben (geänderte Auspuffkrümmer). Vorstellung des Lancer Turbo: Abgas-Turbolader, Zentraleinspritzung, Front- und Heckspoiler, LM-Felgen, Yokohama-Niederquerschnittsreifen 185/65 HR 14. DM 21.990,–. Nur in weiß lieferbar.
Detailverbesserungen zur IAA (Rundinstrumente).

Im vollen Renntrimm: der Lancer Turbo ECI, für den Rallye-Einsatz präpariert.

1982: Sondermodell »Bandama« eingeführt (Juli): Front-, Dach- und Heckspoiler, 13.990 Mark.
1983: März: neue Modellreihe eingeführt.

Mitsubishi Lancer F (1983–1984)

Recht angestaubt wirkte der neue Lancer, der im Februar 1983 vorgestellt wurde. Die Technik dagegen war neu: die Pferde zogen nun, ganz zeitgemäß, vorn. Damit war es aber auch um die Eigenständigkeit dieser Modellreihe geschehen, der Lancer F (F für Frontantrieb) war nunmehr nichts anderes als ein Colt mit angehängtem Kofferabteil.
Im Vergleich zum Vorgänger schrumpfte der Radstand um 60 mm. Daß der nutzbare Innenraum dennoch um 10 auf 1760 mm wuchs, lag am platzsparenden Einbau des Reihenvierzylinders, der jetzt quer unter der Haube saß. Vom Colt übernommen wurde auch die Spar & Spurt-Schaltung (manuell wählbare Getriebeabstufung für sportliche oder wirtschaftliche Fahrweise), ebenso wie die Einzelradaufhängung hinten.

MODELLE, VARIANTEN, PREISE

Modellreihen:	Viertürige Limousine
Motoren:	1244 cm³ / 40 kW (55 PS) bei 5000/min 1410 cm³ / 51 kW (70 PS) bei 5000/min
Ausstattung:	H4-Scheinwerfer, Nebelschlußleuchte, Schmutzfänger vorn. Instrumentenbeleuchtung regelbar, Warnleuchten für Benzinvorrat, Bremsflüssigkeitsverlust, nicht geschlossene Türen. Quarz-Analoguhr, Drehzahlmesser, asymetrisch umklappbare Rücksitzlehne.
Varianten:	Lancer F 1200 GLX – 1400 GLX/Automatik
Preise (DM):	12.990,– / 13.590,– / 14.590,– (1200 / GLX / Automatik)

Mit hohem Heck und Abrißkante: Lancer F 1983.

Chronik:

1983: Einführung im Februar. Colt-Technik, -Basis und -Motoren; Frontantrieb, Einzelradaufhängung rundum.
1984: Zwei Monate nach der Premiere des neuen Colt im April abgelöst.

»F« für »Frontantrieb«: die Lancer F 1200 GLX und 1400 GLX waren lediglich die Stufenheck-Ableger der jeweiligen Colt-Modelle.

Großer Kofferraum, aber hohe Ladekante: der Lancer, als 1500 GLX (Bild) und 1200 GL erhältlich.

Flächenbündig verklebte Scheiben, verdeckte Regenrinnen und halbverdeckte Scheibenwischer: die Lancer-Generation von 1984.

Mitsubishi Lancer (1984–1988)

Nach kaum zwei Jahren kam schon wieder eine neue Lancer-Generation angetrabt. Unter dem Projekt-Code »LA« hatten bereits im Frühjahr 1980 die Entwicklungen für einen Colt-Nachfolger begonnen, der nicht nur als Schrägheck-Modell, sondern auch als Stufenhecklimousine zur Ausführung gelangen sollte.

Der knitterfreie Rucksack-Colt mit hohem Gepäckraum entpuppte sich als kleines Raumwunder. Der gut zugängliche Innenraum bot genügend Ellenbogen- und Kopffreiheit; der üppige Kofferraum faßte mit 410 Litern (VDA-Norm) genug Gepäck auch für lange Touren. Ein vollgestopftes Achterquartier quittierte der Fronttriebler allerdings mit deutlich schlechterem Fahrverhalten. Eine Reifenpanne sollte dann tunlichst auch vermieden werden, schließlich mußte in diesem Fall die gesamte Packelage über die hohe Ladekante wieder nach draußen gewuchtet werden. Ganz zuunterst, in einer tiefen Mulde versteckt, befand sich das rettende Reserverad – nur ein dürftiges Notrad…

Mitsubishi Lancer F 1400 GLX 1983

Motor			
Zylinder / Bauart	4 Reihe, quer eingebaut		
Bohrung × Hub	74 × 82 mm		
Hubraum	1410 cm^3		
Leistung	51 kW / 70 PS bei 5000/min		
Max. Drehmoment	106 Nm bei 3500/min		
Verdichtung	9:1		
Gemischaufbereitung	1 Fallstrom-Registervergaser Stromberg		
Ventile / Steuerung	2 / OHC		
Batterie	12 V 60 Ah		
Kraftübertragung			
Antrieb	Vorderradantrieb		
Getriebe	2 × 4-Gang, Spurt(P)- und Sparschaltung (E)		
Übersetzungen	E-Schaltung:	P-Schaltung:	
	I = 3,272	I = 4,226	
	II = 1,831	II = 2,365	
	III = 1,136	III = 1,467	
	IV = 0,855	IV = 1,105	
	R = 3,181	R = 4,109	

Fahrwerk	
Radaufhängung vorn	McPherson-Federbeine mit Querlenker
Radaufhängung hinten	McPherson-Federbeine an Längslenkern.
Lenkung	Zahnstangenlenkung
Bremse	Bremskraftverstäsker und -regler, vorn: Scheibenbremsen, hinten: Trommelbremsen
Allgemeine Daten	
Gesamtmaße	4135 × 1590 × 1345 mm
Radstand	2380 mm
Spur vorne/hinten	1375/1340 mm
Felgen	4,5 J × 13
Reifen	155 SR 13
Gewicht	865 kg
Zul. Gesamtgewicht	1295 kg
Höchstgeschwindigkeit	155 km/h
0 auf 100 km/h	14,8 s
Verbrauch l/100 km	10,2 l Normal
Tankinhalt	40 l

Die in Wagenfarbe lackierte Kühlerblende war das Merkmal des Lancer-Kombi-Sondermodells EXE.

Auf der IAA 1985 in Frankfurt vorgestellt: der Lancer Kombi 1500 GL mit den charakteristisch-schrägen Rückleuchten.

MODELLE, VARIANTEN, PREISE

Modellreihen: Viertürige Stufenheck-Limousine, Kombi

Motoren:
1198 cm³ / 40 kW (55 PS) bei 5000/min
1468 cm³ / 55 kW (75 PS) bei 5500/min
1795 cm³ / 43 kW (58 PS) Diesel bei 4500/min
1468 cm³ / 51 KW (70 PS) Kat bei 5500/min ab 9.85
1795 cm³ / 44 kW (60 PS) Diesel bei 4500/min ab 9.86
1795 cm³ / 66 kW (90 PS) bei 5500/min ab 2.87
1795 cm³ / 61 kW (83 PS) Kat bei 5500/min ab 2.87

Ausstattung: Getönte Scheiben, Radiovorbereitung, Kindersicherung hinten. GLX: Elektrisch verstellbarer Außenspiegel, höhenverstellbarer Fahrersitz, Tankklappe von innen aus zu öffnen, Schubfach unter Beifahrersitz, beleuchteter Gepäckraum. Veloursbezüge, herausklappbare Mittelarmlehne.

Mitsubishi Lancer Combi 1800 GLX Allrad Kat 1988

Motor

Zylinder / Bauart	4 Reihe, quer eingenaut
Bohrung × Hub	80,6 × 86 mm
Hubraum	1795 cm³
Leistung	61 kW / 83 PS bei 5500/min
Max. Drehmoment	135 Nm bei 3500/min
Verdichtung	9 : 1
Gemischaufbereitung	elektronisch geregelte Benzineinspritzung
Abgasreinigungssystem	geregelter 3-Wege-Katalysator mit Lambdasonde
Ventile / Steuerung	2 / OHC
Batterie	12 V 60 Ah

Kraftübertragung

Antrieb	Permanenter Allradantrieb, Zentraldifferential
Getriebe	5-Gang
Übersetzungen	I = 3,083
	II = 1,684
	III = 1,115
	IV = 0,806
	V = 0,651
	R = 3,166

Fahrwerk

Radaufhängung vorn	McPherson-Federbeine, Dreiecksquerlenker und Stabilisator
Radaufhängung hinten	5-Lenker-Achse mit Schraubenfedern
Lenkung	Zahnstangenlenkung mit Servounterstützung
Bremse	Bremskraftverstärker und -regler, vorn: Scheibenbremsen, hinten: Trommelbremsen

Allgemeine Daten

Gesamtmaße	4185 × 1635 × 1460 mm
Radstand	3885 mm
Spur vorne/hinten	1410/1360 mm
Felgen	5 J × 13
Reifen	155 R 13
Gewicht	1050 kg
Zul. Gesamtgewicht	1575 kg
Höchstgeschwindigkeit	155 km/h
0 auf 100 km/h	13,8 s
Verbrauch l/100 km	9,7 l Normal, bleifrei
Tankinhalt	47 l

Varianten:	Lancer 1200 GL – 1500 GLX/Automatik – 1800 GL Diesel – 1800 GL 4WD – EXE
Preise (DM):	13.990,– / 14.990,– / 16.790,– (GL / GLX / GLD)

Chronik:

1984: Colt-Schwestermodell, im April vorgestellt. Neuentwicklung, Motoren mit Transistorzündung, Frontantrieb. 1500 GLX auch mit Automatik (Aufpreis DM 1.000.-).

1985: Zur IAA Kombi-Modell vorgestellt. 10 mm länger, Dach leicht erhöht, variabler Innenraum. Charakteristische schräge Rückleuchten, nicht mit 1198 cm³-Motor. Varianten: 1500 GL (16.590,–); 1500 GLX (17.490,–); 1800 GL Diesel (19.490,–). Katalysator auf Wunsch. Modelle mit geregeltem Katalysator eingeführt (17.290,–/17.880,–).

1986: Februar: Sondermodell »Diamond« eingeführt (16.666,–): Rotmetallic-Lackierung, integrierter Frontspoiler (lackiert, Heckspoiler schwarz), Seitenschweller. Grill und Stoßfänger in Wagenfarbe, vollflächige Radabdeckung (silber).
Umfangreicher Facelift im Herbst: Kühlergrill mit sechs kleinen Lamellen, oberhalb des Stoßfängers kein seitlicher Blinker mehr. Geänderte Brennraumform, geändertes Ansaug- und Auspuffsystem. Motor um 10 Grad geneigt eingebaut, Startautomatik, neues Getriebe. Rückleuchten schwarz eingefaßt, Nummernschildbeleuchtung auf der Stoßstange. Geänderte Einspritzdüsen, verlängerte Ansaugkrümmer für Diesel-Motor, Leistung steigt auf 60 PS. 1200 GL gestrichen.

1987: Kombi ab Januar mit permanentem Allrad-Antrieb. Von außen lediglich am Schriftzug »4WD« zu erkennen. Zentral-Differential im Getriebegehäuse auf der Antriebswelle für die Vorderräder. Servolenkung serienmäßig, wahlweise mit (22.980,–) und ohne (21.990,–) geregelten Katalysator. Nur Benziner. April: Sondermodell »Lancer EXE«: Servolenkung, Zentralverriegelung, elektrische Fensterheber vorn, Sportlenkrad. Front- und Heckschürze in Wagenfarbe, Felgenabdekkung. DM 18.500,–.
September: Modelle ohne geregelten Katalysator aus dem Programm genommen, Diesel unverändert.

1988: Modellwechsel im Juli; Kombi unverändert weitergebaut.

Mitsubishi Lancer Fließheck GTi 16V 1990

Motor	
Zylinder / Bauart	4 Reihe, quer eingebaut
Bohrung × Hub	81,5 × 88 mm
Hubraum	1836 cm³
Leistung	100 kW / 136 PS bei 6500/min
Max. Drehmoment	170 Nm bei 5000/min
Verdichtung	10,5:1
Gemischaufbereitung	elektronische gesteuerte 4-Düsen Saugrohr-Einspritzung (MPI)
Abgasreinigungssystem	geregelter 3-Wege-Katalysator mit Lambdasonde
Ventile / Steuerung	4 / DOHC
Batterie	12 V 65 Ah
Kraftübertragung	
Antrieb	Vorderradantrieb
Getriebe	5-Gang
Übersetzungen	I = 3,083
	II = 1,947
	III = 1,285
	IV = 0,939
	V = 0,756
	R = 3,083

Fahrwerk	
Radaufhängung vorn	McPherson-Federbeine mit Dreiecksquerlenker, Stabilisator,
Radaufhängung hinten	Verbundlenkerachse mit Federbeinen, Stabilisator, Panhardstab, Gasdruckstoßdämpfer
Lenkung	Zahnstangenlenkung mit Servounterstützung
Bremse	Bremskraftverstärker und -regler, ABS, vorn: innenbelüftete Scheibenbremsen, selbstnachstellend, hinten: Scheibenbremsen, selbstnachstellend
Allgemeine Daten	
Gesamtmaße	4245 × 1670 × 1405 mm
Radstand	2455 mm
Spur vorne/hinten	1430/1430 mm
Felgen	5,5 JJ × 14
Reifen	195/60 R14 85H
Gewicht	1138 kg
Zul. Gesamtgewicht	1615 kg
Höchstgeschwindigkeit	200 km/h
0 auf 100 km/h	8,3 s
Verbrauch l/100 km	8,6 l Super, bleifrei
Tankinhalt	50 l

Mitsubishi Lancer (seit 1988)

Mit einer Gesamtlänge von 4,23 m war der neue Lancer zwar nur 35 Millimeter länger als sein Vorgänger, durch das 45 mm höhere Dach (1405 mm) und den um 75 auf 2455 mm vergrößerten Radstand bot er jedoch erheblich mehr Innenraum. Die steilstehende Heckscheibe kam besonders der Kopffreiheit der Passagiere zugute; positiver Nebeneffekt dieser sehr amerikanisch wirkenden Lösung war die geringere Innenraumaufheizung.
Die frontgetriebene Lancer der dritten Generation wurden mit einem Diesel- und einen Benzintriebwerk angeboten. War der Diesel, wenngleich überarbeitet, schon aus dem Vorgänger bekannt, handelte es sich bei dem 1,5 Liter-Einspritzmotor um eine Neuentwicklung. Den »Blauen Engel« der Jury Umweltzeichen verdiente sich der Reihenvierzylinder nicht nur wegen des geregelten Katalysators, auch die austretenden Verdunstungsgase des Tanks wurden über einen Aktivkohlefilter neutralisiert. Direkt nach dem Starten des Motors überprüfte ein Computer per Schadstoff-Check-Diagnose-System (SCD) die Funktionsfähigkeit von Katalysator und Benzineinspritzung. Das dauerte fünf Sekunden und umfaßte 14 Stationen, darunter Einspritzdüsen, -pumpe und die gesamte Zündanlage.

Der Kombi GLX hatte den Modellwechsel nicht nachvollzogen. Mit neuen Motoren wurde er in der Form von 1986 weitergebaut.

MODELLE, VARIANTEN, PREISE

Modellreihen:	Viertürige Stufenheck-Limousine, Liftback
Motoren:	1468 cm³ / 62 kW (84 PS) Kat bei 5500/min
	1796 cm³ / 44 kW (60 PS) Diesel bei 4500/min

Individuelle Linien, sowohl beim Lancer 1500 GLXi 1988 als auch bei der Mitsubishi MUZ, der schnellen Turboprop-Maschine im Hintergrund.

Die Fließheck-Version der Lancer mit der großdimensionierten Glaskuppel wurde im September 1989 in Frankfurt vorgestellt.

	1836 cm³ / 71 kW (97 PS) Kat bei 5500/min ab 9.89
	1836 cm³ / 100 kW (136 PS) 16V Kat bei 6500/min ab 4.90
Ausstattung:	Höhenverstellbare Sicherheitsgurte vorn, Gurtschloß am Sitz verankert. Lenksäule neigungsverstellbar, axial verstellbares Lenkrad, Rücksitzlehnen umklappbar. Kofferraum (Fernentriegelung) beleuchtet.
Varianten:	1500 GLXi – 1800 GLX Diesel – 1800 GLXi Allrad – 1800 GTi-16V
Preise (DM):	19.980,– / 20.980.– (GLXi / GLX D)

Chronik:

1988: Einführung im August. Komplette Neuentwicklung, neuer Benzinmotor. Wahlweise mit Automatik – gekoppelt mit Servolenkung – für 22.280 Mark. Servolenkung beim Diesel obligatorisch. Kombi in alter Form, aber mit neuen Motoren weitergebaut. Verselbständigung der Kombi-Reihe.

1989: Lancer-Fließheck zur IAA lieferbar. Glaskuppel ähnlich Galant-Fließheck; Heckklappe bis zur Stoßstange heruntergezogen. Neben dem 1500 GLXi (21.580,–) und GLXi Automatik (23.280,–) auch als 1800 GLXi Allrad mit neuem 97-PS-Motor und permanentem Allrad-Antrieb lieferbar: Servolenkung, elektrische Scheibenheber, Zentralverriegelung, elektrisch einstellbare Außenspiegel, DM 26.280,–.

1990: April: Lancer Fließheck 1800 GTi-16V mit neuentwickelten 1,8 Liter-16V-Motor: 1836 cm³, 100 kW (136 PS), max. Drehmoment 162 Nm bei 4500/min. Optik: Schwarzer Frontgrill, seitliche Rammschutzleisten mit rotem Streifen, Front- und Heckspoiler; Breitreifen 195/60 R 14 auf 5,5 J×14. 31.500,–; Aufpreis Metallic-Lack DM 340,–.

Lancer Fließheck GTi 16V 1990: neuer 16-Ventiler mit 136 PS. ABS, Servolenkung und Alufelgen gehörten zur Serienausstattung.

Mitsubishi Colt (seit 1978)
Beim nächsten Colt wird alles anders

Reichlich Platz für fünf Personen: der Colt 1400 GLX. Im Bild das Modell von 1981, erkenntlich an der Nebelschlußleuchte.

Wer »Colt« hört, denkt an »Revolver« und liegt doch nicht ganz richtig: »Colt« bezeichnet im Amerikanischen ein Hengstfohlen, und nur diese Wortbedeutung wird von Mitsubishi vertreten. Wer nur die erste Interpretation kenn, irrt sich dennoch nicht: der Colt wurde zu einer der wirksamsten Waffen der japanischen Automobilindustrie.
Der erste Colt 600 mit luftgekühltem Zweizylinder entstand 1962. Auf der Tokio Motor Show 1977 präsentierte sich dann der erste Colt mit Frontantrieb – High Noon im Zeichen der drei Diamanten.

Mitsubishi Colt (1978–1984)

Bei der Konstruktion des neuen Colt hatte der Trendsetter aus Wolfsburg Pate gestanden. In Konzeption und Technik, in Länge und Raumausnutzung standen sich die beiden Kontrahenten in nichts nach. Der Herausforderer aus Tokio konnte in den Bereichen Fahrleistungen, Ausstattung und Preis Pluspunkte verbuchen; der Altmeister Golf dagegen behielt in Sachen Fahrkomfort, Verbrauch und Wiederverkauf eindeutig die Oberhand. In der Verarbeitung und Zuverlässigkeit endete das Duell unentschieden.
Zur stärksten Waffe im Kampf um die Gunst der Käufer wurde der Colt mit Turbolader. Ladedruck-Begrenzungsventil und Klopfsensor mit Einfluß auf den Zündzeitpunkt sorgten dafür, daß keine Ladehemmung auftrat.

MODELLE, VARIANTEN, PREISE

Modellreihen:	Zwei- und viertürige Schrägheck-Limousine mit Heckklappe
Motoren:	1244 cm^3 / 40 kW (55 PS) bei 5000/min 1410 cm^3 / 51 kW (70 PS) bei 5000/min ab 5.79 1410 cm^3 / 77 kW (105 PS) Turbo bei 5500/min ab 5.82
Ausstattung:	Frontscheibe Verbundglas, hintere Ausstellfenster, Automatik-Gurte vorn, verstellbare Kopfstützen. Heizbare Heckscheibe, Heckscheibenwischer, Zeituhr, Drehzahlmesser.
Varianten:	1200 GL – 1400 GT/GLX – 1400 Turbo
Preise (DM):	10.490,– / 11.490,– (GL / GLX)

Sichere Fahreigenschaften, untersteuerndes Kurvenverhalten, exakte Lenkung:der Mitsubishi Colt GLX, serienmäßig mit acht Gängen.

Mit großem Frontspoiler und Lufthutze: Colt Turbo, 1982.

Chronik:

1978: Europa-Premiere auf dem Genfer Salon, Deutschland-Start des neuen Colt (in Japan »Mirage«) im Dezember. Zweitürige Kompaktlimousine mit Heckklappe, zwei Motoren zur Auswahl. GLX-Modell mit »Spurt- und Sparschaltung«: Durch Umlegen des Vorgelegeschalthebels zwischen länger übersetzter Economy-Stufe und kurz übersetzter Spurt-Stufe.

1979: Colt als Viertürer GLX (11.990,–) und als 1200 GL (10.990,–) ab Mai. Radstand um 85 mm länger. Halogen-Scheinwerfer, getönte Scheiben und Kunstleder-Lenkradbezug serienmäßig für beide Modelle; 1200 GL erhält Wisch/Wasch-Kombination für Heckscheibenwischer zum Herbst.

1980: Sportliches Top-Modell Colt GT (Januar) vorgestellt. Zweitürer, straffer gefedert, Lenkübersetzung 1:17,5. Stabilisator an der Hinterachse, Digitaluhr, Rücksitzlehne geteilt klappbar. Preis: DM 11.790,–. Colt GLX auch als Automatik (12.790,–).

1981: Modellpflege Februar, von außen erkennbar an der Nebelschlußleuchte links an der Stoßstange. Detailmodifikationen: neue Motoraufhängung, Radaufhängung vorn geändert, neuer Bremskraftverstärker, verbesserte Sitze, andere Belüftungsdüsen. Auf Wunsch Glasdach und größerer Frontspoiler lieferbar.

1982: Sondermodell »Shogun« (Februar): 40 kW-Motor, Leichtmetallfelgen, Sonderlackierung. Mai: Colt Turbo erscheint. 77 kW, Abgas-Turbolader, Waste Gate-Ventil und Klopfsensor. Turbo-Hutze auf der Haube, Frontspoiler, Seitenschweller, Leichtmetallfelgen. Stabilisator hinten, innenbelüftete Scheibenbremsen vorn, straffere Federung und Dämpfung, direkte Lenkung. DM 16.500,–.

1983: 21. Februar: der einmillionste Colt rollt vom Band. Facelift im Juli: neue Frontpartie im Stil des Lancer F; Scheinwerfer mit seitlicher Blinkleuchte, nicht mehr ein-

Mitsubishi Colt GLX 1979

Motor	
Zylinder / Bauart	4 Reihe, quer eingebaut
Bohrung × Hub	73,5 × 82 mm
Hubraum	1410 cm³
Leistung	52 kW / 70 PS bei 5000/min
Max. Drehmoment	106 Nm bei 3500/min
Verdichtung	9:1
Gemischaufbereitung	1 Fallstrom-Doppelregistervergaser Solex
Ventile / Steuerung	2 / OHC
Batterie	12 V 40 Ah
Kraftübertragung	
Antrieb	Vorderradantrieb
Getriebe	4-Gang
Übersetzungen	I = 4,226
	II = 2,365
	III = 1,467
	IV = 1,105
	R = 4,109
Fahrwerk	
Radaufhängung vorn	McPherson-Federbeine, Stabilisator, Teleskopstoßdämpfer
Radaufhängung hinten	Längs- und Querlenker, Schraubenfedern, Teleskopstoßdämpfer
Lenkung	Zahnstangenlenkung
Bremse	Bremskraftverstärker und -regler, vorn: Scheibenbremsen, hinten: Trommelbremsen
Allgemeine Daten	
Gesamtmaße	3790 × 1585 × 1345 mm
Radstand	2300 mm
Spur vorne/hinten	1370/1340 mm
Felgen	4,5 J × 13
Reifen	155 SR 13
Gewicht	840 kg
Zul. Gesamtgewicht	1250 kg
Höchstgeschwindigkeit	153 km/h
0 auf 100 km/h	14,8 s
Verbrauch l/100 km	10 l Normal
Tankinhalt	40 l

75.000 Colts der ersten Generation wurden in Deutschland verkauft, 1983 fand der letzte Facelift statt, der Colt erhielt die Lancer F-Front. Im Vordergrund der Nachfolger.

gesenkt; umgestaltetes Armaturenbrett, klappengesteuerte Heizanlage.

1984: Ablösung im Februar durch Colt C10-Reihe.

Mitsubishi Colt (1984–1988)

Mit der Neuentwicklung des Nachfolgers begann das hundert Mann starke Entwicklungsteam unter der Leitung von Yasuyoshi Akamatsu im Frühjahr 1980. Dreieinhalb Jahre später, im November 1983, konnte Mitsubishi den neuen Colt auf der Tokio Motor Show vorstellen. Das Design erinnerte etwas an den Nissan Cherry, auch einige andere Colt-Spezialitäten fielen der neuen Zeit zum Opfer, die unterschiedlichen Radstände beim Zwei- und Viertürer ebenso wie die Spurt- und Sparschaltung mit den zweimal vier Gängen.

Der neue Colt im Einheits-Radstand wußte zu gefallen, die Kritiker wünschten ihm vor allem »genügend Zeit, um den Motor etwas kultivierter und elastischer« zu machen und um das Fahrwerk auf europäisches Niveau zu bringen. Der Wunsch der Redakteure ging nicht in Erfüllung, nach viereinhalb Jahren ereilte auch den zweiten Colt der jähe Tod durch einen Modellwechsel.

MODELLE, VARIANTEN, PREISE

Modellreihen: Schrägheck-Limousine, zwei- und viertürig

Motoren: 1198 cm³ / 40 kW (55 PS) bei 5000/min
1468 cm³ / 55 kW (75 PS) bei 5500/min

Colt 1600 Turbo ECI 1984: MMC-Turbolader und Benzineinspritzung, Gasdruck-Stoßdämpfer, 60er Reifen und innenbelüftete Scheibenbremsen vorn.

Zwei Ausgleichswellen, eine fünffach gelagerte Kurbelwelle mit acht Ausgleichsgewichten, Torsionsdämpfer und vier Gummielemente sollten die Laufruhe eines Sechszylinders erreichen: Colt 1800 GL Diesel.

1597 cm³ / 92 kW (125 PS) Turbo bei 5500/min
1795 cm³ / 43 kW (58 PS) Diesel bei 4500/min
1468 cm³ / 51 kW (70 PS) Kat bei 5500/min ab 9.85
1198 cm³ / 44 kW (60 PS) bei 5500/min ab 9.86
1795 cm³ / 44 kW (60 PS) Diesel bei 4500/min ab 9.86

Ausstattung: EL: Getönte Scheiben, heizbare Heckscheibe mit Wisch/Waschanlage, ganz oder teilweise nach vorn umklappbare Rücksitzlehne. GLX: Elektrisch verstellbarer Außenspiegel, höhenverstellbarer Fahrersitz, Tankklappe von innen aus zu öffnen, Schubfach unter Beifahrersitz. Turbo: LM-Felgen, Seitenschweller, Front- und Heckspoiler, Scheinwerfer-Waschanlage, Bronze-getönte Scheiben.

Varianten: Colt 1200 EL/GL – 1500 GLX – Turbo 1600 ECI – 1800 GL Diesel

Preise (DM): 11.990,– / 12.990,– (EL / GL);
13.990,– / 14.690 (GLX / 4t);
19.990,– / 16.290,– (Turbo / Diesel)

Chronik:

1984: Colt im Februar präsentiert. Völlig neues Modell, vier neuentwickelte Motoren zur Wahl. Ab GL Fünfgang-Getriebe Serie. Automatik nur im 1500 GLX als Zweitürer, 14.990 Mark; Metallic-Lackierung gegen Aufpreis (230,–).

1985: Zur IAA Einführung Katalysator-Modell 1500 GLX als Zwei- und Viertürer (15.990,–/16.490,–). Turbo ECI nicht mehr lieferbar.

1986: Sondermodell »Bianco« (Februar): 1,2 Liter-Motor, weiße Karosserie, weiße Stoßfänger, weiße Radblenden und Kühlergrill. DM 13.333,–.

Mitsubishi Colt 1800 GL Diesel 1984

Motor	
Zylinder / Bauart	4 Reihe, quer eingebaut
Bohrung × Hub	80,6 × 88 mm
Hubraum	1795 cm³
Leistung	43 kW / 58 PS bei 4500/min
Max. Drehmoment	108 Nm bei 2500/min
Verdichtung	21,5 : 1
Gemischaufbereitung	Verteiler-Einspritzpumpe
Ventile / Steuerung	2 / OHC
Batterie	12 V 80 Ah
Kraftübertragung	
Antrieb	Vorderradantrieb
Getriebe	5-Gang
Übersetzungen	I = 4,226
	II = 2,365
	III = 1,467
	IV = 1,105
	V = 0,855
	R = 4,109

Fahrwerk	
Radaufhängung vorn	McPherson-Federbeine, Dreiecksquerlenker, Querstabilisator
Radaufhängung hinten	Längslenker, Querstabilisator, Schraubenfedern
Lenkung	Zahnstangenlenkung
Bremse	Bremskraftverstärker und -regler, vorn: innenbelüftete Scheibenbremsen, hinten: Trommelbremsen
Allgemeine Daten	
Gesamtmaße	3870 × 1635 × 1360 mm
Radstand	2380 mm
Spur vorne/hinten	1390/1340 mm
Felgen	5 J × 13
Reifen	155 SR 13
Gewicht	990 kg
Zul. Gesamtgewicht	1400 kg
Höchstgeschwindigkeit	145 km/h
0 auf 100 km/h	15,5 s
Verbrauch l/100 km	7,5 l Diesel
Tankinhalt	45 l

Colt 1500 GLX, Modelljahr 1987: wie auch der Lancer mit neuem Kühlergrill und Katalysator lieferbar.

Kennzeichen weiß: das Colt-Sondermodell »Bianco«, im Februar 1986 vorgestellt.

Umfangreicher Facelift im Herbst: Kühlergrill mit sechs kleinen Lamellen, Seitenleuchten verkleinert und weiter nach hinten versetzt. Geänderte Brennraumform, geändertes Ansaug- und Auspuffsystem. Motor um 10 Grad geneigt eingebaut, Startautomatik, neues Getriebe. 1,2 Liter-Motor mit 60 PS. Nummernschildbeleuchtung auf der Stoßstange. Geänderte Einspritzdüsen, verlängerte Ansaugkrümmer für Diesel-Motor, Leistung steigt auf 60 PS.

1987: Sondermodell EXE (Februar): Ganzlackierung in weiß, Sportlenkrad, Sportsitze (13.700,–).

1988: Modellreihe zum September abgelöst.

Mitsubishi Colt (ab 1988)

Der erste Colt besaß noch ein gerüttelt Maß an optischer Eigenständigkeit, Colt Nummer zwei dagegen verschwand in der Masse der Polo, Fiesta, Corsa, Peugeot und Nissan.

Colt Speedster Studio: Design und Ausstattung stammten vom Essener Händler Winkelmann, Entwicklung und Umbau übernahm die Firma Lorenz. Ab 19.890 DM.

Kofferraum mit niedriger Ladekante, Kofferraumvolumen 222 Liter, nach Umlegen der Rücksitzbank 558 Liter: Colt 1,5 GLXi, 1988.

Beim nächsten Colt wird alles anders, so befanden die Mitsubishi-Techniker und modellierten mit Hilfe von CAD- und CAE-Computertechnik eine gleichermaßen wohlgeformte wie unverwechselbare Kompakt-Karosserie: Von den Scheinwerfern bis zu der Heckklappe war ein komplett neues Fahrzeug entstanden. Die lange Bugpartie mit flacher Motorhaube und weit in die Kotflügel hineingezogenen Blinkereinheiten wiesen den Neuling unzweifelhaft als Mitsubishi aus.

MODELLE, VARIANTEN, PREISE

Modellreihen:	Zweitürige Schrägheck-Limousine
Motoren:	1298 cm³ / 44 kW (60 PS) Kat bei 5500/min 1468 cm³ / 62 kW (84 PS) Kat bei 5500/min 1596 cm³ / 91 kW (124 PS) 16V Kat bei 6500/min 1796 cm³ / 44 kW (60 PS) Diesel bei 4500/min 1836 cm³ / 100 kW (136 PS) 16V Kat bei 6500/min ab 4.90
Ausstattung:	GL: Höhenverstellbare Sicherheitsgurte vorn, Lenksäule neigungsverstellbar, axial verstellbares Lenkrad. GLXi: Sportsitze mit festen Rahmenkopfstützen, elektrisch einstellbare Außenspiegel, Dreispeichenlenkrad, SCD-System. GTi: Servolenkung, ABS.
Varianten:	1300 GL – 1500 GLXi – 1600 GTi – 1800 GTi 16V – 1800 GL Diesel
Preise (DM):	16.980,– / 18.980 / 28.900,– / 19.380,– (Colt GL / GLXi / GTi / GL Diesel)

Mitsubishi Colt 1600 GTi-16V Kat 1988

Motor

Zylinder / Bauart	4 Reihe, quer eingebaut
Bohrung × Hub	82,3 × 75 mm
Hubraum	1596 cm³
Leistung	91 kW / 124 PS bei 6500/min
Max. Drehmoment	142 Nm bei 5000/min
Verdichtung	10,0 : 1
Gemischaufbereitung	elektrisch geregelte Vierdüsen-Saugrohreinspritzung MPI
Abgasreinigungssystem	geregelter 3-Wege-Katalysator mit Lambda-Sonde
Ventile / Steuerung	4 / DOHC
Batterie	12 V 65 Ah

Kraftübertragung

Antrieb	Vorderradantrieb
Getriebe	5-Gang
Übersetzungen	I = 3,083 II = 1,947 III = 1,285 IV = 0,939 V = 0,756 R = 3,083

Fahrwerk

Radaufhängung vorn	McPherson-Federbeine, Dreiecksquerlenker, Stabilisator, Gasdruckstoßdämpfer
Radaufhängung hinten	Verbundlenkerachse, Federbeine, Stabilisator, Panhardstab, Gasdruckstoßdämpfer
Lenkung	Servounterstützte Zahnstangenlenkung
Bremse	Bremskraftverstärker und -regler, vorn: innenbelüftete Scheibenbremsen, hinten: Trommelbremsen

Allgemeine Daten

Gesamtmaße	3960 × 1670 × 1380 mm
Radstand	2385 mm
Spur vorne/hinten	1430/1430 mm
Felgen	5,5 JJ × 14
Reifen	195/60 R 14 H
Gewicht	1040 kg
Zul. Gesamtgewicht	1550 kg
Höchstgeschwindigkeit	195 km/h
0 auf 100 km/h	9,2 s
Verbrauch l/100 km	8,3 Super bleifrei
Tankinhalt	50 l

Chronik:

1988: Neue Modellreihe eingeführt (September): ausschließlich als Zweitürer, Galant-Optik. Drei Kat- und ein Dieseltriebwerk zur Wahl. Fünfgang-Getriebe obligatorisch, ab GLXi mit Schadstoff-Check-Diagnose SCD und Vierdüsen-Saugrohreinspritzung. Automatik in Verbindung mit Servolenkung (2.300 Mark Aufpreis).

1990: April: neues Antriebsaggregat für den Colt GTi, Ablösung des bisherigen 1,6 Liter-Einspritzmotors durch neuentwickelten 1,8 Liter-16V-Motor: 1836 cm³, 100 kW (136 PS), max. Drehmoment von 162 Nm bei 4500/min (vorher 142 Nm bei 5000/min). Optik: Frontgrill in Wagenfarbe lackiert, Leichtmetallfelgen, zwei in Wagenfarbe lackierte Außenspiegel, elektrisch verstellbar. Garantie, wie bei allen Mitsubishi, drei Jahre bis 100.000 Kilometer. DM 29.800,–; Klimaanlage gegen DM 3.500,– Aufpreis. Metallic-Lack DM 320,–.

Das neue Colt, Modell 1989: das Spitzenmodell der Colt-Familie, der 1,6 l GTi-16V erhielt im Frühjahr 1990 einen neuen Vierventil-Motor mit 136 PS.

Nur als Ausstellungsstück: Cabriolet auf Basis des neuen Colt, 1988.

Mitsubishi Tredia (1982–1986)
Spar & Fahr

Wem der Lancer zu klein und der Galant zu groß war, der konnte ab September 1982 beruhigt aufatmen: Die Marke mit den drei Diamanten schickte ihr neuestes Schätzchen nach Deutschland – den Tredia.
Der wenig aufregend gestylte Mittelklässler war neben dem Colt der zweite Frontantriebs-Mitsubishi und konnte in drei Motorisierungsstufen geordert werden. Neben dem 1400 GLX (51 kW/70 PS) und dem 1600 GLS (55 kW/75 PS) stand auch ein 84 kW-starker 1,6 Liter-Motor mit Turbolader zur Verfügung. Wie bereits der Colt wurde auch der Tredia mit der sogenannten Spurt- und Sparschaltung ausgerüstet. Mit einem zusätzlichen Wählhebel ließ sich das Untersetzungsverhältnis des Getriebes über eine zweistufige Eingangswelle variieren. Für den Stadtverkehr empfahl sich die Spurtschaltung, lange Autobahnetappen dagegen verlangten nach der drehzahlsenkenden E-Schaltung.
In der Praxis gestaltete sich der Umgang damit reichlich mühsam und erforderte viel Konzentration. Kurz übersetzt, neigte der Tredia zum Kavalierstart mit durchdrehenden Rädern. Wer dagegen in der Sparstufe Kupplung und Gas allzu vorsichtig dosierte, würgte beim Anfahren den Motor ab.

Das Fazit der Tester: »Günstiger Preis und gute Raumökonomie, aber rauher Motorlauf und mäßiger Fahrkomfort«.

MODELLE, VARIANTEN, PREISE

Modellreihen:	Viertürige Stufenheck-Limousine
Motoren:	1410 cm³ / 51 kW (70 PS) bei 5000/min
	1597 cm³ / 55 kW (75 PS) bei 5500/min
	1597 cm³ / 84 kW (114 PS) Turbo bei 5500/min
	1796 cm³ / 66 kW (90 PS) bei 5500/min ab 8.84
Ausstattung:	Getönte Scheiben, höhenverstellbare Lenksäule, eingebaute Lautsprecher, Fernentriegelung

Mitsubishi Tredia 1400 GLX 1982

Motor

Zylinder / Bauart	4 Reihe, quer eingebaut
Bohrung × Hub	74 × 82 mm
Hubraum	1410 cm³
Leistung	51 kW / 70 PS bei 5000/min
Max. Drehmoment	106 Nm bei 3500/min
Verdichtung	9:1
Gemischaufbereitung	1 Doppelregister-Fallstromvergaser Stromberg
Ventile / Steuerung	2 / OHC
Batterie	12 V 60 Ah

Kraftübertragung

Antrieb	Vorderradantrieb	
Getriebe	2 × 4-Gang, Spar (E)- und Spurtschaltung (P)	
Übersetzungen	E-Schaltung	P-Schaltung
	I = 3,272	I = 4,226
	II = 1,831	II = 2,365
	III = 1,136	III = 1,467
	IV = 0,855	IV = 1,105
	R = 3,181	R = 4,109

Fahrwerk

Radaufhängung vorn	McPherson-Federbeine, Querlenker, Stabilisator
Radaufhängung hinten	Einzelradaufhängung an Längslenker, Schraubenfedern, Teleskopstoßdämpfer
Lenkung	Zahnstangenlenkung
Bremse	Bremskraftverstärker und -regler, vorn: Scheibenbremsen, hinten: Trommelbremsen

Allgemeine Daten

Gesamtmaße	4280 × 1660 × 1370 mm
Radstand	2445 mm
Spur vorne/hinten	1410/1375 mm
Felgen	4,5 J × 13
Reifen	165 SR 13
Gewicht	910 kg
Zul. Gesamtgewicht	1440 kg
Höchstgeschwindigkeit	150 km/h
0 auf 100 km/h	
Verbrauch l/100 km	10,0 l Normal
Tankinhalt	50 l

von Tank- und Heckklappe. Notrad. GLS: Lendenwirbelstütze, Rücksitzlehne teilweise umklappbar. Drehzahlmesser. Turbo: Scheinwerfer-Wisch- und Waschanlage. Luftansaughutze auf der Haube, Frontspoiler, Leichtmetallfelgen. Reifen 185/70 HR 13.

Varianten: 1400 GLX – 1600 GLS – 1600 Turbo – 1800 GLS

Preise (DM): 13.990,– / 14.990,– / 18.990,– (Tredia GLX / GLS / Turbo)

Chronik:

1982: Vorstellung im September, gleichzeitig mit Coupé-Variante Cordia. Neuer OHC-Reihenvierzylinder mit Querstromzylinderkopf. Automatik nur für GLS (Aufpreis DM 1.000,–). Turbo mit innenbelüfteten Scheibenbremsen vorn, Gasdruck-Stoßdämpfern, Klopfsensor, Transistorzündung, Ölkühler und elektrischer Kraftstoffpumpe.

1983: Import des Basis-Modells 1400 GLX eingestellt (September).

1984: August: Tredia 1800 GLS ersetzt alle anderen Versionen. Neigungsverstellbare Rahmenkopfstützen, zwei von innen einstellbare Außenspiegel, DM 16.990,–. Metallic-Lackierung gegen Aufpreis (260,–).

1986: Ab Juli nicht mehr in Deutschland.

Mitsubishi Space Wagon (seit 1983)

Der Weg ins All

Die ehemaligen Flugzeugbauer von Mitsubishi lancierten zur Tokio Motor Show 1979 ihr erstes straßentaugliches Raumschiff. Dort stand als Experimentalfahrzeug SSW (»Super Space Wagon«) eine neuartige Großraum-Limousine, die im September 1983 auf der IAA Deutschland-Premiere feierte. Das Raumschiff mit dem vielfach variablen Innenraum (rein rechnerisch ergaben sich über 100 Variationsmöglichkeiten) wurde zur Attraktion des Mitsubishi Messestandes.

Bei einer Außenlänge von 4,30 m und einer Gesamthöhe von stattlichen 1,52 m brachte der Raumkreuzer sieben Personen unter, ein Vorzug, den bislang nur die mit drei Sitzbankreihen bestückten Citroën CX und Peugeot Familiale-Versionen aufzuweisen hatten. Bemerkenswert gut untergebracht waren Kommandant und Copilot; auch in den Mannschaftsquartieren konnte man sich über mangelnde Kopf- oder Beinfreiheit nicht beklagen. Wenn dennoch ein eher frostiges Betriebsklima herrschte, dann lag das am dreistufigen Heizungsgebläse, das seine liebe Mühe hatte, den 4,3 Kubikmeter großen Innenraum behaglich aufzuwärmen.

Im Maschinenraum werkelte ein quer eingebauter 1,8 Liter-Vierzylinder mit 90 PS, der seine Kraft über die Vorderräder

Luftwiderstandsbeiwert 0,39, ermittelt im MMC-eigenen Windkanal von Okazaki: Tredia 1600 GLS, 1982.

Mitsubishi SSW: der Space-Wagon-Prototyp auf der Tokyo Motor Show 1979.

auf den Boden brachte. Unauffällig und klaglos verrichtete er dort seine Dienste, Elastizität und Übersetzungsanpassung ließen jedoch zu wünschen übrig; die Autopresse empfahl dringend den Einbau eines hubraumstärkeren Triebwerks. Dieser Wunsch ging eineinhalb Jahre später in Erfüllung – mit 75-kW-Kraftpaket und Allradantrieb.

MODELLE, VARIANTEN, PREISE

Modellreihen:	Großraumlimousine mit vier Türen und Heckklappe
Motoren:	1795 cm³ / 66 kW (90 PS) bei 5500/min 1997 cm³ / 75 kW (102 PS) bei 5500/min ab 5.85 1997 cm³ / 62 kW (84 PS) Kat bei 5000/min ab 9.86 1796 cm³ / 55 kW (75 PS) Turbo D bei 4500/min ab 9.86 1997 cm³ / 74 kW (101 PS) Kat bei 5000/min ab 9.88
Ausstattung:	Rücksitzlehnen von zweiter und dritter Sitzreihe geteilt umlegbar, getönte Scheiben, Ausstellfenster hinten, zwei von innen verstellbare Außenspiegel, Heckscheiben Wisch/Waschanlage, elektromagnetische Entriegelung der Heckklappe.
Varianten:	1800 GLX – 2000 GLX – Turbo D – 2000 GLX 4×4
Preise (DM):	19.990,–

Mitsubishi Space Wagon 2000 GLX Kat 1986

Motor

Zylinder / Bauart	4 Reihe, quer eingebaut
Bohrung × Hub	85×88 mm
Hubraum	1997 cm³
Leistung	62 kW / 84 PS bei 5000/min
Max. Drehmoment	143 Nm bei 3500/min
Verdichtung	8,5:1
Gemischaufbereitung	elektronisch gesteuerter Vergaser, kontaktlose Transistorzündung, MCA-Jet-Motor-System
Abgasreinigungssystem	geregelter 3-Wege-Katalysator mit Lambdasonde
Ventile / Steuerung	2 / OHC
Batterie	12 V 60 Ah

Kraftübertragung

Antrieb	zuschaltbarer Allradantrieb
Getriebe	5-Gang
Übersetzungen	I = 4,967 II = 2,628 III = 1,549 IV = 1,166 V = 0,896 R = 4,699

Fahrwerk

Radaufhängung vorn	McPherson-Federbeine mit Zugstreben und Querlenkern, Stabilisator
Radaufhängung hinten	McPherson-Federbeine, Schräglenker mit integrierter Drehstabfederung
Lenkung	Zahnstangenlenkung mit Servounterstützung
Bremse	Bremskraftverstärker und -regler, vorn: innenbelüftete Scheibenbremsen, hinten: Trommelbremsen

Allgemeine Daten

Gesamtmaße	4445×1640×1580 mm
Radstand	2630 mm
Spur vorne/hinten	1405/1385 mm
Felgen	5,5 JJ×14
Reifen	185/70 R 14
Gewicht	1285 kg
Zul. Gesamtgewicht	1850 kg
Höchstgeschwindigkeit	153 km/h
0 auf 100 km/h	12,8 s
Verbrauch l/100 km	10,4 l Normal
Tankinhalt	55 l

Chronik:

1983: Premiere auf der IAA im September; lieferbar ab Jahresende. Nur als 1800 GLX lieferbar, Automatik gegen Aufpreis (DM 1.000,–).

1985: Facelift im Mai: neuer Kühlergrill, vollflächige Radabdeckungen. Rahmenkopfstützen vorn. Einführung des Space Wagon 2000 GLX: 75-kW-Motor, zuschaltbarer Allradantrieb, 180 mm Bodenfreiheit, Servolenkung. DM 26.990,–.

1986: Modellpflege September: Turbo-Diesel-Motor (DM 25.290,–), Katalysator-Triebwerk, auch für 4×4 (28.380,–). Alle Modelle: verbesserte Bremsanlage (Hauptbremszylinder), neues Getriebe. Ausstattungs-Modifikationen (dritte Sitzreihe läßt sich nun ganz umklappen und voll versenken; Heckscheibenwischer mit Intervallschaltung); Servolenkung obligatorisch.

1988: Neues 74-kW-Triebwerk mit geregeltem Katalysator (September, DM 25.680,–). Alle anderen Motorversionen gestrichen, Ausnahme: Turbo-Diesel.

Gegenüber dem frontgetriebenen Basismodell sechs Zentimeter mehr Bodenfreiheit und größere Räder: Space Wagon 4WD, 1985.

Die stattliche Großraum-Limousine – Höhe 1,52 Meter – bot sieben Personen reichlich Platz. Nur: wohin mit dem Gepäck?

Mitsubishi Galant (seit 1977)
Der Vater des Erfolges

Galant Sigma 2000 GLX 1978: nach Preis-/Leistungsverhältnis die beste japanische Mittelklasse-Limousine jener Zeit.

Mitsubishis Blitzstart (im ersten Jahr 5.446 Zulassungen) geht auf das Konto des Galant. Der gefällige Mittelklässler im Ascona-Format profilierte sich als überzeugendster japanischer Mittelklassewagen. Die folgenden Modellwechsel konnten daran nichts ändern.

Mitsubishi Galant Sigma (1977–1980)

Der erste Galant hieß mit Vornamen Colt und wurde Ende der sechziger Jahre vorgestellt, 1973 war daraus eine eigenständige Modellreihe oberhalb der Colt- und Lancer-Familie geworden. In Deutschland trat der Galant Sigma in Erscheinung, der die Technik des Vorgängers mit dem gemäßigten Nippon-Barock des Jahres 1976 kombinierte.

Der Sigma wurde hierzulande zunächst nur als Viertürer verkauft, für den die gleichen Motoren zur Wahl standen wie für das Celeste-Coupé: behäbige und dank zweier Ausgleichswellen sehr laufruhige Vierzylinder mit 1,6 und 2,0 Litern Hubraum. Den Kombi präsentierte Mitsubishi auf dem Genfer Salon 1978 und bot ihn als GL mit dem schwächeren Triebwerk an. Erst die Modellpflege zum Jahresanfang 1980 brachte den Kombi in der Zweiliterklasse.

MODELLE, VARIANTEN, PREISE

Modellreihen:	Viertürige Stufenheck-Limousine, Kombi viertürig
Motoren:	1597 cm³ / 55 kW (75 PS) bei 5000/min 1995 cm³ / 63 kW (85 PS) bei 5000/min 1995 cm³ / 72 kW (98 PS) bei 5500/min ab 1.80
Ausstattung:	Getönte Scheiben, höhenverstellbare Lenksäule, verstellbarer Fahrersitz mit Lendenwirbelstütze, Fernentriegelung Heckklappe. GLX: Fünfgang-Getriebe, Kopfstützen hinten, Rücksitzlehne verstellbar.
Varianten:	1600 GL – 2000 GLX
Preise (DM):	11.990,– / 13.790.– (1600 GL / 2000 GLX)

Mitsubishi Galant 1600 GL 1977

Motor	
Zylinder / Bauart	4 Reihe
Bohrung × Hub	76,9 × 86 mm
Hubraum	1597 cm³
Leistung	55 kW / 75 PS bei 5000/min
Max. Drehmoment	121 Nm bei 3000/min
Verdichtung	8,5 : 1
Gemischaufbereitung	1 Doppelregister-Vergaser Solex
Ventile / Steuerung	2 / OHC
Batterie	12 V 40 Ah
Kraftübertragung	
Antrieb	Hinterradantrieb
Getriebe	4-Gang
Übersetzungen	I = 3,525 II = 2,193 III = 1,442 IV = 1,000 R = 3,867

Fahrwerk	
Radaufhängung vorn	McPherson-Federbeine, an Querlenkern, Stabilisator
Radaufhängung hinten	Starrachse Schräg- und Längslenker, Schraubenfedern
Lenkung	Kugelumlauflenkung
Bremse	Bremskraftverstärker und -regler, vorn: Scheibenbremsen, hinten: Trommelbremsen
Allgemeine Daten	
Gesamtmaße	4300 × 1655 × 1355 mm
Radstand	2515 mm
Spur vorne/hinten	1350/1340 mm
Felgen	5 J × 13
Reifen	165 SR 13
Gewicht	1005 kg
Zul. Gesamtgewicht	1545 kg
Höchstgeschwindigkeit	150 km/h
0 auf 100 km/h	15 s
Verbrauch l/100 km	12 l Normal
Tankinhalt	60 l

Großer Laderaum mit mehr als einem Kubikmeter Fassungsvermögen: Galant Sigma Kombi, 1980.

Chronik:

1977: Mitsubishi-Start mit Galant-Limousine. Viertürer, zwei Motoren zur Auswahl, Automatik nur im Sigma 2000 (14.590,–).

1978: Ab Mai Galant Kombi GL 1600 lieferbar (13.990,–): Heckscheibenwischer, Klappe bis zum Stoßfänger heruntergezogen, Rücksitzlehne umklappbar.

1980: Januar-Modellpflege: kontaktlose Zündung mit Induktions-Zündzeitpunktgeber, Zweilitermotor mit Frischgas-Automatik. 14-Zoll-Räder. Erhöhung der Motorleistung auf 72 kW; Einführung des Galant Kombi 2000 GLX, 15.790 Mark. September: Modellreihe ersetzt.

Mitsubishi Galant (1980–1984)

Zum »Leitbild für höheren Standard« erhob Mitsubishi seinen neuen Galant, der im September 1980 erschien. So ganz konnte man dem nicht folgen, schließlich handelte es sich eigentlich nur um einen geschickt maskierten Sigma. Die Frischzellenkur beschränkte sich überwiegend auf die Umgestaltung von Front- und Heckbereich, brachte neben einem geringfügig besseren C_w-Wert von 0,41 einen um 17 Prozent vergrößerten Innenraum und ein 435 Liter fassendes Gepäckabteil.

Die Motoren blieben weitgehend unverändert, ungleich mehr Aufmerksamkeit erfuhr das Fahrwerk. Das 1,6 Liter-Modell erhielt die aus dem Lancer bekannte vierfach angelenkte, ungeteilte Hinterachse; der 2000 GLS bekam eine Einzelradaufhängung mit Schräglenkern und Federbeinen. Eine deutliche Verbesserung in Fahrverhalten und Federungskomfort ließ sich allerdings damit nicht erzielen.

MODELLE, VARIANTEN, PREISE

Modellreihen:	Viertürige Stufenheck-Limousine, Kombi
Motoren:	1597 cm^3 / 55 kW (75 PS) bei 5000/min
	1997 cm^3 / 75 kW (102 PS) bei 5500/min
	2346 cm^3 / 62 kW (84 PS) Turbo Diesel bei 4200/min
	1997 cm^3 / 125 kW (170 PS) Turbo bei 5500/min ab 5.82

Mitsubishi Galant 2.3 Turbo D 1980

Motor

Zylinder / Bauart	4 Reihe
Bohrung × Hub	91,1 × 90 mm
Hubraum	2346 cm^3
Leistung	62 kW / 84 PS bei 4200/min
Max. Drehmoment	175 Nm bei 2500/min
Verdichtung	21 : 1
Gemischaufbereitung	Diesel-Einspritzpumpe, MMC-Abgasturbolader
Ventile / Steuerung	2 / OHC
Batterie	12 V 70 Ah

Kraftübertragung

Antrieb	Hinterradantrieb
Getriebe	5-Gang
Übersetzungen	I = 3,369
	II = 2,035
	III = 1,360
	IV = 1,000
	V = 0,856
	R = 3,635

Fahrwerk

Radaufhängung vorn	McPherson-Federbeine, an Querlenker, Teleskopstoßdämpfer
Radaufhängung hinten	Starrachse an Längslenkern und Schraubenfedern, Teleskopstoßdämpfer
Lenkung	Kugelumlauflenkung, servounterstützt
Bremse	Bremskraftverstärker und -regler, vorn: Scheibenbremsen, hinten: Trommelbremsen

Allgemeine Daten

Gesamtmaße	4470 × 1680 × 1380 mm
Radstand	2530 mm
Spur vorne/hinten	1370/1355 mm
Felgen	5,5 JJ × 14
Reifen	165 SR 14
Gewicht	1230 kg
Zul. Gesamtgewicht	1735 kg
Höchstgeschwindigkeit	157,2 km/h
0 auf 100 km/h	14,2 s
Verbrauch l/100 km	9,4 l Diesel
Tankinhalt	60 l

Stark überarbeitete Karosserie, größerer Radstand (plus 15 mm), neuer Motor und Schräglenker-Hinterachse in der Zweiliter-Version: Mitsubishi Galant 2000 GLS, Modelljahr 1981.

Kofferraumvolumen jetzt rund 400 Liter – 20 Prozent mehr als noch beim Vorgänger.

Ausstattung:	H4-Rechteckscheinwerfer mit integrierten Nebelscheinwerfern, Scheinwerfer-Waschanlage, von innen verstellbarer Außenspiegel, Kindersicherung Fondtüren, Lenkrad und Fahrersitz höhenverstellbar, Zeituhr. Diesel: Fünfgang-Getriebe, Servolenkung
Varianten:	1600 GL/GLX – 2000 GLS/GLX – 2,3 Turbo D – Turbo ECI
Preise (DM):	13.790,– / 15.690,– / 18.490,– (GLX / GLS / Turbo D) 14.390,– / 15.990,– (Kombi GL / GLX)

Chronik:

1980: Im September 1980 vorgestellt, basierend auf dem Vorgängermodell. Breitband-Scheinwerfer, vergrößerter Radstand. Fahrzeuge 25 mm höher und 140 mm länger. Motorleistung 2,0 Liter auf 102 PS angehoben, Turbo Diesel nur für Limousine. Kombi-Typen 1600 GL und 2000 GLX (jetzt mit Rechteck-Doppelscheinwerfern und neuem Motor) weiterhin mit Starrachse.

1982: Galant Turbo ECI ab Mai (23.990,–): Lancer-Turbotriebwerk, Front- und Heckspoiler, Leichtmetall-Felgen, Niederquerschnittsreifen 185/70 HR 14, Servolenkung, Ladedruckanzeige.

Der Galant Kombi 2000 GLX, Modell 1981, erhielt den neuen »Sirius-Motor« und Rechteck-Doppelscheinwerfer, blieb aber ansonsten völlig unverändert.

1983: Bis zum Sommer ersetzt Kombi 2,3 Turbo D (22.990,–, ab Februar lieferbar) den Kombi 2000 GLX. Front jetzt wie übrige Galant-Modelle mit Breitband-Scheinwerfern. Sondermodell »Shogun« erscheint: 55-kW-Motor, Front- und Heckspoiler, Glas-Hubdach, Zierstreifen, 16.490 Mark.
Facelift gesamte Modellreihe im Spätsommer: Kühlergrill mit drei betonten Lamellen, größere Stoßfänger, geriffelte Rückleuchten.

1984: Einführung der Galant E10 mit Frontantrieb.

Mitsubishi Galant (1984–1988)

Wer ein Auto in den Windkanal schiebt, darf sich nicht wundern, wenn die Konturen später aufweichen. Der erste Galant mit Frontantrieb glänzte zwar mit einem C_w-Wert von 0,36, hatte aber an Profil verloren. Es entstand eine unverbindliche Stufenhecklimousine mit relativ hohem Abrißheck und einem Hauch von Audi 100. Die Mitsubishi-Techniker setzten ganz auf innere Werte und vertrauten ganz auf die Elektronik.
Im beliebtesten Modell, dem 2000 GLS sorgte der Computer für eine konstante Temperatur im Innenraum, schaltete die Heckscheibenheizung ab, ließ die Innenbeleuchtung erst mit Verzögerung erlöschen und regelte das Scheibenwischer-Intervall selbständig nach der Fahrgeschwindigkeit. Königlicher Luxus bot das Spitzenmodell »Royal«. Erstmals steuerte in einem Großserienprodukt die Elektronik auch das Fahrwerk. Je nach Geschwindigkeit und Straßenbeschaffenheit wurde eine eher komfortabel weiche oder sportlich straffe Abstimmung gewählt.

Großzügiges Platzangebot und problemloses Fahrverhalten, aber gefühllose Servolenkung: Galant 1600 GLX, 1984.

MODELLE, VARIANTEN, PREISE

Modellreihen: Stufenheck-Limousine viertürig
Motoren:
1597 cm³ / 55 kW (75 PS) bei 5500/min
1997 cm³ / 75 kW (102 PS) bei 5500/min
1795 cm³ / 60 kW (82 PS) Turbo Diesel bei 4500/min
1997 cm³ / 110 kW (150 PS) Turbo ECI bei 5500/min
2351 cm³ / 82 kW (112 PS) Kat bei 4500/min ab 9.85
1997 cm³ / 66 kW (90 PS) Kat bei 5500/min ab 9.86

Wie schon vom Vorgänger, gab es auch vom Galant mit Frontantrieb eine sportliche Version mit Turbolader: den 2000 Turbo ECI.

Ausstattung:	Zwei von innen einstellbare Außenspiegel, höhenverstellbarer Fahrersitz mit Lendenwirbelstütze, Mittelarmlehne hinten mit Durchlademöglichkeit zum Kofferraum. GLS: Servolenkung, Zentralverriegelung, elektrisch einstellbare Spiegel, Heizung mit Temperatur-Automatik. Turbo ECI: ABS, Ladedruckanzeige, Ölkühler, Breitreifen 195/60 R 14. Royal: Elektronik-Fahrwerk, Klimaanlage, Tempomat.
Varianten:	1600 GLX – 1800 GLX Turbo Diesel – 2000 GLS/Royal – Turbo ECI – 2400 GLS Automatik
Preise (DM):	17.990,– / 23.690,– / 20.990,– 28.500,– / 30.700,– (Galant GLX / Diesel / GLS) (Royal / Turbo)

Chronik:

1984: Galant mit Frontantrieb (Juli): völlig neue Karosserie, vier Motorvarianten, drei Ausstattungspakete. Metallic-Lackierung gegen 330 Mark Aufpreis. Vierstufen-Automatik nur in Verbindung mit 2000 GLS (22.490,–) oder Royal (30.000,–). Turbo-Diesel mit Ladeluftkühler.

1985: Import des Turbo ECI eingestellt (September); Einführung des Galant 2400 GLS Automatik mit geregeltem Katalysator (24.880,–): 112 PS, MPI-Vierdüsen-Benzineinspritzung, kennfeldgesteuerte Zündung, Aktivkohlefilter.

1986: Galant 2000 GLS mit geregeltem Katalysator (22.980,–) eingeführt; Modellpflege alle Modelle im September: neues Getriebe, geänderte Feder- und Dämpfungsabstimmung. Kunststoff-Stoßfänger hinten, profilierte Heckleuchten. 2400 GLS de Luxe mit Nippon-ABS, Lizenz Bosch.

1987: Sondermodell 2400 EXE in limitierter Auflage (Februar): ABS, Servolenkung, Zentralverriegelung, elektrische Fensterheber. DM 25.500,– Zum September Import der Modelle ohne Kat eingestellt (außer Turbo Diesel).

1988: Neue Modellreihe ab März lieferbar.

Mitsubishi Galant (ab 1988)

Vier Zylinder und vier Türen, schon immer spielte beim Galant die Vier eine wichtige Rolle. Mitsubishis Trendsetter in Sachen Design, Ende 1987 zum Auto des Jahres in Japan erkoren, trieb diese Vier-Liebe auf die Spitze – mit Vierradantrieb, Vierradlenkung und Vierventilmotor im 1988 präsentierten Galant GTi 16V Dynamic 4 (!).

Mitsubishi Galant 2.4 GLS Kat 1985

Motor		**Fahrwerk**	
Zylinder / Bauart	4 Reihe, quer eingebaut	Radaufhängung vorn	McPherson-Federbeine, Dreiecksquerlenker und Stabilisator
Bohrung × Hub	86,5 × 100 mm	Radaufhängung hinten	Verbundlenkerachse, integrierter Stabilisator, Panhardstab
Hubraum	2351 cm³	Lenkung	Zahnstangenlenkung, elektronisch gesteuerte Servounterstützung
Leistung	82 kW / 112 PS bei 4500/min	Bremse	Bremskraftverstärker und -regler, vorn: innenbelüftete Scheibenbremsen, hinten: Scheibenbremsen
Max. Drehmoment	190 Nm bei 3500/min		
Verdichtung	8,5 : 1		
Gemischaufbereitung	elektronisch gesteuerte Saugrohreinspritzung MCA-Jet-Motor		
Abgasreinigungssystem	geregelter 3-Wege-Katalysator mit Lambdasonde		
Ventile / Steuerung	2 / OHC	**Allgemeine Daten**	
Batterie	12 V 65 Ah	Gesamtmaße	4560 × 1695 × 1395 mm
Kraftübertragung		Radstand	2600 mm
Antrieb	Vorderradantrieb	Spur vorne/hinten	1445/1405 mm
Getriebe	4-Stufen-Automatik, elektronisch gesteuerte Wandlerüberbrückung, Drehmomentwandler	Felgen	5,5 JJ × 14
		Reifen	185/70 R 14
Übersetzungen	I = 2,841	Gewicht	1185 kg
	II = 1,581	Zul. Gesamtgewicht	1660 kg
	III = 1,000	Höchstgeschwindigkeit	177 km/h
	R = 0,685	0 auf 100 km/h	12 s
		Verbrauch l/100 km	9,6 l Normal
		Tankinhalt	60 l

Hier verwirklichten die Ingenieure erstmals eine Kombination aus Allradantrieb und Allradlenkung. Letztere diente vor allem dazu, bei höheren Geschwindigkeiten, abrupten Lenkmanövern oder Fahrspurwechseln ein stabileres Eigenlenkverhalten zu erzielen. Das trickreiche Hydrauliksystem, das mittels Ölpumpe und Druckzylinder über die Spurstangen auf die Längslenker der Hinterräder wirkte, ermöglichte einen maximalen Lenkwinkel von 1,5 Grad; auf Unterstützung beim Einparken oder Rangieren war daher nicht zu hoffen.

Galant GTi-16V Dynamic-4: das Spitzenmodell der Galant-Reihe, vorgestellt im September 1988.

MODELLE, VARIANTEN, PREISE

Modellreihen: Stufenheck-Limousine viertürig, Limousine mit Fließheck

Motoren: 1755 cm³ / 63 kW (86 PS) Kat bei 5500/min
1997 cm³ / 80 kW (109 PS) Kat bei 5500/min
1796 cm³ / 55 kW (75 PS) Diesel bei 4500/min
1997 cm³ / 106 kW (144 PS) 16V Kat bei 6500/min ab 9.88
1755 cm³ / 66 kW (90 PS) Kat bei 5000/min ab 3.90

Ausstattung: Höhenverstellbare Sicherheitsgurte vorn, Außenspiegel elektrisch einstell- und beheizbar, Zentralverriegelung, Servolenkung. GLSi: Breitreifen 195/65 R 14, Scheinwerfer-Waschanlage, elektrische Fensterheber. de Luxe: Stoßfänger in Wagenfarbe, Schmutzfänger, Klimaanlage, ABS.

Varianten: 1,8 GLS – 1,8 GLSi – 1,8 Turbo Diesel – 2.0 GLSi/dL/Allrad – GTi-16V Dynamic 4 – 2000 GTi-16V

Preise (DM): 22.900,– / 26.700,– / 32.900,– / 24.900,– (GLS / GLSi / de Luxe / Turbo Diesel)

Die vierte Galant-Generation 1988: das Fahrwerk wurde zuerst im 350 km/h schnellen Forschungsfahrzeug HSR erprobt.

ABS-System, Leichtmetallfelgen und elektrisches Schiebedach serienmäßig: Galant 2000 GLSi mit Fließheck, 1989.

Chronik:

1988: Eingeführt im März. Stufenhecklimousine, drei Motor- und Ausstattungsvarianten. Extras: Klimaanlage 3.300 Mark, Metallic-Lack DM 450,–. GLSi de Luxe auch mit Automatik (34.600,–). Galant GTi 16V/Dynamic 4 ab September: Vierventil-Motor, Bug- und Heckspoiler, de Luxe-Ausstattung (ohne Klima), Elektronik-Fahrwerk, elektr. Schiebedach. 36.500,–. Dynamic 4: Permanenter Allradantrieb (Mitteldifferential, Visco-Kupplung), Allradlenkung; 42.500,–.

1989: Galant mit Fließheck (März): nur Zweilitermotor, sechs Versionen zur Auswahl. Grundmodell – Ausstattung analog Stufenheck – 2000 GLSi (27.700,–), mit Schiebedach (29.000,–), de Luxe (32.700,–), GTi 16V (37.000,–). Automatik gegen Aufpreis (DM 1.700,–).

1990: Basismodell 1800 GLS durch 1800 GLSi ersetzte (März): Motorleistung von 63 auf 66 kW angehoben, MPI-Vier-Düsen-Saugrohreinspritzung, Schadstoffcheck-Diagnose SCD Serie. Preis Grundmodell DM 24.800,–; mit elektrischem Glas-Hebedach DM 26.100,–. Dach in Verbindung mit Vierstufen-Automatik mit Economy/ Power-Programmwahl DM 27.800,–.

Mitsubishi Galant 2000 GLSi Fließheck 1988

Motor	
Zylinder / Bauart	4 Reihe, quer eingebaut
Bohrung × Hub	85 × 88 mm
Hubraum	1997 cm³
Leistung	80 kW / 109 PS bei 5500/min
Max. Drehmoment	159 Nm bei 4500/min
Verdichtung	9:1
Gemischaufbereitung	elektronisch gesteuerte Vierdüsen-Saugrohr-Einspritzung (MPI)
Abgasreinigungssystem	geregelter 3-Wege-Katalysator mit Lambdasonde
Ventile / Steuerung	2 / OHC
Batterie	12 V 65 Ah
Kraftübertragung	
Antrieb	Vorderradantrieb
Getriebe	5-Gang
Übersetzungen	I = 3,363
	II = 1,947
	III = 1,285
	IV = 0,939
	V = 0,756
	R = 3,083
Fahrwerk	
Radaufhängung vorn	McPherson-Federbeine mit Dreiecksquerlenkern und Stabilisator
Radaufhängung hinten	Verbundlenkerachse mit McPherson-Federbeinen, Stabilisator, Panhardstab
Lenkung	Zahnstangenlenkung servounterstützt
Bremse	Bremskraftverstärker und -regler, vorn: innenbelüftete Scheibenbremsen hinten: Scheibenbremsen
Allgemeine Daten	
Gesamtmaße	4540 × 1695 × 1400 mm
Radstand	2600 mm
Spur vorne/hinten	1460/1450 mm
Felgen	5,5 JJ × 14
Reifen	195/65 R 14
Gewicht	1220 kg
Zul. Gesamtgewicht	1780 kg
Höchstgeschwindigkeit	188 km/h
0 auf 100 km/h	11,0 s
Verbrauch l/100 km	8,1 l Super, bleifrei
Tankinhalt	60 l

Mitsubishi Celeste (1977–1981)
Himmel auf Erden

»Celeste« ist ein Wort aus dem Spanischen und bedeutet »himmlisch«. Der Himmelsbote aus dem Reiche Nippon erlebte seine Europa-Premiere auf dem Genfer Salon 1976. Auf bewährter Lancer-Basis errichtet, sollte das 4,11 Meter lange Coupé besonders die Damenwelt an sich binden. Mitsubishi vergaß denn auch nicht, auf die große Heckklappe und die umklappabre Rücksitzlehne hinzuweisen: »Ein Handgriff, und das Sport-Coupé wird zum Einkaufs-Combi.«

Als Motoren für den Engel aus Okazaki standen zwei Reihen-Vierzylinder mit Leistungen von 75 und 90 PS parat. Sowohl der 1,6- als auch der 2-Liter-Motor verfügten über zwei versetzt angeordnete und gegenläufig drehende Ausgleichswellen; diese »Silent shaft«-Technik ließ sich Mitsubishi patentieren und versprach davon ruhigeren Lauf und längere Lebensdauer.

Der kleinere Motor wurde mit einem Viergang-, der größere mit einem Fünfganggetriebe versehen, wobei letzterer als Schongang ausgelegt war. Auf dem nordamerikanischen Kontinent beflügelte den Celeste (oder vielmehr »Plymouth Arrow«, wie er dort hieß) ein 2,5 Liter-Reihenvierzylinder, der seine 106 PS bei 5000/min bereitstellte.

Die Heckklappe wurde von zwei Gasdruckfedern gehalten. Ein Gepäckraum-Abdeckung war nicht lieferbar.

MODELLE, VARIANTEN, PREISE

Modellreihen:	Coupé 2+2
Motoren:	1597 cm^3 / 54 kW (73 PS) bei 5000/min
	1995 cm^3 / 66 kW (90 PS) bei 5000/min
	1995 cm^3 / 77 kW (105 PS) bei 5800/min ab 1.79

Mitsubishi Celeste 2000 GSR: eigenständiges Schrägheck-Coupé auf Lancer-Basis.

Ausstattung:	Verstellbare Lenksäule, Verbundglasscheibe, abschließbarer Tankdeckel, Innenluftumwälzung, Ausstellfenster hinten. Zigarettenanzünder, Tageskilometerzähler, Mittelkonsole, heizbare Heckscheibe. GSR: Doppelvergaser, Fünfganggetriebe, getönte Scheiben, Drehzahlmesser, Zeituhr.
Varianten:	1600 ST/GT Automatik – 2000 GSR
Preise:	11.790,– / 12.990,– (Celeste ST / GSR)

Chronik:

1977: Presse-Präsentation im Januar, Einführung mit Aufnahme der Geschäfte im April.

1979: Modellreihe zum neuen Jahr um Coupé GT Automatik erweitert (14.490,–). GSR: Erhöhung der Motorleistung auf 77 kW. Facelift zur IAA: Rechteck-Halogenscheinwerfer, neuer Kühlergrill. Stoßstangen (schwarz) nicht mehr nach oben gezogen, Kunststoffecken. Ausstattungsverbesserungen.

1980: Celeste mit Automatikgetriebe zur Jahresmitte nicht mehr im Programm.

1981: Offizielles Importende im Juni; Nachfolger wird im September 1982 der Cordia.

Celeste Modell 1980: mit Rechteckscheinwerfern, neuem Kühlergrill und schwarzen Stoßstangen ins letzte Baujahr.

Mitsubishi Celeste 2000 GSR 1977

Motor	
Zylinder / Bauart	4 Reihe
Bohrung × Hub	84 × 90 mm
Hubraum	1995 cm³
Leistung	66 kW / 90 PS bei 5000/min
Max. Drehmoment	149 Nm bei 4000/min
Verdichtung	9,5:1
Gemischaufbereitung	1 Doppelregister-Fallstromvergaser Solex
Ventile / Steuerung	2 / OHC
Batterie	12 V 40 Ah
Kraftübertragung	
Antrieb	Hinterradantrieb
Getriebe	5-Gang
Übersetzungen	I = 3,369 II = 2,035 III = 1,360 IV = 1,000 V = 0,856 R = 3,635

Fahrwerk	
Radaufhängung vorn	McPherson-Federbeine, Querstablisator, Schraubenfedern
Radaufhängung hinten	Starrachse mit Blattfedern
Lenkung	Kugelumlauflenkung
Bremse	Bremskraftverstärker und -regler, vorn: Scheibenbremsen, hinten: Trommelbremsen
Allgemeine Daten	
Gesamtmaße	4115 × 1610 × 1335 mm
Radstand	2340 mm
Spur vorne/hinten	1325/1295 mm
Felgen	5 J × 13
Reifen	175/70 HR 13
Gewicht	1000 kg
Zul. Gesamtgewicht	1380 kg
Höchstgeschwindigkeit	175 km/h
0 auf 100 km/h	11,5 s
Verbrauch l/100 km	13,5 l Super
Tankinhalt	50 l

Mitsubishi Cordia (1982–1987)
Rohdiamant

Hohe Gürtellinie und schräge Scheiben, kurze Überhänge und eine ausgeprägte Keilform: so sah der Celeste-Nachfolger aus, der auf der Tokio Motor Show 1981 als Prototyp zu bewundern war.
In Deutschland erschien der Cordia gleichzeitig mit dem Tredia – in Radstand und Technik identisch – im September des folgenden Jahres.
Als ungeschliffener Diamant im Cordia-Diadem erwies sich der 1600 Turbo. Der aufgeladene Cordia begeisterte durch Turbo-Technik zum Dumpingpreis, gute Fahrleistungen und reichhaltige Ausstattung. Der Glanz verblaßte jedoch recht schnell bei den ersten schnellen Cordia-Ausritten. In langen Kurven und bei plötzlichen Lastwechseln brach das Heck abrupt und unerwartet heftig aus. Nur blitzschnelles Gegenlenken half, größeres Unheil zu vermeiden. Verbesserungswürdig erschien auch die betont harte Federung und die wenig gefühlvolle Lenkung, die überdies noch erheblichen Antriebseinflüssen unterlag. Tadellos dagegen hatten die Diamentenschleifer jedoch die Turbo-Technik in den Griff bekommen. Der kleine Abgaslader (Durchmesser des Verdichterrads: 47 mm) setzte schon bei 2000/min ein – »weich genug, um die Kraft gut dosieren zu können« (mot) und präsentierte sich weitgehend frei von turbotypischen Unarten.

Frontantrieb, Quermotor, wahlweise auch mit Dreistufen-Automatik: Celeste-Nachfolger Cordia 1600 GSL, 1982.

Auf der IAA 1985 hatte die Cabrio-Ausführung des Cordia Premiere. Von der Firma Vestatec Design entwickelt und in Wetter bei der Firma Lorenz umgebaut, erfolgte der Vertrieb über die Mitsubishi Vertriebsorganisation. Auch der Umbau gebrauchter Cordia-Coupés war jederzeit möglich – Diamantenfieber in seiner schönsten Form.

MODELLE, VARIANTEN, PREISE

Modellreihen: Coupé 2+2
Motoren: 1597 cm³ / 55 kW (75 PS) bei 5500/min
1597 cm³ / 84 kW (114 PS) Turbo bei 5500/min
1796 cm³ / 100 kW (136 PS) Turbo bei 6000/min ab 9.86

Cordia 1600 Turbo: um einseitiges Ziehen zu vermeiden, mit zusätzlichem Mittellager an der linken Gelenkwelle.

Vom Cordia-Cabriolet, Premiere auf der IAA 1985, wurden keine zehn Einheiten gebaut. Der Umbau kostete 15.900 DM und wurde von der Firma Vestatec realisiert.

Ausstattung: Verstellbare Lendenwirbelstütze im Fahrersitz, höhenverstellbare Lenksäule. Verstellbarer Lufteinlaß in B-Säule, Antenne im vorderen Seitenholm, Gepäckraumabdeckung, Notrad. Turbo: Sportlenkrad, Hutze auf der Haube, vergrößerter Bremskraftverstärker, Querstabilisor hinten.

Varianten: 1600 GSL – 1600 Turbo – 1800 Turbo ECI

Preise (DM): 16.990,– / 17.900,– / 20.900,– (Cordia GSL / Automatik / Turbo)

Chronik:

1982: Sportliche Version des Tredia; Technik, Fahrwerk und Ausstattung identisch. Metallic-Lack gegen Aufpreis (270,–); Spurt- und Sparschaltung. Große Inspektion – wie andere Mitsubishis auch – alle 20.000 km.

1983: Sondermodell »Shogun« eingeführt: GSL-Ausstattung, angereichert durch Front- und Heckspoiler, Seitenschweller, Zierstreifen, DM 18.990,–.

1984: Einführung 1800 Turbo ECI (August): Neuentwickelter 1,8 Liter-Einspritzmotor ersetzt bisherige Triebwerke, wassergekühlter Turbolader, Abgasrückführung. Kühlergrill statt Blechteil zwischen den Scheinwerfern, Front- und Heckspoiler. Neue Sitze mit Rahmenkopfstützen, anderes Lenkrad. 24.900 Mark.

1985: Präsentation des Cordia-Cabriolets (als Zweisitzer), Verdeck verschwindet unter einer großen Heckklappe.

1987: Ab Januar nicht mehr im Programm.

Mitsubishi Cordia 1600 GSL 1982

Motor

Zylinder / Bauart	4 Reihe, quer eingebaut
Bohrung×Hub	76,9×86 mm
Hubraum	1597 cm^3
Leistung	55 kW / 75 PS bei 5500/min
Max. Drehmoment	116 Nm bei 3500/min
Verdichtung	8,5:1
Gemischaufbereitung	1 Doppelregister-Fallstromvergaser Stromberg
Ventile / Steuerung	2 / OHC
Batterie	12 V 60 Ah

Kraftübertragung

Antrieb	Vorderradantrieb	
Getriebe	2×4-Gang, Spar (E)- und Spurtschaltung (P)	
Übersetzungen	E-Schaltung	P-Schaltung:
	I = 3,272	I = 4,226
	II = 1,831	II = 2,365
	III = 1,136	III = 1,467
	IV = 0,855	IV = 1,105
	R = 3,181	R = 4,109

Fahrwerk

Radaufhängung vorn	McPherson-Federbeine, Querlenker, Stabilisator
Radaufhängung hinten	Einzelradaufhängung an Längslenkern, Schraubenfedern, Teleskopstoßdämpfer
Lenkung	Zahnstangenlenkung
Bremse	Bremskraftverstärker und -regler, vorn: Scheibenbremsen, hinten: Trommelbremsen

Allgemeine Daten

Gesamtmaße	4275×1660×1320 mm
Radstand	2445 mm
Spur vorne/hinten	1420/1375 mm
Felgen	4,5×13
Reifen	165 SR 13
Gewicht	930 kg
Zul. Gesamtgewicht	1440 kg
Höchstgeschwindigkeit	165 km/h
0 auf 100 km/h	13 s
Verbrauch l/100 km	10,4 l Normal
Tankinhalt	50 l

Mitsubishi Sapporo (seit 1977)
Viele Namen zum Erfolg

Klare Linien und voll versenkbare Seitenscheiben ohne B-Säule: Mitsubishi Sapporo GS/R, 1977.

In Japan hieß er Lambda, in Amerika marschierte er in der Plymouth-Garde mit, in Europa nannte er sich Sapporo – das Coupé änderte nicht nur seinen Namen, sondern auch den Charakter. Aus dem Zwei- wurde ein Viertürer, aus dem Coupé eine Limousine, aus dem vergleichsweise einfachen, aber populären Mittelklässler ein mit aufwendiger Technik vollgestopfter Exote, den kaum jemand kennt. Nur der Name, der ist geblieben.

Mitsubishi (1977–1980)

Das Spitzenmodell von Mitsubishi entstand im kleinsten MMC-Firmenkomplex in Okazaki. 2.600 fleißige Hände schraubten die beiden Coupé-Reihen Celeste und Sapporo zusammen. Was da im kleinen Rahmen entstand, war das Größte, was in den Export gelangte.

Über der Bodengruppe des Galant Sigma errichteten die MMC-Techniker eine klare, pfostenlose Coupé-Karosserie europäischen Zuschnitts. Die spitze Bugpartie mit den rechteckigen Doppelscheinwerfern und die gewölbte Panorama-Heckscheibe sorgten dafür, daß er in der Masse der VW Scirocco, Ford Capri oder Opel Manta nicht unterging. Gute Noten verdiente auch das Sapporo-Fahrgestell, das unverändert vom galanten Bruder übernommen worden war. Weniger überzeugen konnte der recht lahme Motor, der mit dem schweren Viersitzer seine liebe Mühe hatte – und dies lautstark und trinkfreudig zur Kenntnis gab.

MODELLE, VARIANTEN, PREISE

Modellreihen:	Coupé zweitürig
Motoren:	1597 cm³ / 55 kW (75 PS) bei 5000/min
	1995 cm³ / 66 kw (90 PS) bei 5000/min
	1995 cm³ / 72 kW (98 PS) bei 5500/min
	1995 cm³ / 79 kW (108 PS) bei 5800/min ab 1.79

Mitsubishi Sapporo SL 1978

Motor	
Zylinder / Bauart	4 Reihe
Bohrung × Hub	76,9 × 86 mm
Hubraum	1597 cm³
Leistung	55 kW / 75 PS bei 5000/min
Max. Drehmoment	188 Nm bei 3000/min
Verdichtung	8,5:1
Gemischaufbereitung	1 Doppelregister-Fallstromvergaser Solex
Ventile / Steuerung	2 / OHC
Batterie	12 V 50 Ah
Kraftübertragung	
Antrieb	Hinterradantrieb
Getriebe	4-Gang
Übersetzungen	I = 3,525
	II = 2,193
	III = 1,442
	IV = 1,000
	R = 3,867
Fahrwerk	
Radaufhängung vorn	McPherson-Federbeine, Querlenker, Stabilisator
Radaufhängung hinten	Starrachse an Längs- und Schräglenkern, Teleskopstoßdämpfer, Querstabilisatoren
Lenkung	Kugelumlauflenkung
Bremse	Bremskraftverstärker und -regler, vorn: Scheibenbremsen, hinten: Trommelbremsen
Allgemeine Daten	
Gesamtmaße	4430 × 1675 × 1330 mm
Radstand	2515 mm
Spur vorne/hinten	1375/1365 mm
Felgen	5 J × 13
Reifen	185/70 HR 13
Gewicht	1045 kg
Zul. Gesamtgewicht	1545 kg
Höchstgeschwindigkeit	155 km/h
0 auf 100 km/h	14,5 s
Verbrauch l/100 km	9,2 l Normal
Tankinhalt	60 l

Breite Rückleuchten, Rückfahrscheinwerfer in der Stoßstange und Panorama-Scheibe: das charakteristische Sapporo-Heck.

Sapporo-Innenraum: Kunstleder-/Stoffbezüge nur für die ersten Modelle, ab 1979 neue strukturierte Sitzbezüge in Velours-Optik.

Ausstattung:	Verbundglas-Frontscheibe, getönte Scheiben, höhenverstellbares Lenkrad. Heckscheibe heizbar. Fahrersitz mit Lendenwirbelstütze, Kofferraum-Fernentriegelung. GSL: Automatikgetriebe, Scheibenbremsen hinten, Nackenstützen im Fond. GSR: Fünfgang-Getriebe.
Varianten:	1600 GL – 2000 GSL Automatik – 2000 GSR
Preise:	14.990,– / 16.990,– / 17.890,– (Sapporo GL / GSL / GSR)

Chronik:

1978: Zweitüriges Coupé; Radstand und Technik identisch mit Galant Sigma. Deutsche Premiere auf der IAA 1977, Einführung im April. Drei Leistungs- und Ausstattungsstufen, GSL ausschließlich mit Automatikgetriebe lieferbar.

1979: Spitzenmodell GSR jetzt mit 79 kW (Januar). Kontaktlose Zündung für alle Modelle.

1980: Modellwechsel im August.

Mitsubishi Sapporo 2000 GSR 1983

Motor

Zylinder / Bauart	4 Reihe
Bohrung × Hub	85 × 88 mm
Hubraum	1997 cm³
Leistung	82 kW / 112 PS bei 5800/min
Max. Drehmoment	155 Nm bei 4000/min
Verdichtung	8,5:1
Gemischaufbereitung	1 Doppelregister-Fallstromvergaser Stromberg
Ventile / Steuerung	2 / OHC
Batterie	12 V 60 Ah

Kraftübertragung

Antrieb	Hinterradantrieb
Getriebe	5-Gang
Übersetzungen	I = 3,369 II = 2,095 III = 1,360 IV = 1,000 V = 0,856 R = 3,635

Fahrwerk

Radaufhängung vorn	McPherson-Federbeine, Querlenker, Stabilisator
Radaufhängung hinten	Einzelradaufhängung an Federbeinen, Dreiecksquer- und Schräglenkern
Lenkung	Kugelumlauflenkung
Bremse	Bremskraftverstärker und -regler, vorn und hinten Scheibenbremsen

Allgemeine Daten

Gesamtmaße	4525 × 1675 × 1355 mm
Radstand	2530 mm
Spur vorne/hinten	1375/1385 mm
Felgen	5,5 J × 14
Reifen	195/70 HR 14
Gewicht	1200 kg
Zul. Gesamtgewicht	1765 kg
Höchstgeschwindigkeit	181 km/h
0 auf 100 km/h	13,2 s
Verbrauch l/100 km	11,3 l Super
Tankinhalt	60 l

Mitsubishi Sapporo (1980–1985)

British Leyland erweiterte seine Modellpalette um das Triumph TR 7-Cabriolet, Renault brachte den Fuego und Audi das Coupé; Citroën feierte seinen CX Diesel (»1008,2 km mit einer Tankfüllung«) und Ford brachte den Escort mit Frontantrieb: der Auto-Herbst des Jahres 1980 bot für jeden Geschmack etwas. Für den Mitsubishi-Käufer hielt er die nächste Sapporo-Generation bereit.

Eine neue Frontpartie mit integrierten Breitband-Scheinwerfern und Heckpartie mit Abreißkante verwandelten den ehedem hochbeinigen und pummeligen Viersitzer in ein attraktives Sportcoupé. Die wichtigste Neuerung lag unter dem Blech: Anstelle der beim Vorgänger verwendeten Starrachse trat hinten eine Einzelradaufhängung mit Schräglenkern und Federbeinen. Diese Konstruktion kam auch im Sapporo Turbo zum Einsatz – und war hoffnungslos überfordert. Mit kaum einem anderen Fahrzeug ließen sich im Grenzbereich so abenteuerliche Driftwinkel produzieren.

Sapporo 2000 GSR 1980: Kofferraumvolumen 450 Liter, erheblich zu vergrößern durch einzeln nach vorn klappbare Rücksitzlehnen.

MODELLE, VARIANTEN, PREISE

Modellreihen:	Coupé 2+2
Motoren:	1997 cm^3 / 82 kW (112 PS) bei 5800/min 1597 cm^3 / 55 kW (75 PS) bei 5500/min ab 9.81 1997 cm^3 / 125 kW (170 PS) Turbo bei 5500/min ab 5.82
Ausstattung:	Höhenverstellbarer Fahrersitz mit Lendenwirbelstütze, Kopfstützen hinten; Fernentriegelung für Tank- und Heckklappe. Geteilt umlegbare Rücksitzlehne. Scheinwerfer-Wisch/Waschanlage. GSR: Nebelscheinwerfer, Leichtmetallfelgen, Scheibenwischerintervall stufenlos verstellbar, Fußbodenbeleuchtung im Fond, Fußstütze Fahrerseite.
Varianten:	1600 GLX – 2000 GSR – 2000 Turbo ECI
Preise (DM):	17.790,– (2000 GSR)

Wolf im Schafspelz: der Sapporo, zwei Jahre nach dem Modellwechsel von 1980 auch mit 125 kW-Turbomotor erhältlich.

Das schmucke Sapporo-Cabriolet der Firma Winkelmann entstand in einer Auflage von 350 Stück. Hier ein Modell mit dem 1983er Kühlergrill.

Chronik:

1980: Einführung der neuen Modellreihe im August. Neue Karosserie, leicht modifizierter Motor (»Sirius-Motor«). Zunächst nur als 2000 GSR, Automatik-Version 10 PS schwächer und 900 Mark teuerer.

1981: Modellreihe zur IAA um Coupé 1600 GLX erweitert (DM 17.490,–). 75 PS-Triebwerk, Ausstattung weniger umfangreich.

1982: Einführung des Sapporo 2000 Turbo ECI (Mai). Turbo-Triebwerk aus dem Lancer bekannt. Front- und Heckspoiler, Servolenkung, Ladedruckanzeige. 25.500,–.

1983: Zur IAA Import des Turbo ECI und des GSR Automatik eingestellt. GLX und GSR mit leichtem Facelift. Kühlergrill ohne Chromumrandung, Wabenmuster, durch Blende verengt statt Lamellen; größere Scheinwerfer. Heckleuchten verrippt. Sondermodell 1600 »Shogun« erscheint: Front- und Heckspoiler, Glas-Hubdach, Zierstreifen. DM 17.990,–.

1985: Import endet im Juli.

Mitsubishi Sapporo (seit 1987)

Nach zweijähriger Abstinenz erschien wieder ein Sapporo im Mitsubishi-Programm. Wie eh und je zierte der Name das obere Ende der Mitsubishi-Modellpalette. Der Neue war allerdings kein Coupé mehr, sondern eine überkomplett ausgestattete Stufenheck-Limousine, die auf der 1988 abgelösten Galant E10-Serie basierte.

Renommierstück Mitsubishis erschien in zwei Varianten, entweder mit Fünfgang-Getriebe oder Vierstufen-Automatik, Klimaanlage und Electronic-Fahrwerk ECS. Bei letzterem handelte es sich um ein trickreiches System, das Federung, Dämpfung und Bodenfreiheit an den Straßenzustand, die Fahrge-

Mitsubishi Sapporo 2400 MPI 1987

Motor	
Zylinder / Bauart	4 Reihe, quer eingebaut
Bohrung × Hub	86,5 × 100 mm
Hubraum	2351 cm^3
Leistung	91 kW / 124 PS bei 5000/min
Max. Drehmoment	189 Nm bei 3500/min
Verdichtung	9,5:1
Gemischaufbereitung	elektronische Benzineinspritzung (ECI)
Abgasreinigungssystem	geregelter 3-Wege-Katalysator mit Lambdasonde, Abgasrückführung
Ventile / Steuerung	OHC
Batterie	12 V 65 Ah
Kraftübertragung	
Antrieb	Vorderradantrieb
Getriebe	5-Gang
Übersetzungen	I = 3,166 II = 1,833 III = 1,240 IV = 0,896 V = 0,690 R = 3,166
Fahrwerk	
Radaufhängung vorn	McPherson-Federbeine mit Dreiecksquerlenkern und Stabilisator, elektropneumatische Feder-/Dämpferverstellung und Niveauregulierung (EPM)
Radaufhängung hinten	Verbundlenkerachse an Längslenkern mit Panhardstab, Drehstabilisator, Schraubenfedern und Teleskopstoßdämpfer, EPM
Lenkung	Zahnstangenlenkung mit elektronischer Servounterstützung
Bremse	Bremskraftverstärker und -regler mit ABS, vorn und hinten innenbelüftete Scheibenbremsen
Allgemeine Daten	
Gesamtmaße	4660 × 1695 × 1370 mm
Radstand	2600 mm
Spur vorne/hinten	1445/1415 mm
Felgen	6 JJ × 15
Reifen	195/60 R 15
Gewicht	1255 kg
Zul. Gesamtgewicht	1780 kg
Höchstgeschwindigkeit	187 km/h
0 auf 100 km/h	11,2 s
Verbrauch l/100 km	10,7 l Super, bleifrei
Tankinhalt	60 l

schwindigkeit und die Fahrzeugbelastung anpaßte. In der Praxis war der Wert dieser Errungenschaft eher gering, ein harmonisch abgestimmtes Normalfahrwerk leistete genausogute Dienste.

MODELLE, VARIANTEN, PREISE

Modellreihen: Limousine viertürig
Motoren: 2351 cm³ / 91 kW (124 PS) Kat bei 5000/min
Ausstattung: Siebenfach verstellbarer Fahrersitz, zwei elektrisch einstellbare Außenspiegel, Scheinwerfer-Waschanlage, Motorantenne. Geschwindigkeitsabhängige Servolenkung, automatische Anpaßung des Scheibenwischer-Intervalls an die Fahrgeschwindigkeit. Automatik: Klimaanlage, Elektronic-Fahrwerk.
Varianten: Sapporo
Preise (DM): 32.800,– / 37.700,– (Sapporo / Automatik)

Chronik:

1987: Vorstellung im Herbst, Stufenheck-Limousine auf Basis des alten Galant. Durch Verzicht auf Fensterrahmen Coupé-Optik angestrebt. 2,4-Liter-Reihenvierzylinder mit elektronischem Motormanagment, Frontantrieb. Auch nach Ablösung des Galant im Frühjahr 1988 unverändert weitergebaut.

Sapporo 1987: kein Coupé mehr, sondern ein exklusiv ausgestatteter und stilistisch überarbeiteter Galant-Ableger.

Rahmenlose Türen mit großen Fensterflächen, die die B-Säule überdecken, und Leichtmetallfelgen prägen die Sapporo-Seitenlinie.

Mitsubishi Starion (seit 1982)
Das Imperium schlägt zurück

Datsun ZX, Toyota Celica Supra, Mazda RX 7 – alle großen Mitbewerber konnten mit einem potenten Sportcoupé als Image-Flaggschiff aufwarten. Nur beim größten japanischen Konzern Mitsubishi sah es bislang eher trübe aus, die Marke mit den drei Diamanten hatte nichts Hochkarätiges zu bieten. Auf dem Genfer Automobilsalon 1982 streifte der Industriegigant endgültig das alte Image ab, der sportliche Starion empfahl sich als reizvolle Porsche-Alternative. Flach, breit, stark – der windschlüpfrige Herausforderer hatte nicht nur optisch eine Menge zu bieten. Unter die abfallende Haube verpflanzten die Mitsubishi-Mannen das bereits hinlänglich bekannte Vierzylinder-Triebwerk aus dem Lancer 2000 mit Ausgleichswellen, ECI-Benzineinspritzung und Turbolader. Für einem Sportwagen angemessene Fahrleistungen war somit gesorgt, vier innenbelüftete Scheibenbremsen und ein ASBS genanntes Anti-Schleuder-Brems-System brachten den Mitsubishi-Sportler sicher zum Stehen. Bei diesem auf die Hinterräder wirkenden System wurde über einen im Kofferraum plazierten Computer die tatsächliche mit der optimalen Bremsverzögerung verglichen. Wenn Abweichungen auftraten, regelte ein Modulator den Bremsflüssigkeitsdruck der Hinterradbremsen und verhinderte so wirkungsvoll ein Blockieren der Hinterräder.

Bullige Kotflügelverbreiterungen, Front- und Heckspoiler sowie Seitenschweller kennzeichneten den Starion, Modelljahr 1988.

Mitsubishi Starion 1985 Turbo ECI

Motor	
Zylinder / Bauart	4 Reihe
Bohrung×Hub	85×88 mm
Hubraum	1997 cm³
Leistung	132 kW / 180 PS bei 6000/min
Max. Drehmoment	290 Nm bei 3500/min
Verdichtung	7,6:1
Gemischaufbereitung	elektronisch gesteuerte Benzineinspritzung (ECI), MMC-Abgas-Turbolader
Ventile / Steuerung	OHC
Batterie	12 V 65 Ah
Kraftübertragung	
Antrieb	Hinterradantrieb
Getriebe	5-Gang
Übersetzungen	I = 3,166
	II = 1,833
	III = 1,240
	IV = 0,896
	V = 0,690
	R = 3,166
Fahrwerk	
Radaufhängung vorn	McPherson-Federbeine, Querlenker, Schub- und Zugstreben, Querstabilisator
Radaufhängung hinten	McPherson-Federbeine Querstabilisator, Dreiecksquerlenker
Lenkung	Kugelumlauflenkung servounterstützt.
Bremse	Bremskraftverstärker und -regler, ABS, vorn und hinten innenbelüftete Scheibenbremsen
Allgemeine Daten	
Gesamtmaße	4430×1705×1315 mm
Radstand	2435 mm
Spur vorne/hinten	1395/1400 mm
Felgen	6,5 JJ×15
Reifen	215/60 VR 15
Gewicht	1250 kg
Zul. Gesamtgewicht	1665 kg
Höchstgeschwindigkeit	230 km/h
0 auf 100 km/h	7,9 s
Verbrauch l/100 km	10,6 l Super
Tankinhalt	75 l

Zur IAA 1987 wurde der Starion komplett überarbeitet. Eine breitere Spur (1470/1455 mm), wuchtige Kotflügel-Ausbuchtungen, Türschwellenverbreiterungen und ein neuer Turbomotor – mit geregeltem Katalysator – kennzeichneten die letzte Starion-Auflage.

MODELLE, VARIANTEN, PREISE

Modellreihen:	Coupé 2+2
Motoren:	1997 cm^3 / 125 kW (170 PS) Turbo bei 5500/min 1997 cm^3 / 132 kW (180 PS) Turbo bei 6000/min ab 5.85 2555 cm^3 / 114 kW (155 PS) Turbo Kat bei 5000/min ab 9.87
Ausstattung:	Sechsfach verstellbarer Fahrersitz, lederbezogen; höhenverstellbares Lederlenkrad, Heckscheibenwischer mit Wisch/Waschanlage, elektrische Fensterheber, Motorantenne. Leichtmetallfelgen, ASBS-System, Servolenkung.
Varianten:	Starion Turbo ECI
Preise (DM):	31.500,–

Chronik:

1982: Präsentation Genf 1982, lieferbar ab Ende April. Neuentwicklung, Motor wie Lancer Turbo ECI. Turbolader TC-06 mit Regelventil (Waste Gate) und Ladedruck-Anzeige; ECI-Einspritzanlage mit Luftmengenmessung durch Ultraschall und Klopfsensor. Serienmäßig mit ABS-System, Metallic-Lackierung 320,–.

1985: Mai-Modellpflege: Motorleistung auf 132 kW angehoben, breite Standleuchten in Stoßfänger eingelassen, neues Felgendesign, Lufteinlaß B-Säule halb verdeckt, Fahrzeug 5 mm länger. Niederquerschnittsreifen 215/60 VR 15. Neues Vierspeichen-Lenkrad, Velours- statt Lederpolster, Klimaanlage.

1987: Überarbeitetes Modell (September): Neuer 2,6 l-Turbomotor, nur noch mit geregeltem Katalysator, Kotflügelverbreiterungen, Seitenschweller, Spoiler, verbesserte Innenausstattung. Vollflächige Radabdeckung, neue Reifendimension (205/55 VR 16 vorn / 225/50 VR 16 hinten) auf Felgen 7 J×16 und 8 J×16. Zulässiges Gesamtgewicht 1730 kg, Preis 40.900,–.

1991: Ablösung durch Mitsubishi HSX.

Stark aber durstig: Mitsubishi Starion Turbo mit 125 kW-Turbo-Aggregat. Der Verbrauch konnte auf bis zu 20 l/100 km Superbenzin klettern.

Mitsubishi Sigma / HSX (ab 1991)
Einblicke und Ausblicke

Im Frühsommer 1990 präsentierte Mitsubishi in Japan der internationalen Presse zwei bemerkenswerte Neuheiten. Obgleich mit ihrer Einführung nicht vor 1991 zu rechnen ist, fanden sie auch in deutschen Publikationen große Beachtung.

Mitsubishi Sigma

Der Sapporo war Mitsubishis Aushängeschild und markierte das obere Ende im deutschen Modellangebot. Im Grunde genommen handelte sich es um einen aufgeblasenen Galant, der von allem etwas bot: ungewöhnliche Optik, luxuriöse Ausstattung und raffinierte Technik. Doch auch Ausstattungs-Weltmeister kommen in die Jahre, zumal die deutsche Konkurrenz mit Fünfer-BMW und Mercedes-Mittelklasse immer noch das Maß aller Dinge ist. Der Sigma soll den Anschluß schaffen.

Um im preislichen Rahmen zu bleiben – angepeilt sind rund 40.000 Mark – griff man auch beim Sigma auf bewährte Galant-Komponenten zurück. Das Rezept wurde allerdings mit jeder Menge High Tech verfeinert. Bei der ellenlangen Ausstattungsliste verdient vor allem die (aufpreispflichtige) »Traction Control« besondere Aufmerksamkeit. Diese revolutionäre Neuentwicklung, kurz TCL genannt, kombiniert die schon bekannte Antischlupfregelung mit einer Schleuderkontrolle. In kritischen Situationen nimmt TCL sanft und für den Fahrer kaum spürbar die Motorleistung zurück – Schleudern ausgeschlossen. In Japan wird der Sigma mit 210 PS starkem Dreiliter-Vierventiler angeboten, auch ein 175 PS starker 2,5 Liter-Sechszylinder steht zur Wahl. Die Karosserielinie deutet unverkennbar auf die bürgerliche Galant-Verwandschaft, wesentliche Unterschiede gibt es nur beim Kühlergrill. Das Foto zeigt noch die japanische Ausführung, die an ältere BMW-Typen erinnert. Zum Deutschlandstart wird sich das aber ändern. So oder so: Man darf gespannt sein.

Mitsubishi HSX

Porsche 944 Turbo, Nissan 300 ZX Twin Turbo, Toyota Supra 3,0i Turbo – in der Riege der leistungsstarken Sport-Coupés glänzt Japans größter Industriekonzern durch Abwesenheit. Das wird sich ändern, Mitsubishi kontert mit dem HSX (Japan-Bezeichnung 3000 GT), der voraussichtlich Ende 1991 nach Deutschland kommt.

Wie bei Mitsubishi üblich, zeichnet sich auch das neue Flaggschiff durch verschwenderischen Umgang mit prestigeträchtiger Technik aus: Allrad-Lenksystem und ABS, computergesteuertes Fahrwerk mit variabler Dämpfereinstellung, elektrisch ausfahrbarer Frontspoiler und variabler Heckspoiler – Elektronik satt im Starion-Nachfolger.

Für standesgemäße Fahrleistungen sorgt der neuentwickelte Dreiliter-Vierventiler, der auch in der Top-Version des Sigma zum Einsatz kommt. Zwei Mitsubishi-Turbolader TD 04 mit Ladeluftkühler machen dem quer eingebauten Sechszylinder

Mitsubishi Sigma: der Sapporo-Nachfolger auf Galant-Basis. Das deutsche Modell erhält einen anderen Kühlergrill.

Ein starker Auftritt: Mitsubishi HSX. Zwei Turbolader – max. Ladedruck 0,69 bar – sorgen für die ungewöhnlich hohe Literleistung von über 100 PS pro Liter Hubraum. Die Form des Sechszylinder-Coupés erinnert an den Supra von Toyota, die angedeuteten Luftschlitze könnten von einem Ferrari stammen.

mächtig Dampf, 305 PS bei 6000 Umdrehungen und ein maximales Drehmoment von 413 Newtonmetern bei 2500/min sichern dem neuen Mitsubishi-Imageträger die Pole-Position unter den Großserien-Sportwagen. Als Höchstgeschwindigkeit nennt das Werk 260 km/h, in Europa ist bei 250 km/h Schluß. Für den Sprint von von 0 auf 100 km/h benötigt der HSX knapp sechs Sekunden. Die Kraftübertragung erfolgt über ein Zentraldifferential auf alle vier Räder, wobei im Normalfall 55 Prozent der Leistung an die Hinterräder geleitet wird. Eine Visco-Kupplung gleicht die Drehzahldifferenzen zwischen Vorder- und Hinterachse aus. Erste Tests attestieren dem Mitsubishi-Sportler ein in jeder Situation gutmütiges Fahrverhalten, lediglich bei schnell gefahrenen, engen Kurven macht sich eine leichte Neigung zum Untersteuern bemerkbar.

Der Heckspoiler verstellt sich automatisch und erzeugt mehr Abtrieb. Der Sound aus den vier Endrohren läßt sich manuell variieren.

NISSAN

Nissan

Platz ist in der kleinsten Nische

Die Geschichte des Nissan-Konzerns beginnt im Jahre 1911, als Masujiro Hashimoto in Tokio die Firma »Kwaishisha Car Works« gründete. Das erste Auto hieß D.A.T., wahrscheinlich nach den Initialen der drei an der Gründung maßgeblich beteiligten Herren Kenjiro Den, Rokuro Aoyama und Meitaro Takeuchi. »Dat« als Wort gibt es übrigens auch in der japanischen Sprache, es bedeutet Hase – eine hübsche Doppeldeutigkeit.

So oder so: 1925 fusionierte die »Kwaisinsha Car« mit einem andern kleinen Automobilproduzenten, der Firma »Jitsuyo Jidosha Co« in Osaka. Diese Firma – eine Gründung des amerikanischen Flugzeugingenieurs William R. Gorham – existierte seit 1919 und produzierte den achteinhalb PS starken Lila als Viersitzer und zweisitzigen Roadster. Das neuentstandene Unternehmen firmierte fortan als »DAT Jidosha Seizo« mit Sitz in Osaka.

Die Produktpalette umfaßte den seit 1916 gebauten DAT 41 und den Lila. 1931 wurde die Firma von »Tobata Imono Co«. übernommen, die Pkw-Neuentwicklung erhielt den Namen »Datson«. »Son«, aus dem Englischen entlehnt, sollte nichts anderes bedeuten als »Sohn des DAT«). Fatalerweise lautete die japanische Lesart ganz anders, »son« im Japanischen steht für »Geldverlust«, »Ruin«.

Nomen est omen: das neue Fabrikgebäude wurde 1932 durch einen Hurrikan verwüstet. Um künftigem Ärger vorzubeugen, ersetzte man »son« durch das glückverheißende »sun«, Sonne. Kurz darauf erschien der erste Datsun, der Typ 10.

Der eigentliche Datsun-Geburtstag fand ein Jahr später statt, am 26.Dezember 1933. Dann nämlich gründete DAT-Eigentümer »Tobata Co« mit der »Nihon Sangyo« in Yokohama die Automobilfirma »Jidosha Seizo Company«. Die neue Firma, ausgestattet mit einem Grundkapital von 10 Millionen Yen, wechselte im Jahr darauf nochmals ihren Namen in »Nissan Motor Company«. Und dabei ist es bis heute geblieben.

Die japanische Rüstungsanstrengungen am Vorabend des Zweiten Weltkrieges nahmen auch Nissan mehr und mehr in Beschlag. Zwar legte man 1937 noch eine neue Pkw-Serie auf – enstanden in Kooperation mit dem amerikanischen Hersteller Graham-Paige – doch schon 1938 hatten die Militärs das Sagen. Fortan produzierte Nissan Lastkraftwagen, vom Halb- bis zum Zwölftonner. 1943 wurde die Produktpalette ausgeweitet, im neuen Werk in Yoshiwara entstanden Flugzeugmotoren. 1947 fing eben dort die Datsun-Nachkriegsgeschichte an, gebaut wurden die Vorkriegsmodelle.

Einen wesentlichen Schritt nach vorne bedeutete das Lizenzabkommen mit den britischen Austin-Werken 1952. Der A40 war das sichtbare Zeichen dieser anglo-japanischen Verbindung. 1956 war die Zulieferindustrie so weit ausgebaut, daß die Lizenz-Austins von der ersten bis zur letzten Schraube in Eigenregie erstellt werden konnten. 1958 – ein Datsun 210 »Fuji-Go« hatte soeben den ersten Platz in seiner Klassse bei der Australienrallye belegt – stellte Nissan seine robusten Datsuns in Los Angeles auf. Von New York und Los Angeles aus überzogen die Japaner den nordamerikanischen Kontinent mit einem eigenen Vertriebsnetz; Werksniederlassungen in Kanada und Australien folgten. Die Fusion mit der Firma »Prince Motors« machte Nissan 1966 zum größten japanischen Automobilproduzenten jener Jahre, die Prince-Modellreihen Gloria und Skyline wurden weitergeführt. Nissan als Markenbezeichnung wurde übrigens erst 1960 eingeführt, es stand für die Datsun-Topmodelle. Der erste Datsun in kaiserlichen Diensten, ein Prince Royal, erhielt denn auch den Vornamen Nissan. 1961 war Nissan der bedeutendste japanische Automobilexporteur, 1970 übersprang die Produktion die sieben Millionen-Grenze, zehn Jahre später waren es insgesamt 17,7 Millionen Pkw. Doch Nissan hat sich nie nur auf den Automobilbau gestützt. Nissan-Ableger operieren erfolgreich im Immobiliengeschäft, bauen Motor- und Segeljachten, Bootsmotoren und superschnelle Textilmaschinen. Und eine Nissan-Rakete beförderte Japans ersten Forschungs-Satelliten in die Erdumlaufbahn.

Der Export nach Europa begann im Jahre 1959 mit der Verschiffung von 14 Vorführwagen nach Schweden. Es sollte dreizehn Jahre daueren, bis auch der Sprung in die Bundesrepublik gelang. Es war das 123. Land der Erde, in das nun Nissan Motors vom eigenen Hafen Hommoku aus seine Datsuns zu verkaufen suchte. Zwei Sunny-und eine Bluebird-Variante bildeten die Grundausstattung der vier unabhängigen deutschen

Nissan-Gesamtzulassungen in Deutschland (Pkw/Kombi/Geländewagen)		
1972: 1.274	1978: 18.553	1984: 58.018
1973: 9.412	1979: 31.979	1985: 63.253
1974: 11.421	1980: 51.503	1986: 82.686
1975: 16.492	1981: 44.722	1987: 84.550
1976: 13.312	1982: 42.490	1988: 81.733
1977: 11.633	1983: 46.038	1989: 83.266

Vertriebszentren in Oldenburg, Essen, Rüsselsheim und München. Die deutsche Nissan-Tochter in Düsseldorf koordinierte ab Mai 1973 die Tätigkeiten der vier großen Importeure. 1976 – zum Jahresende feierte man 50.000 verkaufte Datsun – wurde beschlossen, alle Aktivitäten bei Nissan Deutschland zu zentralisieren.
Nach der Frankfurter Autoschau im Oktober 1977 erfolgte der Umzug. In Neuss am Rhein befindet sich heute nicht nur das Verwaltungsgebäude, sondern auch das deutsche Ersatzteilzentrum, das direkt dem japanischen Sagamihara Parts Center in Japan unterstellt ist. Die Auslieferung erfolgt über das Auslieferungszentrum von Bedburg (Erft).
Erste europäische Kontakte gab es schon 1965, Nissan verhandelte mit VW-Chef Kurt Lotz über eine Gemeinschaftsproduktion in Japan. Aus dem Deal wurde nichts, gleichwohl blieben die Verhandlungen nicht ohne Folgen. Im Dezember 1983 lief der erste in Lizenz gebaute VW Santana in den Nissan-Werken von Zama vom Band. Die italienisch-japanische Connection, die zum Alfa Romeo Arna (einem Cherry mit Sud-Technik) führte, stammt aus derselben Zeit. Die Stanza-Produktion in Werk Sunderland (Tyne, Nordost England) lief 1984 an, und die ersten in England gebauten Bluebirds haben die Washington Road 1986 verlassen.

Nissan Micra (seit 1983)
Klein und fein

Eine glückliche Hand bewiesen Nissans Autostrategen bei der Namensgebung ihrer kleinsten Kreation. Seit dem legendären Austin Mini war kein Name so Programm. »Micra«, das hieß kurz, knapp und knuddelig, das klang nach Raum in der kleinsten Parklücke und einem Abstellplatz im Fahrradkeller. Besonders die Frauen flogen – und fliegen – auf ihn, und ein renommiertes Wirtschaftsmagazin bescheinigte ihm jüngst sogar »den höchsten Prestigewert in der Kompaktwagenklasse«.
So kurz allerdings war der Micra gar nicht geraten. Fiat Uno und Ford Fiesta waren auch nicht länger, der Opel Corsa dagegen 3 cm kürzer, nur der Austin blieb seinem Namen treu. Mit 3,05 m Länge unterbot der Mini den japanischen Enkel glatt um runde 60 Zentimeter.
Recht erwachsen präsentierte sich der Stadtflitzer im Innenraum. Fahrer und Beifahrer waren sehr kommod untergebracht, auch die Hinterbänkler fühlten sich nicht wie Passagiere zweiter Klasse. Bei so viel Bequemlichkeit für die Insassen entstand im Kofferraum Gedränge, klägliche 200 Liter (VDA) Kofferraumvolumen bot das 60 Zentimeter kurze Heckabteil.
Nissans Kleinster blieb praktisch die ganze Zeit unverändert im Programm, der erste größere Facelift fand im Frühjahr 1989 statt, als man ihm eine neue Nase im Stil des Bluebird anpaßte.

MODELLE, VARIANTEN, PREISE

Modellreihen:	Zweitürige Steilheck-Limousine mit Heckklappe
Motoren:	998 cm^3 / 40 kW (54 PS) bei 6000/min 998 cm^3 / 37 kW (50 PS) bei 6000/min ab 6.86 1235 cm^3 / 44 kW (60 PS) bei 5600/min ab 1.89 1235 cm^3 / 40 kW (54 PS) Kat bei 5200/min ab 1.89
Ausstattung:	Getönte Scheiben, H4-Scheinwerfer, zwei von innen verstellbare Außenspiegel, Fernentriegelung für Heckklappe, Ausstellfenster hinten, Rücksitze geteilt umlegbar. Zeituhr.
Varianten:	Micra/L/Super/GL/GL Super – 1,0 LX/Super – 1,2 LX/Super/Topic
Preise (DM):	10.795,– / 11.760,– (Micra / Super)

Chronik:

1983: Im März 1983 neu eingeführt, Einstiegsmodell in das Nissan-Programm. Nur eine Version mit neuentwickeltem Vierzylinder-Quermotor lieferbar, ab September mit höhenverstellbaren Kopfstützen in Serie.

Nissan Micra 1985: das Auto mit dem höchsten Prestigewert in seiner Klasse.

Micra sportlich: der Stylingkit »Monte Carlo« beinhaltete allerlei Spoilerwerk und Dekorstreifen.

1984: Ausstattungsvariante »Super« ab Februar im Programm, Kennzeichen: Frontspoiler, sportliche Radzierblenden; alles in Wagenfarbe lackiert, ebenso Kühlergrill, Stoßfänger und Außenspiegel. Dekorset auf den Flanken. Ab Juli auch mit Drei-Stufen-Automatik (Sonderausstattung) erhältlich.

1985: Im Frühjahr überarbeitet. Außenlänge auf 3,76 m gewachsen, Breite und Höhe unverändert. Heckpartie neu gestaltet; Klappe wird glatter und rundlicher, die Einbuchtung für das Nummernschild verschwindet. Verbesserte Innenausstattung (Quarzuhr, abblendbarer Innenspiegel, Gepäckraumabdeckung öffnet sich beim Heben der Heckklappe). Ab September unter der Bezeichnung »Micra GL« bzw. »GL Super« geführt.

1986: Ab Juni als schadstoffarm nach Stufe C anerkannt, dafür sorgt eine Abgasrückführungsanlage. Im August beide Versionen mit Automatikgetriebe im Programm. Styling-Kit »Monte Carlo« (September) beeinhaltet Front- und Heckspoiler, Seitenschweller, Front- und Heckschürze, Kotflügelverbreiterung, Dachspoiler, Sportfelgen und Dekorstreifen (schwarz-rot oder blau-rot).

1989: Modellreihe nach Modellpflege. Neugestaltete Frontpartie; 1,2 Liter-Triebwerk mit 44 und 40 kW eingeführt.

Nissan Micra 1,2 Topic 1989

Motor	
Zylinder / Bauart	4 Reihe, quer eingebaut
Bohrung×Hub	71×78 mm
Hubraum	1235 cm^3
Leistung	40 kW / 54 PS bei 5200/min
Max. Drehmoment	93 Nm bei 3200/min
Verdichtung	9,0:1
Gemischaufbereitung	elektronischer Fallstromvergaser, Kaltstartautomatik
Abgasreinigungssystem	geregelter 3-Wege-Katalysator mit Lambdasonde und Abgasrückführung
Ventile / Steuerung	2 / OHC
Batterie	12 V 45 Ah
Kraftübertragung	
Antrieb	Vorderradantrieb
Getriebe	5-Gang
Übersetzungen	I = 3,41
	II = 1,96
	III = 1,26
	IV = 0,92
	V = 0,72
	R = 3,38
Fahrwerk	
Radaufhängung vorn	McPherson-Federbeine, Querlenker
Radaufhängung hinten	4-fach geführte Starrachse an Längs- und Schräglenkern mit Federbeinen
Lenkung	Zahnstangenlenkung
Bremse	Bremskraftverstärker und -regler, vorn: Scheibenbremsen, hinten: Trommelbremsen
Allgemeine Daten	
Gesamtmaße	3735×1560×1395 mm
Radstand	2300 mm
Spur vorne/hinten	1345/1335 mm
Felgen	5 J×13
Reifen	155/70 SR 13
Leergewicht	720 kg
Zul. Gesamtgewicht	1135 kg
Höchstgeschwindigkeit	150 km/h
0 auf 100 km/h	14,6 s
Verbrauch l/100 km	6,8 l Normal, bleifrei
Tankinhalt	40 l

Mit elektrischem Faltschiebedach in direkter Konkurrenz zum Mazda 121: Micra 1,2 Topic, 1989.

Version »Topic« (nur mit 1,2 L-Motor) erhält elektrisches Webasto-Faltdach. Neue Modellbezeichnungen: Micra 1,0 / 1,2 LX; 1,0 / 1,2 Super; 1,2 Topic / Kat. Preise von DM 13.795,– (1,0 LX) bis DM 16.895,–; (Topic Kat).

1990: Ab Januar: Micra »Super S«: 1,2 Liter-Motor, Dachspoiler, Seitenschweller, Kotflügelverbreiterungen, Stoßfänger in Wagenfarbe lackiert, Zusatzscheinwerfer. Breitreifen 175/60 R 13, Dreispeichen-Lederlenkrad, Radiovorbereitung. DM 17.895,– (DM 18,995,– für Topic). Ab Juni: »Micra L« und »Topic L« als Einsteigerversionen für DM 14.995,– und 16.095,– erhältlich. Metallic-Lackierung Aufpreis DM 310,–.

Datsun / Nissan Cherry (1972–1986) Nissans erster Bestseller

Weit über 100 000 Käufer entschieden sich für den Datsun Cherry – eine stolze Bilanz für den ersten Japan-Knüller. Von 1972 bis 1986 wurde die Modellreihe in Deutschland angeboten, vier Generationen des Kleinwagens kamen in den Verkehr. Weitgehend unberührt von den Modellwechseln blieb das technische Konzept. Im Gegensatz zu anderen japanischen Minis, die erst im Laufe der Zeit auf Frontantrieb umgestellt wurden, besaß dieser Typ von Anfang an Frontantrieb.

Datsun Cherry 100 A / 120 A (1972–1977)

Voller Stolz präsentierte die Nissan Motor Company im Oktober 1972 den Cherry. Der modern konzipierte Kleinwagen brauchte den Vergleich mit der eingeführten Konkurrenz nicht zu scheuen, war er doch mit quer eingebautem Motor und Frontantrieb, Zahnstangen-Lenkung und Schräglenker-Hinterachse auf der Höhe der Zeit. Dazu kam eine reichhaltige Serienausstattung. Federungskomfort und Fahrverhalten entsprachen allerdings nicht ganz den deutschen Ansprüchen. Ungewöhnlich vielfältig war auch das Karosserieangebot; neben der zwei- und viertürigen Limousine und dem Kombi war ab Januar 1973 auch eine Coupé-Version erhältlich, die mit dem stärkeren 52-PS-Motor des Sunny-Vorgängers 120 Y ausgestattet war.

Datsun Cherry 1972

Motor	
Zylinder / Bauart	4 Reihe, quer eingebaut
Bohrung×Hub	73×59 mm
Hubraum	988 cm³
Leistung	33 kW / 45 PS bei 5600/min
Max. Drehmoment	85 Nm bei 4000/min
Verdichtung	9:1
Gemischaufbereitung	1 Zweistufen-Fallstromvergaser Hitachi
Ventile / Steuerung	2 / OHV
Batterie	12 V 50 Ah
Kraftübertragung	
Antrieb	Vorderradantrieb
Getriebe	4-Gang
Übersetzungen	I = 3,673
	II = 2,217
	III = 1,448
	IV = 1,000
	R = 4,093

Fahrwerk	
Radaufhängung vorn	Mc-Pherson-Federbeine, Querlenker, Stabilisator
Radaufhängung hinten	Längslenker, Schraubenfedern, Gasdruckstoßdämpfer
Lenkung	Zahnstangenlenkung
Bremse	vorn: Scheibenbremsen, hinten: Trommelbremsen
Allgemeine Daten	
Gesamtmaße	3670×1490×1365 mm
Radstand	2335 mm
Spur vorne/hinten	1275/1270 mm
Felgen	4,5 J×12
Reifen	155 SR 12
Gewicht	705 kg
Zul. Gesamtgewicht	1095 kg
Höchstgeschwindigkeit	140 km/h
0 auf 100 km/h	18,9 s
Verbrauch l/100 km	9 l Super
Tankinhalt	36 l

Der modernste japanische Kleinwagen seiner Zeit: der Datsun Cherry 100 A, 1972.

Das eigenwillig geformte Cherry Coupé 120 A, 1973.

MODELLE, VARIANTEN, PREISE

Modellreihen: Limousine zwei- und viertürig, Kombi, Coupé mit Heckklappe

Motoren: 981 cm^3 / 33 kW (45 PS) bei 5600/min
1164 cm^3 / 38 kW (52 PS) bei 6200/min

Ausstattung: Verbundglas-Windschutzscheibe, Rückfahrscheinwerfer, Teppichboden, Zeituhr (Lim.), Scheibenwascher, Kontrolleuchte für Bremsen, Liegesitze mit integrierter Kopfstütze. Vorklappbarer Rücksitz, Drehzahlmesser (Coupé)

Varianten: de Luxe

Preise (DM): 5.990,– / 6.650,– / 7.460,– / 8.290,–
(Cherry 4t / Kombi / Coupé)

Chronik:

1972: Typ 100 A wird im Oktober des Jahres vorgestellt. Zunächst nur als Limousine und Kombi. Frontantrieb.

1973: Im Januar vervollständigt das 120 A-Coupé die Modellreihe. Limousine und Kombi werden bereits im Mai am Kühlergrill leicht überarbeitet. Im Novmber desselben Jahres wandern die vorderen Blinkleuchten um 40 mm in die Mitte. Die Limousinen erhalten eine heizbare Heckscheibe.

1975: Modellpflege im März: großflächige Radkappen und kleine Chromblenden anstelle der bisherigen vorderen Seitenblinker. Fahrschemel zur Aufnahme der vorderen Radführung sowie Antriebseinheit neue Aufhängungen, Getriebe-Vorgelege- und Hauptwelle kräftiger dimensioniert; Schalthebel zweimal leicht gekröpft.

1976: Im Februar wird der Nachfolger Cherry F II eingeführt, bis zur Jahresmitte verschwinden Kombi und Coupé aus dem Programm. Die 100 A Limousine als Zwei- und Viertürer bleibt parallel zum F-II-100 A weiter im Verkauf.

1977: Im September wird die Produktion des Ur-Cherrys endgültig eingestellt.

Datsun Cherry F II 100 A / 120 A (1976–1979)

Die neue Reihe gab im Februar 1976 ihr Debüt und unterschied sich praktisch nur durch die Optik vom Vorgänger. Der für die erste Serie charakteristische »Hundeknochen«-Kühlergrill war verschwunden, der Grill zog sich nicht mehr durchgehend über die ganze Wagenfront. Die Scheinwerfer lagen jetzt in tiefen Höhlen. Die Karosserie wuchs außen um gut 15 Zentimeter, was vor allem dem Kofferraum zugute kam – Japan-Barock mit schwülstigem Hüftschwung.

Unter dem Blech war alles beim alten geblieben. Der Kunde konnte sieben verschiedene Versionen ordern; beim F II war nun neben dem schon bekannten 1 Liter-Triebwerk auch die 1,2 Liter-Maschine in allen Versionen (außer Kombi) lieferbar.

MODELLE, VARIANTEN, PREISE

Modellreihen: Limousine zwei- und viertürig, Kombi, Coupé mit Heckklappe

Motoren: 981 cm^3 / 33 kW (45 PS) bei 5600/min
1164 cm^3 / 38 kW (52 PS) bei 6200/min

Ausstattung: Verbundglas-Windschutzscheibe, heizbare Heckscheibe, Rückfahrscheinwerfer, Teppichboden, Zeituhr (Lim.), Scheibenwascher, Kontrolleuchte für Bremsen, Liegesitze mit integrierter Kopfstütze. Vorklappbarer Rücksitz, Drehzahlmesser (Coupé)

Konzept und Technik blieben, die Karosserie war eine völlige Neukonstruktion: Cherry F II Coupé 120 A, 1976.

Cherry F-II 100 A als zweitüriger Kombi.

Varianten:	de Luxe
Preise (DM):	8.790,– / 9.390,– / 9.690,– / 9.990,– (Cherry / 4t / Kombi / Coupé)

Chronik:

1976: Der F II erscheint im Februar; die Technik stammt unverändert vom Vorgänger, der weiterhin angeboten wird.

1978: Ab Jahresbeginn Unterbodenschutz und Hohlraumversiegelung serienmäßig. Neugestalteter Innenraum, Überarbeitung des Armaturenbrettes. Chromrähmchen um die Scheinwerferhöhlen.

1979: Modellwechsel

Datsun Cherry (1979–1982)

Der neue Cherry signalisierte eine radikale Abkehr vom verstaubten Blech-Barock des F II. Die neue Sachlichkeit zeigte sich im zeitgemäß schnörkellosen Design des knapp 3,90 Meter langen Fronttrieblers. Die Schrägheck-Karosserie (jetzt in allen Versionen mit Heckklappe) bot großzügigere Innenabmessungen und dank der großen Fensterflächen eine gute Rundumsicht. Der nicht gerade üppige Gepäckraum ließ sich durch Umlegen der Rücksitzbank vergrößern.
Unter der Motorhaube werkelte der altbekannte 1,1 Liter-Motor mit 38 kW. Die neue Modellreihe ging wieder mit drei Karosserie-Varianten an den Start (zweitürige Limousine, vier-

Datsun Cherry F II Coupé 1976

Motor	
Zylinder / Bauart	4 Reihe, quer eingebaut
Bohrung × Hub	73 × 70 mm
Hubraum	1171 cm³
Leistung	38 kW / 52 PS bei 5800/min
Max. Drehmoment	64 Nm bei 4250/min
Verdichtung	9:1
Gemischaufbereitung	1 Zweistufen-Fallstromvergaser Hitachi
Ventile / Steuerung	2 / OHV
Batterie	12 V 50 Ah
Kraftübertragung	
Antrieb	Vorderradantrieb
Getriebe	4-Gang
Übersetzungen	I = 3,673
	II = 2,217
	III = 1,448
	IV = 1,000
	R = 4,093
Fahrwerk	
Radaufhängung vorn	McPherson-Federbeine, Querlenker, Stabilisator
Radaufhängung hinten	Einzelradaufhängung an Längslenkern, Schraubenfedern, Gasdruckstoßdämpfer
Lenkung	Zahnstangenlenkung
Bremse	Bremskraftverstärker, vorn: Scheibenbremsen, hinten: Trommelbremsen
Allgemeine Daten	
Gesamtmaße	3840 × 1500 × 1310 mm
Radstand	2395 mm
Spur vorne/hinten	1275/1270 mm
Felgen	4,5 J × 12
Reifen	155 SR 12
Gewicht	730 kg
Zul. Gesamtgewicht	1170 kg
Höchstgeschwindigkeit	145 km/h
0 auf 100 km/h	17,8 s
Verbrauch l/100 km	9,5 l Super
Tankinhalt	40 l

Merkmal der Cherrys, Modelljahr 1981: Rechteckscheinwerfer.

türiger Kombi, Coupé), zur IAA 1979 ergänzte die viertürige Limousine das Angebot. Im Dezember 1980 wurde der gefällige Cherry noch einmal kräftig überarbeitet, an den nun rechteckigen Scheinwerfern erkennbar; ein Dreivierteljahr später wurde das schon recht betagte Triebwerk durch einen völlig neu entwickelten 1,3 Liter-Motor mit 44 kW/60 PS ersetzt.

▲
Radikaler Modellwechsel und europäisches Design kennzeichnen die dritte Cherry-Generation von 1979. Im Bild das Cherry Coupé.

◀
IAA 1979: die Cherry-Familie wird um den viertürigen »Traveller« erweitert.

Datsun Cherry 1979

Motor	
Zylinder / Bauart	4 Reihe, quer eingebaut
Bohrung × Hub	73 × 70 mm
Hubraum	1171 cm^3
Leistung	38 kW / 52 PS bei 6000/min
Max. Drehmoment	77 Nm bei 4000/min
Verdichtung	9:1
Gemischaufbereitung	1 Fallstrom-Registervergaser
Ventile / Steuerung	2 / OHV
Batterie	12 V 50 Ah
Kraftübertragung	
Antrieb	Vorderradantrieb
Getriebe	4-Gang
Übersetzungen	I = 3,637 II = 2,217 III = 1,448 IV = 1,00 / R = 4,093

Fahrwerk	
Radaufhängung vorn	McPherson-Federbeine, Querlenker, Stabilisator
Radaufhängung hinten	Schräglenker, Schraubenfedern, Gasdruckstoßdämpfer
Lenkung	Zahnstangenlenkung
Bremse	Bremskraftverstärker und -regler, vorn: Scheibenbremsen, hinten: Trommelbremsen
Allgemeine Daten	
Gesamtmaße	3890 × 1600 × 1360 mm
Radstand	2395 mm
Spur vorne/hinten	1375/1345 mm
Felgen	4,5 J × 13
Reifen	155 SR 13
Gewicht	870 kg
Zul. Gesamtgewicht	1275 kg
Höchstgeschwindigkeit	145 km/h
0 auf 100 km/h	16,4 s
Verbrauch l/100 km	9,5 l Normal
Tankinhalt	50 l

MODELLE, VARIANTEN, PREISE

Modellreihen:	Schrägheck-Limousine mit zwei- und vier Türen, Kombi viertürig, Coupé
Motoren:	1164 cm³ / 38 kW (52 PS) bei 6200/min 1270 cm³ / 44 kW (60 PS) bei 5600/min ab 8.81
Ausstattung:	Getönte Scheiben, Heckscheibenwischer, Halogenlicht, Quarzuhr, Drehzahlmesser. Einzeln umklappbare Rücksitze, Teppich boden im Kofferraum
Varianten:	Cherry GL
Preise (DM):	9.990,– / 10.490,– / 10.690,– (Cherry / Kombi / Coupé)

Chronik

1979: Im April wird die dritte Cherry-Generation eingeführt, zur IAA im September wird die Modellreihe um die viertürige Limousine erweitert, DM 10.495,–. Außerdem erhalten alle Modelle ein Fünfgang-Getriebe serienmäßig (bisher dem Coupé vorbehalten).

1980: Zum Jahreswechsel treten an die Stelle der runden, nun eckige Scheinwerfer; Limousinen und Coupé erhalten Gepäckraum-Abdeckungen. Außerdem lassen sich Tank- und Heckklappe von innen aus entriegeln.

1981: Einbau der neuentwickelten 1,3 Liter-Maschine mit Querstrom-Zylinderkopf und obenliegender Nockenwelle. Gesamte Modellreihe damit ausgerüstet.

1982: Mitte Oktober steht der Nachfolger zum Verkauf.

Die vierte Cherry-Generation von 1982.

Nissan Cherry (1982–1986)

Mit einer deutlich gestrafften Modellpalette präsentierte sich der Cherry des Modelljahrgangs 1983. Kombi und Coupé waren gestrichen worden, um dem Sunny keine hausinterne Konkurrenz zu machen. Somit verblieben nur noch die zwei- und die viertürige Limousine im Programm. Für mehr Vielfalt sorgte da die Zweifarben-Lackierung, die gegen einen Aufpreis von 280 Mark geordert werden konnte. Vielfältig war auch das Motorenprogramm, das die vierte Generation anzubieten hatte. Neben dem bereits aus dem Vorgänger bekannten 1,3 Liter-Motor erschien eine stärkere »Special«-Version

Nissan Cherry 1982

Motor		**Fahrwerk**	
Zylinder / Bauart	4 Reihe, quer eingebaut	Radaufhängung vorn	McPherson-Federbeine, Querlenker, Stabilisator
Bohrung × Hub	76 × 70 mm	Radaufhängung hinten	Einzelradaufhängung an Längslenkern, Schraubenfedern, Gasdruckstoßdämpfer
Hubraum	1269 cm³	Lenkung	Zahnstangenlenkung
Leistung	44 kW / 60 PS bei 5600/min	Bremse	Bremskraftverstärker und -regler, vorn: Scheibenbremsen, hinten: Trommelbremsen
Max. Drehmoment	100 Nm bei 3600/min		
Verdichtung	9:1		
Gemischaufbereitung	1 Fallstrom-Registervergaser		
Ventile / Steuerung	2 / OHV		
Batterie	12 V 50 Ah		
Kraftübertragung		**Allgemeine Daten**	
Antrieb	Vorderradantrieb	Gesamtmaße	3960 × 1620 × 1390 mm
Getriebe	5-Gang	Radstand	2415 mm
Übersetzungen	I = 3,333	Spur vorne/hinten	1395/1375 mm
	II = 1,955	Felgen	4,5 J × 13
	III = 1,286	Reifen	155 SR 13
	IV = 0,902	Gewicht	835 kg
	V = 0,756	Zul. Gesamtgewicht	1275 kg
	R = 3,417	Höchstgeschwindigkeit	150 km/h
		0 auf 100 km/h	14,5 s
		Verbrauch l/100 km	8,9 l Normal
		Tankinhalt	50 l

mit dem 1,5 Liter-Motor des Sunny. Im Juni 1985 vervollständigte eine schadstoffarme Kat- und eine Diesel-Variante die Modellfamilie. Zusammen mit den gut ausgestatten Sondermodellen »Sprint«, »Style«, »Gala« und »Fashion« (nur Diesel) standen damit im letzten Jahr zehn verschiedene Cherrys zur Wahl.

Mit Erscheinen des neuen Sunny wurde der Import eingestellt. Eine Neuauflage hätte das Modell zu sehr in die Nähe des größeren Bruders Sunny gerückt.

MODELLE, VARIANTEN, PREISE

Modellreihen:	Schrägheck-Limousine mit zwei- und vier Türen
Motoren:	1270 cm³ / 44 kW (60 PS) bei 5600/min
	1488 cm³ / 55 kW (75 PS) bei 5600/min ab 9.83
	1585 cm³ / 54 kW (73 PS) Kat bei 5000/min ab 6.85
	1667 cm³ / 40 kW (54 PS) Diesel bei 4800/min ab 6.85
Ausstattung:	Getönte Scheiben, Heckscheibenwischer, Halogenlicht, Quarzuhr, Drehzahlmesser, einzeln umklappbare Rücksitze, Teppichboden im Kofferraum.
Varianten:	1,3 GL/Kat – 1,5 Special – GL Diesel
Preise (DM):	12.095,– / 12.595,– (Cherry GL / 4t),

Chronik

1982: Die neue Modellreihe wird im Oktober eingeführt, erhältlich nur noch als zwei- und viertürige Limousine mit Heckklappe.

1983: Änderungen im IAA-Jahr: Einführung des sportlichen »Special« (55-kW-Motor, Sportsitze und -lenkrad, Breitreifen, Frontspoiler); DM 13.495,–. Nur als Zweitürer. Übrige Modelle: Seitenschutzleisten in Stoßstangenhöhe und Steinschlag-Schutzecken an den Radkästen.

1984: Sondermodell Sprint (September): Basis Special, LM-Felgen, zweifarbiger Metalliclack, DM 17.130,–. Übrige Modelle: Kühlergrill (gleichmäßige Lamellen) und Heckleuchten (Rückfahrscheinwerfer unten) überarbeitet, neues Lenkrad (zwei Speichen). Dabei verschwindet die Bezeichnung »Datsun« von der Heckklappe.

1985: Ab Juni Nissan Cherry mit Katalysator- (nur Viertürer; DM 15.295,–) und Dieselmotor (nur Viertürer, DM 15.995,–). Sondermodelle Style und Gala eingeführt. Style: Zweitürer, LM-Felgen, Metalliclackierung, 15.900,–; Gala: Viertürer, Metalliclackierung, DM 15.645,–.

1986: Als letztes Sondermodell erscheint für das Modelljahr 85/86 der Cherry Diesel Fashion, kenntlich am Dekorset und Sonnendach. Im Juni läuft die Modellreihe aus.

Mit neuer Optik in das Modelljahr 1985: Cherry GL.

Datsun 1200 (1972–1973)
Pfadfinder

Limousine und Coupé ließen sich auch am Kühlergrill unterscheiden.

Im Juni 1972 schien den Managern von Japans zweitgrößtem Automobilhersteller Nissan die Zeit gekommen zu sein: Nachdem sie in den letzten fünf Jahren den Export mehr als verfünffacht hatten, in den Vereinigten Staaten, Großbritannien und Kanada längst schon den Durchbruch geschafft hatten, stand – als 123. Land – nun die Bundesrepublik auf dem Programm.
In die Vorhut hatten die Nissan-Oberen ein vielfach bewährtes Export-Modell abkommandiert: die Datsun 1200er-Serie, anderen Ortes auch mit der Zusatzbezeichnung Sunny verkauft. Aus dem reichhaltigen Programm hatte man die beiden Limousinen und das Coupé herausgepickt und schickte sie nun in den Kampf um die Gunst der Käufer.
Der etwas über 3,80 m lange Wagen debütierte im Jahre 1970. Er war aus dem Datsun 1000 weiterentwickelt worden, den man mit einem stärkeren Motor und einer neuen Karosserie versehen hatte. Die Technik entsprach mit Einzelradaufhängung vorn und Blattfeder-Starrachsen hinten dem Standard der Mitbewerber wie zum Beispiel dem Ford Escort. Lobend erwähnt wurde die umfangreiche Ausstattung des japanischen Spähtrupps.

MODELLE, VARIANTEN, PREISE

Modellreihen:	Limousine mit zwei und vier Türen, Coupé
Motoren:	1171 cm³ / 40 kW (54 PS) bei 6000/min
Ausstattung:	Windschutzscheibe aus Verbundglas, elektrische Scheiben-Wisch/ Wasch-Anlage, Zeituhr (Coupé Drehzahlmesser), Parkleuchten, zwei Rückfahrscheinwerfer, Zigarettenanzünder, Liegesitze, abschließbarer Handschuhkasten, hintere Seitenfenster ausstellbar.
Varianten:	1200
Preise:	6.990,– / 7.340,– / 7.790,– (1200 / 4t / Coupé)

Auf Spähtrupp: Datsun 1200 Coupé 1972, Nissans deutsche Vorhut.

Der 120 Y (1973) wirkte mit ansteigender Gürtellinie und hohem Heck antiquiert, erfüllte aber die amerikanischen Sicherheitsnormen.

Datsun 120 Y (1974–1978)
Eine amerikanische Familie

Eine Klasse über dem Cherry siedelte Nissan den Datsun 120 Y an, der im März 1974 in Deutschland ausgeliefert wurde. In anderen Ländern auch als Sunny bekannt, trat er die Nachfolge des 1200 an, mit dem Nissan den Deutschlandstart gewagt hatte. Gab sich der 1200er fast britisch unterkühlt und schlicht, stand beim 120 Y der amerikanische Zeitgeist Pate. Doch diese Orientierung führte nicht nur zum chrombeladenen Kühlergrill und der hohen Gürtellinie, sie hatte auch handfeste Vorteile: Die amerikanischen Sicherheitsvorschriften sorgten für eine hohe Stabilität im Front- und Heckbereich sowie der Fahrgastzelle.

Ein weiterer Pluspunkt war die für damalige Zeiten unüblich lange Garantiefrist von einem Jahr Dauer (oder 20.000 Kilometern). Ausstattung und Verarbeitung wußten zu überzeugen, Motor und Fahrwerkskonzeption (Einzelradaufhängung vorne, Starrachse hinten) wurden vom Vorgänger übernommen. Die Dreistufen-Automatik blieb der zwei- und viertürigen Limousine vorbehalten; das Coupé löste Gepäckprobleme mit einer praktischen Heckklappe und der umlegbaren Rücksitzbank. Von vorn unterschied es sich durch einen wabenförmigen Kühlergrill.

Chronik:

1972: 1970 erstmals vorgestellt, Import der ersten Modelle nach Modifikationen an Innenraum, Armaturenbrett und Kühlergrill im Mai 1972, offizielle Händlerpräsentation im Juni. Heckantrieb, drei Karosserievarianten (Coupé mit anderem Kühlergrill), ein Motor. Gegen Aufpreis: Kopfstützen vorn 85 Mark, Sicherheitsgurte vorn 79 Mark, Blaupunktradios mit zwei Lautsprechern für DM 300,–, 372,– oder 494,–.

1973: Produktion im Herbst eingestellt, Nachfolger wird der 120 Y.

Datsun 1200 1972

Motor	
Zylinder / Bauart	4 Reihe
Bohrung × Hub	73×70 mm
Hubraum	1171 cm³
Leistung	40 kW / 54 PS bei 6000/min
Max. Drehmoment	99 Nm bei 4000/min
Verdichtung	9:1
Gemischaufbereitung	1 Zweistufen-Fallstromvergaser
Ventile / Steuerung	2 / OHV
Batterie	12 V 50 Ah
Kraftübertragung	
Antrieb	Hinterradantrieb
Getriebe	4-Gang
Übersetzungen	I = 3,757
	II = 2,196
	III = 1,404
	IV = 1,000
	R = 3,640
Fahrwerk	
Radaufhängung vorn	McPherson-Federbeine, Querlenker, Stabilisator
Radaufhängung hinten	Starrachse, Blattfedern, Teleskopstoßdämpfer
Lenkung	Kugelumlauflenkung
Bremse	Bremskraftverstärker, vorn: Scheibenbremsen, hinten: Trommelbremsen
Allgemeine Daten	
Gesamtmaße	3830×1495×1390 mm
Radstand	2300 mm
Spur vorne/hinten	1245/1240 mm
Felgen	4 J×12
Reifen	155 SR 12
Leergewicht	780 kg
Zul. Gesamtgewicht	1160 kg
Höchstgeschwindigkeit	145 km/h
0 auf 100 km/h	17 s
Verbrauch l/100 km	9,5 l Super
Tankinhalt	38 l

Mit anderem Kühlergrill: das 120 Y-Coupé, 1973

In der Straßenlage um Jahre zurück: der 120 Y als Viertürer mit Vinyldach, seit 1977 mit neuer Frontpartie.

MODELLE, VARIANTEN, PREISE

Modellreihen: Limousine zwei- und viertürig, Coupé
Motoren: 1171 cm³ / 38 kW (52 PS) bei 6500/min
Ausstattung: Verbundglas-Frontscheibe, heizbare Heckscheibe, Liegesitze mit integrierten Kopfstützen vorn, Zeituhr (Coupé: Drehzahlmesser). Zigarettenanzünder, Kontrolleuchten für Bremsen, Teppichboden
Varianten: 120 Y
Preise (DM): 7.995,– / 8.395,– / 9.390,– (120 Y / 4t / Coupé)

Chronik:

1974: Vorstellung der 120 Y-Modelle im März. Zwei- oder viertürig, Coupé mit Heckklappe und anderem Kühlergrill. Motor von 1200 übernommen.
Noch vor Jahresende erfolgt die Erhöhung der Tankkapazität auf 48 bzw. 43 Liter beim Coupé (zuvor 40 bzw. 38 L).

1975: Zur IAA im September nur Detailmodifikationen, Federung komfortabler abgestimmt.

1976: Umfangreiche Modellpflegemaßnahmen im September: das zulässige Gesamtgewicht wird von 1170 auf

Datsun 120 Y 1973

Motor

Zylinder / Bauart	4 Reihe
Bohrung × Hub	73×70 mm
Hubraum	1171 cm³
Leistung	38 kW / 52 PS bei 5800/min
Max. Drehmoment	99 Nm bei 4000/min
Verdichtung	9:1
Gemischaufbereitung	1 Zweistufen-Fallstromvergaser Hitachi
Ventile / Steuerung	2 / OHV
Batterie	12 V 60 Ah

Kraftübertragung

Antrieb	Hinterradantrieb
Getriebe	4-Gang
Übersetzungen	I = 3,757
	II = 2,196
	III = 1,404
	IV = 1,000
	R = 3,640

Fahrwerk

Radaufhängung vorn	McPherson-Federbeine, Querlenker, Stabilisator
Radaufhängung hinten	Starrachse mit halbelliptischen Blattfedern, Gasdruckstoßdämpfer
Lenkung	Kugelumlauflenkung
Bremse	Bremskraftverstärker, vorn: Scheibenbremsen, hinten: Trommelbremsen

Allgemeine Daten

Gesamtmaße	3950×1545×1370 mm
Radstand	2340 mm
Spur vorne/hinten	1260/1255 mm
Felgen	4 J×12
Reifen	155 SR 12
Leergewicht	820 kg
Zul. Gesamtgewicht	1170 kg
Höchstgeschwindigkeit	142 km/h
0 auf 100 km/h	17,6 s
Verbrauch l/100 km	9,2 l Super
Tankinhalt	40 l

Der Traveller, die Kombi-Version des Sunny, erschien im April 1979, ein halbes Jahr nach der Präsentation von Limousine und Coupé.

1300 Kilogramm heraufgesetzt, die Vorderachse verstärkt, der Durchmesser der Bremsscheiben vergrößert und längere Schraubenfedern eingebaut. Außerdem rollt der 120 Y seit Jahresbeginn auf 13 Zoll-Reifen (bisher 12 Zoll); geänderte Radkappen.

1977: Neuer durchgehender Grill mit dem Datsun-D in der Mitte des Kühlers ab Oktober.

1978: Einführung des 120 Y-Nachfolgers Sunny.

Datsun / Nissan Sunny (seit 1978)
Die Sunny-Boys

Ende der siebziger Jahre ging Nissan in Deutschland dazu über, die oftmals verwirrenden Kombinationen aus Buchstaben und Zahlen abzuschaffen und sie durch die in Japan üblichen Typenbezeichnungen zu ersetzen. So wurde aus dem bisherigen Datsun 120 Y (wobei bis zuletzt unklar geblieben war, was das Y bedeuten sollte) der fröhlich-optimistische Sunny.

Datsun Sunny (1978–1982)

Die Nissan-Modellreihe in der unteren Mittelklasse wurde zur Neuauflage im Herbst 1978 komplett neu eingekleidet. Limousine und Coupé waren ab sofort lieferbar, der Kombi (Sunny Traveller) ließ noch bis April des nächsten Jahres auf sich warten.

Um den Abstand zum kleineren Cherry wieder herzustellen, hatte man sich entschlossen, den Sunny jetzt mit dem 1,4 Liter-Motor (interne Bezeichnung A 14) anzubieten. Der altbekannte A 12-Motor mit 52 PS gehörte deswegen nicht zum alten Eisen. Außerhalb der Bundesrepublik verwendete man ihn weiterhin, so zum Beispiel in der Schweiz.

Datsun Sunny 140 Y GL Coupé 1978

Motor	
Zylinder / Bauart	4 Reihe
Bohrung × Hub	76,0×77,0 mm
Hubraum	1397 cm^3
Leistung	49 kW / 67 PS bei 5500/min
Max. Drehmoment	102 Nm bei 3500/min
Verdichtung	9,0:1
Gemischaufbereitung	1 Zweistufen-Fallstromvergaser
Ventile / Steuerung	2 / OHV
Batterie	12 V 60 Ah
Kraftübertragung	
Antrieb	Hinterradantrieb
Getriebe	5-Gang
Übersetzungen	I = 3,513
	II = 2,170
	III = 1,378
	IV = 1,0
	V = 0,846
	R = 3,764

Fahrwerk	
Radaufhängung vorn	McPherson-Federbeine mit Schraubenfedern und Stabilisator
Radaufhängung hinten	Starrachse, Teleskopstoßdämpfer mit Schraubenfedern, Längslenker-Stabilisator
Lenkung	Kugelumlauflenkung
Bremse	vorn: Scheibenbremsen, hinten: Trommelbremsen
Allgemeine Daten	
Gesamtmaße	3995×1590×1365 mm
Radstand	2340 mm
Spur vorne/hinten	1330/1300 mm
Felgen	4,5 J×13
Reifen	155 SR 13
Leergewicht	845 kg
Zul. Gesamtgewicht	1300 kg
Höchstgeschwindigkeit	153 km/h
0 auf 100 km/h	14,5 s
Verbrauch l/100 km	9,5 l Normal
Tankinhalt	50 l

Sechs Jahre Garantie gegen Durchrostung und nur noch einmal jährlich zur Inspektion: das Sunny Coupé.

Sunny Limousine 1980: Nach der Modellpflege mit Rechteckscheinwerfern, ab September mit hubraumstärkerem Motor.

MODELLE, VARIANTEN, PREISE

Modellreihen: Limousine mit zwei- und vier Türen, Coupé mit Heckklappe, Kombi

Motoren: 1397 cm³ / 49 kW (67 PS) bei 5600/min
1488 cm³ / 51 kW (70 PS) bei 5200/min ab 9.80

Ausstattung: Getönte Scheiben, Verbundglas-Frontscheibe, heizbare Heckscheibe, Lederlenkrad, Intervall-Scheibenwischer, Drehzahlmesser, Quarzuhr.

Varianten: 1,4 GL – 1,5 GL

Preise: 10.550,– / 10.990,– (1,4 GL / Coupé)

Chronik:

1978: Die Typenreihe tritt die Nachfolge des veralteten 120 Y an (September). Drei Karosserievarianten, ein Motor. Fünfgang-Handschaltung serienmäßig, nur das zweitürige Grundmodell (9.950,–) muß mit vier Stufen auskommen.

1979: Im April viertürige Kombi-Version »Traveller« (11.290,–); Coupé jetzt mit Heckwischer und -wascher.

1980: Der 1,4 Liter-Motor wird durch ein 1,5 Liter-Triebwerk ersetzt (alle Modelle ab September). Facelift: Kühlergrill wird glatt, schwarz und schnörkellos; die Scheinwerfer rechteckig mit großen Blinkeinheiten an den Ecken, schwarze Stoßstangen und größere Heckleuchten. Nissan-Schriftzug links am Heck.

1981: Limitiertes Händlermodell Sunny GT ab Oktober: intergrierte Stoßflächen an Bug und Heck, Seitenschutzleisten in Wagenfarbe lackiert, Heckspoiler. Preis 13 995 Mark.

1982: Der Sunny B 310 weicht dem frontgetriebenen B 11.

Nissan Sunny (1982–1986)

Bis zum Herbst 1983 sollte »Datsun« aus der Modellbezeichnung verschwinden, der erste Täufling mit dem Familiennamen Nissan war der neue Sunny B 11. Die gelungene Kompaktlimousine in der stark besetzten Viermeter-Klasse hatte mit dem Vorgänger nichts mehr gemein. Die wichtigste Neuerung war zweifellos die Umstellung der Modellreihe auf Frontantrieb. Herzstück war der 1,5 Liter-Quermotor mit 55 kW (75 PS), der sich als ungewöhnlich sparsam erwies. Beim Test der Zeitschrift mot benügte er sich im Mittel mit 7,3 Liter Superbenzin auf 100 Kilometer und unterbot damit deutlich den VW Golf. Das Fünfgang-Getriebe war serienmäßig.
Die Motoren-Palette wurde während der vierjährigen Modell-Laufzeit wurde um ein 1,7 Liter-Diesel- und ein Katalysator-Triebwerk mit Lamda-Sonde erweitert.

MODELLE, VARIANTEN, PREISE

Modellreihen: Viertürige Stufenhecklimousine, Coupé mit Heckklappe, Kombi

Motoren: 1477 cm³ / 55 kW (75 PS) bei 5600/min
1585 cm³ / 54 kW (74 PS) Kat bei 5000/min ab 3.85
1667 cm³ / 40 kW (54 PS) Diesel bei 4800/min ab 2.85

Ausstattung: Getönte Scheiben, zwei Außenspiegel, verstellbares Scheibenwischer-Intervall, Drehzahlmesser, Digital-Quarzuhr, Warnsummer für nicht ausgeschaltetes Licht, Fernbedienung für hintere Ausstellfenster. Kofferraum- und Tankentriegelung vom Fahrersitz aus. Servolenkung (nur Coupé Kat).

Zur IAA 1983 wurde eine limitierte Sonderserie des Sunny-Coupés vorgestellt. Der überarbeitete 1,5 Liter-Motor leistete dank einer Doppelvergaser-Anlage stramme 70 kW. Eine ähnliche Ausstattung wurde später bei den »Grand Prix«-Modellen verwendet.

Frontantrieb und Quermotor: Nissan Sunny Limousine 1,5 GL, 1982.

Varianten: GL/Kat – GL Diesel
Preise: 12.995,– / 13.795,– / 14.295,–
(Sunny / Coupé / Kombi)

Chronik:

1982: Importiert seit Juni, kommt Mitte Oktober zur Auslieferung, von Beginn an in drei Karosserie-Varianten. Komplett neues Fahrzeug, ein Motor. Extras: Metallic-Lack 205 Mark, Automatik (nur viertürige Limousine) DM 1.000.–.

1985: Einführung der Diesel- und Katalysator-Motoren zu Jahresbeginn, Preise Kat von 14.895,– bis 16.995,–. Diesel: 15.495,–/16.495 (Limousine/Kombi).
Modellpflege alle Sunny: Stoßfänger bis zu den Radkästen herumgezogen, Kühlergrill mit vier betonten Rippen, Scheinwerfer optisch in den Grill integriert, Rückfahrscheinwerfer größer (Limousine), Typenbezeichnung an den vorderen Kotflügeln entfällt.

1986: Sondermodell »Sunny Fashion Diesel« mit Sonnendach und Dekorset. Im September gesamte Reihe turnusmäßig abgelöst.

Nissan Sunny GL 1982

Motor	
Zylinder / Bauart	4 Reihe, quer eingebaut
Bohrung × Hub	76,0 × 82,0 mm
Hubraum	1477 cm³
Leistung	55 kW / 75 PS bei 5600/min
Max. Drehmoment	120 Nm bei 2800/min
Verdichtung	9,8:1
Gemischaufbereitung	1 Register-Fallstromvergaser Hitachi
Ventile / Steuerung	2 / OHV
Batterie	12 V 60 Ah
Kraftübertragung	
Antrieb	Vorderradantrieb
Getriebe	5-Gang
Übersetzungen	I = 3,33
	II = 1,95
	III = 1,29
	IV = 0,90
	V = 0,73
	R = 3,42
Fahrwerk	
Radaufhängung vorn	McPherson-Federbeine, Querlenker, Stabilisator
Radaufhängung hinten	Längslenker, Schraubenfedern, Gasdruckstoßdämpfer
Lenkung	Zahnstangenlenkung
Bremse	Bremskraftverstärker und -regler, vorn: Scheibenbremsen, hinten: Trommelbremsen
Allgemeine Daten	
Gesamtmaße	4135 × 1620 × 1385 mm
Radstand	2400 mm
Spur vorne/hinten	1395/1375 mm
Felgen	4,5 J × 13
Reifen	155 SR 13
Leergewicht	815 kg
Zul. Gesamtgewicht	1285 kg
Höchstgeschwindigkeit	160 km/h
0 auf 100 km/h	12,5 s
Verbrauch l/100 km	7,6 l Super
Tankinhalt	50 l

Neben dem 1,5 Liter-Vierzylinder- und dem 1,7 Liter-Dieselmotor gab es seit 1985 auch ein 1,6 Liter-Katalysator-Triebwerk. Im Bild ein Traveller K mit dem modifizierten Kühlergrill.

Vom Start weg ausschließlich mit voll geregeltem Katalysator lieferbar: die Sunny-Generation, Debüt im September 1986. Im Bild ein Sunny SLX.

Nissan Sunny (seit 1986)

In nur drei Jahren entstand im Nissan Technical Center, rund 50 Kilometer südlich von Tokio, die fünfte Sunny-Generation. Motor, Getriebe und Vorderachse wurden nahezu unverändert vom Vorgänger übernommen, die Karosserie dagegen war nicht wiederzuerkennen. Vom Windkanal mit zeitgemäßem C_w-Wert (0,34 statt 0,39) und deutlich geglättetem Grill gezeichnet, die Vorderhaube verwegen bis zwischen die Scheinwerfer heruntergezogen, wurde die B 12-Modellreihe um die praktischen Steilheck-Varianten – Typ N 13 – ergänzt, deren Vorgänger noch als Cherry liefen.

Das Modelljahr 1989 brachte neben den schon fast obligatorischen Styling-Retuschen eine verbesserte Innenausstattung und Mehrventil-Motoren. Dabei hielt auch das moderne Motoren-Management Einzug. Das elektronische Steuerungssystem E.C.C.S. sorgte nun in den 1,6 und 1,8 l-Einspritzmotoren für das richtige Luftverhältnis im Gemisch, kontrollierte die Zündung, steuerte das Tanklüftungssystem und hielt den Leerlauf konstant. Außerdem machte im GTI der hydraulische Ventilspiel-Ausgleich das Nachstellen überflüssig.

Nissan Sunny SLX Kat 1986

Motor		**Fahrwerk**	
Zylinder / Bauart	4 Reihe, quer eingebaut	Radaufhängung vorn	McPherson-Federbeine, Querlenker, Stabilisator
Bohrung × Hub	76 × 88 mm	Radaufhängung hinten	Längslenker, Schraubenfedern, Gasdruckstoßdämpfer
Hubraum	1586 cm³	Lenkung	Zahnstangenlenkung
Leistung	54 kW / 74 PS bei 5000/min	Bremse	Bremskraftverstärker und -regler vorn: Scheibenbremsen, hinten: Trommelbremsen, selbstnachstellend
Max. Drehmoment	107 Nm bei 3600/min		
Verdichtung	9,4:1		
Gemischaufbereitung	elektronisch geregelter 2-Stufen-Fallstromvergaser, Kaltstartautomatik		
Abgasreinigungssystem	geregelter 3-Wege-Katalysator mit Lambdasonde	**Allgemeine Daten**	
Ventile / Steuerung	2 / OHC	Gesamtmaße	4215 × 1620 × 1385 mm
Batterie	12 V 60 Ah	Radstand	2400 mm
Kraftübertragung		Spur vorne/hinten	1395 / 1385 mm
Antrieb	Vorderradantrieb	Felgen	4,5 J × 13
Getriebe	5-Gang	Reifen	175/70 SR 13
Übersetzungen	I = 3,06	Leergewicht	890 kg
	II = 1,83	Zul. Gesamtgewicht	1300 kg
	III = 1,21	Höchstgeschwindigkeit	157 km/h
	IV = 0,90	0 auf 100 km/h	14,7 s
	V = 0,73	Verbrauch l/100 km	7,5 l Normal, bleifrei
	R = 3,42	Tankinhalt	50 l

Sunny GTI 16V: 1987 vorgestellt, seit 1989 mit Nissan-Firmenzeichen auf dem Kühlergrill.

Der Sunny Traveller erhielt für das Modelljahr 1989 einen neuen 1,6-Liter-12V-Reihenvierzylinder mit 66 kW und Dreiwege-Katalysator. Wahlweise auch mit Diesel-Motor.

MODELLE, VARIANTEN, PREISE

Modellreihen: Viertürige Stufenheck-Limousine, Schrägheck-Limousine mit Heckklappe und zwei oder vier Türen; Coupé; Kombi

Motoren:
1597 cm^3 / 54 kW (74 PS) Kat bei 5000/min
1681 cm^3 / 40 kW (54 PS) Diesel 4800/min
1597 cm^3 / 81 kW (110 PS) 16V Kat bei 6400/min ab 2.87
1597 cm^3 / 44 kW (60 PS) bei 5600/min ab 2.87
1392 cm^3 / 55 kW (75 PS) bei 6200/min ab 1.89
1597 cm^3 / 66 kW (90 PS) Kat bei 6000/min ab 1.89
1794 cm^3 / 92 kW (125 PS) 16V Kat bei 6400/min ab 1.89

Nissan Sunny GTI 16V Coupé Kat 1989

Motor

Zylinder / Bauart	4 Reihe, quer eingebaut
Bohrung×Hub	83,0×83,6 mm
Hubraum	1794 cm^3
Leistung	95 kW / 125 PS bei 6400/min
Max. Drehmoment	150 Nm bei 4800/min
Verdichtung	10,5:1
Gemischaufbereitung	elektronische Benzineinspritzung, Kaltstartautomatik
Abgasreinigungssystem	geregelter 3-Wege-Katalysator mit Lambdasonde
Ventile / Steuerung	4 / DOHC
Batterie	12 V 55 Ah

Kraftübertragung

Antrieb	Vorderradantrieb
Getriebe	5-Gang
Übersetzungen	I = 3,29 II = 1,85 III = 1,27 IV = 0,95 V = 0,80 R = 3,43

Fahrwerk

Radaufhängung vorn	McPherson-Federbeine, Querlenker, Stabilisator
Radaufhängung hinten	McPherson-Federbeine, Querlenker, Stabilisator
Lenkung	Zahnstangenlenkung, servounterstützt
Bremse	Bremskraftverstärker und -regler, vorn: innenbelüftete Scheibenbremsen hinten: Scheibenbremsen

Allgemeine Daten

Gesamtmaße	4235×1665×1325 mm
Radstand	2430 mm
Spur vorne/hinten	1425/1425 mm
Felgen	5,5 JJ×14
Reifen	185/60 VR 14
Leergewicht	1117 kg
Zul. Gesamtgewicht	1529 kg
Höchstgeschwindigkeit	200 km/h
0 auf 100 km/h	9,1 s
Verbrauch l/100 km	8,9 Super bleifrei
Tankinhalt	50 l

Ausstattung: Getönte Scheiben, zwei von innen verstellbare Außenspiegel, verstellbares Scheibenwischer-Intervall, Drehzahlmesser, Warnsummer für nicht ausgeschaltetes Licht, Sicherheitsgurte vorn höhenverstellbar, asymetrisch umklappbare Rücksitze, Kofferraumabdeckung. Servolenkung für GTI 16V, LX Diesel und Coupés.

Varianten: LX/Kat – SLX Kat – 4×4 SLX Kat – GTI 16V Kat – SLX Diesel

Preise (DM): 16.995,– / 17.595,– / 18.195,–
(Sunny / 4t / Stufenheck)
18.855,– / 18.845,–
(Coupé / Kombi)

Chronik:

1986: Die Steilheck-Varianten der ab September erhältlichen Sunny-Familie ersetzen nun den Cherry, der ab Jahresmitte nicht mehr geliefert wird. Zum Einsatz kommen ausschließlich Katalysator- oder Dieseltriebwerke. Fünf verschiedene Versionen lieferbar.

1987: Für DM 14.595 ist ab Februar der dreitürige LX mit 44 kW und Abgasrückführung lieferbar; die Modelle mit zuschaltbarem Allradantrieb (Stufenheck-Viertürer und Kombi), die einen Monat später erscheinen, sind wesentlich teuerer (DM 21.495,– bzw. 21.995,–). Von außen lediglich am Schriftzug »4×4« erkennbar. Top-Modell Coupé GTI mit 16V-Motor (23.995,–) ab Mai. Sechzehnventiler ab August auch im Dreitürer mit Steilheck (Sunny GTI 16V; 22.295,–)

1988: Für den Oktober kündigt Nissan neben dem schon lieferbaren »Grand Prix« (Front- und Heckspoiler, Seitenschweller, Schürzen) die »Super«-Modelle an (Servolenkung und Leichtmetallfelgen).

1989: Renoviert und mit neuen Drei- und Vierventil-Motoren geht der Sunny ins neue Jahr, auf den ersten Blick erkenntlich am Nissan-Emblem auf dem Kühlergrill. Modellpalette gestrafft, Allrad-, Super- und Grand Prix-Varianten nicht mehr lieferbar. Preise von 15.995,– (LX 1,4 mit Abgasrückführung) bis 27.395,– (Coupé GTI 1,8 16V-Kat).

Das Top-Modell der Sunny-Familie war das Coupé GTI mit 92 kW (125 PS) bei 6400/min und einem max. Drehmoment von 150 Nm bei 4800/min. Im Bild das Modell vom September 1989.

Datsun 140 / 160 J (1973–1978)
Zwillingsforschung

Die Datsun-Zwillinge 140 und 160 J erschienen gleichzeitig im Oktober 1973 und fügten sich nahtlos in die Modellhierarchie ein, die vom Cherry mit dem 1,0 Liter-Motor bis zum Sechszylinder der Datsun Z-Reihe führte. Die Japaner hatten sich bei der Karosserie-Formgebung, wie üblich, am amerikanischen Geschmack orientiert. So kam es zu der für die Nissans jener Zeit üblichen unübersichtlichen Außenhaut mit kleinem Kofferraum und wildem Kühlergrill.

Auf der anderen Seite wußten die Hecktriebler durch die obligatorisch reichhaltige Ausstattung, die leichtgehende Lenkung, gutmütige Fahreigenschaften und einen günstigen Preis zu überzeugen.

Vom schwächeren 140 J wurde hier nur die viertürige Limousine angeboten. Vom größeren Bruder gab es außerdem noch ein Coupé. Im 160 J verrichtete der wassergekühlte Vierzylinder-Reihenmotor aus dem Datsun 1600 – der hier 72 PS leistete – klaglos seinen Dienst. Besonders leistungshungrige Fahrer konnten auf das sportliche 160 J SSS-Coupé zurückgreifen, das neben einem anders gezeichneten Kühlergrill auch über eine Einzelradaufhängung hinten verfügte. Die Bremsen wurden davon allerdings auch nicht besser: Sie neigten zum Fading.

Alles in allem konnte der Kunde mit seinem Exoten zufrieden sein, und so schließt der Coupé-Test in der Zeitschrift »auto motor und sport« doch wohlwollend-nachsichtig:

»Der Datsun 160 J SSS ist, wie die meisten hierzulande angebotenen Modelle aus Japan, kein Auto mit herausragenden Eigenschaften – bei ihm dominiert die Durchschnittlichkeit. Wer ihn kauft, erwirbt damit ein anspruchsloses, solide verarbeitetes Beförderungsmittel, und das zu einem günstigen Preis.«

MODELLE, VARIANTEN, PREISE

Modellreihen:	Viertürige Limousinen 140 und 160 J; Coupé 160 J
Motoren:	1428cm³ / 48 kW (65 PS) bei 5800/min 1595cm³ / 52 kW (72 PS) bei 5400/min 1595cm³ / 61 kW (83 PS) bei 5800/min
Ausstattung:	Verbundglas-Windschutzscheibe, heizbare Heckscheibe, Scheibenwaschanlage, Zeituhr, Rückfahrscheinwerfer, verschließbarer Tankdeckel, Liegesitze mit Kopfstützen. Drehzahl-

Datsun 140 J und 160 J unterschieden sich nur durch die Motorleistung voneinander.

Das 160 J-SSS Coupé war das Spitzenmodell der Baureihe. Als einziges Modell erhielt es Schrauben- statt Blattfedern hinten.

Ab 1976 mit ausgeprägtem Stufenheck: Datsun 160 J.

	messer (Coupé).
Varianten:	140 J – 160 J – 160 J SSS Coupé
Preise (DM):	8.890,– / 9.190,– / 9.990,– (140 J / 160 J / SSS)

Chronik:

1973: Zeitgleich im Oktober erscheinen die in Optik und Mechanik identischen 140/160 J-Typen. Ein Unterschied besteht nur in der Motorisierung. Coupé SSS mit 61 kW-Motor, besser ausgestattet.

1975: Auf der IAA steht das Coupé mit serienmäßigem Fünfgang-Getriebe. Coupé-Facelift (Auslieferung erst Frühjahr 1976), Kühlergrill jetzt wie Limousine. Übrige Modelle bleiben unverändert.

1976: Im Januar wird der 140 J ersatzlos gestrichen; die 160 J-Limousine wird aufgefrischt, ein ausgeprägtes Stufenheck europäischen Zuschnitts ersetzt das bisherige sanft geschwungene Heck.

1977: Bei der Southern Cross-Rallye in Australien belegen die Rallye-Coupés auf Basis des 160 J SSS die Plätze 1 bis 5.

1978: Das Nachfolge-Modell wird im März eingeführt.

Datsun 140 1973

Motor	
Zylinder / Bauart	4 Reihe
Bohrung × Hub	83 × 66 mm
Hubraum	1428 cm^3
Leistung	48 kW / 65 PS bei 5800/min
Max. Drehmoment	121 Nm bei 3600/min
Verdichtung	9:1
Gemischaufbereitung	1 Zweistufen-Fallstromvergaser Hitachi
Ventile / Steuerung	2 / OHC
Batterie	12 V / 40 Ah
Kraftübertragung	
Antrieb	Hinterradantrieb
Getriebe	4-Gang
Übersetzungen	I = 3,657
	II = 2,177
	III = 1,419
	IV = 1,00
	R = 3,638
Fahrwerk	
Radaufhängung vorn	McPherson-Federbeine, Querlenker mit Längszugstrebe, Drehstabilisator
Radaufhängung hinten	Starrachse, Blattfedern, Gasdruckstoßdämpfer
Lenkung	Kugelumlauflenkung
Bremse	Servobremsen mit Bremskraftregler, vorn: Scheibenbremsen hinten: Trommelbremsen
Allgemeine Daten	
Gesamtmaße	4120 × 1580 × 1405 mm
Radstand	2450 mm
Spur vorne/hinten	1310/1310 mm
Felgen	4,5 J × 13
Reifen	165 S 13
Gewicht	955 kg
Zul. Gesamtgewicht	1485 kg
Höchstgeschwindigkeit	155 km/h
0 auf 100 km/h	16,8 s
Verbrauch l/100 km	11 l Super
Tankinhalt	50 l

Datsun 160 J / Violet (1978–1981)
Heia Safari!

Den Stilwandel hin zum europäischen Design-Geschmack zeigte der neu entwickelte 160 J, später auch als Violet bezeichnet. Stand bei seinem Vorgänger noch der Hüftschwung in voller Blüte, setzten die Nissan-Bosse nun auf klare, kantige Linien. Lediglich im Kühlergrill fanden sich noch Anklänge an den zuletzt wenig erfolgreichen Japan-Barock der Gründerjahre. Man schenkte der Limousine dennoch keine große Beachtung. Eine nähere Betrachtung hätte sich vielleicht gelohnt, denn der biedere 160 J entwickelte beachtliche Steher-Qualitäten.

Nicht weniger als vier Mal – zwischen 1979 und 1982 – konnte sich der Inder Shekhar Metha mit einem Violet den Gesamtsieg bei der berühmten East-African Safari sichern, gegen so renommierte Wettbewerber wie Mercedes Benz oder Opel. In der Gruppe 4 homologiert, 990 Kilogramm schwer und bis zu 230 PS stark, war der Violet zwar technisch weder besonders aufregend noch übermäßig stark motorisiert, dafür aber zuverlässig und unverwüstlich wie ein Panzer.

Mit diesen Eigenschaften avancierte der 160 J zum bislang erfolgreichsten Rallye-Nissan und mischte kräftig in der Weltspitze mit. Hier ein Auszug aus seiner Erfolgsliste:

1979: Erster bei der Ostafrika-Rallye; Platz 2 und 3 bei der Rallye Akropolis. Mit Timo Salonen zweiter Platz bei der Rallye Kanada und Fünfter bei den 1000 Seen.

1980: Doppelsieg in Afrika; Erster bei der Neuseeland-Rallye. Zweiter Rang bei der Rallye Akropolis.

1981: Doppelsieg bei der Safari, Rang 1 und 3 bei der Rallye Elfenbeinküste; vierte Plätze bei der Brasilien- und der 1000-Seen-Rallye.

1982: Shekar Metha gewinnt die East-African – sein fünfter Safari-Erfolg auf einem Datsun seit 1973 (damals auf einem 240 Z).

Bis heute hat der kantige 160 J keinen würdigen Nachfolger gefunden, keines der späteren und sehr viel stärkeren Nissan-Einsatzfahrzeuge konnten dem robusten Buschläufer das (Kühl-) Wasser reichen.

MODELLE, VARIANTEN, PREISE

Modellreihen:	Viertürige Stufenheck-Limousine; Coupé
Motoren:	1595cm³ / 61 kW (83 PS) bei 5400/min 1595cm³ / 65 kW (89 PS) bei 5800/min
Ausstattung:	Verbundglas-Frontscheibe, getönte Scheiben rundum, Stoff-Liegesitze mit Kopfstützen, heizbare Heckscheibe, Quarzuhr, Mittelkonsole mit Ablage. Teppichboden, abblendbarer Innenspiegel, Intervall Wisch-Wasch-Anlage.

Datsun 160 J SSS Coupé 1978

Motor	
Zylinder / Bauart	4 Reihe
Bohrung × Hub	83×73,7 mm
Hubraum	1595 cm³
Leistung	65 kW / 89 PS bei 5800/min
Max. Drehmoment	126 Nm bei 3600/min
Verdichtung	9,0:1
Gemischaufbereitung	2 SU Gleichdruck-Vergaser
Ventile / Steuerung	2 / OHC
Batterie	12 V 60 Ah
Kraftübertragung	
Antrieb	Hinterradantrieb
Getriebe	5-Gang
Übersetzungen	I = 3,657
	II = 2,177
	III = 1,419
	IV = 1,0
	V = 0,852
	R = 3,638
Fahrwerk	
Radaufhängung vorn	McPherson-Federbeine, Längs- und Diagonallenker
Radaufhängung hinten	Starrachse an Längs- und Diagonallenkern, Schraubenfedern
Lenkung	Kugelumlauflenkung
Bremse	Servounterstützung, Bremskraftverstärker, vorn: Scheibenbremsen hinten: Trommelbremsen
Allgemeine Daten	
Gesamtmaße	4080×1600×1350 mm
Radstand	2400 mm
Spur vorne/hinten	1330/1330 mm
Felgen	4,5 J×13
Reifen	165 SR 13
Gewicht	975 kg
Zul. Gesamtgewicht	1405 kg
Höchstgeschwindigkeit	166 km/h
0 auf 100 km/h	16,8 s
Verbrauch l/100 km	11,5 l Normal
Tankinhalt	50 l

Datsun 160 J SSS Coupé: radikal versachlichte Formen beim Nachfolge-Modell von 1978.

Buschläufer: Mehta/Doughty unterwegs zum Gesamtsieg mit ihrem 160 J bei der Safari-Rallye 1979.

Varianten:	160 J/Violet – 160 J-SSS/Violet Coupé
Preise (DM):	11.495,– / 12.495,– (160 J / SSS Coupé)

Chronik:

1978: Ab Mitte März in der Auslieferung. Völlig neue Karosserie, zwei Motorisierungs-Varianten. Spitzenmodell 160 J SSS Coupé mit 65 kW-Motor. Hinterachse nun an Längs- und Diagonallenkern und Schraubenfedern.

1979: Leicht überarbeitet für das Modelljahr 1979: Geänderte Radkappen, seitliche Gummischutzleisten in Höhe des Türschloßes, Kunststoffecken und Puffer an den Stoßstangen.

1980: Umfangreicher Facelift im Februar: Geglätteter schwarzer Kühlergrill mit Rechteck-Halogenscheinwerfern im Chromrahmen (statt der bisherigen Doppelscheinwerfer); neues Armaturenbrett, erweiterte Innenausstattung, z. B. Warnleuchte für angezogene Handbremse. Gummischutzleisten umlaufend in Höhe der Stoßstangen.

1981: Import im Juni eingestellt, Nachfolger wird der Stanza, der auf der IAA zu sehen ist.

Unverändert in der Technik, aber mit Rechteckscheinwerfern in neuer Optik präsentieren sich die beiden Violet-Varianten 1980.

Nissan Stanza (1981–1985)
Thema mit Variationen

Ein Thema mit Variationen: Violet, Stanza, Auster – hinter diesen Namen verbargen sich verschiedene Varianten eines Grundmodells. Für Deutschland schien »Stanza« die radikale Abkehr vom antiquierten 160 J/Violet am besten zu signalisieren. Auf der 49. Frankfurter IAA im September 1981 feierte der neue Frontantriebs-Datsun seine Weltpremiere.

Der überarbeitete 1,6 Liter-Vierzylindermotor aus dem Violet mit Querstrom-Zylinderkopf saß quer über der Vorderachse und verhalf der aerodynamisch gestylten Familienkutsche (C_w-Wert 0,38) zu einer Höchstgeschwindigkeit von 160 km/h. Mit dem Innengeräuschpegel stand es dann allerdings nicht zum besten; die 82 dB(A) (mot-Messung) wurden als laut und unangenehm empfunden. Außerdem war der aus dem Vorgänger weiterentwickelte Langhuber (83,6 mm × 78 mm) nicht sonderlich elastisch. Dafür erfreute der Stanza seine Besitzer mit einem moderaten Verbrauch und einer reichhaltigen Serienausstattung.

Die Antriebseinheit wurde im Zuge der Modellpflegemaßnahmen zum Jahresende 1983 bei allen Modellen durch einen 1,8 Liter-ohc-Vierzylinder ersetzt, der ebenso wie sein Vorgänger die obenliegende Nockenwelle über einen Zahnriemenantrieb. Der Facelift wurde auch genutzt, um die Modellbezeichnung zu ändern. Schon 1981 hatte die Konzernspitze beschlossen, bis Ende 1983 den Handelsnamen Datsun durch Nissan zu ersetzen. Dieser Vorsatz wurde jetzt beim Stanza verwirklicht.

MODELLE, VARIANTEN, PREISE

Modellreihen:	Stufenheck-Limousine viertürig; Schrägheck-Limousine mit zwei und vier Türen und Heckklappe.
Motoren:	1598 cm^3 / 60 kW (81 PS) bei 5200/min 1809 cm^3 / 65 kW (88 PS) bei 5200/min ab 11.83 1973 cm^3 / 77 kW (105 PS) Kat bei 5200/min ab 3.85
Ausstattung:	Getönte Scheiben, H4-Scheinwerfer, Drehzahlmesser; Kontrolleuchten für: nicht geschlossene Türen, Bremsflüssigkeitsstand, Handbremse, Wasserstand des Scheibenwaschers, Ausfall der Stoppleuchten. Außenspiegel links von innen einstellbar, Fernentriegelung für Tank- und Heckklappe.
Varianten:	1,6 SGL – 1,8 SGL – 2,0 Stanza
Preise (DM):	15.195,– / 15.495,– / 15.795,– (Stanza / Schrägheck 2t / 4t),

Datsun Stanza 1,6 SGL, 1981: Kritiker monierten Fahrkomfort und Lenkeigenschaften, lobten aber Verbrauch und Ausstattung.

Chronik:

1981: Premiere auf der IAA für den neuen Stanza, ab November lieferbar mit Stufen- und Schrägheck (zwei- und viertürig). Extras: Leichtmetallfelgen DM 800,–; Metalliclackierung DM 205,–; rechter Außenspiegel DM 104,–; Schmutzfänger DM 50,–.

1982: Stufenheck-Sondermodell Maxima seit September lieferbar: Stoßstangen in Wagenfarbe lackiert, Zierstreifen, Front und Heckspoiler (15.770,–). Sondermodell Optima basiert auf dem Zweitürer mit Heckklappe.

1983: Im März Sondermodell Aktiva – Schrägheck, vier Türen – eingeführt (Seitenstreifen, Heckspoiler, zweiter Außenspiegel, 1,8 Liter-Motor). Zur IAA erhält auch das Stufenheck-Modell ein serienmäßiges Fünfgang-Getriebe. Umfangreicher Facelift zum Jahresende, Grill nun deutlich in acht Segmente untergliedert. Flankenschutz jetzt mit Chromzierleiste; 1,8 Liter-Motor Serie, Typenbezeichnung von Datsun auf Nissan geändert. Modellreihe gestrafft, nur noch Stufenheck-Limousine und Schrägheck-Viertürer im Programm.

1984: Im September nur noch mit Heckklappe lieferbar.

1985: Im März um eine Zweiliter-Katalysator-Variante erweitert (19.495,–). Ein halbes Jahr später Import des Stanza ganz eingestellt.

Datsun Stanza 1,6 SGL mit vier Türen, Fließheck und großer Heckklappe: die teuerste, aber auch praktischste Wahl der Modellreihe.

Datsun Stanza Limousine 1981

Motor

Zylinder / Bauart	4 Reihe, quer eingebaut
Bohrung × Hub	78 × 83,6 mm
Hubraum	1598 cm^3
Leistung	60 kW / 81 PS bei 5200/min
Max. Drehmoment	130 Nm bei 3200/min
Verdichtung	9,0:1
Gemischaufbereitung	1 Zweistufen-Fallstromvergaser mit Kaltstartautomatik
Ventile / Steuerung	2 / OHC
Batterie	12 V 60 Ah

Kraftübertragung

Antrieb	Frontantrieb
Getriebe	4-Gang
Übersetzungen	I = 3,33
	II = 1,95
	III = 1,29
	IV = 0,9
	R = 3,42

Fahrwerk

Radaufhängung vorn	McPherson-Federbeine, Querlenker
Radaufhängung hinten	McPherson-Federbeine, Längs- und Querlenker
Lenkung	Zahnstangenlenkung
Bremse	Bremskraftverstärker und -regler, vorn: innenbelüftete Scheibenbremsen, hinten: Trommelbremsen

Allgemeine Daten

Gesamtmaße	4280 × 1665 × 1390
Radstand	2470 mm
Spur vorne/hinten	1430/1410 mm
Felgen	5 J × 13
Reifen	185/70 SR 13
Leergewicht	930 kg
Zul. Gesamtgewicht	1445 kg
Höchstgeschwindigkeit	160 km/h
0 auf 100 km/h	11,9 s
Verbrauch l/100 km	9,5 l Normal
Tankinhalt	54 l

Datsun 1600 (1972–1973)
Spiel auf Zeit

Nur als Lückenbüßer diente der Datsun 1600, dessen Ablösung binnen kürzester Zeit bereits bei seiner Einführung feststand. Kein Wunder, denn dieser frühe Bluebird – so die Japan-Bezeichnung – stand immerhin schon seit 1967 im Nissan-Programm. Neben seinen modernen Mitbewerbern vom Schlage eines Audi 80 (Debüt Juli 1972), Ford Taunus (Oktober 1970) oder Opel Ascona (August 1970) konnte sich der Datsun-Viertürer nur schwer in Szene setzen. Die wohltuend schlicht gehaltene Karosserie erinnerte sehr stark an die britischen Automobile der sechziger Jahre. In England erfreuten sich demzufolge die zahlreichen Bluebird-Varianten großer Beliebtheit. Außer den auch in der Bundesrepublik verkauften Limousinen gab es dort Kombi und Coupé SSS, außerdem stand neben dem 1,6 Liter-Tiebwerk ein 1300er-Motor zur Verfügung. Auch das dreistufige Borg-Warner Automatikgetriebe blieb deutschen Käufern vorenthalten.

Der Reihenvierzylinder wußte in Beschleunigung und Elastizität zu überzeugen, das Viergang-Getriebe ließ sich mit vorbildlicher Exaktheit schalten, die Serienausstattung war reichhaltig und durchdacht. Auf der Minusseite vermerkte der »auto motor und sport«-Test den mickrigen Kofferraum, die indirekte Lenkung, das Fahrverhalten und die Verarbeitung.

MODELLE, VARIANTEN, PREISE

Modellreihen:	Stufenheck-Limousine viertürig
Motoren:	1595 cm³ / 59 kW (80 PS) bei 6000/min
Austattung:	Liegesitze, Armlehnen vorn und hinten, Veloursmatten, Verbundglas-Windschutzscheibe, Zeituhr, Tankschloß. Motorraumleuchte, auch als Handlampe zu verwenden.
Varianten:	1600 de Luxe
Preise (DM):	8.890,–

Chronik:

1972: Zusammen mit den beiden Datsun 1200-Typen wird der 1600 im Juni den Händlern vorgestellt. Eine Motor- und Karosserievariante, Kopfstützen und Sicherheitsgurte gegen Aufpreis (je DM 85,–) lieferbar. Radioangebot wie bei Datsun 1200. Debüt 1967 als Datsun 610, Safari-Sieger 1970: Plätze 1, 2, 4, 7, 10 im Gesamtklassement.

1973: Produktion eingestellt. Der 180 B tritt bis zur Jahresmitte die Nachfolge an.

Datsun 1600 1972: der frühe Bluebird, 1967 vorgestellt, erinnerte an den britischen Morris Marina.

Technische Daten auf Seite 309

Datsun 180 B / Bluebird (1973–1980)
Die Blechdrossel

Gab sich der Datsun 1600 europäisch schlicht, gefiel der Datsun 180 B von 1973 eher amerikanischen Geschmäckern.

Extravaganz zum Spartarif bot ab 1973 ein Straßenkreuzer im handlichen Europa-Format. Er kam von Nissan und hieß hier – ganz schlicht – Datsun 180 B (später auch »Bluebird«). Schlicht war allerdings nur der Name des Newcomers, sein Japan-Barock mit zerklüftetem Kühlergrill, üppigen Blechkurven und unübersichtlich hohem Heck konnte nur die glühenden Anhänger amerikanischer Design-Ideen überzeugen.

Datsun 180 B (1973–1977)

Limousine und Coupé, Zusatz-Bezeichnung »SSS«, gingen zuerst an den Start, der Kombi mit imitiertem Holzeinsatz auf der Heckklappe – Amerika ließ schön grüßen – wurde auf der IAA vorgestellt.

Unter dem Blech gab's keine Experimente. Federbeine und Querlenker vorn, Schräglenker und Gasdruck-Stoßdämpfer hinten waren ebenso konventionell wie solide. Dafür überzeugte die technische Ausstattung: Von den Gürtelreifen über die Zweikreis-Bremsanlage mit Bremskraftverstärker und -regler bis hin zu der auf amerikanische Sicherheitsnormen ausgelegten Karosserie mit großen Knautschzonen fehlte nichts.

Vom 180 B wurde der Nissan ESV (Experimental Safety Vehicle) abgeleitet, die Studie eines Sicherheitsautos, das mit Airbags für alle Insassen, Anti-Schleuder-Kontrollgerät, Doppelkammer-Reifen und einer verformbaren Lenkungs-Aufhängung ausgerüstet war.

Das 180 B Coupé SSS erhielt einen anderen Kühlergrill und eine bessere Ausstattung.

Modellpflege zur IAA 1975: neuer Kühlergrill, Stoff- statt Vinylsitze und zwei SU-Vergaser beim Coupé.

Vor allem für den amerikanischen Markt konzipiert: Datsun 180 B Combi, 1973.

Datsun ESV (Experimental Safety Vehicle): 1975 auf Bluebird-Basis entstanden. Unter dem Dachaufsatz versteckte sich ein Periskopspiegel.

MODELLE, VARIANTEN, PREISE

Modellreihen: Stufenheck-Lim. viertürig; Coupé; Kombi
Motoren: 1770 cm³ / 65 kW (88 PS) bei 5600/min
1770 cm³ / 66 kW (89 PS) bei 5600/min
Ausstattung: Verbundglasfrontscheibe und heizbare Heckscheibe, Liegesitze mit Kopfstützen, Scheibenwascher, Teppichboden, Tageskilometerzähler, Rückfahrscheinwerfer, Uhr. Drehzahlmesser beim Coupé.
Varianten: 180 B – 180 B SSS Coupé
Preise (DM): 9.850,– / 10.500,– / 10.990,–
(Lim. / Coupé / Kombi)

Chronik:

1973: Lieferbar ab Jahresbeginn; Kombi debütiert auf der IAA im September. Stärkerer Motor bleibt Coupé SSS vorbehalten.

1975: Umfangreiche Modellpflege zur IAA: Neuer Kunststoff-Kühlergrill, Blinker an die Kotflügelkanten gerückt, Rückleuchten vergrößert und ohne Metalleinfassung. Instrumente mit blauem statt schwarzem Grund, elektromagnetisches Benzinabsperrventil. Neigungsverstellung für Fahrersitz, Stoff- statt Vinylbezüge. Coupé, Zusatzbezeichnung SSS, erhält Fünfgang-Getriebe (mit akustischer Warnanzeige, wenn der Rückwärtsgang eingelegt ist) und 14 Zoll-Felgen ohne Radkappen.

1977: Bis Juli praktisch unverändert gebaut, der Wachwechsel erfolgt im August.

Nissan bei der Bluebird-Premiere:»Man sagt nicht umsonst, die Deutschen wären besonders kritische Autokäufer. Gerade wegen so viel Autoverstand glauben wir, daß der neue Datsun 180 B bestehen kann.«

Nur 400 kg erlaubte Zuladung machten den Kombi zum Schlußlicht innerhalb der 180-B-Familie. Das Coupé durfte 10, die Limousine 20 kg mehr zuladen.

Datsun 180 B Bluebird (1977–1980)

»Wer den Deutschen ein Auto verkaufen will, muß schon was bieten«. Getreu ihrem Werbeslogan bot Nissan mit dem Bluebird Serie 810 eine optisch völlig neue Mittelklasse. Im August 1977 vorgestellt (und alsbald als »Bluebird« bezeichnet), gehörten die schwülstigen Formen des Vorgängers der Vergangenheit an, Sachlichkeit war Trumpf. Die neue Karosserie wußte durch klare Linien zu gefallen. Lediglich der Kühlergrill mit den runden H 1-Doppelscheinwerfern stellte eine Konzession an den wichtigsten Export-Markt in Übersee dar.
Alle drei Modellreihen verfügten über den schon aus dem Vorgänger bekannten Reihenvierylinder mit obenliegender Nockenwelle und fünffach gelagerter Kurbelwelle, wobei man dem Coupé wiederum zwei Flachstrom-Vergaser spendierte und so zwei PS mehr freisetzte.

MODELLE, VARIANTEN, PREISE

Modellreihen:	Stufenheck-Lim. viertürig; Coupé; Kombi
Motoren:	1770 cm³ / 65 kW (88 PS) bei 5500/min 1770 cm³ / 66 kW (90 PS) bei 5700/min
Ausstattung:	Automatik-Gurte, abblendbarer Innenspiegel, heizbare Heckscheibe, Liegesitze mit Kopfstützen, Scheibenwascher, Teppichboden, Tageskilometerzähler, Rückfahrscheinwerfer, Uhr. Coupé: Drehzahlmesser, Voltmeter und Öldruckmesser.
Varianten:	180 B – 180 B Coupé
Preise (DM):	12.390,– / 13.390,– / 13.190,– (Lim. / Coupé / Kombi)

Chronik:

1977: Überarbeitete Modellreihe auf Basis der 610-Typen im August eingeführt, Coupé traditionsgemäß mit anderem Kühlergrill, stärker und besser ausgestattet. Limousine und Kombi gegen Aufpreis mit Automatik lieferbar.
1980: Bereits im Mai tritt der Nachfolger an.

Datsun Nissan Bluebird (1980–1990) Vogelkonzert

Unter der Traditionsbezeichnung Bluebird wird in Japan bereits seit 1959 das jeweilige Nissan-Mittelklasse-Modell angeboten. In Deutschland fliegt die Singdrossel (= Bluebird) erst seit 1980. Doch schon vorher ließ sie sich im Nissan-Konzert vernehmen. Sowohl der Datsun 1600 von 1972 als auch der 180 B gehörten zur Familie, traten aber nur im Ausland unter dem Künstlernamen »Bluebird« auf. Erst Ende der siebziger Jahre lüftete Nissan auch in Deutschland ihr Inkognito.

Datsun Bluebird (1980–1984)

Die Einführungswerbung versprach einiges: »Noch nie waren wir bei einem neuen Modell so sicher, die Mehrheit der Autofahrer anzusprechen«. Dafür hatte die Mannschaft unter Design-Chef Sadao Ishicawa dem Datsun-Star eine völlig neue Garderobe verpaßt. Besonders ansprechend fanden die deutschen Käufer den als Kombi kostümierten »Traveller«, der unverkennbar an die erfolgreiche europäische Konkurrenz erinnerte. Kein Zweifel, die asiatische Drossel wurde in Deutschland heimisch, wozu gerade der komplett ausgestattete Traveller seinen Teil beitrug. Zeitweise entschieden sich rund ein Drittel aller Bluebird-Interessenten für den Kombi.
Kein Glück beschieden war dagegen dem zweitürigen Coupé. Schon nach knapp zweieinhalb Jahren verstummte diese Singdrossel-Art; die übrigen Mitglieder des Ensembles, seit 1981 um einen kräftigen Diesel-Bass verstärkt, räumten fast auf den Tag genau vier Jahre nach ihrer Premiere die Bühne.

Technische Daten auf Seite 309

Der neue Bluebird 1,8 GL, Serie 910: nach Vergleichstests die beste japanische Limousine der frühen 80er Jahre.

Ein seltener Vogel: das Bluebird 1,8 SSS Coupé, kaum zwei Jahre im Programm für Deutschland.

MODELLE, VARIANTEN, PREISE

Modellreihen:	Stufenheck-Limousine viertürig; Coupé; Kombi viertürig
Motoren:	1770 cm³ / 65 kW (88 PS) bei 5750/min 1770 cm³ / 66 kW (90 PS) bei 5750/min 1938 cm³ / 44 kW (60 PS) Diesel bei 4400/min
Ausstattung:	Getönte Scheiben, Halogenscheinwerfer, heizbare Heckscheibe, Scheinwerfer-Waschanlage, höhenverstellbarer Fahrersitz und höhenverstellbares Lenkrad, Tankdeckel- und Kofferraumentriegelung von innen, Drehzahlmesser, Digitaluhr.
Varianten:	Bluebird 1,8/GL – GLD
Preise (DM):	13.795,– / 14.795,– / 14.750,– (Limousine / Coupé / Kombi Traveller).

Chronik:

1980: Einführung aller neuen Modelle im Mai. Drei Karosserieformen zu Wahl, Coupé traditionsgemäß mit etwas stärkerem Motor und besser ausgestattet. Aufpreise für Metalliclack (DM 200,–) und Leichtmetallfelgen (DM 899,20).

1981: Ab Februar Limousine und Kombi auch mit Zweiliter-Dieselmotor erhältlich; DM 16.190,– bzw. 17.190,–.

1982: Import des Coupés eingestellt (September); Modellbezeichnungen jetzt »GL« bzw. »GLD«. Kennzeichen des 83-Modells: Rückspiegel an einem Kunststoff-Dreieck in der Tür in Höhe der A-Säule befestigt; Kunststoff-Stoßstangen mit schmaler Chrom-Zierleiste.

1984: Der moderne Nachfolger mit Frontantrieb steht Mitte April zur Verfügung.

Nissan Bluebird (1984–1988)

Der Name war geblieben, auch in der Optik war die Familienähnlichkeit unverkennbar – und doch war er ein ganz neues Auto: Die wichtigsten Änderungen verbarg der Bluebird unter seiner gestreckten Haube. Der recht behäbige 1,8 Liter wurde beim Bluebird-Modellwechsel durch ein neuentwickeltes 2 Liter-Triebwerk ersetzt, das – quer zur Fahrtrichtung eingebaut – nun die Vorderräder antrieb.

Auch sonst hatten die japanischen Autobauer Modellpflege im Stile der Zeit getrieben: Von der bündig eingeklebten Front-

Durch Umklappen der Rücksitzlehne – seit Ende 1982 auch geteilt – ließ sich der Gepäckraum von 102 cm auf 170 cm vergrößern.

scheibe über die versenkten Scheibenwischer bis zu den versenkten Scheinwerfern – der Bluebird präsentierte sich als rundum geglückter Wurf.
Zu den beiden Karosserievarianten gesellte sich zwei Jahre später noch ein viertürige Fließheck-Limousine mit Heckklappe. Bei dieser Gelegenheit wurde noch einmal das optische Erscheinungsbild verbessert, die kantige Front rundlicher und damit strömungsgünstiger. Am Heck befanden sich nun, deutlich sichtbar, Lüftungsgitter. Zugleich wurde die Motorenpalette und die Kat-Modelle erweitert.

MODELLE, VARIANTEN, PREISE

Modellreihen:	Stufenheck-Limousine viertürig; Kombi; Schrägheck-Limousine mit vier Türen und Heckklappe.
Motoren:	1973 cm^3 / 77 kW (105 PS) bei 5200/min 1952 cm^3 / 43 kW (58 PS) Diesel bei 4400/min ab 4.86: 1973cm^3 / 75 kW (102 PS) bei 5200/min 1973cm^3 / 77 kW (105 PS) Kat bei 5200/min 1952cm^3 / 49 kW (67 PS) Diesel bei 4600/min
Ausstattung:	Getönte Scheiben, Servolenkung (ab 86), beide Außenspiegel elektrisch verstellbar, einzeln umlegbare Rücksitzlehnen, Zentralverriegelung (86), Kindersicherung hinten, elektrische Fensterheber (86).
Varianten:	Bluebird GL/GLD – SLX/Kat/D – Grand Prix
Preise:	17.200,– / 18.100,– (Limousine / Kombi)

Neben dem Stufenheck-Modell gab es auch wieder eine Kombi-Version, die mit Benzin- und Dieselmotor angeboten wurde.

Chronik:

1984: Neue Modelle mit Frontantrieb eingeführt (April); nur Stufenheck- und Kombimodelle. Beide auch als Diesel erhältlich (18.100,– / 19.600,–).
Zweifarbig lackiertes Sondermodell Elegance (nur Stufenheck-Limousine) erscheint im Dezember, DM 19.995.–.

1985: Sondermodell Esprit eingeführt, zeichnet sich durch Frontspoiler, Seitenschweller und Heckschürze mit -spoiler aus, alles in Wagenfarbe lackiert. Mit Leichtmetallfelgen. Reihe zur IAA durch Family-Kombimodelle

Dank Frontantrieb mit 25 mm größerem Radstand, aber 35 mm geringerer Gesamtlänge: die Zweiliter-Bluebirds, Februar 1984.

Bluebird Grand Prix (1986): mit Zentralverriegelung, elektrischen Fensterhebern und 6-Zoll-Leichtmetallfelgen. Spoiler, Grill und Schürzen waren in Wagenfarbe lackiert, lediglich der Heckspoiler blieb schwarz.

erweitert (Leichtmetallfelgen). 20.345,– / 22.045,– (Benziner/Diesel).

1986: Umfangreicher Facelift im Frühjahr: Kühlergrill nunmehr mit fünf Lamellen, Blinker um die Ecke greifend; Motorhaube deutlicher zwischen die Scheinwerfer heruntergezogen, Scheinwerfer und Blinker bilden optisch eine Einheit. Belüftungsgitter am Heck. Preise von DM 19.995,– bis DM 22.565,–. Präsentation der viertürigen Schrägheck-Version mit Heckklappe (SLX). Im Juni Einführung der Kat- und Grand-Prix-Versionen (leichte Kotflügelverbreiterung, Grill lackiert, Rest wie Esprit). Kat-Modelle mit elektronischer Motorsteuerung (E.C.C.S.), Doppelzündanlage mit automatischer Abschaltung einer Kerzenreihe. Ab Modelljahr 87 nur noch Kat- und Dieselmodelle lieferbar.

1988: Überarbeitung der gesamten Modellreihe.

Nissan Bluebird (1988–1990)

Den Genfer Automobilsalon 1988 nützte Nissan für die Vorstellung der neuen Bluebird-Generation T 12.

Die Grundform wurde dabei – trotz umfangreicher technischer und optischer Änderungen – weitgehend belassen. Neue aerodynamische, breite Stoßfänger und Schürzen ersetzten die bisherigen Stoßstangen. Begleitet wurden diese Änderungen von der Einführung eines neuen, in Wagenfarbe lackierten Grills mit zwei Lüftungsschlitzen. In der Mitte durch einen Steg getrennt, prangte auf ihm nun das neuentwickelte Nissan-Firmenlogo. Außerdem überarebeiteten die unermüdlichen Designer die Heckleuchten-Partie und fügten die Entlüftungsschlitze bei der viertürigen Stufenheck-Limousine harmonischer in die Karosserie ein. Das ganze Optik-Paket wurde durch neugestaltete Radkappen abgerundet.

Renoviert präsentierte sich auch der Innenraum: Neue Polster, ein neues Lenkrad, ein überarbeitetes Armaturenbrett.

Den Bluebird gab es zunächst in den bekannten Benzin- oder Dieseltriebwerken, im Frühjahr 1989 wurde das Angebot größer. In den Bluebird-Modellen »Grand Prix« (Schräg- und Stufenheck) werkelte nun ein 129 PS starker 1,8 l-16-Ventiler anstelle des 105 PS-Triebwerkes.

Der Kühlergrill mit dem Nissan-Logo auf dem Mittelsteg, inzwischen das Erkennungszeichen der japanischen Marke, wurde erstmals 1988 bei der Bluebird-Neuauflage vorgestellt.

Die Einführung der Fließheck-Modelle im April 1986 nutzte Nissan zu einer technischen und optischen Auffrischung der Bluebird-Reihe.

MODELLE, VARIANTEN, PREISE

Modellreihen: Stufenheck-Limousine viertürig; Kombi; Schrägheck-Limousine mit vier Türen und Heckklappe.

Motoren: 1973 cm³ / 77 kW (105 PS) Kat bei 5200/min
1952 cm³ / 49 kW (67 PS) Diesel bei 4600/min
1797 cm³ / 95 kW (129 PS) 16V Kat bei 6400/min ab 1.89

Ausstattung: Höhenverstellbarer Fahrersitz mit Lendenwirbelstütze, höhenverstellbares Lenkrad, höhenelektrisch verstellbar, einzeln umlegbare Rücksitzlehnen, Zentralverriegelung. Kindersicherung hinten, elektrische Fensterheber, Drehzahlmesser, Zeituhr.

Varianten: Bluebird SLX/Kat/Diesel – Grand Prix

Preise (DM): 22.995,– / 23.895,– / 24.995,– (Benziner / Schrägheck / Kombi);
22.695,– / 23.595,– / 24.995,– (Diesel / Schrägheck / Kombi)

Technische Daten auf Seite 310

Das stärkste Stück: Nissan Bluebird Grand Prix 16V, 1989. Der Vierzylinder-Reihenmotor mit 16 Ventilen und Direktzündung leistet 129 PS bei 6400/min. Maximales Drehmoment 153 Nm bei 5200/min.

Chronik:

1988: Nach der Vorstellung auf dem Genfer Salon steht der neue Bluebird ab Mai zur Verfügung. Ausschließlich Katalysator- oder Dieselmotor, drei Karosserievarianten wie gehabt. Neue Typenbezeichnung T 12 (Vorgänger T 11).

1989: Im neuen Jahr ergänzen die gut ausgestatteten Grand Prix-Modelle mit 1,8 Liter-16V-Motor das Angebot. Produziert im englischen Nissan-Werk Sunderland; 27.345,–(Grand Prix Lim.); 28.145,– (Schrägheck). Insgesamt acht Bluebird-Varianten lieferbar.

1990: Ablösung im Oktober durch Nissan Primera.

Nissan Primera (ab 1990)
Premiere für Primera

Der normale japanische Modellzyklus umfaßt vier Jahre, dann wird ein Fahrzeug abgelöst. Nissan billigte der letzten Auflage seines Mittelklasse-Bestseller Bluebird – immerhin sieben Millionen mal gebaut – nur knappe drei Jahre zu, dann stand die Ablösung ins Haus. Auf der Birmingham Motor Show im September 1990 schlug die Stunde des Nachfolgers: Vorhang auf für den Primera.
Wie schon beim Vorgänger üblich, wurde auch der Primera in gleich drei Karosserieformen angeboten, als Stufenheck-Limousine, als Schrägheck mit großer Klappe und als Kombi »Traveller«.
Der Neuzugang rollte, wie auch schon die letzten Bluebirds, im englischen Nissan-Werk in Sunderland vom Band. Rechtlich gesehen war damit der Primera so britisch wie ein Austin Mini oder ein Range Rover – und umging somit Importbeschränkungen, die der europäische Binnenmarkt den japanischen Automobilherstellern auferlegen könnte. Die in Sunderland produzierten Limousinen mit Stufen- und Schrägheck waren zugleich die esrten japanischen Autos, die in Europa gefertigt und dann ins Mutterland exportiert wurden. Lediglich der Kombi stammte noch aus japanischer Nissan-Produktion.
Das Karosseriedesign ließ den kantigen Bluebird glatt vergessen, die Stylisten hatten sich durch Peugeot 405 und Opel Vectra inspirieren lassen – gefällig, aber wenig aufregend. Bei Fahrwerk und Bodengruppe handelte es sich – trotz weitgehend identischer Dimensionen – gegenüber dem Bluebird um eine völlige Neukonstruktion. Bei der Vorderachse griff man zu einer Doppelquerlenker-Aufhängung, hinten wurde die Maxima-Konstruktion aus Schräg- und Längslenkern übernommen.

MODELLE, VARIANTEN, PREISE

Modellreihen:	Limousine viertürig, Kombi, Schrägheck-Limousine.
Motoren:	1597 cm³ / 66 kW (90 PS) 16V Kat bei 6000/min 1998 cm³ / 85 kW (115 PS) 16V Kat bei 6000/min 1998 cm³ / 110 kW (150 PS) 16V Kat bei 6400/min 1952 cm³ / 55 kW (75 PS) Diesel bei 4800/min
Ausstattung:	Höhenverstellbarer Fahrersitz mit Lendenwirbelstütze, höhenverstellbares Lenkrad, höhenverstellbares Sicherheitsgurte vorn, getönte Scheiben, Servolenkung, beide Außenspiegel elektrisch verstellbar, einzeln umlegbare Rücksitzlehnen, Zentralverriegelung Kindersicherung hinten, elektrische Fensterheber, Drehzahlmesser, Zeituhr.
Varianten:	Primera 1,6 LX/SLX – 2,0 SLX – 2,0 LX Diesel – 2,0 GT
Preise (DM):	24475.– (1,6 LX) 37600.– (2,0 GT)

Chronik:

1989: Erste Präsentation des Primera mit Schrägheck als Aerodynamik-Studie (Luftwiderstandsbeiwert 0,25) Primera-X auf der Tokio Motor Show.

1990: Europa-Premiere auf dem Pariser Salon im Oktober 1990, Deutschland-Start Ende des Monats. Völlig neue Karosserien, drei Benzin-, ein Dieseltriebwerk. Nachfolger des Bluebird. Stufenheck-Limousine wird im englischen Nissan-Werk Sunderland produziert.

Nissan Primera 1990: Nichts erinnert mehr an die rund sieben Millionen mal gebaute Bluebird-Familie.

Technische Daten auf Seite 310

Nissan Prairie (1983–1989)
Neues für den Alten

Der erste Kanzler der Bundesrepublik, Konrad Adenauer, soll seinen Dienst-Mercedes vom Typ 300 deswegen so geschätzt haben, weil er darin seinen Hut aufbehalten konnte. Als Adenauer-Mercedes kennt man diesen Typ noch heute.

Seinen Hut hätte der Alte aus Rhöndorf auch im Nissan Prairie aufbehalten können, wenn es den damals schon gegeben hätte. Bei einer Höhe von einem Meter sechzig bot der Prairie reichlich Kopffreiheit. Doch der IAA-Neuling von 1983 hatte noch mehr zu bieten: 3,2 Kubikmeter Innenraum, zwei große Türen, zwei seitliche hintere Schiebetüren, eine Heckklappe – und keine B-Säule. Um dennoch eine hohe Flankenstabilität zu erreichen, wurden Dach- und Bodengruppe mit Querträgern verstärkt.

Für den nötigen Vortrieb sorgte der 1,8 l-Benzinmotor aus dem Bluebird; die Modellevolution bescherte dem ursprünglich frontgetriebenen Prairie neben diversen optischen und technischen Änderungen 1987 auch einen zuschaltbaren Allradantrieb.

Das erste Auto ohne B-Säule: der Prairie SGL, ab Oktober 1983 beim Händler.

MODELLE, VARIANTEN, PREISE

Modellreihen:	Viertürige Großraumlimousine mit Schiebetüren und Heckklappe
Motoren:	1809 cm³ / 65 kW (88 PS) bei 5200/min
	1973 cm³ / 68 kW (92 PS) Kat bei 5200/min ab 5.86
	1809 cm³ / 66 kW (90 PS) bei 5200/min ab 10.86
	1973 cm³ / 77 kW (105 PS) Kat bei 5200/min ab 3.87

Nissan Prairie 4 × 4 Kat 1986

Motor	
Zylinder / Bauart	4 Reihe, quer eingebaut
Bohrung × Hub	84,5 × 88 mm
Hubraum	1973 cm³
Leistung	68 kW / 92 PS bei 5200/min
Max. Drehmoment	147 Nm bei 2800/min
Verdichtung	8,5 : 1
Gemischaufbereitung	elektronische Benzineinspritzung mit Schubabschaltung
Abgasreinigungssystem	geregelter 3-Wege-Katalysator mit Lambdasonde
Ventile / Steuerung	2 / OHC
Batterie	12 V 60 Ah
Kraftübertragung	
Antrieb	Vorderradantrieb mit elektromagnetisch zuschaltbarem Hinterradantrieb
Getriebe	5-Gang
Übersetzungen	I = 3,71
	II = 2,10
	III = 1,27
	IV = 0,95
	V = 0,74
	R = 3,43
Fahrwerk	
Radaufhängung vorn	McPherson-Federbeine, Querlenker, Stabilisator
Radaufhängung hinten	McPherson-Federbeine, Quer- und Längslenker, Stabilisator
Lenkung	Zahnstangenlenkung mit Servounterstützung
Bremse	Bremskraftverstärker und -regler, vorn: innenbelüftete Scheibenbremsen, hinten: Trommelbremsen, selbstnachstellend
Allgemeine Daten	
Gesamtmaße	4230 × 1665 × 1685 mm
Radstand	2525 mm
Spur vorne/hinten	1430/1375 mm
Felgen	5 J × 14
Reifen	185/70 SR 14
Leergewicht	1390 kg
Zul. Gesamtgewicht	1860 kg
Höchstgeschwindigkeit	154 km/h
0 auf 100 km/h	14,8 s
Verbrauch l/100 km	10,8 l Normal, bleifrei
Tankinhalt	50 l

Prairie 2,0 GL 4×4 1987: nach der Modellpflege mit neuem Grill und Stoßfängern mit angeformter Schürze.

Ausstattung:	Getönte Scheiben, heizbare Heckscheibe mit Wisch-Waschanlage, Außenspiegel li/re von innen einstellbar, Radioantenne im Holm integriert. Ausziehbare Ablagebox unter dem Beifahrersitz, umklappbare Rücksitzbank.
Varianten:	Prairie SGL/K – 2.0 Kat – 2.0 4×4 GL Kat
Preise (DM):	17.995,– (Prairie SGL)

Chronik:

1983: Großraum-Limousine auf der IAA im September vorgestellt, das erste Auto der Welt ohne Mittelholm. Variabler Innenraum durch umlegbare Rücksitzbank.
1985: Einführung der Sondermodelle Jubilee und Plus im Mai.
1986: Einführung des Katalysator-Modells im Mai; Modellbezeichnung jetzt »Prairie K«. Geändertes Radkappendesign; Servolenkung Serie. Im Oktober Motorleistung geringfügig angehoben.
1987: Umfangreicher Facelift im März: Kunststoffummantelte Stoßfänger mit Frontspoiler und Heckschürze in Wagenfarbe; neuer Kühlergrill, Blinkergläser vorn jetzt klar, seitliche Blinker vorn und hinten. Heckleuchten unterteilt. Neugestalteter Innenraum und Armaturenbrett. 14 Zoll-Felgen, andere Radkappen. Nur noch Notrad. Modell 4×4 mit zuschaltbarem Allrad-Antrieb und leicht geänderten Außenabmessungen (Preis 27.645,–), vollwertiges Ersatzrad. Modellreihe gestrafft, ab Herbst nur noch Katalysator-Modelle lieferbar.
1989: Ablösung durch völlig neuen Prairie Pro.

Nissan Prairie Pro SLX 1989

Motor	
Zylinder / Bauart	4 Reihe, quer eingebaut
Bohrung×Hub	84,5×88 mm
Hubraum	1974 cm³
Leistung	72 kW / 98 PS bei 5200/min
Max. Drehmoment	150 Nm bei 2400/min
Verdichtung	8,5:1
Gemischaufbereitung	elektronische Benzineinspritzung mit Schubabschaltung
Abgasreinigungssystem	geregelter 3-Wege-Katalysator mit Lambdasonde
Ventile / Steuerung	2 / OHC
Batterie	12 V 60 Ah
Kraftübertragung	
Antrieb	Vorderradantrieb
Getriebe	5-Gang
Übersetzungen	I = 3,40
	II = 1,95
	III = 1,27
	IV = 0,95
	V = 0,80
	R = 3,43
Fahrwerk	
Radaufhängung vorn	McPherson-Federbeine, Dreiecksquerlenker, Stabilisator
Radaufhängung hinten	McPherson-Federbeine, Längslenker, doppelte Querlenker, Stabilisator
Lenkung	Zahnstangenlenkung mit Servounterstützung
Bremse	Bremskraftverstärker und -regler, vorn: innenbelüftete Scheibenbremsen, hinten: Trommelbremsen, selbstnachstellend
Allgemeine Daten	
Gesamtmaße	4360×1690×1630 mm
Radstand	2610 mm
Spur vorne/hinten	1460/1430 mm
Felgen	5,5 JJ×14
Reifen	185/70 SR 14
Leergewicht	1250 kg
Zul. Gesamtgewicht	1835 kg
Höchstgeschwindigkeit	170 km/h
0 auf 100 km/h	13,7 s
Verbrauch l/100 km	9,4 l Normal, bleifrei
Tankinhalt	65 l

Nissan Prairie Pro (ab 1989)
Großraum-Traum

Nur noch der Name des Nissan Prairie Pro erinnerte noch an den Vorgänger, ansonsten war ein völlig neues Fahrzeug entstanden. Die progressive Silhouette stand ganz im Zeichen des stark abfallenden Bugs und der riesigen Frontscheibe, welche den Neigungswinkel der Haube geschickt weiterführte und so für die extreme Keilform sorgte. Zusammen mit weiteren aerodynamischen Feinarbeiten wie den bündig montierten Scheiben oder den weich gezeichneten Stoßfängern sorgte sie für einen C_w-Wert von 0,36 – wahrhaftig nicht schlecht für ein Fahrzeug, das fast so hoch wie breit war.

Doch nicht nur im Windkanal machte der Prairie eine gute Figur, auch die Technik enthielt Leckerbissen für Kenner. Den Zweiliter-Vierzylinder mit Schubabschaltung und Doppelzündung, kennfeldgesteuerte Zündanlage mit E.C.C.S.-System und L-Jetronic kannte man im Prinzip schon aus dem Bluebird. Für den Allrad-Antrieb griffen die Nissan-Techniker in die Trickkiste und zauberten daraus ein ausgetüfteltes System mit Visco-Kupplung hervor. Bei diesem System rotieren in einer hochviskosen (zähen) Flüssigkeit mehrere Lamellen-Scheiben, die wechselseitig Vorder- und Hinterrädern zugeordnet sind. Bei einer Änderung der Schlupfverhältnisse drehen sich die Scheiben unterschiedlich schnell, die Visko-Füllung versteift sich und gleicht den Drehmoment-Unterschied aus.

Soviel Technik hatte natürlich ihren Preis: Mit 29.995 Mark war der neue Pro um mehr als 10.000 Mark teuerer als die erste Prairie-Generation.

MODELLE, VARIANTEN, PREISE

Modellreihen:	Viertürige Großraumlimousine mit Schiebetüren und Heckklappe
Motoren:	1974 cm³ / 72 kW (98 PS) Kat bei 5200/min
Ausstattung:	Halogen-Hauptscheinwerfer, getönte Scheiben, Heckscheiben Wisch-Waschanlage, zwei elektrisch einstellbare Außenspiegel, Zentralverriegelung einschließlich Heckklappe. Höhenverstellbare Sicherheitsgurte vorn, vier Lautsprecher und Radioantenne. Drehzahlabhängige Servolenkung.
Varianten:	Prairie Pro SLX – SLX 4×4
Preise (DM):	29.995,– / 35.995,– (SLX / 4×4)

Chronik:

1989: Einführung des Prairie-Nachfolgers Pro mit dem neuen Modelljahr. Vollkommen neue Karosserie, nur noch mit Katalysator lieferbar. Von Anfang an auch mit permanentem Allrad-Antrieb lieferbar. Im Gegensatz zum Vorgänger wieder mit B-Säule.

1990: Sondermodell Royal lieferbar (Januar): Leichtmetallfelgen 7 J×15 mit Breitreifen 205/60 R 15 H, Dachreling, abgedunkelte Scheiben, Dekorstreifen, Schriftzug. Aufpreis DM 1.900,–.

Die großen Fensterflächen machen es möglich: Nissan wirbt beim Prairie Pro SLX, 1989, mit einer »fast perfekten Rundumsicht von 327 Grad«.

Datsun 240 K-GT (1973–1978)
Luxus zum Sonderpreis

Datsun 240 K-GT 1973: amerikanisches Straßenkreuzer-Design im handlichen Europa-Format.

Gegen die etablierte deutsche Konkurrenz vom Schlage eines Ford Granada oder eines Opel Commodore trat im Juni 1974 Nissan mit dem Sechszylinder 240 K-GT an. Dafür hatte man den 2,4 Liter-Motor des 240 Z in eine reichlich amerikanisierte Karosserie verpflanzt. Durch Einbau eines einzelnen Register-Vergasers (beim Z-Typ zwei SU-Vergaser) und die Reduzierung des Verdichtungsverhältnisses auf 8,5:1 wurde die Leistung von den 130 PS eines 240 Z auf 113 PS gedrückt. Dabei lag das maximale Drehmoment von 20,0 mkg schon bei 3600 Umdrehungen pro Minute.

Der 240 K-GT basierte auf einem Fahrzeugtyp der Firma Prince Motors, die 1966 durch Nissan übernommen worden war. Das dortige Bluebird-Konkurrenzmodell hieß Skyline und wurde auch nach der Übernahme parallel weiterentwickelt. Somit leistete sich Nissan Motor den Luxus, zwei völlig verschiedene Modellreihen in derselben Klasse anzubieten. In Japan wurde der 240 K-GT, seit 1973 in diesem Blechkleid, auch weiterhin als Skyline verkauft.

Gewöhnungsbedürftig im Styling – besonders bemerkenswert die steil nach oben abknickende Linie in Höhe der hinteren Radkästen – machte der ehemalige Prince-Zögling durch eine reichhaltige Serienausstattung zum günstigen Preis auf sich aufmerksam. Genützt hat es ihm freilich wenig: Weder als Coupé noch als Limousine konnte sich der Sechszylinder in Deutschland so recht in Szene setzen.

MODELLE, VARIANTEN, PREISE

Modellreihen:	Stufenheck-Limousine mit vier Türen, Coupé
Motoren:	2393 cm³ / 83 kW (113 PS) bei 5000/min
Ausstattung:	Heizbare Heckscheibe, höhenverstellbares Lenkrad, elektrische Wisch-Wasch-Anlage, Zeituhr, Drehzahlmesser, Amperemeter, Öldruckanzeige, Liegesitze, abblendbarer Innenspiegel, abschließbarer Tankdeckel.
Varianten:	240 K-GT
Preise (DM):	12.990,– (Lim.)

Datsun 240 K-GT 1973

Motor	
Zylinder / Bauart	6 Reihe
Bohrung×Hub	83×73,7 mm
Hubraum	2393 cm³
Leistung	83 kW / 113 PS bei 5000/min
Max. Drehmoment	186 Nm bei 3600/min
Verdichtung	8,5:1
Gemischaufbereitung	1 Doppelregister-Fallstromvergaser Hitachi
Ventile / Steuerung	2 / OHC
Batterie	12 V 60 Ah
Kraftübertragung	
Antrieb	Hinterradantrieb
Getriebe	4-Gang
Übersetzungen	I = 3,592 II = 2,246 III = 1,415 IV = 1,0 R = 3,657
Fahrwerk	
Radaufhängung vorn	McPherson-Federbeine, Querlenker, Stabilisator
Radaufhängung hinten	Schräglenker, Schraubenfedern, Gasdruck-Teleskopstoßdämpfer
Lenkung	Kugelumlauflenkung
Bremse	Bremskraftverstärker, vorn: Scheibenbremsen, hinten: Trommelbremsen
Allgemeine Daten	
Gesamtmaße	4460×1625×1395 mm
Radstand	2610 mm
Spur vorne/hinten	1365/1360 mm
Felgen	5J×14
Reifen	175 SR 14
Leergewicht	1180 kg
Zul. Gesamtgewicht	1625 kg
Höchstgeschwindigkeit	175 km/h
0 auf 100 km/h	12,8 s
Verbrauch l/100 km	14,1 l Super
Tankinhalt	55 l

Gab nur ein kurzes Gastspiel: die Coupé-Variante des Datsun-Topmodells 240 K-GT.

Chronik:

1973: Im Juni erscheint der 240 K-GT als Exportversion des Nissan Skyline; Coupé nur kurzfristig im Programm. Parallelmodell zur japanischen Laurel-Modellreihe.

1975: Modellpflegemaßnahmen zur IAA: Fünfganggetriebe, Serie, stärkere Stabilisatoren, geänderte Auspuffanlage und 185/70 HR 14-Reifen. Anders gestaltete Tankdekkel- und Entlüftungs-Abdeckungen, geändertes Heck-Enblem, runde Frischluftdüsen am Armaturenbrett, Kunstleder-Lenkrad mit Huptasten. Zu diesem Zeitpunkt ist bereits das Coupé nicht mehr im Programm für Deutschland. Der Coupé-Nachfolger erscheint im Oktober 1978 unter dem Namen Skyline.

1978: Import im Juli eingestellt. Nachfolger wird der Laurel 240, der ab Mai des folgenden Jahres verkauft wird.

Datsun / Nissan Laurel (1977–1989)
Lorbeeren für Nippons Söhne

Für jeden Geschmack etwas – nach diesem Motto stellte Nissan sein Modellprogramm für Deutschland zusammen. Nicht nach jedermanns Geschmack war bislang die Datsun-Oberklasse gewesen, die aus dem ebenso eigenwilligen wie betagten 240 K-GT bestand. Datsuns Top-Modell mit dem prestigeträchtigen Sechszylinder kam über ein Mauerblümchen-Dasein nicht hinaus, und das sollte sich endlich ändern. Als letzten Vertreter des Chrombarocks schickte Datsun den 200 L ins Rennen.

Datsun Laurel 200 L / 240 L (1977–1981)

Der Auftritt war geglückt: Der 200 L bot sechs Zylinder, appetitlich verpackt, einen Hauch von Luxus, eine wuchtige Karosserie, üppig mit Chrom behängt – und das zu einem Preis, zu dem es bei der deutschen Konkurrenz kaum einen Vierzylinder gab.

Im Mai 1979 zündete Nissan die zweite Laurel-Stufe: Mit einem eckig-breiten Kühlergrill, rechteckigen Doppelscheinwerfern und dem 2,4 Liter-Sechszylinder aus dem seit Juli 1978 nicht mehr lieferbaren K-GT war der Laurel 240 die größte und leistungsfähigste japanische Limousine jener Jahre. Kein Wunder also, daß das Preiswunder zum erfolgreichsten Sechszylin-

Datsun 200 L 1977

Motor	
Zylinder / Bauart	6 Reihe
Bohrung × Hub	78 × 69,7 mm
Hubraum	1998 cm³
Leistung	71 kW / 96 PS bei 5200/min
Max. Drehmoment	140 Nm bei 3600/min
Verdichtung	8,6 : 1
Gemischaufbereitung	1 Fallstrom-Zweistufenvergaser Hitachi DAF
Ventile / Steuerung	2 / OHC
Batterie	12 V 60 Ah
Kraftübertragung	
Antrieb	Hinterradantrieb
Getriebe	4-Gang
Übersetzungen	I = 3,592 II = 2,246 III = 1,415 IV = 1,000 R = 3,3657
Fahrwerk	
Radaufhängung vorn	McPherson-Federbeine, Querlenker, Stabilisator
Radaufhängung hinten	Starrachse, Schraubenfedern, Längslenker, Stabilisator
Lenkung	Kugelumlauflenkung
Bremse	Bremskraftregler und -servo, vorn: Scheibenbremsen, hinten: Trommelbremsen
Allgemeine Daten	
Gesamtmaße	4530 × 1690 × 1400 mm
Radstand	2670 mm
Spur vorne/hinten	1380/1370 mm
Felgen	5 J × 14
Reifen	185/70 HR 14
Leergewicht	1160 kg
Zul. Gesamtgewicht	1650 kg
Höchstgeschwindigkeit	170 km/h
0 auf 100 km/h	15,0 s
Verbrauch l/100 km	12,5 l Normal
Tankinhalt	60 l

Der 240 L Laurel (1979) mit Rechteck-Doppelscheinwerfern und Kühlergrill im Mercedes-Format. Auch der 200 L erhielt ihn, mußte sich jedoch weiterhin mit Rundscheinwerfern begnügen.

der aus Japan avancierte: 18,6% (5895 Fahrzeuge) der gesamten deutschen Datsun-Zulassungen entfielen im ersten vollen Verkaufsjahr auf die beiden Laurel-Varianten. 1979 und 1980 waren sie sogar die hierzulande meistverkauften Japan-Autos überhaupt. Der 200 L als Coupé wurde zusammen mit der Limousine in Frankfurt vorgestellt, kam jedoch nicht zur Auslieferung. An seine Stelle trat 1978 der Skyline.

MODELLE, VARIANTEN, PREISE

Modellreihen:	Stufenheck-Limousine viertürig, Coupé
Motoren:	1998 cm³ / 71 kW (96 PS) bei 5200/min 2393 cm³ / 83 kW (113 PS) bei 5200/min ab 5.79
Ausstattung:	Getönte Scheiben und Verbundglas vorn, höhenverstellbares Lenkrad, Ökonometer, Kontrolleuchte für geschlossene Türen, beleuchtetes Zündschloß, Fondheizung, Tankschloß. Handschuhfach abschließbar. In der Schweizer Ausführung mit Radio, separatem Kassettengerät und Lautsprechern vorn und hinten.
Varianten:	200 L – Laurel 240
Preise (DM):	14.490,– / 15.490,– (200 L / Coupé)

Chronik:

1977: IAA-Premiere für den 200 L als Coupé und Limousine (September). Runde Doppelscheinwerfer, Kühlergrill im amerikanischen Stil. Coupé mit leicht geänderter Front.

1978: Ab März Auslieferung der Limousine, das Coupé gelangt nicht in den Verkauf.

1979: März: Modellpflege für den 200 L, der inzwischen Laurel heißt: Massivere Stoßstangen mit Gummibelag, breite Seitenschutzleisten, Kühlergrill im Stil des später

Alle Wege führen zum Chrom: Datsun 200 L Sechszylinder 1977, der Nachfolger des 240 K-GT. Im Hintergrund das nie eingeführte Coupé.

vorgestellten 240; geriffelte Heckleuchten. Armaturenbrett modernisiert, Rücksitz-Automatik-Gurte und Tankfernentriegelung serienmäßig. Im Mai erscheint der 240 Laurel mit 83 kW-Motor. Rechteck-Halogenscheinwerfer, neuer Grill, Leichtmetallfelgen; sonst identisch mit 200 L. Bei gleichem Radstand geänderte Karosserie-Dimensionen bei beiden Modellen: 4625×1690×1400 mm (vorher: 4525×1685×1400 mm). 16.990 Mark.

1981: Ablösung beider Modelle im Mai.

Nissan Laurel (1981–1985)

Nissan-Chefkonstrukteur Shinoshiro Sakurai hatte sich nicht auf seinen Lorbeeren ausgeruht. Die 200 L/240 Laurel waren zwei Jahre lang die meistverkauften ausländischen Limousinen in Deutschland. Der neue Laurel, der im Frühsommer 1981 debütierte, sollte dafür sorgen, daß der Siegerkranz nicht welkte. Das durchweg europäisch wirkende Auto bot eine nahezu perfekte Rundumsicht und hatte auch beim Fahrwerk den Anschluß an die Sechszylinder aus Köln und Rüsselsheim geschafft.

Doch nicht nur die Karosserie war vollkommen neu. Erstmals nagelte nun in einem Nippon-Import ein Sechszylinder-Dieselmotor. Der Laurel 2.8 D leistete damit 62 kW (85 PS) und beeindruckte durch Laufruhe und Zugkraft gleichermaßen. Luxus satt verhieß der Blick in die Ausstattungsliste der 2.4- und 2.8 Diesel-Modelle. Als aufpreispflichtig erwiesen sich nur der Metallic-Lack, die Dreistufen-Automatik und die Leichtmetallräder. Auch das elektrische Stahlschiebe- und Hebedach wollte extra honoriert werden.

Bekannte Technik unter völlig überarbeiteter Karosserie: Datsun Laurel 1981, erstmals auch mit einem Diesel-Sechszylinder. Die Leichtmetallfelgen gehörten zu den Sonderausstattungen.

MODELLE, VARIANTEN, PREISE

Modellreihen:	Stufenheck-Limousine viertürig
Motoren:	1998cm³ / 71 kW (96 PS) bei 5200/min
	2393cm³ / 83 kW (83 PS) bei 5200/min
	2793cm³ / 62 kW (85 PS) Diesel bei 4400/min
	2393cm³ / 88 kW (120 PS) bei 5200/min ab 9.83

Datsun Laurel 2,8 Diesel 1981

Motor

Zylinder / Bauart	6 Reihe
Bohrung×Hub	84,5×83 mm
Hubraum	2793 cm³
Leistung	62 kW / 85 PS bei 4400/min
Max. Drehmoment	162 Nm bei 2400/min
Verdichtung	22,0:1
Gemischaufbereitung	Diesel-Verteilereinspritzpumpe
Ventile / Steuerung	2 / OHC
Batterie	12 V 70 Ah

Kraftübertragung

Antrieb	Hinterradantrieb
Getriebe	5-Gang
Übersetzungen	I = 3,32
	II = 1,90
	III = 1,31
	IV = 1,00
	V = 0,75
	R = 3,38

Fahrwerk

Radaufhängung vorn	McPherson-Federbeine, Querlenker, Stabilisator
Radaufhängung hinten	Starrachse, Längs- und Schräglenker, Schraubenfedern, Gasdruckstoßdämpfer
Lenkung	Kugelumlauflenkung mit Servounterstützung
Bremse	Bremskraftverstärker und -regler, vorn: innenbelüftete Scheibenbremsen hinten: Trommelbremsen

Allgemeine Daten

Gesamtmaße	4635×1690×1400 mm
Radstand	2670 mm
Spur vorne/hinten	1410/1390 mm
Felgen	5,5 JJ×14
Reifen	185/70 SR 14
Leergewicht	1270 kg
Zul. Gesamtgewicht	1730 kg
Höchstgeschwindigkeit	155 km/h
0 auf 100 km/h	15,9 s
Verbrauch l/100 km	10 l Diesel
Tankinhalt	65 l

Die Aufpreis-Liste des Laurel 2,4 (1983) war kurz: Automatik-Getriebe 1300 DM, zweifarbiger Metallic-Lack 415 DM, Schiebedach 1155 DM, Leichtmetallfelgen 1490 DM.

Ausstattung:	Getönte Scheiben, Drehzahlmesser, Höhenverstellung des Fahrersitzes, Nebelschlußleuchte, umlaufende Seitenschutzleisten. Nur 2.4 und 2.8 D: Servolenkung, elektrische Fensterheber vorne und hinten, elektrische Außenspiegel links und rechts, Zentralverriegelung, Mittelarmlehne.
Varianten:	Laurel 2.0/DX – 2.4/SGL – 2.8 Diesel/SGL
Preise (DM):	16.895,– / 19.295,– / 21.095,– (2,0 / 2,4 / 2,8 D)

Chronik:

1981: Neue Modellreihe mit deutlich verbesserterm C_w-Wert ab Mai lieferbar. Drei Motoren zur Auswahl, Diesel-Triebwerk neu. Extras: Automatik 1110 DM, Metallic-Lack 260 DM, Leichtmetallräder – gegen Rückgabe der Stahlfelgen – 1050 DM.

1982: Modellreihe mit neuer Typenbezeichnung beibehalten: 2.0 DX, 2.4 SGL, 2.8 SGL.

1983: Modellpflegemaßnahmen im September. 2.0 DX gestrichen, 2.4 in Motorleistung angehoben (88 kW/Verdichtung 9,4:1, max. Drehmoment 180 Nm). Typenbezeichnung von Datsun in Nissan geändert; Heckleuchten mit untenliegenden Rückfahrscheinwerfern. Position der Warn- und Anzeigeleuchten am Armaturenbrett geändert, Zweifarbenlackierung gegen Aufpreis. Abgasrückführungsanlage beim 2.4 Serie.

1985: Import des Diesel-Modells im September ausgesetzt. Ablösung zum Jahresende.

Nissan Laurel (1986–1989)

Der neue Laurel hatte seine Premiere auf dem Genfer Salon 1985 und erschien bei uns zum Jahreswechsel. Innen und außen gründlich renoviert, betrafen die markantesten Änderungen Grill und Stoßfänger, Heckleuchten und Armaturenbrett. Der 2,4 Liter-Sechszylinder leistete nun 94 kW/128 PS,

Nissan Laurel 2,4 E SGL 1986

Motor		**Fahrwerk**	
Zylinder / Bauart	6 Reihe	Radaufhängung vorn	McPherson-Federbeine, Zugstreben, Querlenker, Stabilisator
Bohrung × Hub	83 × 73,7 mm	Radaufhängung hinten	Starrachse, Längs- und Schräglenker, Schraubenfedern, Gasdruckstoßdämpfer
Hubraum	2393 cm^3	Lenkung	Zahnstangenlenkung mit Servounterstützung
Leistung	94 kW / 128 PS bei 5600/min	Bremse	Bremskraftverstärker und -regler, vorn: innenbelüftete Scheibenbremsen, hinten: Trommelbremsen
Max. Drehmoment	180 Nm bei 4400/min		
Verdichtung	8,9:1		
Gemischaufbereitung	elektronische Benzineinspritzung L-Jetronic mit Schubabschaltung		
Ventile / Steuerung	2 / OHC		
Batterie	12 V 60 Ah		
Kraftübertragung		**Allgemeine Daten**	
Antrieb	Hinterradantrieb	Gesamtmaße	4650 × 1690 × 1431 mm
Getriebe	5-Gang	Radstand	2670 mm
Übersetzungen	I = 3,32	Spur vorne/hinten	1420/1400 mm
	II = 1,90	Felgen	5,5 JJ × 14
	III = 1,31	Reifen	195/70 HR 14
	IV = 1,00	Leergewicht	1310 kg
	V = 0,84	Zul. Gesamtgewicht	1805 kg
	R = 3,38	Höchstgeschwindigkeit	190 km/h
		0 auf 100 km/h	10,8 s
		Verbrauch l/100 km	10,8 l Super
		Tankinhalt	65 l

wobei sich das zulässige Gesamtgewicht um 115 Kilogramm erhöhte. Stattliche 1,3 Tonnen wog der Nippon-Granada, der im Sommer 1987 noch einmal leicht überarbeitet wurde. Den Laurel 2.4 nahm man aus dem Programm, der Diesel-Motor dagegen wurde in seiner Leistung leicht angehoben.
In diese bislang letzte Laurel-Neuauflage steckten die Ausstattungkünstler aus Japan noch einmal alles was gut und teuer war. Die elektrischen Helferlein bekamen reichlich zu tun. Das fing bei den per Knopfdruck regulierbaren Außenspiegeln an, führte weiter zum Schiebedach (serienmäßig) und hörte bei den elektrisch verstellbaren Halogen-Scheinwerfern noch lange nicht auf.

Längenwachstum: die Gesamtlänge des Laurel 2,8 SLX Diesel wuchs durch die Modellpflege 1987 um 20 mm auf 4,69 m.

MODELLE, VARIANTEN, PREISE

Modellreihen:	Stufenheck-Limousine viertürig
Motoren:	2393 cm^3 / 94 kW (128 PS) bei 5600/min 2793cm^3 / 62 kW (85 PS) Diesel bei 4400/min 2793cm^3 / 66 kW (90 PS) Diesel bei 4600/min ab 8.87
Ausstattung:	Höhenverstellbare Sicherheitsgurte vorn, Zünd- und Türschloßbeleuchtung, Innenraumbeleuchtung mit Dimmereffekt. Progressive Servolenkung, elektrische Fensterheber und Außenspiegel, Zentralverriegelung, elektrisches Schiebe-/Hebedach, automatische Antenne und Heckscheibenantenne.
Varianten:	Laurel 2,4 E SGL – 2,8 SGL Diesel
Preise (DM):	23.795,– / 25.695,– (2,4 / 2.8 D)

Chronik:

1986: Ab Jahresbeginn lieferbar, Kühlergrill mit Chromeinfassung und aufgesetzten waagrechten Leisten. Stoßfänger vorn mit Lüftungsschlitz, große Rückleuchten. Im Vergleich zum Vorgänger um 10 mm breitere Spur (vorn/hinten), 31 mm höher. Innenraumlänge 1,88 m (vorher 1,86 m), Überhang vorn 15 mm länger.

1987: Facelift im Sommer, Benzin-Modell gestrichen. Diesel mit 66 kW-Motor. Optik: gestrecktere Haube, Frontschürze mit Lüftungsgitter links und rechts, Scheinwerfer greifen um die Ecken. Geänderte Heckleuchten mit Blinkleuchten oben. Heckschürze. Verbesserte Innenausstattung (Gurte höhenverstellbar).

1989: Auslaufen der Modellreihe im Frühjahr, Nachfolger wird der Maxima.

Gründlich modifiziert: der Laurel 2,4 E SGL, 1986.

Datsun Skyline (1978–1981)
Kein schöner Land

Die Aufpreis-Liste des Laurel 2,4 (1983) war kurz: Automatik-Getriebe 1300 DM, zweifarbiger Metallic-Lack 415 DM, Schiebedach 1155 DM, Leichtmetallfelgen 1490 DM.

Mit dem Skyline führte Datsun 1978 eine neue Modellreihe in Deutschland ein. Als Ergänzung zu den Laurel-Typen sollte das neue Coupé auch sportlich ambitionierte Familienväter bei der rot-blauen Nissan-Stange halten. Das keilförmige Schwergewicht unterschied sich nicht nur optisch vom barocken Laurel, auch die technische Basis war eine andere. Das fing bei der Sechszylindermaschine aus dem 260 Z, das aus 2,4 Litern Hubraum 130 PS mobilisierte, an, und hörte beim Fahrwerk mit Einzelradaufhängung vorn und hinten noch lange nicht auf.
Rund fünf Jahre zuvor war Nissan schon einmal mit einem Skyline in Deutschland erschienen. Unter seiner Export-Bezeichnung 240 K-GT konnte sich die Limousine als Nissan-Flaggschiff etablieren, die Coupé-Variante verschwand rasch wieder aus den Angebotslisten. Das 200 L-Coupé wurde nicht eingeführt, der Skyline schon. Immerhin er hielt sich knapp drei Jahre im Programm, bevor der Laurel-Modellwechsel im Frühjahr 1981 auch das Aus für den sportlich angehauchten Fünfsitzer brachte.

MODELLE, VARIANTEN, PREISE

Modellreihen:	Zweitüriges Coupé
Motoren:	2393 cm^3 / 96 kW (130 PS) bei 5600/min
Ausstattung:	Verbundglas-Frontscheibe, getönte Scheiben, heizbare Heckscheibe, höhenverstellbares Lenkrad, Heckscheibenwischer, 10 Kontrollanzeigen. Drehzahlmesser, Quarzuhr, Servolenkung, Alu-Felgen.
Varianten:	Skyline
Preise (DM):	18.940,–

Chronik:

1978: Ab Oktober lieferbar. Keilförmige Karosserie mit charakteristischen runden Doppelscheinwerfern und wabenförmigem Kühlergrill.

1981: Im Juli wird der Import des Sechszylinders eingestellt. Bleibt ohne Nachfolger.

Datsun Skyline 1978

Motor	
Zylinder / Bauart	6 Reihe
Bohrung × Hub	83 × 73,7 mm
Hubraum	2393 cm^3
Leistung	96 kW / 130 PS bei 5600/min
Max. Drehmoment	181 Nm bei 4500/min
Verdichtung	8,9 : 1
Gemischaufbereitung	Benzineinspritzung Bosch L-Jetronik
Ventile / Steuerung	2 / OHC
Batterie	12 V 60 Ah
Kraftübertragung	
Antrieb	Hinterräder
Getriebe	5-Gang
Übersetzungen	I = 3,321
	II = 2,077
	III = 1,308
	IV = 1,100
	V = 0,864
	R = 3,382
Fahrwerk	
Radaufhängung vorn	McPherson-Federbeine, Querlenker
Radaufhängung hinten	Einzelradaufhängung an Schräglenkern, Schraubenfedern, Teleskopstoßdämpfer
Lenkung	Kugelumlauflenkung, servounterstützt
Bremse	Bremskraftverstärker und -regler, vorn: Scheibenbremsen, hinten: Scheibenbremsen
Allgemeine Daten	
Gesamtmaße	4600 × 1625 × 1380 mm
Radstand	2315 mm
Spur vorne/hinten	1375/1365 mm
Felgen	5 J × 14
Reifen	175 HR 14
Leergewicht	1270 kg
Zul. Gesamtgewicht	1660 kg
Höchstgeschwindigkeit	186 km/h
0 auf 100 km/h	11,7 s
Verbrauch l/100 km	14,5 l Super
Tankinhalt	60 l

Nissan Maxima (seit 1989)
Der Fuß in der Tür

Mit dem neuen Nissan stieß im Frühjahr 1989 ein aussichtsreicher Anwärter zum Mittelklasse-Rudel, in dem als Platzhirsche die BMW 5er-Reihe und die Mercedes W 124 herrschten.
Der junge Sechsender aus Japan war für Revierkämpfe bestens gerüstet: mit einem ebenso durchzugskräftige- wie kultivierten 3.0 Liter-V6-Einspritzer, einem vorzüglich abgestimmten Fahrwerk, das sich jeder Situation gewachsen zeigte und einer übersichtlich-adretten Karosserie.
Auch im Fahrkomfort setzte der Fronttriebler Maßstäbe für eine japanische Limousine. Die weich abgestimmte Federung schluckte nahezu alles. Bequeme Sitze, minimale Windgeräusche, eine überkomplette Ausstattung – der Laurel-Nachfolger Maxima wußte in jeder Beziehung zu gefallen. Oder, um die österreichische »auto revue« zu zitieren:
»Wieder ein freundlicher, höflicher, gepflegter, entschiedener Fuß in der Tür. Aber wir waren bisher kleinere gewohnt.«

Nissan Maxima 1989: der Laurel-Nachfolger mit der Nissan-typischen Frontgestaltung.

MODELLE, VARIANTEN, PREISE

Modellreihen:	Stufenheck-Limousine mit vier Türen
Motoren:	2960 cm³ / 125 kW (170 PS) Kat bei 5600/min
Ausstattung:	ABS, Servolenkung, Tempomat, Halogen-Scheinwerfer elektrisch einstellbar, elektrisch verstell- und heizbare Außenspiegel, Zentralverriegelung, elektrische Fensterheber. Elektrisches Schiebe-/Hubdach, Radiovorbereitung, Lederlenkrad (höhenverstellbar), Leichtmetallräder.
Varianten:	Maxima 3.0i V6
Preise (DM):	40.995,–

Chronik:

1989: Ab März beim Nissan Händler. Völlig neues Modell, Motor aus dem 300 ZX übernommen. Bezeichnung »Maxima« stammt von einem hier nicht verkauften Sechszylinder-Modell der Bluebird-Reihe.
Klimaanlage, Lederpolster und elektrisch einstellbare Vordersitze gegen Aufpreis.

Nissan Maxima 1989

Motor	
Zylinder / Bauart	V6 Reihe, quer eingebaut
Bohrung × Hub	87 × 83 mm
Hubraum	2960 cm³
Leistung	125 kW / 170 PS bei 5600/min
Max. Drehmoment	248 Nm bei 2800/min
Verdichtung	10,0:1
Gemischaufbereitung	elektronische Benzineinspritzung mit Schubabschaltung, Klopfsensor und Kaltstartautomatik
Abgasentgiftung	geregelter 3-Wege-Katalysator mit Lamdasonde und Abgasrückführung
Ventile / Steuerung	2 / OHC
Batterie	12 V 55 Ah
Kraftübertragung	
Antrieb	Vorderradantrieb
Getriebe	5-Gang
Übersetzungen	I = 3,29
	II = 1,85
	III = 1,27
	IV = 0,95
	V = 0,80
	R = 3,43

Fahrwerk	
Radaufhängung vorn	McPherson-Federbeine, Querlenker, Stabilisator
Radaufhängung hinten	Teleskopstoßdämpfer, Doppelquer- und Längslenker, Stabilisator
Lenkung	Zahnstangenlenkung mit drehzahlabhängiger Servounterstützung
Bremse	Bremskraftverstärker und -regler, elektronisches ABS, vorn: innenbelüftete Scheibenbremsen, hinten: Scheibenbremsen
Allgemeine Daten	
Gesamtmaße	4780 × 1760 × 1405 mm
Radstand	2650 mm
Spur vorne/hinten	1510/1490 mm
Felgen	6,5 JJ × 15
Reifen	205/65 VR 15
Leergewicht	1359 kg
Zul. Gesamtgewicht	1915 kg
Höchstgeschwindigkeit	220 km/h
0 auf 100 km/h	8,7 s
Verbrauch l/100 km	9,8 l Super, bleifrei
Tankinhalt	70 l

Nissan Silvia (1984–1989)
Sportschau

Der Nissan Silvia (der, nicht die) war die sportliche Nissan-Neuheit des Jahres 1984. Unter der attraktiven Karosserie mit Klappscheinwerfern versteckte sich ein überaus potenter Vierventiler, der aus knapp zwei Litern Hubraum stolze 107 kW (145 PS) mobilisierte. Der von einer Bosch L-Jetronic gespeiste Reihenvierzylinder erreichte sie allerdings erst bei einer Nenndrehzahl von 6400 Umdrehungen in der Minute, das maximale Drehmoment von 175 Nm stellte sich bei 5000 Touren ein. Eine sportliche Fahrweise verlangte demzufolge nach eifrigem Umgang mit dem Schaltknüppel.
Rund ein Jahr später erschien der Silvia mit einem 1,8 Liter-Kat-Motor mit Schubabschaltung und Transistor-Zündung. Unterscheiden ließen sich beide Versionen auf den ersten Blick, der Neuling erschien ohne die Lufthutze des Zweiliters auf der Haube.
Für das 87er-Modell gewährte Nissan erstmals eine dreijährige Technik-Garantie auf Motor, Getriebe, Radaufhängung und Lenkung. Zusammen mit der Nissan-üblichen Sechsjahres-Garantie gegen Durchrostung ohne Nachbehandlung und der einjährigen Werkstatt-Garantie auf alle Originalersatzteile machte das den Silvia zu einem wohlfeilen Angebot in der Klasse unter 30.000 Mark.

Nach dem Facelift mit geänderter Front und nur noch mit Turbo-Motor: Silvia 1987.

MODELLE, VARIANTEN, PREISE

Modellreihen:	Sportcoupé mit Heckklappe.
Motoren:	1977 cm³ / 107 kW (145 PS) 16V bei 6400/min 1794 cm³ / 90 kW (122 PS) 16V Turbo Kat bei 5200/min ab 3.85
Ausstattung:	Getönte Scheiben, Heckscheiben Wisch-/Wascher, Servolenkung, Lenkrad und Fahrersitz höhenverstellbar, Rücksitzlehnen einzeln umklappbar, zwei elektrisch einstellbare Rückspiegel, Scheinwerfer-Reinigungsanlage, Leichtmetallfelgen.
Varianten:	Silvia – Turbo – Grand Prix
Preise (DM):	26.995,– (Silvia)

Der Nissan Silvia feierte 1983 in Frankfurt Weltpremiere. Die hierzulande verkauften Modelle erhielten einen Heckspoiler. Die Lufthutze wurde zum Markenzeichen des Vierventilers.

Chronik:

1984: Debüt beider Versionen auf der IAA 1983, 16V ab April ausgeliefert. Erster Nissan 16-Ventiler. Als Fünfsitzer ausgewiesen.

1985: Ab März 1,8 Liter-Turbo-Kat-Motor im Programm (Viersitzer, DM 29.895,–); einen Monat später um das Modell Grand Prix erweitert. Kennzeichen: Kotflügelverbreiterung, Seitenschweller, Reifen 225/50 VR 15. DM 32.995,–.

1986: Import des Turbo-Coupés gestoppt (September), andere Modelle weiterhin lieferbar.

1987: Umfangreicher Facelift im Mai. Coupé und Grand Prix gestrichen, dafür die geliftete Turbo-Version wieder ins Programm aufgenommen. Kühlergrill mit Lamelle über die ganze Front ersetzen das Wabenmuster; Stoßfänger mit integrierten Schutzstreifen bis zu den Radkästen herumgezogen. Vorderbau flacher und drei Zentimeter länger. Begrenzungsleuchten wandern nach außen. Geänderte Heckpartie.

1989: Mit Erscheinen des 200 SX wird der Import eingestellt.

Nissan 200 SX (seit 1989)
Es lebe der Sport

Der Silvia war in seiner neuesten Auflage ins Lager der Luxus-Coupés abgewandert (im Mai 1988 vorgestellt, nicht nach Deutschland importiert), und so besetzte Nissan Motors die Rolle des Sportlers im Programm mit der brandneuen 200 SX, der zeitgleich mit dem Maxima zu den Händlern rollte. Doch während der Silvia in dieser Besetzung nie recht überzeugen konnte, agierte der Neuling Olympia-verdächtig.

Unter der schicken Haube des Nachwuchssprinters steckte ein 1,8 Liter-Vierventiler mit Katalysator, Turbolader und Ladeluftkühler, der satte 124 kW (169 PS) leistete. An Aufwand hatte man nicht gespart: Elektronische Einspritz- und Zündanlage mit Kennfeld-Steuerung, Klopfsensor am Zylinderblock zur Überwachung der Verbrennungsabläufe im Motor, eigene Zündspulen (Nissan Direct Ignition System = NDIS) für jede der vier Platinkerzen – High Tech vom Feinsten für den sportlichen 2+2-Sitzer.

Das beste Stück am 200 SX: die brandneue Multilenker-Hinterachse aus vier Quer- und Schräglenkern, eine passiv mitlenkende Konstruktion, bei der die Radaufhängung des Nissan MID-4 Pate stand. Bei so viel konstruktivem Aufwand konnte auch die vordere Radaufhängung nicht unberührt bleiben. Dort sorgten zwei Reaktionsstäbe (in Silikon gelagert) zusätz-

Nissan Silvia 1984

Motor	
Zylinder / Bauart	4 Reihe
Bohrung × Hub	89 × 80 mm
Hubraum	1794 cm³
Leistung	90 kW / 122 PS bei 6400/min
Max. Drehmoment	184 Nm bei 3200/min
Verdichtung	8,0 : 1
Gemischaufbereitung	Elektronische Benzineinspritzung L-Jetronic mit Schubabschaltung
Abgasreinigungssystem	geregelter 3-Wege-Katalysator mit Lambdasonde
Ventile / Steuerung	4 / OHC
Batterie	12 V 60 Ah
Kraftübertragung	
Antrieb	Hinterradantrieb
Getriebe	5-Gang
Übersetzungen	I = 3,59
	II = 2,06
	III = 1.36
	IV = 1,00
	V = 0,81
	R = 3,66

Fahrwerk	
Radaufhängung vorn	McPherson-Federbeine, Querlenker, Stabilisator
Radaufhängung hinten	Schräglenker, Gasdruckstoßdämpfer, Stabilisator
Lenkung	Zahnstangenlenkung mit Servounterstützung
Bremse	Bremskraftverstärker und -regler, vorn: innenbelüftete Scheibenbremsen, hinten: Scheibenbremsen
Allgemeine Daten	
Gesamtmaße	4430 × 1660 × 1310 mm
Radstand	2425 mm
Spur vorne/hinten	1400/1425 mm
Felgen	6 JJ × 15
Reifen	195/60 VR 15
Leergewicht	1230 kg
Zul. Gesamtgewicht	1605 kg
Höchstgeschwindigkeit	194 km/h
0 auf 100 km/h	11,5 s
Verbrauch l/100 km	12,5 l Super
Tankinhalt	53 l

Silvia-Nachfolger 200 SX 1989: aus 1,8 Litern Hubraum 124 kW (169 PS) bei 6400/min. Max. Drehmoment 224 Nm bei 4000/min.

Große Klappe, viel dahinter: Gepäckraumvolumen 320 Liter (VDA), bei umgeklappten Lehnen sogar bis zu 900 Litern.

lich für Ruhe. Beim schnellen Einfedern verhärtete sich die Viskoseflüssigkeit, was einen zusätzlichen Dämpfungseffekt ergab.

MODELLE, VARIANTEN, PREISE

Modellreihen:	Coupé 2+2
Motoren:	1809 cm³ / 124 kW (169 PS) Turbo 16V Kat bei 6400/min
Ausstattung:	ABS, Servolenkung, Außenspiegel li/re elektrisch einstellbar, elektr. Fensterheber, Zentralverriegelung, elektrische Antenne, vier Lautsprecher, Kofferraumabdeckung, Sportsitze (Bezug ohne Nähte), Warn- und Kontrollleuchten für 11 Funktionen, Leichtmetallfelgen.
Varianten:	200 SX Turbo 16V
Preise (DM):	39.995,–

Chronik:

1989: Präsentiert auf dem Genfer Salon, ab März auch in Deutschland zu haben. Nur mit 1,8 l-Motor lieferbar, in den USA auch mit 2,0 l-Motor zu haben. Trifft auf die Konkurrenz von Sport-Coupés wie Toyota Celica, VW Corrado oder Mazda RX 7.

1990: Zum Jahresbeginn leicht renoviert, modifizierte Sitze, verbesserte Ausstattung.

Nissan 200 SX 1989

Motor	
Zylinder / Bauart	4 Reihe
Bohrung×Hub	83×83,6 mm
Hubraum	1809 cm³
Leistung	124 kW / 169 PS bei 6400/min
Max. Drehmoment	224 Nm bei 4000/min
Verdichtung	8,5:1
Gemischaufbereitung	Elektronische Benzineinspritzung, Schubabschaltung, wassergekühlter Turbolader, Ladeluftkühler
Abgasreinigungssystem	geregelter 3-Wege-Katalysator mit Lambdasonde
Ventile / Steuerung	4 / DOHC
Batterie	12 V 55 Ah
Kraftübertragung	
Antrieb	Hinterradantrieb
Getriebe	5-Gang
Übersetzungen	I = 3,59 II = 2,06 III = 1,36 IV = 1,00 V = 0,82 R = 3,66

Fahrwerk	
Radaufhängung vorn	McPherson-Federbeine, Querlenker, Stabilisator
Radaufhängung hinten	Multilenker-Hinterachse, Federbeine, Stabilisator
Lenkung	Zahnstangenlenkung mit drehzahlabhängiger Servounterstützung
Bremse	Bremskraftverstärker und -regler, elektronisches ABS, vorn: innenbelüftete Scheibenbremsen, hinten: Trommelbremsen
Allgemeine Daten	
Gesamtmaße	4535×1690×1290 mm
Radstand	2475 mm
Spur vorne/hinten	1465/1465 mm
Felgen	6 JJ×15
Reifen	195/60 VR 15
Leergewicht	1220 kg
Zul. Gesamtgewicht	1675 kg
Höchstgeschwindigkeit	220 km/h
0 auf 100 km/h	7,5 s
Verbrauch l/100 km	9,1 l Super, bleifrei
Tankinhalt	60 l

Datsun Z / Nissan ZX (seit 1974)
Nippons größte Schnauze

Der meistgebaute Sportwagen der Welt kommt nicht aus Zuffenhausen, trägt kein springendes Pferd im Wappen und gehört auch nicht der exklusiven britischen Raubkatzen-Aristokratie an. Dennoch stammt er aus traditionsreichem Haus und hat zumindest in den ersten Jahren genau das besessen, was einen Sportwagens ausmacht: eine lange Schnauze, wenig Platz, ansprechende Fahrleistungen und jene gesunde Härte, die sich nur Autos mit Charakter leisten können.

Datsun 240 Z Fairlady (1973–1975)

Was immer man auch den Autos aus Japan nachgesagt hatte, besondere Originalität war nicht dabei. Auch die japanische Interpretationen zum Thema »Sportwagen« waren mehr kurios denn erfolgreich. Das sollte sich allerdings schlagartig ändern. Der Datsun 240 Z, Ende 1973 in Deutschland präsent, war ein klassischer Zweisitzer nach dem gültigem Sportwagenideal jener Zeit – Nippons E-Type zum MG-Preis.

Der Erfolg kam nicht von ungefähr. Italienischer Schick über robuster japanischer Großserientechnik, von einem deutschen Designer inspiriert, der in New York lebte – der Z, im November 1969 vorgestellt, war wirklich ein Sportwagen für die Welt. Vielleicht war das der Grund für den überwältigenden Erfolg

Datsun 240 Z 1973: ein konsequenter Zweisitzer, zum Zeitpunkt seines deutschen Erscheinens bereits über 300 000 mal produziert.

von Nippons »größter Schnauze«. Binnen dreier Jahre verdreifachte Nissan seine Sportwagen-Produktion, wovon über 80

Datsun 240 Z 1973

Motor		**Fahrwerk**	
Zylinder / Bauart	6 Reihe	Radaufhängung vorn	McPherson-Federbeine, Dreieckslenker, Schraubenfedern, Stabilisator
Bohrung × Hub	83 × 73,7 mm	Radaufhängung hinten	Einzelradaufhängung mit Federbeinen, Querlenker, Schraubenfedern
Hubraum	2393 cm^3	Lenkung	Zahnstangenlenkung
Leistung	96 kW / 130 PS bei 5600/min	Bremse	servounterstützt, vorn: Scheibenbremsen, hinten: Trommelbremsen
Max. Drehmoment	206 Nm bei 4400/min		
Verdichtung	9,0 : 1		
Gemischaufbereitung	2 SU-Horizontalvergaser		
Ventile / Steuerung	2 / OHC		
Batterie	12 V 50 Ah		
Kraftübertragung		**Allgemeine Daten**	
Antrieb	Hinterradantrieb	Gesamtmaße	4136 × 1670 × 1290 mm
Getriebe	5-Gang	Radstand	2305 mm
Übersetzungen	I = 2,906	Spur vorne/hinten	1356/1347 mm
	II = 1,902	Felgen	5 J × 14
	III = 1,308	Reifen	175 HR 14
	IV = 1,0	Leergewicht	1090 kg
	V = 0,869	Zul. Gesamtgewicht	1270 kg
	R = 3,82	Höchstgeschwindigkeit	200 km/h
		0 auf 100 km/h	9,5 s
		Verbrauch l/100 km	15,1 l Super
		Tankinhalt	60 l

Im Cockpit des 240 Z: gut ablesbare, tiefliegende Rundinstrumente, Dreispeichen-Lenkrad mit Kranz aus Holzimitat. Das Radio war serienmäßig.

Prozent in die USA importiert wurden. Zeitweise betrug die Jahresproduktion über 60.000 Exemplare, in Deutschland dagegen blieb der sportliche Asiate ein Exote: lediglich 303 Enthusiasten entschieden sich für das Sechszylinder-Coupé.
Die erste Z-Version verfügte über einen 2393 cm^3 großen Reihensechszylinder auf Basis des Bluebird-Triebwerks und leistete 130 PS bei 5600/min, gut für eine Höchstgeschwindigkeit von 200 km/h. Und daß der mit knapp 18.000 Mark vergleichsweise günstige Fairlady nicht nur schnell, sondern auch robust war, stand außer Zweifel: 1971 (unter E. Herrmann) und 1973 (S. Mehta) hatte der 240 Z die berüchtigte East-African Safari gewonnen und somit die Prognose der amerikanischen Autozeitschrift »Road & Track« aus dem Jahre 1970 bestätigt: »We think Datsun has a real winner...«

MODELLE, VARIANTEN, PREISE

Modellreihen:	Zweitüriges Sportcoupé
Motoren:	2393 cm^3 / 96 kW (130 PS) bei 5600/min
Ausstattung:	Verbundglas-Frontscheibe, heizbare Heckscheibe, Drehzahlmesser, Dreispeichenlenkrad, Zeituhr, Fünfganggetriebe. Gepäckhaltegurte, Motor- und Kofferraumbeleuchtung, Tankdeckel abschließbar; Radio.
Varianten:	240 Z
Preise (DM):	17.600,–

Chronik:

1973: Vorstellung in Deutschland zum Jahresende, nur ein knappes Jahr im Programm. Erstvorstellung 1969. Zweisitzer mit Heckantrieb, 2,4 Liter-Motor, Einzelradaufhängung rundum. Gute Fahrleistungen, exakte Lenkung, Bremsen mit Servounterstützung. Rallye-Siege bei der East African Safari 1971 und 1973.

1975: Im Frühjahr durch den 260 Z 2+2 abgelöst.

Datsun 260 Z 2+2 (1975–1979)

Nach knapp vier erfolgreichen Jahren und über 156 000 weltweit abgesetzten Exemplaren zündeten die Datsun-Gewaltigen die nächste Stufe. Katalysatorpflicht und ein drastisch gestiegener Yenkurs hatten den Senkrechtstarter auf dem nordamerikanischen Kontinent das Leben zunehmend schwerer gemacht. So sann man auf Abhilfe und fand sie in der Verlängerung des Hubraums (79 mm, vorher 73,7 mm) und der Einführung einer neuen Karosserievariante, dem 2+2-Sitzer.

Das Layout entsprach der klassischen Sportwagen-Tradition, die einen langgestreckten Motorraum verlangte.

Dabei streckte man den Radstand um 30 Zentimeter, garnierte Front und Heck mit einem schüchternen Spoiler und spendierte Leichtmetallfelgen – ohne daß der geglückte Entwurf darunter gelitten hätte. Im Gegenteil, der gestreckte 260 Z wirkte fast noch ausgewogener als der Ur-Z. Dieser war immer noch erhältlich, ebenfalls mit dem neuen Sechszylinder. Zwei Jahre später, 1975, wurde daraus der 280 Z. Um den verschärften amerikanischen Emissionsbestimmungen gerecht zu werden hatte man noch einmal aufgestockt und erreichte jetzt beinahe wieder den Leistungslevel der Vor-Katalysator-Ära. Die Optik blieb auch diesmal unangetastet.
Für Deutschland beließ man es bei der langen 260 Z-Version, die gegen so renommierte Konkurrenten wie den Porsche 924 antreten mußte. Zwischen 1975 und 1979 wurde die Japan-Lady rund 1650 mal verkauft.

Kritiker bemängelten die Trägheit des Reihen-Sechszylinders, verstärkt durch die lange Getriebeübersetzung, lobten aber Fahreigenschaften und Bremsen.

MODELLE, VARIANTEN, PREISE

Modellreihen:	Coupé 2+2
Motoren:	2547 cm³ / 93 kW (126 PS) bei 5000/min 2547 cm³ / 95 kW (129 PS) bei 5000/min ab 1.77
Ausstattung:	Verbundglas-Frontscheibe, heizbare Heckscheibe, variabler Innenraum, Gepäckhaltegurte. Motor- und Kofferraumbeleuchtung, Tankdeckel abschließbar; Radio. Leichtmetallfelgen, Front- und Heckspoiler.
Varianten:	260 Z 2+2
Preise (DM):	23.950,–

Chronik:

1975: Der neue 2+2-Sitzer, erstmals auf der Tokio Motor Show 1973 gesichtet, löst zum Frühsommer den bisherigen Datsun Z ab. Im Vergleich zum Vorgänger um 300 mm längerer Radstand und geänderte Heckansicht. In Deutschland nur als 2+2; Überlegungen, auch die kürzeren Zweisitzer einzuführen, werden nicht verwirklicht.

1977: Zum Jahresbeginn wird der 260 Z 2+2 leicht überarbeitet. Die Motorleistung steigt auf 129 PS, man wählt eine kürzere Getriebeübersetzung und ändert in Details die Innenausstattung.

1979: Im Juni wird der Import offiziell eingestellt; der Nachfolger mit neuer Karosserie kommt bereits im März.

260 Z 2+2 1975: Vom Vorgänger auf den ersten Blick durch die Form des hinteren Seitenfensters zu unterscheiden.

Nissan 280 ZX / ZXT (1979–1983)

Nach vier Jahren und dreißig Millionen Mark Entwicklungskosten debütierte der neue Fairlady Z auf dem Pariser Salon 1978. Etwas länger, ein bißchen breiter, ein wenig molliger, aber immer noch unverkennbar ein Datsun. Bis dato hatten über eine halbe Million 240/260 Z die Werkshallen in Tochigi, 100 Kilometer nördlich von Tokio verlassen.

Die klassische Linienführung der Z-Reihe wurde auch beim neuen Modell beibehalten. Das modifizierte Heck und eine überarbeitete Frontpartie ließen den neuen ZX noch gestreckter, noch keilförmiger erscheinen. Positiver Nebeneffekt war dabei die Reduzierung des Luftwiderstandbeiwertes von 0,467 (260 Z) auf 0,385. Zusammen mit dem 80 Liter-Tank sorgte das für einen ordentlichen Aktionsradius. Der Hubraum des eher trägen Sechszylinders wurde auf 2,8 Liter angehoben, außerdem wuchs der Durchmesser der Einlaßventile von 42 auf 44 mm. Ausgerüstet hatte man das L 28 E-Aggregat mit einer Einspritzanlage von Nippon Denshe, einem Lizenzbau der L-Jetronic von Bosch. Die Servolenkung stammte von ZF, der Zahnradfabrik Friedrichshafen.

Der 280 ZX war der stärkste und teuerste Japaner auf dem deutschen Markt. Wer sich für die T-Version entschied – ab Sommer 1980 lieferbar – mußte noch einmal 1.800 Mark mehr berappen. Dafür aber ließ sich der ZXT durch zwei herausnehmbare Dachhälften beinahe in ein Cabrio verwandeln. Und das machte den Datsun für Sonnenanbeter schon fast wieder zum Sonderangebot.

MODELLE, VARIANTEN, PREISE

Modellreihen:	Zweitüriges Coupé 2+2
Motoren:	2753 cm^3 / 101 kW (140 PS) bei 5200/min
	2753 cm^3 / 108 kW (147 PS) bei 5200/min ab 2.80
	2753 cm^3 / 110 kW (150 PS) bei 5200/min ab 9.82
	2753 cm^3 / 147 kW (200 PS) Turbo bei 5200/min ab 3.83
Ausstattung:	Getönte Scheiben, Heckscheiben-Wisch-Waschanlage; Scheinwerfer-Reinigungsanlage, Fahrersitz höhenverstellbar mit Lendenwirbelstütze, Veloursteppiche, Kofferraum-Fernentriegelung. Leichtmetallfelgen, Servolenkung.
Varianten:	280 ZX/ZXT – 280 ZXT Turbo
Preise (DM):	28.500,– (280 ZX)

Chronik:

1979: Im März erscheint der 280 ZX in Deutschland; neue Karosserie, Motor seit 1975 (in alter 240/260-Karosserie) in Amerika im Einsatz.

Datsun 260 Z 2+2 1975

Motor	
Zylinder / Bauart	6 Reihe
Bohrung × Hub	83 × 79 mm
Hubraum	2547 cm^3
Leistung	93 kW / 126 PS
Max. Drehmoment	196 Nm bei 3500/min
Verdichtung	8,3:1
Gemischaufbereitung	2 SU Horizontalvergaser
Ventile / Steuerung	2 / OHC
Batterie	12 V 60 Ah
Kraftübertragung	
Antrieb	Hinterradantrieb
Getriebe	5-Gang
Übersetzungen	I = 3,32
	II = 2,08
	III = 1,31
	IV = 1,0
	V = 0,86
	R = 3,38

Fahrwerk	
Radaufhängung vorn	McPherson-Federbeine, Querlenker, Stabilisator
Radaufhängung hinten	Einzelradaufhängung mit Querlenkern, Schraubenfedern, Stabilisator, Gasdruckstoßdämpfer
Lenkung	Zahnstangenlenkung
Bremse	Bremskraftverstärker und -regler, vorn: Scheibenbremsen, hinten: Trommelbremsen
Allgemeine Daten	
Gesamtmaße	4425 × 1650 × 1295 mm
Radstand	2605 mm
Spur vorne/hinten	1355/1345 mm
Felgen	5,5 J × 14
Reifen	195/70 VR 14
Leergewicht	1200 kg
Zul. Gesamtgewicht	1540 kg
Höchstgeschwindigkeit	195 km/h
0 auf 100 km/h	10,0 s
Verbrauch l/100 km	12,8 l Super
Tankinhalt	65 l

1980: Steigerung der Motorleistung auf 108 kW ab Februar, Einführung des ZXT-Modells: T steht für »T-Bar« d. h. zwei herausnehmbare Dachteile aus dunkel getöntem Sicherheitsglas. Preis DM 30.695,–.

1981: Seitenschutzleisten, auch beim ZX.

1982: Zum September hin noch einmal leicht in der Motorleistung angehoben (Verdichtung erhöht von 8,3 auf 9,4; max. Drehmoment 221 Nm bei 4200/min), gleichzeitig Modellpflege bei beiden Versionen: Stoßfänger jetzt in Wagenfarbe lackiert, geänderter Lufteinlaß in der Haube. Chromblende an der B-Säule entfällt, geriffelte Heckleuchten, Zahnstangen-Servolenkung anstatt Kugelumlauflenkung, Modifikationen an den Radaufhängungen sowie neues Felgendesign. Veloursbezüge.

1983: Zuwachs für die Modellreihe im März: 280 ZXT Turbo mit auffälligem schwarzen Frontspoiler und Turbo-Schriftzug an den Flanken, Heckspoiler. Doppelauspuffrohr, Breitreifen der Dimension 215/60 VR 15. DM 39.495,–. Der ZX (ohne herausnehmbares Dach) verschwindet aus dem Programm.

1984: Im Juni wird der Import offiziell eingestellt.

▲ **Weg vom Sportwagen, hin zum komfortbetonten Sportcoupé: 280 ZX, 1978. Ausschließlich als 2+2-Sitzer angeboten.**

280 ZXT 1982: mit herausnehmbaren Dachhälften aus getöntem Sicherheitsglas. Die Schutzhüllen dazu wurden gleich mitgeliefert. ▶

Datsun 280 ZXT 1982

Motor

Zylinder / Bauart	6 Reihe
Bohrung × Hub	86 × 79 mm
Hubraum	2753 cm^3
Leistung	110 kW / 150 PS bei 5250/min
Max. Drehmoment	221 Nm bei 4200/min
Verdichtung	9,4 : 1
Gemischaufbereitung	elektronische Kraftstoff-Einspritzanlage, L-Jetronic
Ventile / Steuerung	2 / OHC
Batterie	12 V 60 Ah

Kraftübertragung

Antrieb	Hinterradantrieb
Getriebe	5-Gang
Übersetzungen	I = 3,06
	II = 1,86
	III = 1,31
	IV = 1,00
	V = 0,75
	R = 3,03

Fahrwerk

Radaufhängung vorn	McPherson-Federbeine, Querlenker, Zugstreben, Stabilisator
Radaufhängung hinten	McPherson-Federbeine, Schräglenker, Stabilisator
Lenkung	Zahnstangenlenkung mit Servounterstützung
Bremse	Bremskraftverstärker und -regler vorn: Scheibenbremsen, hinten: Scheibenbremsen

Allgemeine Daten

Gesamtmaße	4620 × 1690 × 1300 mm
Radstand	2520 mm
Spur vorne/hinten	1395/1390 mm
Felgen	6 JJ × 14
Reifen	205/70 VR 14
Leergewicht	1280 kg
Zul. Gesamtgewicht	1630 kg
Höchstgeschwindigkeit	207 km/h
0 auf 100 km/h	9,4 s
Verbrauch l/100 km	13,7 l Normal
Tankinhalt	80 l

Nissan 300 ZX (1984–1989)

1983 wurden die Z-Typen in die Reihe der Auflagen-Millionäre aufgenommen und überdies zur meistgebauten Sportwagenserie der Welt. Besonders die Amerikaner gönnten sich Jahr für Jahr über 60 000 Nippon-Sportler. Bevor der Lorbeer welken konnte, schoben die eifrigen Asiaten flugs den 300 ZX in den Ring. Vom alten ZX ließ man nurmehr den Namen übrig, unter der neuen Karosserie drehte ein völlig neuentwickelter Sechszylinder mächtig auf. Das kompakt bauende Dreiliter-Aggregat aktivierte immerhin 125 kW (170 PS) und demonstrierte mit zeitgemäßen Extras wie obenliegenden Nockenwellen, Hydrostößel mit automatischem Ventilspielausgleich, Schubabschaltung und Transitorzündung Souveränität in jedem Drehzahlbereich. Über allem wachte die ECCS-Steuerung, die fein dosiert das Gemisch zubereitete und die 170 Pferde richtig auf Trab brachte. Durchzug, Agilität und Laufkultur gehörten zu den besonders feinen Seiten des Luxus-Tourers.

Im Sommer 1985 wurde die Modellreihe durch eine Turbo-Version erweitert. Der ZX stieß damit an die 250 km/h-Grenze, und an die seines Fahrwerks. Der Beau aus Tochigi, konzipiert für den Einsatz auf tempolimitierten Highways, zeigte sich für Parforcejagden im Grenzbereich nur unzulänglich gerüstet. »Wenig spurtreu«, »gefühllose Servolenkung«, »stark nachlassende Bremswirkung« schrieben ihm die Kritiker ins Stammbuch; auch die dreifach verstellbaren Stoßdämpfer fanden keine Gnade. Wer es allerdings weniger sportlich angehen ließ, der konnte kaum einen besseren Fernexpreß finden.

MODELLE, VARIANTEN, PREISE

Modellreihen:	Coupé 2+2 mit herausnehmbaren Dachhälften
Motoren:	2960 cm³ / 125 kW (170 PS) bei 5600/min 2960 cm³ / 168 kW (228 PS) bei 5400/min Turbo ab 7.85 2960 cm³ / 149 kW (203 PS) bei 5200/min Turbo Kat ab 5.87
Ausstattung:	Siebenfach verstellbarer Fahrersitz, Heckscheiben Wisch/Waschanlage, elektrische Außenspiegel, Radio-/Cassettengerät, elektrische Antenne. Servolenkung, Tempomat, elektrisch verstellbare Stoßdämpfer. Leichtmetallfelgen.
Varianten:	300 ZX – 300 ZX Turbo – 300 ZX Turbo Kat
Preise:	39.995,– (ZX)

Die Fortsetzung einer Legende: der Nissan 300 ZX, 1984. Der neue Dreiliter-Motor wog 21 kg weniger als das Aggregat des 280 ZXT.

Aufpreispflichtige Extras: Viergang-Automatik mit Wandlerüberbrükkung (1.995,-) und Metallic-Lackierung (450,-).

300 ZX Turbo 1987: in Optik und Leistung deutlich vom Vorgänger zu unterscheiden.

Chronik:

1984: Im Mai wird der bisherige ZXT durch den 300 ZX ersetzt. Herausnehmbare Dachhälften obligatorisch, Viergang-Automatik gegen Aufpreis (1.995,–). Ab Dezember auf Wunsch auch mit Klimaanlage.

1985: Im Juli Modellreihe um 300 ZX Turbo (55.500,–) erweitert. Von außen an der Turbo-Hutze auf der Haube erkennbar. Anti-Skid-System (ABS-Variante) serienmäßig. Reifendimension 205/55 VR 16 bzw. 225/50 VR 16.

1987: Facelift und Straffung der Modellreihe: Bei gleichem Radstand 65mm länger, Spur um 20mm verbreitert. Bauchige Kotflügel, Motorhaube mit sanfter Ausbuchtung in der Mitte, Scheinwerfer stärker eingesenkt, Stoßfänger voll integriert und lackiert, mit großem Lufteinlaß. Schmale Seitenschutzleisten, neues Felgende-

Datsun 300 ZX 1984

Motor	
Zylinder / Bauart	V6 Reihe
Bohrung×Hub	87,0×83,0 mm
Hubraum	2960 cm³
Leistung	125 kW / 170 PS bei 5600/min
Max. Drehmoment	236 Nm bei 4400/min
Verdichtung	9,0:1
Gemischaufbereitung	Elektronische Benzineinspritzung LH-Jetronik,Schubabschaltung
Ventile / Steuerung	2 / OHC
Batterie	12 V 60 Ah
Kraftübertragung	
Antrieb	Hinterradantrieb
Getriebe	5-Gang
Übersetzungen	I = 3,32
	II = 1,90
	III = 1,31
	IV = 1,00
	V = 0,76
	R = 3,38
Fahrwerk	
Radaufhängung vorn	McPherson-Federbeine, Stabilisator, elektrisch verstellbare Gasdruckstoßdämpfer
Radaufhängung hinten	Schräglenker, Schraubenfedern, elektrisch verstellbare Gasdruckstoßdämpfer, Stabilisator
Lenkung	Zahnstangenlenkung mit drehzahlabhängiger Servounterstützung
Bremse	Bremskraftverstärker und -regler, vorn: innenbelüftete Scheibenbremsen, hinten: innenbelüftete Scheibenbremsen
Allgemeine Daten	
Gesamtmaße	4540×1725×1310 mm
Radstand	2520 mm
Spur vorne/hinten	1415/1435 mm
Felgen	6,5 JJ×16
Reifen	215/60 VR 16
Leergewicht	1414 kg
Zul. Gesamtgewicht	1760 kg
Höchstgeschwindigkeit	220 km/h
0 auf 100 km/h	9,1 s
Verbrauch l/100 km	13,2 l Super
Tankinhalt	77 l

sign, neues Lenkrad; Chromumrandungen der Scheibeneinfassungen entfallen. Ausschließlich als Turbo mit geregeltem 3-Wege-Kat für DM 57.995,– angeboten.

1989: Der Nachfolger steht auf der Frankfurter IAA im September

Nissan 300 ZX Twin Turbo (ab 1990)

Der neue 300 ZX war in Deutschland noch gar nicht offiziell vorgestellt worden, da erschien in Amerika bereits das erste Buch über ihn. Die Fachzeitschrift »Road & Track« widmete ihm ein 96seitige, farbige Sondernummer. Das Loblied war gerechtfertigt, schließlich lieferte Nissan damit ein technisches Meisterstück allerersten Ranges.

Unter der Haube zelebrierten die Nissan-Techniker das hohe Fest des Motorenbaus. Als Basis diente der bekannte Dreiliter-Graugußblock, den man mit neukonstruierten Aluminium-Vierventilköpfen, neuen Pleueln, Kolben und einer neuen Kurbelwelle beschickte. Einspritzung und Zündung erfolgte über die ECCS; die automatische Anpassung der Einlaß-Steuerzeiten an die Drehzahlen (NVCS) verbesserte den Durchzug in den unteren Drehzahlbereichen. Das ganze Kraftwerk wurde mit zwei Turboladern samt dazugehörigen Ladeluftkühlern herausgeputzt und bescherte dem Twin Turbo achtungsgebietende

Alle Armaturen liegen zentral im Blickfeld des Fahrers, zwei Bedienungssatelliten in Lenkradhöhe, Lederlenkrad und -schaltknauf. Stereo- und Klima-Anlage serienmäßig: 300 ZX, 1990.

280 PS. Die allgegenwärtige Elektronik hielt sie allerdings in Schach, bei 250 km/h ging dem Neuling automatisch die Luft aus.

Selbstverständlich kam auch das Fahrwerk in den Genuß höherer High Tech-Weihen. Neben einer Visko-Differential-Sperre an der Hinterachse und einer neuen Hinterradführung an doppelten Schräglenkern (Multilenker-Achse) spendierten

Nissan 300 ZX Twin Turbo 1989

Motor	
Zylinder / Bauart	V6 Reihe
Bohrung × Hub	87 × 83 mm
Hubraum	2960 cm³
Leistung	208 kW / 283 PS bei 6400/min
Max. Drehmoment	375 Nm bei 3600/min
Verdichtung	8,5 : 1
Gemischaufbereitung	zwei Turbolader mit Ladeluftkühlung, elektronische Kraftstoffeinspritzung, Schubabschaltung
Abgasreinigungssystem	zwei 3-Wege-Katalysatoranlagen mit Lambdasonde
Ventile / Steuerung	4 / DOHC, Ventilsteuerzeiten-Kontrollsystem
Batterie	12 V 65 Ah
Kraftübertragung	
Antrieb	Hinterradantrieb, Visco-Sperrdifferential
Getriebe	5-Gang
Übersetzungen	I = 3,21
	II = 1,93
	III = 1,30
	IV = 1,00
	V = 0,75
	R = 3,37

Fahrwerk	
Radaufhängung vorn	Multi-Lenker-Einzelradaufhängung mit Federbeinen und Stabilisator
Radaufhängung hinten	Multi-Lenker-Einzelradaufhängung mit Federbeinen und Stabilisator
Lenkung	Zahnstangenlenkung mit Servounterstützung, elektronisch gesteuerte Vierradlenkung (HICAS)
Bremse	Aluminium-Festsättel, Bremskraftverstärker und -regler, elektronisches ABS, vorn und hinten innenbelüftete Scheibenbremsen
Allgemeine Daten	
Gesamtmaße	4520 × 1800 × 1255 mm
Radstand	2570 mm
Spur vorne/hinten	1495/1555 mm
Felgen	vorn: 7,5 JJ × 16, hinten: 8,5 JJ × 16
Reifen	vorn: 225/50 ZR 16, hinten: 245/45 ZR 16
Leergewicht	1626 kg
Zul. Gesamtgewicht	2015 kg
Höchstgeschwindigkeit	250 km/h
0 auf 100 km/h	5,9 s
Verbrauch l/100 km	10,8 l Super, bleifrei
Tankinhalt	70 l

die Nissan-Gurus dem Boliden eine neuentwickelte Vierradlenkung mit Phasenumkehrsteuerung. Bei diesem technischen Aufwand gehörte dann ein elektronisches Anti-Blockier-System schon fast zur Selbstverständlichkeit.

MODELLE, VARIANTEN, PREISE

Modellreihen: Coupé 2+2 mit herausnehmbaren Dachhälften
Motoren: 2960 cm³ / 206 kW (280 PS) 16V Turbo Kat bei 6400/min
Ausstattung: Elektrische Leuchtweitenregulierung, zwei elektrisch einstellbare Außenspiegel, Zentralverriegelung, elektrische Fensterheber. Klima-Automatik, Dreiband-Radiocassettenanlage, vier Lautsprecher, Automatik- und Heckscheibenantenne. A.B.S., Servolenkung, Tempomat, Allradlenkung »Super HIACS«.
Varianten: 300 ZX Twin Turbo
Preise: 88.000,–

Wenn der Fahrer die Vorderräder einschlägt, bewegen sich die Hinterräder um bis zu einem Grad in die entgegengesetzte Richtung: das aktive Hinterrad-Lenksystem Super HICAS.

Chronik:

1989: Die Deutschland-Premiere für den 300 ZX erfolgt auf der Frankfurter IAA im September. Hier wird nur die Biturbo-Version angeboten, den ZX gibt es aber auch mit 220 PS-Saugmotor, so zum Beispiel in den USA. Dort auch »Auto des Jahres«.

1990: Deutschland-Verkauf beginnt im Mai, ausschließlich als Twin Turbo, geplantes Kontingent 600 Stück. Teuerstes japanisches Fahrzeug in Deutschland, aufpreispflichtige Extras: Vierstufen-Automatik DM 3.500,–; Ledersitze mit elektrisch einstellbarem Fahrersitz DM 3.000,–. Lederlenkrad serienmäßig.

300 ZX Twin Turbo 1990: V6, Doppelturbo, 24 Ventile, 280 PS, Vierradlenkung, Spitze (elektronisch geregelt) 250 km/h.

SUBARU

Subaru
Allrad für alle

Gesamtzulassungen in Deutschland (Pkw/Kombi/Transporter)

1980: 234	1984: 7.632	1988: 14.031
1981: 2.630	1985: 11.278	1989: 13.589
1982: 4.700	1986: 15.832	
1983: 5.604	1987: 16.714	

»Im Heck sitzt der luftgekühlte Zweizylindermotor, unter der Fronthaube haben gerade Reserverad, Batterie und Werkzeug Platz. Dafür wartete der kleine Käfer mit einigen Eigenheiten auf, den man in dieser Klasse gar nicht vermuten würde: Beide Frontsitze sind umklappbar zu Liegesitzen.«
Mit Erstaunen berichtete Kurt Gessl den Lesern der Zeitschrift Quick im Oktober 1963 vom Stand der japanischen Automobilentwicklung. Besonders der »Subaru de Luxe« hatte es ihm angetan, jener knapp drei Meter lange »Volkswagen«, mit dem es sich so behende durch das Verkehrschaos von Tokio schlüpfen ließ.
Hinter der Marke Subaru stand – und steht – ein Industriekonglomerat aus sechs Firmen. Der Verbund, die »Fuji Heavy Industries«, geht zurück auf das »Nakajiama Aeronautical Research Laboratory«, ein 1917 gegründetes luftfahrttechnisches Labor. Nakajiama fing 1931 mit dem Flugzeugbau an. Wie bei den anderen Rüstungskonzernen auch wurde nach dem Krieg eine Neuorganisation unumgänglich. Die neue »Fuji Sangyo Ltd« verlegte sich auf die Produktion von harmloseren Dingen, baute Motorroller und Busaufbauten, Eisenbahnwaggons und Stationärmotoren.
Die amerikanischen Besatzer splitteten 1950 den Konzern in zwölf unabhängige Einzelfirmen. Sechs davon schlossen sich 1953 wieder zusammen und konzentrierten sich ganz auf die Schwerindustrie. Der Bau von Flugzeugen und Helikoptern, von Schiffsmotoren, Lokomotiven, Waggons, Landmaschinen und Schiffen standen auf dem Programm. Ihr erstes Auto, ein Typ 360, wurde im März 1958 in einem Kaufhaus in Tokio gezeigt. Das putzige Minimobil, von seinen Schöpfern etwas optimistisch als Viersitzer angepriesen, wurde zum Bestseller und blieb bis 1970 im Programm.
Das nächste Fahrzeug mit den sechs Sternen am Bug – sie symbolisieren die sechs Firmen und haben der Marke letztendlich auch den Namen gegeben – erschien 1966. Der FF-1 war das erste Automobil mit Frontantrieb und Boxermotor, ein Konzept, dem Subaru bis heute treu geblieben ist. Es gab ihn mit zwei- oder vier Türen und als Kombi. Allen Versionen gemein war der Vierzylinder-Boxermotor mit 977 cm³ und 55 PS bei 6000 Touren. Er wurde später durch das sieben PS stärkere 1,1 Liter-Triebwerk ersetzt. Höhepunkt der FF-1 Entwicklung war der 1300 G von 1970.
Anfang der 70er Jahre modernisierte Subaru die Modellpalette. Der R-2 löste den Subaru 360 ab und wurde seinerseits 1972 vom Rex ersetzt. Die FF-Nachfolgemuster erschienen 1971 und erhielten den Namen »Leone«. Es gab sie mit 62, 80 oder 93 PS, als Limousine, Kombi oder Coupé. Die vollständig 1979 überarbeitete Modellpalette bildete den Einstieg ins Deutschland-Geschäft. An der deutschen Tochter hielt Fuji Heavy Industries nur 5 Prozent, den Rest teilten sich der japanische Multi »Mitsui« – die deutsche Dependance des Motorradherstellers Yamaha firmiert als »Mitsui Maschinen GmbH« – und der Kaufmann Günter Klein. Die offizielle Geschäftsaufnahme wurde auf den 1.1.1981 festgelegt. Die Besonderheit des Newcomers war der zuschaltbare Allradantrieb zu moderatem Preis, eine Spezialität, die seit 1974 in der Leone-Reihe zum Einsatz kam.

Japans erster Volkswagen: der Subaru 360, 1958.

Subaru Justy (seit 1984)
Allrad ohne Alternative

So rigoros ging kein japanischer Automobilhersteller mit seinen Kunden um: Wer einen Subaru wollte, erhielt einen 1800/ Leone, mehr war für die Langnasen in Übersee nicht drin, basta. Auch in Japan war Schmalhans Werkstattmeister, doch stand dort noch der Subaru Rex bereit, eines jener typischen Bonsai-Limousinchen, wie sie anscheinend nur fernöstliche Steuergesetze oder mediterrane Lebensfreude hervorbringen. Ein Nummer erwachsener präsentierte sich der Justy, der im November 1984 in den Auslagen erschien.

Der erste Kleinwagen mit zuschaltbarem Allradantrieb: der Justy, im November 1984 vorgestellt.

Subaru Justy (1984–1988)

Drei Meter dreiundfünfzig kurz, mit Frontmotor und großer Heckklappe reihte sich der Justy, was sich frei mit »Gerade jetzt« übersetzen läßt, nahtlos ein in die große Schar der emsig umherwuselnden Nippon-Kleinwagen. Allerdings gab es ein entscheidendes Unterscheidungsmerkmal, auf das Fuji Heavy Industries nicht müde wurde hinzuweisen: Allrad. Vom vorderen Stoßfänger bis zu den serienmäßigen hinteren Schmutzfängern prangte der Schriftzug »4WD«. Er stand für »Four wheel drive« – Vierradantrieb.

Der Umgang mit dem prestigeträchtigen Technik gestaltete sich denkbar unkompliziert. Das einzige, was der Fahrer zu tun hatte, war den roten Druckknopf im Schalthebel zu betätigen, und schon wurden auch die Hinterräder zur Arbeit gerufen – ohne Kuppeln oder Bremsen, und bei jeder Geschwindigkeit. Auf eine Differentialsperre wurde allerdings verzichtet, was in engen Kurven zu Verspannungen im Antriebsstrang führte. Allrad hin oder her: Zum Geländewagen wurde der

Subaru Justy 1000 4WD 1984

Motor	
Zylinder / Bauart	3 Reihe, quer eingebaut
Bohrung × Hub	78 × 69,6 mm
Hubraum	997 cm^3
Leistung	40 kW / 55 PS bei 6000/min
Max. Drehmoment	80 Nm bei 3600/min
Verdichtung	9,5 : 1
Gemischaufbereitung	1 Fallstrom-Registervergaser Hitachi
Ventile / Steuerung	2 / OHC
Batterie	12 V 45 Ah
Kraftübertragung	
Antrieb	Vorderradantrieb mit zuschaltbarem Allradantrieb
Getriebe	5-Gang
Übersetzungen	I = 3,07
	II = 1,70
	III = 1,14
	IV = 0,77
	V = 0,63
	R = 3,46
Fahrwerk	
Radaufhängung vorn	McPherson-Federbeine, Querlenker
Radaufhängung hinten	Einzelradaufhängung an Längs- und Querlenkern, Schraubenfedern, Teleskopstoßdämpfer
Lenkung	Zahnstangenlenkung
Bremse	Bremskraftverstärker, vorn: innenbelüftete Scheibenbremsen, hinten: selbstnachstellende Trommelbremsen
Allgemeine Daten	
Gesamtmaße	3535 × 1535 × 1390 mm
Radstand	2285 mm
Spur vorne/hinten	1330/1330 mm
Felgen	4,5 J × 12
Reifen	145 SR 12
Leergewicht	740 kg
Zul. Gesamtgewicht	1180 kg
Höchstgeschwindigkeit	145 km/h
0 auf 100 km/h	15,4 s
Verbrauch l/100 km	6,6 l Normal, bleifrei
Tankinhalt	35 l

Keine fünf Stück entstanden: Cabriolet auf Justy-Basis, geöffnet von L & H, Frankfurt. Der Umbau schlug mit 6.590 Mark zu Buche.

Justy dennoch nicht – dem stand die mangelne Bodenfreiheit im Wege –, doch die Schotterpiste abseits der Hauptstraße oder der Winterurlaub ohne Schneeketten konnte damit allemal bestritten werden. Der rauhbeinige Motor und das eingeschränkte Platzangebot erwiesen sich dann viel eher als Hemnisse.

MODELLE, VARIANTEN, PREISE

Modellreihen:	Zwei- und viertürige Steilheck-Limousine mit Heckklappe
Motoren:	997 cm^3 / 40 kW (55 PS) bei 6000/min 1189 cm^3 / 50 kW (68 PS) bei 5600/min ab 12.86 1189 cm^3 / 49 kW (67 PS) Kat bei 5600/min ab 7.88
Ausstattung:	Liegesitze mit höhenverstellbaren Kopfstützen vorn, Heckscheiben-Wisch/Waschanlage, Drehzahlmesser. Geteilt umlegbare Rücksitzlehnen, Heckklappe von innen zu entriegeln, Gepäckraumbeleuchtung, Schmutzfänger rundum, Radiovorbereitung, zwei Außenspiegel.
Varianten:	Justy 1000 4WD/2-F/Sport – Super-Justy 1200 4WD
Preise (DM):	14.450,– / 14.890,– (Justy 1000 / 4t)

Chronik:

1984: Einführung im November, gleiche technische Basis wie Kleinbus E10/Libero. Flach nach vorn zulaufende Motorhaube, Halogen-Rechteckscheinwerfer, Wabengrill. Zwei- und Viertürer mit identischen Abmessungen und Heckklappe, Metallic-Lack gegen Aufpreis (DM 240,–). Zuschaltbarer Heckantrieb obligatorisch. Zweitürer auch mit Sportset als 2-F lieferbar: Zweifarbenlakkierung, Heckspoiler, vollflächige Radabdeckung, DM 15.150,–.

1986: Dreitürer Sport ersetzt 2-F (Mai). Ab Jahresende Subaru Super Justy 1200 lieferbar: Zwei- und Viertürer, 1,2 Liter-Dreizylinder mit drei Ventilen pro Zylinder, Transistorzündung und Abgasrückführung. Dachspoiler, beide Außenspiegel von innen einstellbar, Ausstellfenster hinten, Kühlergrill in Wagenfarbe. Fahrzeug erhält ein um 30 mm höheres Dach; DM 16.250,–/16.750,–. Aufpreis: Glashubdach 350 Mark, Dreitürer in Zweifarben-Lackierung 550 Mark.

1987: September: leichte Modifikationen (getönte Scheiben serienmäßig für alle Modelle); Sondermodell Schneekönig ab November: Super-Justy komplett weiß lackiert, inklusive Frontspoiler, Außenspiegel, Radkappen, Schmutzfänger, Dachspoiler, Stoßfänger und Seitenschutzleisten, blaue Zierstreifen, Cassettenradio.

1988: Neuauflage des Schneekönigs als Super White. Ausstattung identisch, lediglich blau-rote Zierstreifen. DM 16.790,–.
Ab Sommer Super-Justy mit geregeltem Katalysator, zum Jahresende Modellwechsel.

Kennzeichen W: das Justy-Sondermodell »Schneekönig«, November 1987. Weiße Ganzlackierung, blaue Zierstreifen und Cassettenradio inklusive.

Subaru Justy (seit 1989)

Wie gehabt, gab es den Justy mit zwei und vier Türen und großer Heckklappe: als Justy 1000 oder Justy 1200 in den drei schon bekannten Motorisierungsstufen von 40, 50 und 49 Kilowatt, wobei man dem Justy 1000 einen ungeregelten Katalysator spendierte. Fahrwerk, Bremsen und Lenkung – mit variabler Lenkübersetzung beim 1,2 Liter-Modell – wurden nur leicht überarbeitet, Verarbeitung und Rostschutz wurden dagegen noch besser. Das allerdings konnte man von den Sitzen nicht behaupten, die dünn gepolstert und mit viel zu kurzen Kopfstützen bedacht, den Aufenthalt im tadellos gezeichneten Cockpit schon nach kurzer Zeit vermiesten. Höchst bedauerlich, denn der Umgang mit der neuen Getriebeautomatik machte Spaß.

Hinter der ECVT- (Electro Continuosly Variable Transmission-) Automatik verbarg sich eine stufenlose Kraftübertragung, ähnlich der DAF-Variomatic von 1959. Das Prinzip war ebenso einfach wie genial: zwei Riemenscheiben mit veränderlichem Umfang standen über einen Keilriemen in Verbindung, wodurch sich die Übersetzung stufenlos variieren ließ. 30 Jahre später verfeinerte Subaru das Prinzip, ersetzte den auf Zug beanspruchten Gummiriemen durch ein auf Schub beanspruchtes Metallgliederband. Die Verstellung der Riemenscheiben erfolgte hydraulisch, drei Steuerventile regulierten den Ölfluß. Den optimalen Scheibenumfang errechnete der ECVT-Computer, der auch die neuentwickelte elektromagnetische Kupplung steuerte. So präpariert, schnurrte der Justy ruckfrei und kontinuierlich wie ein Elektromobil bis zu seiner

Mit der gleichen Technik unter dem neuen Gewand stellte sich der neue Justy 1989 in Deutschland vor. Im Bild ein Super Justy 1200.

Höchstgeschwindigkeit von 145 km/h, auch das lästige Leerlaufkriechen vor der Ampel trat bei ihm nicht auf.

MODELLE, VARIANTEN, PREISE

Modellreihen:	Zwei- und viertürige Steilheck-Limousine mit Heckklappe
Motoren:	997 cm³ / 40 kW (55 PS) Euro-Kat bei 6000/min 1189 cm³ / 50 kW (68 PS) bei 5600/min 1189 cm³ / 49 kW (67 PS) Kat bei 5600/min
Ausstattung:	Halogenscheinwerfer, getönte Scheiben, Heckscheiben-Wisch/Waschanlage, Drehzahlmesser, Monitor. Geteilt umlegbare Rücksitzlehnen, Heckklappe von innen zu entriegeln, Digitaluhr, Schmutzfänger rundum, Radiovorbereitung, zwei Außenspiegel.

Subaru Justy 1200 ECVT 1989

Motor	
Zylinder / Bauart	3 Reihe, quer eingebaut
Bohrung × Hub	78 × 83 mm
Hubraum	1189 cm³
Leistung	49 kW / 67 PS bei 5600/min
Max. Drehmoment	80 Nm bei 3600/min
Verdichtung	9,1 : 1
Gemischaufbereitung	1 elektronisch geregelter Vergaser
Abgasreinigungssystem	geregelter 3-Wege-Katalysator mit Lambdasonde
Ventile / Steuerung	2 / OHC
Batterie	12 V 45 Ah
Kraftübertragung	
Antrieb	Vorderradantrieb mit zuschaltbarem Allradantrieb
Getriebe	5-Gang
Übersetzungen	I = 3,07 II = 1,70 III = 1,14 IV = 0,79 V = 0,68 R = 3,46
Fahrwerk	
Radaufhängung vorn	McPherson-Federbeine, Querlenker, Querstabilisator
Radaufhängung hinten	Einzelradaufhängung an Längs- und Querlenkern, Schraubenfedern, Teleskopstoßdämpfer
Lenkung	Zahnstangenlenkung
Bremse	Bremskraftverstärker und -regler, vorn: innenbelüftete Scheibenbremsen, hinten: Trommelbremsen
Allgemeine Daten	
Gesamtmaße	3695 × 1535 × 1420 mm
Radstand	2285 mm
Spur vorne/hinten	1330/1290 mm
Felgen	5 J × 13
Reifen	165/65 R 13
Leergewicht	850 kg
Zul. Gesamtgewicht	1350 kg
Höchstgeschwindigkeit	145 km/h
0 auf 100 km/h	16 s
Verbrauch l/100 km	6,3 l Normal, bleifrei
Tankinhalt	35 l

Die Neuheit in der kleinen Klasse: die stufenlose ECVT-Getriebeautomatik im Justy 1200 1989. Von außen lediglich an den Schriftzügen zu erkennen.

Varianten:	Justy 1000 – Justy 1200/ECVT
Preise (DM):	15.800,– / 16.260,– (Justy 1000 / 1200)

Chronik:

1989: Markteinführung der zweiten Justy-Generation zum Jahreswechsel, Motoren wie gehabt. Radstand unverändert, Gesamtlänge 16 Zentimeter mehr. Technik in Details modifiziert, Justy 1,0 mit Halbautomatik-Choke und ungeregeltem Kat; Justy 1,2 mit Startautomatik. Bezeichnung »Super« entfällt (kein erhöhtes Dach mehr). Nur 1200: Grillumrandung in Wagenfarbe, Reifen 165/65 R 13, Radabdeckung. Justy 1200 ECVT auf dem Genfer Salon im März vorgestellt, in Deutschland ab Mai, DM 20.300,–/20.850,– .

1990: Sonderserie »Fun« (Mai): Leichtmetallfelgen, Stereo-Cassettenradio, Volt- und Amperemeter, Dekorstreifen. Preise von 19.390 bis 21.440 Mark.

Subaru 1800 (seit 1981)
Über Stock und Stein

Heidis Wunschtraum ging 1979 endlich in Erfüllung: mit seinem Subaru 1800 konnte der Ziegenpeter – allradmotorisiert – nun zu jeder Jahreszeit die Alm erklimmen. Auch Großvater legte sich gleich einen zu – er und 2315 weitere Bergfreunde der ersten Stunde, welche die japanische Gemse binnen Jahresfrist in der Alpenregion heimisch machten.

Subaru 1800 (1981–1985)

Bundesdeutsche Auen wurde erst zwei Jahre später in Angriff genommen. Älpler und Förster, Skifahrer und Bergbauern gehörten zu den Fans der Bergziege aus Fernost: Japans erster Fronttriebler mit Boxermotor überzeugte durch einen unscheinbaren Hebel zwischen den Vordersitzen, gleich neben der Handbremse plaziert. Ein Griff genügte, und schon zogen statt zwei Rädern deren vier – Schneeketten überflüssig.
Ganz neu war die Subaru-Kreuzung aus komfortabler Limousine und Geländewagentechnik nicht: beim Jeep Wagoneer Sechszylinder-Kombi von 1963 erinnerte nichts mehr an den knorrigen Geländewagen, und der Jensen FF machte mit Zentraldifferential und Dunlop-Antiblockiersystem 1965 von sich reden. Dieses Luxus-Coupé wurde bis 1971 produziert, ein Jahr später stellte Fuji Heavy Industries seine neue Mittelklasse vor: den »Leone« mit zuschaltbarem Hinterradantrieb. Doch erst der Audi Quattro mit seiner aufwendigen Allradtechnik und den imposanten Rallyeerfolgen verhalfen der Allrad-Idee zum Durchbruch.

Bereits im ersten Jahr wurden über 2.500 Subaru 1800 verkauft. Im Bild der SRX mit Rundscheinwerfern.

MODELLE, VARIANTEN, PREISE

Modellreihen:	Viertürige Stufenheck-Limousine; viertüriger Kombi; Schrägheck-Zweitürer mit Heckklappe
Motoren:	1781 cm³ / 59 kW (80 PS) bei 5200/min 1781 cm³ / 60 kW (82 PS) bei 5200/min ab 2.82
Ausstattung:	Getönte Scheiben, Heckscheibenwischer, Zeituhr, Drehzahlmesser, Öldruckmesser, Voltmeter. Rückfahrscheinwerfer, Erdwallschutz, Schutzschild Unterboden. SRX: einzeln umklappbare Rücksitze, von innen entriegelbare Heckklappe.
Varianten:	Turismo SRX – Sedan – Station – Super-Station
Preise (DM):	16.990,– / 17.490,– / 18.450,– / 19.990,– (SRX / Sedan / Station / Super-S)

Zuschaltbarer Allradantrieb und Boxermotor: Subaru Sedan 1980, hier mit 1,6 Liter-Maschine für den englischen Markt.

Chronik:

1981: Deutschlandstart im Februar, drei Karosserieformen, eine Motorvariante. Fließheck-Variante heißt »SRX«, Stufenheck »Sedan«, Kombi »Station«. Zuschaltbarer Hinterradantrieb obligatorisch, grundsätzlich weiße Stahlfelgen (außer Station). Top-Modell »Super-Station 4WD« mit 40 mm erhöhtem Stufendach verfügt zusätzlich über vier Geländegänge, aktiviert durch Anheben des Allrad-Wahlhebels auf der Mittelkonsole. Japan-Bezeichnung »Leone« wegen Einspruch von Peugeot nicht übernommen.

Im Frühjahr 1982 änderte sich nicht nur die Frontansicht, sondern auch der Name. Aus dem »SRX« wurde der »Turismo 4WD«.

Subaru 1800 Sedan 4WD 1981

Motor		
Zylinder / Bauart	4 Boxer	
Bohrung × Hub	92 × 67 mm	
Hubraum	1781 cm³	
Leistung	60 kW / 82 PS bei 5200/min	
Max. Drehmoment	132 Nm bei 3200/min	
Verdichtung	9,2 : 1	
Gemischaufbereitung	1 Fallstrom-Registervergaser Hitachi	
Ventile / Steuerung	2 / OHV	
Batterie	12 V 60 Ah	
Kraftübertragung		
Antrieb	Vorderradantrieb mit zuschaltbarem Allradantrieb	
Getriebe	2 × 4-Gang	
	Übersetzungen	Gelände
	I = 3,64	I = 5,31
	II = 1,95	II = 2,85
	III = 1,27	III = 1,85
	IV = 0,89	IV = 1,30
	R = 3,58	R = 5,24

Fahrwerk	
Radaufhängung vorn	McPherson-Federbeine, Querlenker, Stabilisator, Teleskopstoßdämpfer
Radaufhängung hinten	Längslenker, Schraubenfedern, Torsionsstabfederung, Teleskopstoßdämpfer
Lenkung	Zahnstangenlenkung
Bremse	Bremskraftverstärker, vorn: Scheibenbremsen, hinten: Trommelbremsen
Allgemeine Daten	
Gesamtmaße	4265 × 1620 × 1410 mm
Radstand	2450 mm
Spur vorne/hinten	1310/1345 mm
Felgen	4,5 J × 13
Reifen	155 SR 13
Leergewicht	1005 kg
Zul. Gesamtgewicht	1480 kg
Höchstgeschwindigkeit	145,2 km/h
0 auf 100 km/h	18,1 s
Verbrauch l/100 km	12,8 l Normal
Tankinhalt	55 l

Zusammen mit dem Sedan erhielt auch der Super-Station 1982 charakteristische Rechteck-Doppelscheinwerfer.

1982: Der neue Jahrgang wird gekennzeichnet durch Rechteck-Doppelscheinwerfer (H1 und H4) bei Sedan und Super-Station, Blinker in die Stoßfänger integriert. Motorleistung geringfügig erhöht, Benzintank faßt 10 Liter mehr. Detailmodifikationen innen (Sitzbezüge, Armaturenbrett). Aus »SRX« wird »Turismo«, horizontal gerippter Kühlergrill, Breitband-Rechteckscheinwerfer, geänderte Blinkleuchten, Reifen 175/70 SR 13. Modellpflege zum Jahresende: neu gestaltete Heckleuchten, schwarze Kunststoff-Stoßstangen, bei den Kombis mit integrierter Nebelschlußleuchte. Firmenemblem im Kühlergrill kleiner. Scheinwerfer-Waschanlage, Transistorzündung, geänderte Achsübersetzung. Innenausstattung überarbeitet (Servolenkung – außer Station –, neues Zweispeichenlenkrad). Super-Station mit Digital- Instrumenten. Elektrische Fensterheber und elektrisch verstellbare Außenspiegel für beide Modelle. Turismo und Super-S. mit Dreigang-Automatikgetriebe gegen Aufpreis (19.200,–/22.700,–).

1983: Modellreihe ab Dezember mit Rückrollbremse (nur Handschaltung): Bremse durch »Hill Holder«-Ventil bleibt an Steigungen bis zum Anfahren erhalten. Alle Modelle: Innenbelüftete Scheibenbremsen vorn.

1984: Ablösung von Sedan und Station zum Jahresende, Turismo noch bis Mitte 1985 unverändert im Programm.

Subaru 1800 (seit 1985)

Der Allrad-Pionier war in die Jahre gekommen. Das hohe Geräuschniveau, der unbefriedigende Geradeauslauf bei höheren Geschwindigkeiten und die verquollene Karosserie, von aerodynamischen Erkenntnissen völlig unbeleckt, verlang-

Subaru Coupé 1800 Allrad Turbo 1987

Motor		
Zylinder / Bauart	4 Boxer	
Bohrung×Hub	92×67 mm	
Hubraum	1781 mm	
Leistung	96 kW / 131 PS bei 5600/min	
Max. Drehmoment	192 Nm bei 2800/min	
Verdichtung	7,7 : 1	
Gemischaufbereitung	Elektronische Benzineinspritzung, Abgas-Turbolader mit Schubabschaltung und Abgasrückführung	
Abgasreinigungssystem	geregelter 3-Wege-Katalysator	
Ventile / Steuerung	2 / OHC	
Batterie	12 V 50 Ah	
Kraftübertragung		
Antrieb	permanenter Allradantrieb mit Zentral-Differentialsperre	
Getriebe	2×5-Gang	
	Übersetzungen	Gelände
	I = 3,55	I = 4,26
	II = 1,95	II = 2,34
	III = 1,37	III = 1,64
	IV = 0,97	IV = 1,16
	V = 0,78	V = 0,94
	R = 3,42	R = 4,10

Fahrwerk	
Radaufhängung vorn	McPherson-Federbeine, Querlenker
Radaufhängung hinten	Einzelradaufhängung an Schräglenkern, Federbeine, Stabilisator
Lenkung	Zahnstangenlenkung, Servounterstützt
Bremse	Bremskraftverstärker, vorn: innenbelüftete Scheibenbremsen, hinten: Scheibenbremsen, Bremsdruckminderer
Allgemeine Daten	
Gesamtmaße	4370×1660×1455 mm
Radstand	2465 mm
Spur vorne/hinten	1410/1425 mm
Felgen	5 J×13
Reifen	175/70 HR 13
Leergewicht	1150 kg
Zul. Gesamtgewicht	1720 kg
Höchstgeschwindigkeit	190 km/h
0 auf 100 km/h	9,7 s
Verbrauch l/100 km	9,3 l Super, bleifrei
Tankinhalt	60 l

ten dringend nach Abhilfe – zumal in der Allradnische inzwischen drangvolle Enge herrschte: Audi 80 Quattro und Ford Sierra 4×4, Renault 18 4×4, Toyota Tercel 4WD und Alfa 33 4×4-Kombi Giardinetta offerierten mehr oder weniger ausgefeilte Allrad-Technik.

Den Anschluß schaffte die zweite Subaru 1800-Generation. Kennzeichen der wiederum als Sedan, Station und Super-Station lieferbaren Subarus war die zeitgemäß geglättete Außenhaut, der geringfügig verlängerte Radstand, überarbeitete Radaufhängungen und der gründlich modifizierte Boxermotor. Jetzt mit obenliegender Nockenwelle und auf 90 PS erstarkt, brachte er nun das erforderliche Mindestmaß an Laufkultur auf, um der allradelnden Konkurrenz Paroli bieten zu können.

Ganz ohne Gegenspieler dagegen blieb das Subaru XT-Coupé. Das Top-Modell mit avantgardistischer Keilform und ausgezeichnetem C_w-Wert (0,29) hatte wie die braven 1800er das wassergekühlte Vierzylindertriebwerk. Durch I.H.I.-Turbolader und Benzineinspritzung gestärkt, leistete der Leichtmetall-Boxer stramme 100 Kilowatt bei 5800 Touren. Seinen Schöpfern bescheinigte der mot-Test, an alles gedacht zu haben – »Fahrwerk, Fahrkomfort, Fahrleistungen, Fahrfreude«. Nur »das Fahrgeld« war offenbar vergessen worden: Verbräuche von bis zu 17 Litern Super machten dem Umgang mit dem XT Turbo zum teueren Vergnügen.

Subaru Super-Station 1800: für das Modelljahr 1987 mit Blende um den Kühlergrill.

Jede Menge Extras ohne Aufpreis: das Coupé 1800 Turbo, natürlich mit Allradantrieb.

Mitte 1990 kam das Aus für die 1800-Familie. Lediglich der Station 1800 (im Vordergrund) wurde weiterhin angeboten.

Europapremiere Genf 1985 für den futuristischen XT auf Basis der Subaru-1800-Familie.

Vierzylinder-Boxer, elektronische Benzineinspritzung und Abgas-Turbolader: Subaru XT Turbo Allrad, Modelljahr 1986/87.

MODELLE, VARIANTEN, PREISE

Modellreihen:	Stufenheck-Limousine, Kombi, Coupé, XT-Coupé
Motoren:	1781 cm³ / 66 kW (90 PS) bei 5600/min 1781 cm³ / 100 kW (136 PS) Turbo bei 5600/min ab 9.85 1781 cm³ / 66 kW (90 PS) Euro-Kat bei 5600/min ab 5.86 1781 cm³ / 72 kW (98 PS) Kat bei 5600/min ab 12.86 1781 cm³ / 96 kW (131 PS) Turbo-Kat bei 5600/min ab 12.86 1781 cm³ / 88 kW (120 PS) Turbo-Kat bei 5600/min ab 6.90
Ausstattung:	Servolenkung, verstellbares Lenkrad, höhenverstellbarer Fahrersitz, elektrisch verstellbare Außenspiegel, elektrische Fensterheber (außer Station), Zentralverriegelung, Lautsprecher und Dachholmantenne. Sedan: geteilt umlegbare Rücksitze mit Durchlademöglichkeit.
Varianten:	Sedan 1800/Turbo – Station – Super-Station/Turbo – Coupé Turbo 4WD – Coupé XT Turbo – XT Turbo Kat
Preise (DM):	20.790,– / 21.490,– / 23.790,– (1800 Station / Sedan / Super-Station)

Subaru XT Turbo Coupé 1986

Motor	
Zylinder / Bauart	4 Boxer
Bohrung × Hub	92 × 67 mm
Hubraum	1781 cm³
Leistung	100 kW / 136 PS bei 5600/min
Max. Drehmoment	196 Nm bei 2800/min
Verdichtung	7,7 : 1
Gemischaufbereitung	elektronische Benzineinspritzung, wassergekühlter Abgasturbolader, Schubabschaltung, Abgasrückführung
Ventile / Steuerung	2 / OHC
Batterie	12 V 50 Ah
Kraftübertragung	
Antrieb	Vorderradantrieb mit zuschaltbarem Allradantrieb
Getriebe	5-Gang
Übersetzungen	I = 3,55 II = 1,95 III = 1,37 IV = 0,97 V = 0,78 R = 3,42

Fahrwerk	
Radaufhängung vorn	McPherson-Federbeine, Luftfederung mit Niveauregulierung, Querlenker, Stabilisator
Radaufhängung hinten	McPherson-Federbeine, Luftfederung mit Niveauregulierung, Querlenker, Stabilisator
Lenkung	servounterstützte Zahnstangenlenkung
Bremse	Bremskraftverstärker und -regler, vorn und hinten Scheibenbremsen
Allgemeine Daten	
Gesamtmaße	4450 × 1690 × 1335 mm
Radstand	2465 mm
Spur vorne/hinten	1420/1425 mm
Felgen	5 J × 13
Reifen	185/70 VR 13
Leergewicht	1165 kg
Zul. Gesamtgewicht	1620 kg
Höchstgeschwindigkeit	201 km/h
0 auf 100 km/h	8,7 s
Verbrauch l/100 km	8,5 l Super, bleifrei
Tankinhalt	60 l

Chronik:

1985: Neue Modellreihe ab Jahresbeginn eingeführt, neue Karosserien, 66-kW-Motor mit hydraulischem Ventilspielausgleich, Fünfganggetriebe oder Automatik. Super-Station mit 2×5 Gängen (Normal- und Geländeübersetzung). Neue Automatik schaltet den Allrad-Antrieb automatisch zu.

Im September Einführung der Modelle mit Turbo-Motor: Wassergekühlter Turbolader, elektronisch gesteuerte Luftfederung mit Niveauregulierung, Scheibenbremsen hinten. Preise: DM 27.750,– (Sedan), 30.250,– (Super-Station).

Turismo in alter Form bis zur IAA aus dem Programm genommen, dafür Einführung des »XT Turbo 4WD«: extreme Keilform mit Klappscheinwerfern, glattflächiges Heck mit Abrißkante, Reifen 185/70 VR 13. Luftfederung mit Niveauregulierung, höhen- und neigungsverstellbares Lenkrad, Scheibenantenne in Heckscheibe, herausnehmbares Stahlhubdach. DM 34.990,–.

1986: Subaru Coupé 1800 Turbo 4WD ab Oktober: Schraubenfedern, Teleskopstoßdämpfer, Servolenkung, stufenlos verstellbares Lenkrad mit Ein/Ausstiegsautomatik, elektr. Fensterheber vorn, Heckscheiben Wisch/Waschanlage, einzeln umklappbare Rücksitzlehnen, Heckklappe und Tankdeckel von innen aus zu entriegeln, Gepäckraumabdeckung. Kühlergrill mit nur einem Mittelsteg; DM 28.600,–/29.900,– (Automatik).

Alle Modelle: Motor mit ungeregeltem Katalysator (außer Turbo) auf Wunsch, Aufpreis 1080 Mark. Automatik gegen Aufpreis. Kühlergrill mit zwei Lamellen und in Wagenfarbe lackierten Stegen als Begrenzung, neues Radkappendesign.

1987: Zum Jahresbeginn Einführung des Motors mit geregeltem Katalysator. Andere Varianten unverändert im Programm. Ab September: Coupé XT leicht überarbeitet (Grill, Stoßstange, Radkappen); Turbo-Modelle jetzt mit permanentem Allradantrieb und Zentraldifferential, Preise von 30.900,– (Sedan Turbo) bis 39.500,– (XT Turbo Automatik).

1988: Coupé-Sondermodell im März: Heckspoiler, Radabdeckungen und Außenspiegel in Wagenfarbe; Stoßfänger und Seitenschutzleisten hellgrau. Stereo-Cassettenradio, Dreispeichenlenkrad. Nur in weiß und mit Turbo-Motor lieferbar, DM 31.500,–.

Juli: Styling-Kit aus Frontspoiler, Heck- und Seitenschürzen lieferbar, montiert und lackiert für DM 1.800,– Aufpreis für Sedan und Coupé im Angebot.

1989: Modelljahr 1989 nur minimal überarbeitet (untere Hälfte der Stoßfänger in Wagenfarbe lackiert; Fensterrahmen und Türgriffe schwarz, nicht mehr verchromt); Coupé und Sedan serienmäßig mit elektrischem Glasschiebedach und Sonnenblende. Modellreihe läuft in Japan aus wegen Einführung des Nachfolgers »Legacy«, in Deutschland parallel zum Nachfolger weiterhin angeboten.

1990: Modellreihe zur Jahresmitte aus dem Programm genommen. Nur 1800 Station mit 72 kW (98 PS) Kat bleibt für DM 26.300,– weiterhin im Programm. Coupé XT 1800 Turbo: Motorleistung 88 kW (120 PS), geregelter Katalysator. Klimaanlage und Leichtmetallfelgen serienmäßig. DM 42.100,– (43.800,– Automatik).

XT Turbo 4WD Modell 1988: innen und außen modifiziert für die letzten Baujahre. Der Nachfolger erscheint 1991.

Subaru Legacy (seit 1989)
Erbschafts-Angelegenheiten

Nomen non est omen – der Name Legacy, zu deutsch »Vermächtnis«, paßte nicht recht zum neuen Subaru. Geblieben war der permanente Allradantrieb, Motorbauart und Karosserievarianten, doch damit erschöpfen sich so ziemlich die Gemeinsamkeiten mit dem Erblasser Subaru 1800. Mit einem Radstand von 2580 mm und einer Gesamtlänge von 4510 mm gab sich der Neue erheblich großzügiger, bot vier Personen reichlich und fünf genügend Platz; lief stur geradeaus und ließ sich auch von plötzlichen Lastwechseln in der Kurve wenig beirren. Unbeirrbar hielten die Subaru-Techniker auch an der Boxer-Bauweise fest. Seit dem ersten Subaru-Mittelklässler von 1965 favorisierte das Unternehmen das Boxermotoren-Konzept. Die neue EJ-Motorengeneration setzte diese Tradition fort. Neben der obligatorischen 1,8 Liter-Variante stand nun auch eine 2,2 Liter-Version im Angebot. EJ18 und EJ22 erhielten moderne Sechzehnventil-Zylinderköpfe mit zentral angeordneten Zündkerzen, je eine Nockenwelle pro Zylinderkopf, eine fünffach gelagerte Kurbelwelle und eine kennfeldgesteuerte Einspritzanlage – zentral beim 1,8 Liter, als Mehrpunkteinspritzung beim größeren 2,2 Liter.

Fuji Heavy Industries unterzog sein Renommierstück einem gnadenlosen Härtetest: Am 21.Januar 1989, genau elf Minuten und 56 Sekunden nach drei Uhr stellte der Legacy auf dem neun Kilometer langen ATC-Rundkurs in der Wüste von Arizona einen neuen Geschwindigkeitsweltrekord über 100.000 Kilometer auf. 447 Stunden, 44 Minuten und 9,887 Sekunden lang umkreisten die drei Limousinen den Rundkurs, verfeuerten 76.600 Liter Benzin, 97 Liter Öl und verschlissen 88 Reifen. Am Ende der neunzehntägigen Kilometerhatz war der bisherige Rekord gebrochen. Bei Temperaturen zwischen 6 Grad unter Null und 25 Grad plus erreichten die 23 Subaru-Samurai eine Durchschnittsgeschwindigkeit von 223,34 km/h – mithin 10 km/h schneller als drei Jahre zuvor die schwedischen Wikinger auf ihren Saab 9000 Turbo. Nicht zuletzt deswegen entschloß sich Subaru, mit dem neuen Legacy im Kampf um die Rallye-Weltmeisterschaft einzugreifen. Der erste Start erfolgte bei der Safari-Rallye 1990; zwei der vier Werkswagen erreichten das Ziel und plazierten sich unter den Top Ten: Lancia, Toyota und Co horchten auf...

MODELLE, VARIANTEN, PREISE

Modellreihen:	Viertürige Stufenheck-Limousine, Kombi
Motoren:	1820 cm³ / 76 kW (103 PS) 16V Kat bei 6000/min
	2212 cm³ / 100 kW (136 PS) 16V Kat bei 6000/min

Subaru Legacy Sedan Allrad 2,2i 1990

Motor

Zylinder / Bauart	4 Boxer
Bohrung × Hub	96,9 × 75 mm
Hubraum	2212 cm³
Leistung	100 kW / 136 PS bei 6000/min
Max. Drehmoment	189 Nm bei 4800/min
Verdichtung	9,5 : 1
Gemischaufbereitung	Mehrpunkt-Kraftstoffeinspritzung mit Heißfilm-Luftmassenmessung und Schubabschaltung
Abgasreinigungssystem	geregelter 3-Wege-Katalysator mit beheizter Lambdasonde
Ventile / Steuerung	4 / OHC
Batterie	12 V 48 Ah

Kraftübertragung

Antrieb	Permanenter Allradantrieb, Zentraldifferential mit Viskosperre
Getriebe	5-Gang
Übersetzungen	I = 3,55
	II = 2,11
	III = 1,45
	IV = 1,09
	V = 0,87
	R = 3,42

Fahrwerk

Radaufhängung vorn	McPherson-Federbeine, Dreipunkt-Querlenker, Stabilisator
Radaufhängung hinten	McPherson-Federbeine im Mehrlenkerverbund, Stabilisator
Lenkung	Zahnstangenlenkung, selbstnachstellend und servounterstützt
Bremse	Bremskraftverstärker und -regler, 4-Kanal-ABS, vorn: innenbelüftete Scheibenbremsen, hinten: Scheibenbremsen

Allgemeine Daten

Gesamtmaße	4510 × 1690 × 1400 mm
Radstand	2580 mm
Spur vorne/hinten	1460/1450 mm
Felgen	5,5 JJ × 14
Reifen	185/70 VR 14
Leergewicht	1285 kg
Zul. Gesamtgewicht	1870 kg
Höchstgeschwindigkeit	200 km/h
0 auf 100 km/h	9 s
Verbrauch l/100 km	10 l Super, bleifrei
Tankinhalt	60 l

Ausstattung: Station: Getönte Scheiben, Tankdeckel-Fernentriegelung, elektrisch verstellbare Außenspiegel, Türlautsprecher, Servolenkung, Rückrollsperre. Leuchtweiten-Regulierung. Super-S: A.B.S., Scheibenbremsen hinten, Lenkrad axial und vertikal verstellbar mit Einstieghilfe. Drehzahlmesser, Zentralverriegelung, elektrische Fensterheber, Gepäckraumabdeckung und -beleuchtung.

Varianten: Sedan/Station/Super-S 1800 – Sedan/Super-S 2200

Preise: 28.990,– / 34.990,– (Legacy Sedan 1800 / 2200)
31.290,– / 35.990,– (Super-Station 1800 / 2200)

Chronik:

1989: Europa-Premiere auf der IAA. Neue Motoren, neue Karosserien, permanenter Allradantrieb mit selbständig sperrender Visko-Kupplung. Versionen Sedan (1800/2200 wahlweise mit Fünfgang und ACT–4-Automatik); Kombi Station (gleicher Radstand, hinten um 90 mm länger) ausschließlich als 1800 mit 2×5 Gängen lieferbar (DM 27.990,–). Super-Station mit 40 mm erhöhtem Dach mit 2,2 Liter-Motor, Kraftübertragung 2×5 oder ACT 4 (Automatik, nur in Verbindung mit Niveaulift an der Hinterachse, 38.140 Mark). Extras: Metallic-Lackierung DM 390,–; Perl-Effekt-Lackierung DM 460,–, elektr. Glas- Hubschiebedach und Motorantenne DM 1.450,–.

Legacy Super-Station 2,2: wie schon beim Vorgänger mit erhöhtem Dach und reichhaltiger Ausstattung.

Unterwegs zum 100.000 Kilometer-Weltrekord: Subaru Legacy 2,2i auf der Piste in Arizona.

1990: Vier Subaru Legacy bei der Safari-Rallye (11.-16. April): Platz 6 (Heather-Hayes/Levitan); Platz 8 (Njiru/Williamson), zugleich Gesamtsieger Gruppe N.

Das erste japanische Automobil mit sieben Automatik-Wählhebelpositionen: Subaru Legacy Sedan, 1989.

SUZUKI

Suzuki

Der Größte unter den Kleinen

Suzuki-Gesamtzulassungen in Deutschland (Pkw/Geländewagen/Transporter)

1979: 332	1983: 14.120	1987: 27.123
1980: 5.523	1984: 14.701	1988: 26.641
1981: 7.626	1985: 18.429	1989: 27.087
1982: 11.942	1986: 22.880	

Außenbordmotoren und Fertighäuser, Wetbikes (Wassermotorräder) und Kleinlieferwagen gehören zum Produktionsprogramm, vor allem aber sind es die Motorräder, die Suzuki weltberühmt gemacht haben: Michio Suzuki hätte sich das sicher nicht träumen lassen, als er 1909 die Webstuhl-Produktion aufnahm.

Erst 1952 kam Suzuki ins Rollen. Das erste Motorrad der Company, die »Power Free«, wurde von einem 36 Kubikzentimeter großen Zweitaktmotörchen in Fahrt gebracht und war mehr ein Fahrrad mit anmontiertem Hilfsmotor denn ein echtes Motorrad. Gleichwohl landete die Firma, wie Konkurrent Honda in Hamamatsu beheimatet, damit einen beachtlichen Erfolg und konnte sich rasch als Motorradproduzent etablieren. Dem geänderten Firmenprofil wurde 1954 Rechnung getragen, die »Suzuki Loom Works« firmierten fortan als »Suzuki Motor Co.«.

Im Oktober 1955 stellte Suzuki sein erstes Auto vor. Die gesetzlichen Regelungen begünstigten Kleinwagen mit einem Hubraum bis zu 360 Kubikzentimeter. Der Suzulight – er erinnerte an Borgwards Lloyd – mit Frontantrieb und Zweitakt-Twin paßte genau in diese Kategorie. In den folgenden beiden Jahren wurden 43 Minis gebaut, dann ruhte die Produktion bis 1961. Untätig war man in Hamamatsu allerdings nicht geblieben. Der Suzulight von 1962 war ein modern konzeptioniertes Fahrzeug mit kurzen Karosserieüberhängen, einzeln aufgehängten Rädern und 21 PS starkem Zweizylindermotor. Seine Höchstgeschwindigkeit lag bei 85 km/h. Im Erscheinungsjahr entstanden 2.565 Autos.

Die zweite Neuentwicklung erhielt den Namen Fronte und erschien 1964. Der Swift-Urahn wurde von einem 41 PS starken Dreizylinder-Zweitaktmotor beschleunigt. Die zweitürige Stufenhecklimousine – ganz und gar europäisch gestylt – hatte eine selbsttragende Karosserie, Einzelradaufhängung, ein vollsynchronisiertes Vierganggetriebe und Trommelbremsen. Dennoch kam die Automobilproduktion nicht recht in Schwung, der Jahresausstoß erreichte im ersten Fronte-Jahr mit 1.819 Fahrzeugen den niedrigsten Stand seit Beginn der Serienfertigung.

Ein anderer Fronte ersetzte 1967 den Suzulight. Das kompakte Leichtgewicht, wieder in der 0,4 Liter Klasse angesiedelt, brachte Suzuki nach vorn, die Jahresproduktion überstieg 1969 erstmals die magische Marke von 100.000 Fahrzeugen. Im Jahr darauf erschien der Jimny, ein kleiner Geländewagen auf Basis des Fronte 360. Ursprünglich für die australische Armee entwickelt, wurde er zum Wegbereiter des Geländewagenbooms. Mit seinem Nachfolger, dem LJ 80, beginnt die Geschichte der Suzuki-Automobile in Deutschland. Die deutsche Suzuki-Niederlassung, bislang nur für die Motorräder zuständig, präsentierte ihn erstmals während der Frankfurter IAA 1979 auf ihrem 300 Quadratmeter großen Messestand. Die Auslieferung begann sieben Monate später. Suzuki wurde auf Anhieb Marktführer in diesem Segment und hielt einen Anteil von über 50 Prozent. Bis zur IAA 1981 hatte sich der kleine Frechdachs mehr als 10.000 mal verkauft – ein toller Erfolg für das spartanische Vehikel.

Suzuki, nach eigenem Bekunden »der größte Kleinwagenhersteller der Welt«, nutzte die Frankfurter Herbstschau auch, um den Abschluß eines Kooperationsvertrages mit General Motors bekanntzugeben. Der amerikanische Riese übernahm 5,3 Prozent der Suzuki-Anteile, weitere 1,23 Prozent sicherte sich GM-Partner Isuzu. Suzuki erwarb im Gegenzug 3,5 Prozent des Isuzu-Paketes. Gemeinsames Ziel der drei war die Entwicklung eines neuen Kompaktfahrzeuges in der Einliter-Klasse, eines »World-Car«: Der Swift, das Auto für die Welt, erschien im Februar 1984 auch auf deutschen Straßen und bildete die lang erwartete Ergänzung zu LJ/SJ, Alto und Kleintransporter Carry.

Den internationalen Durchbruch als Automobilhersteller schaffte Suzuki mit dem Geländefloh LJ 80, ursprünglich entwickelt für die australische Armee.

Suzuki Alto (seit 1981)
Das ist die Höhe

Die doppelseitigen Anzeigen, mit denen der neue Alto (italienisch = hoch) eingeführt und als Sparwunder angepriesen wurde, waren wirklich die Höhe – zumindest in den Augen der Ölscheichs. Sie fühlten sich brüskiert. Die Sparsamkeit des neuen Alto brachte sie ganz sicher nicht zum Weinen. Und schon gar nicht in die Verlegenheit, diverse Ehefrauen nicht mehr unterhalten zu können. Die Entrüstung war groß, und Suzuki schaltete rasch: die ungewöhnlichste Anzeige des Jahres 1981 trug die Überschrift »Entschuldigung!« und richtete sich an alle Wüstensöhne. Suzuki Motor Company, Japan, entschuldigte sich in aller Form und mit großem Ernst für den Fehltritt der deutschen Tochter.

Suzuki Alto (1981–1986)

Nach diesem Fauxpas erklang das Alto-C etwas verhaltener: »Harry hat drei Liter Hubraum, Rolf hat zwei obenliegende Nockenwellen, Jens hat sechzehn Ventile und ich hole mit drei Zylindern Inge ab.« Viel Auswahl gab es da nicht, Inge konnte sich entweder von einem zweitürigen Alto plus Heckklappe, oder einem Viertürer chauffieren lassen. Dessen Kofferabteil mit knapp 120 Litern Fassungsvermögen ließ sich zwar nur durch die hochgeklappte Heckscheibe beladen, hatte aber

Suzuki Alto 1981: Dreizylinder-Viertakt-Motor, vierfach gelagerte Kurbelwelle und zahnriemengesteuerte obenliegende Nockenwelle.

geteilt umlegbare Rücksitzlehnen und ließ sich vielfältiger nutzen.
So oder so: das Mädel erhielt in jedem Fall einen wassergekühlten Dreizylinder-Graugußblock mit 0,8 Litern Hubraum, vierfach gelagerter Kurbelwelle und zahnriemengetriebener Nockenwelle. Trotz fehlender Ausgleichswellen verrichteten die 40 Pferdchen im fliegengewichtigen Fronttriebler so unaufdringlich ihre Arbeit, daß weder kleinwagentypischer Lärm noch übermäßige Vibrationen das Rendezvouz störten. In einem solchen Fall erwiesen sich denn auch die beengten Platzverhältnisse als Vorteil: die dünn gepolsterten Sitze, die so

Suzuki Alto 1981

Motor		**Fahrwerk**	
Zylinder / Bauart	3 Reihe, quer eingebaut	Radaufhängung vorn	McPherson-Federbeine, Querlenker, Stabilisator
Bohrung × Hub	68,5 × 72 mm	Radaufhängung hinten	Starrachse, Blattfedern, Teleskopstoßdämpfer
Hubraum	796 cm³	Lenkung	Zahnstangenlenkung
Leistung	29,4 kW / 40 PS bei 5500/min	Bremse	Bremskraftregler, vorn: Scheibenbremsen, hinten: Trommelbremsen
Max. Drehmoment	58,5 Nm bei 3500/min		
Verdichtung	8,7 : 1	**Allgemeine Daten**	
Gemischaufbereitung	1 Fallstrom-Registervergaser Mikuni	Gesamtmaße	3295 × 1415 × 1335 mm
Ventile / Steuerung	2 / OHC	Radstand	2150 mm
Batterie	12 V 28 Ah	Spur vorne/hinten	1215/1170 mm
Kraftübertragung		Felgen	4 B × 12
Antrieb	Vorderradantrieb	Reifen	145/70 SR 12
Getriebe	4-Gang	Leergewicht	630 kg
Übersetzungen	I = 3,583	Zul. Gesamtgewicht	930 kg
	II = 2,166	Höchstgeschwindigkeit	130 km/h
	III = 1,333	0 auf 100 km/h	20,5 s
	IV = 0,900	Verbrauch l/100 km	6 l Normal
	R = 3,363	Tankinhalt	27 l

Den Alto GL mit Rechteck-Scheinwerfern lieferte Suzuki nach der Frankfurter Messe 1983 aus.

wenig Seitenhalt vermittelten, ermöglichten bei flinken Rechtskurven eine unauffällige Kontaktaufnahme.

MODELLE, VARIANTEN, PREISE

Modellreihen:	Zwei- und viertürige Steilheck-Limousine
Motoren:	796 cm³ / 29 kW (40 PS) bei 5500/min
Ausstattung:	Liegesitze, heizbare Heckscheibe, zwei Außenspiegel, Wisch/Waschanlage mit Intervall, Rückfahrscheinwerfer und Nebelschlußleuchte, Ausstellfenster hinten, Schmutzfänger. FX: Teppichboden, Digitaluhr, Kindersicherung hinten, Fond-Aschenbecher, Hutablage.
Varianten:	Alto/GE/GL – FX
Preise (DM):	9.490,– / 9.990,– (Alto / FX)

Chronik:

1981: Einführung im Januar, in Japan mit kleinerem Motor erfolgreichstes Modell der Klasse bis 0,6 Liter Hubraum. Zwei- und viertürige (FX-) Karosserie, 40-PS-Motor. Inspektion und Ölwechsel alle 10.000 Kilometer.

1982: Alto GE ab Juli: Zweitüriges Sparmodell, abgemagerte Version ohne Heckscheibenheizung, rechte Sonnenblende, rechten Außenspiegel, Teppichboden und Intervallschaltung. DM 7.990,–. Alto FX auch mit Zweigang-Automatik, 9.280 Mark. Preissenkung für die beiden anderen Alto-Versionen um jeweils DM 1.000,–.

1983: Facelift zur IAA: Rechteck- statt Rundscheinwerfer, modifizierter Kühlergrill mit Suzuki-Schriftzug Mitte links.

1985: Zur IAA nur noch GL (Zweitürer) im Programm. Sonstige Modelle: Import eingestellt.

1986: Zum Jahresbeginn Ablösung durch Nachfolger.

Suzuki Alto (seit 1986)

Zum neuen Jahr erhielt Inge eine neue Einkaufstasche. Im Prinzip war nur die Optik neu, die Karosserie geglättet und mit größerer Fensterfläche versehen, die Scheinwerfer aus ihrer Höhle gelockt und die Motorhaube leicht dazwischen heruntergezogen. Darüber hinaus hatte sich nichts geändert, weder am Dreizylinder-Viertaktmotörchen mit 29 kW noch am Fahrwerk (vorne Querlenker und Federbeine, hinten Starrachse an Blattfedern geführt). Erhalten blieb auch die wunderbare Handlichkeit im Stadtgewühl – dank der leichtgängigen und

Suzuki Alto GL 1986

Motor	
Zylinder / Bauart	3 Reihe, quer eingebaut
Bohrung × Hub	68,5 × 72 mm
Hubraum	795 cm³
Leistung	29,4 kW / 40 PS bei 5500/min
Max. Drehmoment	59 Nm bei 2500/min
Verdichtung	8,7 : 1
Gemischaufbereitung	1 Doppel-Fallstromvergaser Mikuni-Kogyo
Ventile / Steuerung	2 / OHC
Batterie	12 V 28 Ah
Kraftübertragung	
Antrieb	Vorderradantrieb
Getriebe	4-Gang
Übersetzungen	I = 3,58 II = 2,17 III = 1,33 IV = 0,90 R = 3,36
Fahrwerk	
Radaufhängung vorn	McPherson-Federbeine, Querstabilisator
Radaufhängung hinten	Verbundlenkerachse, Schraubenfedern, Panhardstab, Teleskopstoßdämpfer
Lenkung	Zahnstangenlenkung
Bremse	vorn: Scheibenbremsen, hinten: selbstnachstellende Trommelbremsen
Allgemeine Daten	
Gesamtmaße	3300 × 1405 × 1410 mm
Radstand	2175 mm
Spur vorne/hinten	1215/1200 mm
Felgen	4 J × 12
Reifen	145/70 SR 12
Leergewicht	630 kg
Zul. Gesamtgewicht	1000 kg
Höchstgeschwindigkeit	133 km/h
0 auf 100 km/h	26,5 s
Verbrauch l/100 km	7,5 l Normal, bleifrei
Tankinhalt	30 l

direkten Zahnstangenlenkung –, ebenso wie der ordentliche Geradeauslauf. Fahr- und Federungskomfort dagegen ließen weiterhin zu wünschen übrig, die Gurtschlösser saßen immer noch an langen Gurtpeitschen und nicht am Sitz. Doch über die bessere Qualität des Sitzmöbels freute sich nicht nur Inge.
Gewonnen hatte auch das Klima: der Fronttriebler gehörte jetzt zu den bedingt schadstoffarmen Autos der Stufe C. Um die Abgasgrenzwerte nach der EG-Norm zu erreichen, installierten die Suzuki-Techniker ein Abgas-Rückführungssystem. Das verringerte den NOx-Anteil und befreite drei Jahre und sechs Monate lang von der Steuerpflicht. Nach Ablauf dieser Frist wurde dann der ermäßigte Steuersatz von 13,20 Mark pro 100 Kubikzentimeter Hubraum fällig.

MODELLE, VARIANTEN, PREISE

Modellreihen:	Zwei- und viertürige Steilheck-Limousine mit Heckklappe
Motoren:	795 cm³ / 29 kW (40 PS) bei 5500/min
Ausstattung:	Liegesitze mit integrierten Kopfstützen, Außenspiegel links/rechts, Schmutzfänger, abschließbare Tankklappe, Hohlraumversiegelung. GL: Zigarettenanzünder, Teppichboden, Intervallschaltung, Wisch/Waschanlage hinten. Rahmenkopfstützen, Gepäckraumabdeckung.
Varianten:	Alto GA – GL
Preise (DM):	9.860,– / 10.245,– / 10.645,– (Alto GA / GL / GL 4t)

Alto GL 1986: Stadtflitzer mit bewährter Technik, aber neuer Optik.

Chronik:

1986: Einführung im Januar, als Zwei- oder Viertürer, jeweils mit Heckklappe. Technische Basis vom Vorgänger übernommen, Radstand um 25 mm verlängert, Höhe 80 mm mehr, Spur hinten verbreitet, Abgasrückführungsanlage. Grundmodell GA nur als Zweitürer, GL Version als Viertürer und als Zweitürer mit Zweigang-Automatik erhältlich (Aufpreis DM 900,–). GL Automatik auch mit Fahrerdrehsitz (11.785,–). Metallic-Lackierung plus DM 295,–.

1987: Umfangreiche Modellpflege zum September: hintere Starrachse durch Verbundlenkerachse mit Schraubenfedern, Teleskopdämpfern und Panhardstab ersetzt. Begrenzungsleuchten jetzt an den Kotflügelkanten (vorher in den Stoßfängern), Breitbandscheinwerfer leicht trapezförmig, Kühlergrill modifiziert (asymetrisch, links geschlossen).

1989: Alto nur noch als GL-Version.

Alto GL 1989: seit der Modellpflege mit Verbundlenkerachse hinten und modifizierter Frontansicht.

Suzuki Swift (seit 1983)
Kleiner Gernegroß

Eine Klasse über dem Alto siedelte Suzuki seine neue SA 310/ Swift Modellreihe an. Sie entstand nach einer Übereinkunft mit dem amerikanischen Automobilgiganten General Motors, der im August 1981 eine fünfprozentige Beteiligung übernommen hatte. Das erste Resultat der amerikanisch-japanischen Connection stand auf der 25. Tokio Motor Show im November 1983: der neue Suzuki Cultus. In den USA wurde er als Chevrolet Sprint und Pontiac Firefly verkauft, kam nach Deutschland zunächst als SA 310 und wurde dann zum Swift.

Suzuki SA 310 / Swift (1984–1989)

Bei diesem ersten erwachsenen Suzuki-Personenwagen war die GM-Entwicklungsabteilung für Karosserie und Innenraumgestaltung zuständig, Suzuki steuerte Motor und Fahrwerkskonstruktion bei. Der Fronttriebler mit den kompakten Abmessungen erhielt einen neuentwickelten 50-PS-Einlitermotor mit drei Zylindern. Dieses Konstruktionsprinzip hatte handfeste Vorteile, weniger bewegte Teile bedeuten weniger Verbrauch und weniger Gewicht. Der Motor wog, dank konsequenter Leichtbauweise, 63 Kilogramm und trug mit dazu bei, das Kampfgewicht des neuen SA 310 auf 680 Kilogramm zu beschränken. Zum Vergleich: ein vergleichbarer VW Polo mit 29 kW brachte 20, ein Opel Corsa 55 kg mehr auf die Waage. So richtig zur Kenntnis genommen wurde der SA 310 dennoch erst, als er nicht mehr so hieß. Mit Erscheinen des stärkeren Vierzylindermodells im November 1984 verschwand die nichtssagende Bezeichnung, fortan gab es neben dem Alto nur noch den Swift im Suzuki-Pkw-Programm: als Swift 1,0 GA/GL und als Swift 1,3 GS/GC. Das Kürzel 1,3 GS stand für das Spitzenmodell der Reihe, dessen durchzugsstarker Aluminiummotor 74 PS leistete. Der 68pferdige GC übernahm als Viertürer mit einem um 100 mm verlängerten Radstand den Part der Familienkutsche.

Für das Modelljahr 1987 wurde die Swift-Reihe gründlich renoviert. Die Modifikationen betrafen nicht nur die Optik im Bug- und Heckbereich, sondern auch das Fahrwerk. An die

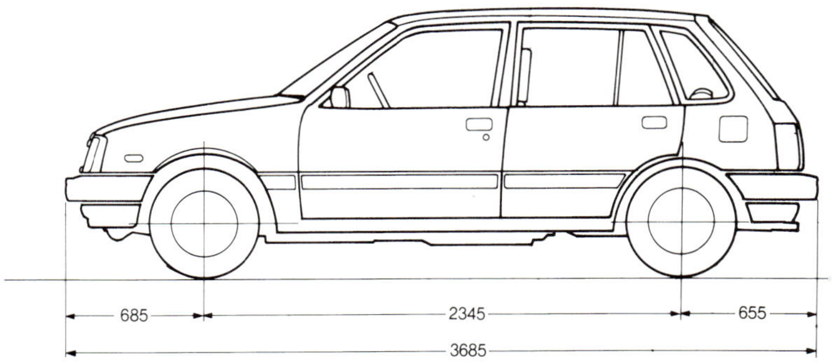

Zehn Zentimeter mehr für die Familie: der Swift 1,3 GC als Viertürer.

Suzuki Swift 1.3 GS 1983

Motor		**Fahrwerk**	
Zylinder / Bauart	4 Reihe, quer eingebaut	Radaufhängung vorn	McPherson-Federbeine, Querlenker
Bohrung × Hub	74×77 mm	Radaufhängung hinten	Starrachse mit Blattfedern, Teleskopstoßdämpfer, Stabilisator
Hubraum	1324 cm^3	Lenkung	Zahnstangenlenkung
Leistung	54 kW / 74 PS bei 5800/min	Bremse	Bremskraftverstärker, vorn: Scheibenbremsen, hinten: Trommelbremsen
Max. Drehmoment	105 Nm bei 4000/min		
Verdichtung	9,5:1	**Allgemeine Daten**	
Gemischaufbereitung	1 Fallstrom-Gleichdruckvergaser Aisan	Gesamtmaße	3585×1545×1350 mm
Ventile / Steuerung	2 / OHC	Radstand	2245 mm
Batterie	12 V 35 Ah	Spur vorne/hinten	1330/1300 mm
Kraftübertragung		Felgen	4,5 J×12
Antrieb	Vorderradantrieb	Reifen	145 SR 12
Getriebe	4-Gang	Leergewicht	693 kg
Übersetzungen	I = 3,416	Zul. Gesamtgewicht	1130 kg
	II = 1,894	Höchstgeschwindigkeit	170 km/h
	III = 1,280	0 auf 100 km/h	11,2 s
	IV = 0,914	Verbrauch l/100 km	7,8 l Normal
	R = 2,916	Tankinhalt	31 l

Stelle der ungeteilten spur- und sturzkonstanten Hinterachse trat eine moderne Verbundlenkerachse mit Schraubenfedern, Teleskopdämpfern und Panhardstab. Erweitert wurde die Modellreihe durch die zweitürigen GTi- und die viertürigen GXi-Typen. Besonderes Merkmal der flinken Dreikäsehochs: der 1,3 Liter-Vierzylinder mit vier Ventilen pro Brennkammer, zwei obenliegenden Nockenwellen und elektronischer Benzineinspritzung EPI.

Konsequenter Leichtbau: Swift 1,3 GS, 1985, mit Aluminium-Motorblock, Alukipphebeln und hohlgebohrter Nocken- und Kurbelwelle.

MODELLE, VARIANTEN, PREISE

Modellreihen: Zwei- und viertürige Schrägheck-Limousine mit Heckklappe

Motoren:
986 cm³ / 37 kW (50 PS) bei 5800/min
1324 cm³ / 50 kW (68 PS) bei 5300/min ab 10.84
1324 cm³ / 54 kW (74 PS) bei 5800/min ab 10.84
1324 cm³ / 47 kW (64 PS) Kat bei 5300/min ab 10.86
1298 cm³ / 74 kW (101 PS) 16V bei 6600/min ab 10.86

Ausstattung: Liegesitze mit integrierten Kopfstützen, zwei Außenspiegel, Nebelschlußleuchte, Rücksitzlehne umklappbar, Ausstellfenster hinten. GL: Scheibenwischer mit Intervall, Heckwischer, Tageskilometerzähler, Bremskraftverstärker, Teppichboden, Kartentasche, Kofferraumabdeckung, elektrische Heckklappenverriegelung, Innenbeleuchtung. GL-S: Drehzahlmesser, Zeituhr, Mittelkonsole.

Varianten: SA 310 – Swift 1,0 GA/GL/GL-S – Swift 1,3 GL/GC/GLX – 1,3 GTi/GXi – 1,3 GL Kat

Preise (DM): 10.495,– / 11.250,– / 11.795,– (SA 310 GA / GL / GL-S)

Chronik:

1984: Einführung zum neuen Jahr, völlig neuentwickeltes Fahrzeug. Dreizylinder-Aluminiummotor, sphärische

Der erste ausgewachsene Personenwagen des japanischen Herstellers: die SA 310/Swift-Reihe. Im Bild der Swift 1,0 GL 1985.

Suzuki Swift 1,3 GTi 1986: das erste 1,3 Liter-Auto mit Vierventilmotor. Als GXi auch mit vier Türen lieferbar.

Brennräume, Ventilbetätigung über Kipphebel; Fünfgang-Getriebe. Nur als Zweitürer mit Heckklappe lieferbar. Ab Oktober Modellreihe »Swift«, aus SA 310 wird Swift 1,0 GA/GL/GL-S; Einführung der Vierzylinder-Modelle 1,3 GL und GS. Nur Zweitürer; Stabilisator hinten; hohlgebohrte Nocken- und Kurbelwelle.
1,3 GL: Wassergekühlter Vierzylinder, 68 PS; Scheinwerfer nicht mehr eingesenkt, schwarze Grillumrandung. DM 12.450,–.
1,3 GS: Kühlerblende in Wagenfarbe, Zweifarbenlackierung auf Wunsch (DM 395,–). 74-PS-Motor (unterdruckgesteuerter Gleichstromvergaser, andere Steuerzeiten, geänderter Ansaugkrümmer); Drehzahlmesser, Digitaluhr, Außenspiegel elektrisch verstellbar, Frontspoiler mit Nebelscheinwerfern, Sportlenkrad und -sitze, Mittelkonsole. GS-Schriftzug. DM 13.750,–.

1985: IAA Frankf.: Swift 1,3 GC. 68 PS Leistung, Viertürer mit Heckklappe, Radstand verlängert, GL-Ausstattung, Kindersicherung hinten. Preis DM 13.350,–. Dreistufen-Automatik für 1,0 GL ab September, Mehrpreis DM 1.000,–.

1986: Neuauflage der Modellreihe zum Oktober. Alle Modelle: Radstand unverändert, Außenlänge um 85 mm gewachsen. Frontbereich abgeschrägt und weiter nach vorn gezogen, Waben-Kühlergrill halb verdeckt, Scheinwerfereinfassung und Blende in Wagenfarbe lackiert, stärker dimensionierte Stoßfänger. Innenraummodifikationen (anderes Lenkrad, verstellbare Rahmenkopfstützen, neu gezeichnete Instrumente). Einzelradaufhängung hinten.
GTi- und GXi-Modelle eingeführt: Vierventilmotor, Einspritzanlage; Front- und Heckspoiler in Wagenfarbe, Seitenschweller. Aufschrift »TwinCam 16«; Dreispeichenlenkrad, Schalensitze, Rücksitzlehne geteilt umklappbar, Doppelrohr-Auspuffanlage. Innenbelüf-

Suzuki Swift GTi 1986

Motor

Zylinder / Bauart	4 Reihe, quer eingebaut
Bohrung × Hub	74 × 75,5 mm
Hubraum	1298 cm³
Leistung	74 kW / 101 PS bei 6600/min
Max. Drehmoment	113 Nm bei 5400/min
Verdichtung	10:1
Gemischaufbereitung	elektronische Benzineinspritzung
Ventile / Steuerung	4 / OHC
Batterie	12 V 45 Ah

Kraftübertragung

Antrieb	Vorderradantrieb
Getriebe	5-Gang
Übersetzungen	I = 3,416
	II = 1,894
	III = 1,375
	IV = 1,030
	V = 0,871
	R = 2,916

Fahrwerk

Radaufhängung vorn	McPherson-Federbeine, Stabilisator
Radaufhängung hinten	Verbundlenkerachse, Schraubenfedern, Panhardstab, Teleskopstoßdämpfer
Lenkung	Zahnstangenlenkung
Bremse	Bremskraftverstärker, vorn: innenbelüftete Scheibenbremsen, hinten: selbstnachstellende Trommelbremsen

Allgemeine Daten

Gesamtmaße	3670 × 1545 × 1350 mm
Radstand	2245 mm
Spur vorne/hinten	1335/1300 mm
Felgen	4,5 J × 13
Reifen	165/65 HR 13
Leergewicht	750 kg
Zul. Gesamtgewicht	1215 kg
Höchstgeschwindigkeit	185 km/h
0 auf 100 km/h	9,5 s
Verbrauch l/100 km	8,7 l Super
Tankinhalt	33 l

tete Scheibenbremsen vorn. Reifendimension 165/65 HR 13. GTi (nur Zweitürer) DM 17.990,–; GXi (Viertürer) DM 18.590,–. Geregelter Katalysator nur im viertürigen Swift 1,3 GL mit Automatikgetriebe (15.680,–); Modell 1,3 GLX (50 kW): Zweitürer, getönte Scheiben, höhenverstellbares Lenkrad, elektrische Fensterheber, Radzierblenden, DM 15.100,–.

1988: GXi und GLX aus dem Programm genommen; Präsentation des Nachfolgers im Spätjahr in Birmingham.

1989: Ablösung gesamte Modellreihe im Februar.

Suzuki Swift (seit 1989)

Kaum drei Jahre nach dem umfassenden Facelift stellte Suzuki auf der Birmingham Motor Show im Herbst 1988 die zweite Swift-Generation vor. Auch diesmal war der Stylingabteilung von General Motors eine adrette Hülle gelungen. Die Karosserie wurde zeitgemäß gerundet und geglättet (C_w-Wert 0,32), der Radstand um 20 mm gestreckt und das Interieur im Stil der neuen Zeit völlig umgestaltet. Die Suzuki-Techniker dagegen konzentrierten sich darauf, die technische Basis des Vorgängers zu verfeinern. Der neue Swift aus Kosai Plant, von 850 Arbeitern und 137 Robotern Monat für Monat in 10.000 Einheiten gebaut, verfügte über eine neue Hinterachskonstruktion mit Einzelradaufhängung und eine neu konzipierte Zahnstangenlenkung. Feinarbeit gab es unter der Haube. Beim Einliter-

Neu bis zur letzten Schraube: die neue Swift-Modellreihe von 1989. Im Bild der 1,0 GL mit geregeltem Katalysator.

Motor erfolgte die Ventilbetätigung nun direkt über wartungsfreie hydraulische Stößel. Die jetzt verwendeten OHC-Vierzylindertriebwerke waren abgeleitet aus dem schon vom Vorgänger bekannten Sechzehnventiler.

Bis zur Frankfurter Automobilausstellung im September 1989 rüstete Suzuki alle Fahrzeuge mit einem geregelten Dreiwege-Katalysator aus, zuvor war nur der GTi optimal entgiftet. Auf der IAA stand auch die Stufenheck-Version des Swift mit 1,6 Liter-Motor und Allradantrieb. Der Swift-Speedster, auf dem

Suzuki Swift 1,3 GTi 1989

Motor	
Zylinder / Bauart	4 Reihe, quer eingebaut
Bohrung × Hub	74 × 75,5 mm
Hubraum	1298 cm³
Leistung	74 kW / 101 PS bei 6500/min
Max. Drehmoment	113 Nm bei 5200/min
Verdichtung	10,0:1
Gemischaufbereitung	elektronische Benzineinspritzung
Abgasentgiftung	geregelter 3-Wege-Katalysator mit Lambdasonde
Ventile / Steuerung	4 / DOHC
Batterie	12 V 45 Ah
Kraftübertragung	
Antrieb	Frontantrieb
Getriebe	5-Gang
Übersetzungen	I = 3,416
	II = 1,894
	III = 1,375
	IV = 1,030
	V = 0,870
	R = 3,272
Fahrwerk	
Radaufhängung vorn	McPherson-Federbeine, Stabilisator
Radaufhängung hinten	McPherson-Federbeine, Schräglenker, Schraubenfedern, Stabilisator
Lenkung	Zahnstangenlenkung
Bremse	Bremskraftverstärker, vorn: innenbelüftete Scheibenbremsen, hinten: Scheibenbremsen
Allgemeine Daten	
Gesamtmaße	3710 × 1585 × 1350 mm
Radstand	2265 mm
Spur vorne/hinten	1365/1340 mm
Felgen	4,5 J × 14
Reifen	175/60 HR 14
Leergewicht	790 kg
Zul. Gesamtgewicht	1250 kg
Höchstgeschwindigkeit	188 km/h
0 auf 100 km/h	8,6 s
Verbrauch l/100 km	6,3 l Super, bleifrei
Tankinhalt	40 l

Der große Wagen: Swift 1,6 GLX mit 410 Liter großem Kofferabteil. Auch mit Allradantrieb lieferbar.

Genfer Salon 1990 erstmals gesichtet, entstand auf Privatinitiative. Automobil-Veredler Zender verwandelte GTi und GS in flotte Zweisitzer, kappte das Dach, verstärkte Karosse und Bodengruppe durch ein neuentwickeltes Rohrgerüst und ersetzte die Frontscheibe durch ein um 140 Millimeter kürzeres Exemplar. Wer 28.490 Mark locker machte, konnte im blauen Rennschalensitz eines Swift GS Platz nehmen. GTi-Fahrleistungen erforderten eine finanzielle Transaktion in Höhe von rund 32.000 Mark.

MODELLE, VARIANTEN, PREISE

Modellreihen: Zwei- und viertürige Schrägheck-Limousine mit Heckklappe; Limousine Stufenheck,

Motoren:
992 cm^3 / 37 kW (50 PS) bei 5500/min
992 cm^3 / 37 kW (50 PS) Eurokat bei 5500/min
1289 cm^3 / 50 kW (68 PS) bei 6000/min
1298 cm^3 / 50 kW (68 PS) Eurokat bei 6000/min
1298 cm^3 / 74 kW (101 PS) 16V Kat bei 6500/min
1590 cm^3 / 70 kW (95 PS) Kat bei 6000/min ab 9.89
993 cm^3 / 40 kW (55 PS) Kat bei 5700/min ab 9.89
1298 cm^3 / 52 kW (71 PS) Kat bei 6000/min ab 9.89

Ausstattung: Getönte Scheiben, Wisch/Waschanlage Heckscheibe, geteilt umlegbare Rücksitzlehne, Schmutzfänger hinten. GS: Nebelscheinwerfer, elektrisch verstellbare Außenspiegel, Sportsitze und -lenkrad, Kartentaschen. Schutzleisten, Schwellerverkleidung, Radzierblenden. GTi: Engine-Check-Leuchte, Armaturenbrett-Dimmer, höhenverstellbares Lenkrad, Spoilerstoßfänger in Wagenfarbe, Tankklappe von innen zu entriegeln, Doppelrohranlage.

Varianten: Swift 1,0 GL – 1,3 GS/GL/GTi – 1,6 GLX/4WD

Hart, handlich, laut: der 1,3 GTi Kat 1990. Ab Werk bereits mit Seitenschwellern, Heckspoiler und Doppelrohr-Auspuff.

Preise (DM): 14.290,– / 14.980,– (Swift 1,0 GL / GL 4t)
16.420,– / 16.590,– / 19.990,–
(1,3 GL / 1,3 GS / 1,3 GTi)

Chronik:

1989: Präsentation im Januar. Zwei- oder viertürige Schrägheck-Limousine mit Heckklappe, völlig neue Karosserie, überarbeitete Motoren, Fahrwerk, Lenkung und Bremsen. Abgasrückführung serienmäßig, ungeregelter Katalysator bei 1,3 Liter-Motor auf Wunsch. Geregelter Katalysator serienmäßig beim 1,3 GTi. Zur IAA Swift 1,3 GL und 1,6 GLX mit Stufenheck vorgestellt: Radstand 2365 mm, Gesamtlänge 4075 mm. McPherson-Federbeine vorn und hinten, Stabilisator. Neu entwickelter 1,6 Liter-16V-Motor (70 kW), EPI-Benzineinspritzung, geregelter Katalysator. Wahlweise auch mit Dreistufen-Vollautomatik oder permanentem Allradantrieb mit Visco-Differential-Sperre ausgerüstet. Ab März 1990 im Handel.

1990: Alle Modelle: Geregelter Katalysator obligatorisch.

Premiere auf dem 60. Schweizer Automobilsalon: der Swift GTi als Speedster, eine Entwicklung des Automobilveredlers Zender.

TOYOTA

Toyota

Die schnellsten Webstühle der Welt

Toyota-Zulassungszahlen in Deutschland (Pkw/Kombi/Geländewagen/Transporter)

1971: 776	1978: 32.179	1985: 61.182
1972: 4.574	1979: 34.071	1986: 91.740
1973: 10.439	1980: 58.893	1987: 93.348
1974: 7.053	1981: 47.214	1988: 85.289
1975: 12.183	1982: 40.037	1989: 81.448
1976: 17.209	1983: 56.000	
1977: 21.636	1984: 53.132	

Mit 23 Jahren wußte Sakichi Toyoda, was er wollte: »Ich werde heimische Produkte herstellen und alles andere hinauswerfen«, beschloß der junge Besucher der Internationalen Maschinenbauausstellung in Tokio 1890. Mit Feuereifer widmete er sich der Entwicklung elektrischer Webstühle. Der mechanische Webstuhl läutete gut 100 Jahre zuvor die Industrialisierung in Großbritannien ein, Toyodas elektrische Spinnmaschine steht am Beginn der japanischen Industrialisierung – und am Anfang des zweitgrößten Automobilproduzenten der Welt.
Der größte britische Webstuhl-Produzent, Platt Bros. Co in Lancashire, erwarb 1926 für 100.000 Pfund die europäischen und britischen Rechte an Toyodas Erfindung. Der Japaner gründete damit die »Toyoda Automatic Loom Works«. Das Geschäft florierte, mit Vaters Sakichis Kapital im Rücken wandte sich Sohn Kiichiro Toyoda dem Automobilbau zu.
Das war im September 1933, es dauerte anderthalb Jahre, bis der erste Prototyp durch die Hallentore rollte. Der Typ A–1, dem Chrysler Airflow wie aus dem Gesicht geschnitten, hatte einen schlechten Start. Die erste Probefahrt zwischen Kariya, dem Firmensitz, und Nagoya endete nach kaum 20 Kilometern. Von Pferden geschleppt, kehrte der erste Toyota zurück. Dennoch gab Toyoda nicht auf. Der erste Schritt zum Automobil war gemacht und das manifestierte sich auch äußerlich: Aus der Automobil-Abteilung der Webstuhlfabrik wurde im August 1937 eine eigenständige Firma, die Toyota Motor Co. Gleichzeitig änderte man das harte Toyoda »d« in ein besser auszusprechendes »t«. So richtig ins Rollen kamen die Automobilfertigung erst, nachdem ein japanischer Ingenieur die amerikanischen Packard-Werke besucht und ein ganzes Notizbuch voller Ideen mitgebracht hatte. Honsha Plant, Toyotas erste Automobilfabrik, zeigte sich deutlich von Packard inspiriert; sie nahm im November 1938 die Arbeit auf. Bis 1943 entstanden dort 1404 Toyota AA-Limousinen, Weiterentwicklungen der unglücklichen A–1-Prototypen.
Für den Wiederaufbau in der Nachkriegszeit waren Lastkraftwagen unerläßlich, Toyota lieferte auf Ratenbasis. Als sich die amerikanischen Besatzer 1949 weniger großzügig mit den Krediten zeigten, konnten die Kunden ihre Raten nicht mehr zahlen und Toyota stand über Nacht vor leeren Kassen. Ein Konsortium von 24 Banken, allen voran Mitsui und Tokay, retteten vor dem Konkurs. Überzeugt hatte sie das neuartige Sanierungskonzept, Toyota Motor Co. wurde umstrukturiert und hatte sich fürderhin ganz auf die Fahrzeugproduktion zu beschränken. Eine im April 1950 neugegründete Firma, Toyota Motor Sales Co., konzentrierte sich ausschließlich auf den Vertrieb. Sie übernahm sofort jedes von Toyota Motor hergestellte Fahrzeug. Bezahlt wurde mit Bank-Krediten. Der Korea-Krieg und der immense Bedarf der US-Armee an robusten Lastwagen enthob Toyota aller Geldsorgen. Und das von Toyota entwickelte Kanban- (Kärtchen-) System verringerte die Lagerhaltungskosten und erhöhte die Effizienz. 1950 wurden 1.857 Fahrzeuge hergestellt, 1960 bereits 30.000, 1972 erreichte Toyota die zehn Millionenmarke, peilte 1976 die 20 Millionenmarke an, 1983 die 40 Millionen. Kurz zuvor, im Juli 1982, hatte man Herstellung und Vertrieb wieder in der Toyota Motor Corporation zusammengefaßt.
Am 25. August 1957 wurden die ersten beiden Pkw nach Übersee verschickt, zwei Toyopet Crown gingen in New York an Land. Die amerikanische Toyota-Tochter, im Oktober des gleichen Jahres gegründet, sollte für ihr Weiterkommen sorgen. Der Versuch schlug fehl. 1960 zog sich Toyota vom nordamerikanischen Kontinent wieder zurück, nur um 1965 wiederzukommen: der Corona machte die Crown-Schlappe mehr als wett. Im Einführungsjahr wurden noch 3.500 Coronas verkauft, in Jahr darauf bereits 20.000. 1970 nahmen die USA annährend 250.000 Toyotas auf, 25 Prozent der bislang exportierten Fahrzeuge.
Seit 1964 besitzt Toyota eigene Hafenanlagen. Produziert wird vor den Toren der Millionenstadt Nagoyas, im japanischen Wolfsburg. Dort, drei Autostunden westlich von Tokio, an der Autobahn Tokio-Nagoya, liegen die acht Produktionsstätten, die aus dem ehemaligen Koromo Toyota City machten. Vom 1973 gebauten Sportstadion für 80.000 Zuschauer bis zum Krankenhaus, von der Industrie-Hochschule bis zu firmeneigenen Gewerkschaft: der Automobilgigant ist allgegenwärtig.
Die Webautomaten-Werke, mit denen alles anfing, sind in der Stadt Kariya, nur wenige Kilometer entfernt. Längst schon

gehören nicht mehr nur Personenwagen oder Webstühle zum Toyota-Imperium. Die 125.000 Angestellten der 16 japanischen Werke produzieren außerdem Schmiermittel und Elektrogeräte, Klimaanlagen, Gabelstapler und Fertighäuser. Auch im höchst lukrativen Immobilienhandel mischt Toyota kräftig mit. Die Sparte Nutzfahrzeuge wird von der Firma Hino beschickt, Toyota schluckte den größten japanischen Lkw-Produzenten 1966 und verleibte sich zur Abrundung des Modellprogramms nach unten 1967 Teile der Firma Daihatsu ein. Und Nippondenso, in Japan das, was Bosch in Deutschland ist, gehört ebenfalls zur Toyota-Gruppe.

Schon Ende der sechziger Jahre schien der Toyota-Start in Deutschland gesichert. Autobianchi-Importeur Walter Hagen in Krefeld besorgte sich Corolla, Corona und Crown aus den Niederlanden, flog nach Japan und verhandelte vor Ort mit den Toyota-Gewaltigen. Der Handel kam nicht zustande – wegen »nicht marktgerechter Preise«. Auf deutschem Boden faßte Toyota 1971 Fuß. In Köln-Braunsfeld residierten die sieben Mitarbeiter der Deutschen Toyota-Vertriebs GmbH. Die selbständige Importfirma war aus der ehrwürdigen Firma J.A. Woodhouse & Co. hervorgegangen, die seit den dreißiger Jahren Morris und MG vertrieb. Aus dem umfangreichen Toyota-Sortiment wurden die internationalen Bestseller Corolla und Corona 1900 ausgesucht, jeweils als Limousine und Coupé. Carina, und Celica folgten zum Jahresende. Im November 1974 – Toyota in Deutschland steckt gerade in einer Krise – übernahm Toyota Sales die Geschäftsanteile und gründete 1975 die Toyota Deutschland GmbH... und hatte Erfolg: Im April 1986 ging der 500.000 für den deutschen Markt bestimmte Toyota in Bremerhaven an Land.

Der Stammvater aller Starlet- und Toyota 1000-Modelle: der Publica aus dem Jahre 1961

Toyota 1000 (1974–1978)
Mein Name ist Nobody

Das Einsteiger-Modell von Toyota wurde in Japan unter dem Namen Publica schon seit 1972 in dieser Form gebaut, deutsche Käufer mußten sich bis Oktober 1974 gedulden. Die zweitürige, dem Corolla ähnliche Limousine war nicht sonderlich überzeugend. Konventionell im Styling, bot auch die Technik des knapp 3,70 Meter langen Wagens keine Überraschungen: Längsmotor, vorn doppelte Querlenker, hinten Blattfeder-Starrachse – eben das typische Japan-Auto.

Der kompakte Kleinwagen zeichnete sich durch eine gute Übersichtlichkeit und eine exakte Schaltung aus. Die Kugelumlauf-Lenkung wurde von zeitgenössischen Testern als schwammig bezeichnet. Fahrverhalten und besonders der Innengeräuschpegel waren vom europäischen Standard noch weit entfernt.

Im Innenraum des Toyota 1000 ging es reichlich eng zu. Der kurze Radstand (2160 mm) ermöglichte gerade noch die einigermaßen komfortable Unterbringung von Fahrer und Beifahrer auf den schwarzen Kunstledersitzen. Die Fondpassagiere dagegen wurden gnadenlos eingezwängt. Auch das Kofferraumvolumen fiel mit 250 Litern nicht gerade üppig aus. Andererseits wies der Toyota eine ganze Reihe von Extras auf, die in dieser Klasse nicht zum Standard gehörten, so zum Beispiel das Mittelwellen-Radio oder die getönten Scheiben. Das Radio verschwand schon bald wieder von der Ausstattungsliste, dafür wich der Kunstlederbezug sympathischeren Stoffbezügen.

MODELLE, VARIANTEN,PREISE:

Modellreihen:	Stufenheck-Limousine zweitürig; Kombi zweitürig
Motoren:	993 cm^3 / 34 kW (45 PS) bei 5600/min
Ausstattung:	Verbundglasscheibe, Rückfahrscheinwerfer, Liegesitze mit integrierten Kopfstützen, getönte Scheiben, MW-Radio, hintere Seitenfenster ausstellbar, Scheibenwischer mit Waschautomatik.
Varianten:	Toyota 1000
Preise:	7.300,–

Chronik

1974: Vorstellung des neuen Toyota im Oktober, lieferbar ab Dezember.

1976: Facelift: Kühlergrill mit zwei betonten Stegen im oberen und unteren Drittel, ohne Seitenabschluß. Ausstattungsänderung (ohne Radio). Im Mai wird der Kombi auf Basis der Limousine eingeführt. Technisch identisch. Besonders ungewöhnlich ist Art und Anordnung der Heckleuchten; DM 8.490,–.

1978: Mit Erscheinen des Starlet verschwindet der Publica aus dem Programm.

Der zweitürige Toyota 1000, eine Weiterentwicklung des populären Publica von 1961, rundete das Toyota-Angebot nach unten ab.

Selbstnachstellende Trommelbremsen hinten, Dunlop-Gürtelreifen und Unterbodenschutz: beim Toyota 1000 Kombi serienmäßig. Auch die Limousine erhielt diesen Kühlergrill. ▶

Toyota 1000 1976

Motor

Zylinder / Bauart	4 Reihe
Bohrung × Hub	73 x 61 mm
Hubraum	993 cm^3
Leistung	34 kW / 45 PS bei 5600/min
Max. Drehmoment	69 Nm bei 3800/min
Verdichtung	9:1
Gemischaufbereitung	1 Fallstrom-Registervergaser
Ventile / Steuerung	2 / OHV
Batterie	12 V 40 Ah

Kraftübertragung

Antrieb	Hinterradantrieb
Getriebe	4-Gang
Übersetzungen	I = 3,789
	II = 2,220
	III = 1,435
	IV = 1,000
	R = 4,316

Fahrwerk

Radaufhängung vorn	McPherson-Federbeine, Quer- und Schräglängslenker, Stabilisator
Radaufhängung hinten	Starrachse mit Blattfedern, Teleskopstoßdämpfer
Lenkung	Kugelumlauflenkung
Bremse	Bremskraftregler, vorn: Scheibenbremsen, hinten: Trommelbremsen

Allgemeine Daten

Gesamtmaße	3695 × 1450 × 1380 mm
Radstand	2160 mm
Spur vorne/hinten	1235/1200 mm
Felgen	4 J × 12
Reifen	155 SR 12
Leergewicht	735 kg
Zul. Gesamtgewicht	1045 kg
Höchstgeschwindigkeit	140 km/h
0 auf 100 km/h	17,2 s
Verbrauch l/100 km	7,8 Normal
Tankinhalt	38 l

Toyota Starlet (seit 1978)
Der Griff nach den Sternen

Als Zwei- und Viertürer lieferbar, aber auf jeden Fall mit Heckklappe: der Starlet DL 1978, Nachfolger des Toyota 1000. Die Gepäckraumabdeckung war Sonderausrüstung.

Mehr schlecht als recht verkaufte sich der kleinste von Japans größtem Automobilhersteller: mit dem Modell 1000 tappte Toyota völlig im dunkeln. Um so heller erstrahlte dann der Nachfolger des antiquierten Vehikels. Der 3,70 m lange Kleinwagen entwickelte sich sehr schnell zu einem echten Star.

Toyota Starlet (1978–1985)

Der neue Toyota debütierte auf dem Genfer Salon im Frühjahr 1978 und rollte mit knapp dreimonatiger Verspätung auch auf bundesdeutsche Straßen.

Motor vorn, angetriebene Starrachse hinten – rein technisch betrachtet war der Unterschied zum Vorgängermodell gar nicht so groß, wie die moderne Karosserie glauben machen wollte. Tiefergehende Eingriffe hatte nur das Fahrwerk erfahren. Die Blattfederpakete gehörten der Vergangenheit an, ihre Stelle nahmen Schraubenfedern und Längslenker ein. Die gefühllose Kugelumlauflenkung mußte einer feinfühligeren Zahnstangenlenkung weichen, mit der sich das Sternchen mühelos dirigieren ließ.

Der erste gravierende Facelift stand 1980 ins Haus. Ab September bestimmten Rechteck-Halogenscheinwerfer die äußere Erscheinung. Die Motorhaube wurde um zwei Zentimeter flacher gehalten, die ohnehin nicht ärmliche Ausstattung erweitert. Die Modellpflege 1983 fiel etwas umfangreicher aus. Sie umfaßte neben einer überarbeiteten Frontpartie auch eine größere Heckklappe, die bis zu der Stoßstange hinunterreichte. Ein geänderter Nockenwellenantrieb und neue Fallstrom-Registervergaser verringerten den Kraftstoffkonsum des bewährten Einliter-Motors im Drittelmix (Durchschnitt aus drei verschiedenen Betriebsweisen) um vier Prozent.

Toyota Starlet 1978

Motor	
Zylinder / Bauart	4 Reihe
Bohrung × Hub	72 × 61 mm
Hubraum	993 cm^3
Leistung	33 kW / 45 PS bei 5600/min
Max. Drehmoment	67 Nm bei 3800/min
Verdichtung	9:1
Gemischaufbereitung	1 Fallstrom-Registervergaser
Ventile / Steuerung	2 / OHV
Batterie	12 V 40 Ah
Kraftübertragung	
Antrieb	Hinterradantrieb
Getriebe	4-Gang
Übersetzungen	I = 3,789
	II = 2,220
	III = 1,435
	IV = 1,000
	R = 4,316

Fahrwerk	
Radaufhängung vorn	McPherson-Federbeine, Schraubenfedern, Quer- und Schräglenker, Stabilisator
Radaufhängung hinten	Starrachse mit Schraubenfedern, Längslenker, Gasdruckstoßdämpfer
Lenkung	Zahnstangenlenkung
Bremse	Bremskraftverstärker und -regler, vorn: Scheibenbremsen, hinten: Trommelbremsen
Allgemeine Daten	
Gesamtmaße	3680 × 1525 × 1380 mm
Radstand	2300 mm
Spur vorne/hinten	1290/1275 mm
Felgen	4,5 J × 13
Reifen	145 SR 13
Leergewicht	735 kg
Zul. Gesamtgewicht	1140 kg
Höchstgeschwindigkeit	142,9 km/h
0 auf 100 km/h	17,7 s
Verbrauch l/100 km	8,3 l Normal
Tankinhalt	40 l

Reihen-Längsmotor, großer Kardantunnel und flacher Gepäckraum: die Raumausnutzung beim Starlet 1200 DL (1979) könnte besser sein.

Variabler Laderaum dank umklappbarer Rücksitzlehne: der Starlet 1000 DL in der 1979 vorgestellten Kombi-Version.

MODELLE, VARIANTEN, PREISE

Modellreihen:	Schrägheck-Limousine mit zwei und vier Türen; Kombi zweitürig
Motoren:	993 cm^3 / 33 kW (45 PS) bei 5600/min 1166 cm^3 / 39 kW (54 PS) bei 5600/min ab 2.79 1290 cm^3 / 48 kW (65 PS) bei 5400/min ab 2.82
Ausstattung:	Halogenscheinwerfer, Rückfahrleuchten, Tankschloß, heizbare Heckscheibe. Liegesitze mit verstellbaren Kopfstützen, Rücksitzlehne vorklappbar, Bodenteppich im Gepäckraum, Zeituhr.
Varianten:	Starlet/1.0/DL – 1,2/S
Preise (DM):	9.340,– / 9.790,– / 10.995,– (Starlet 2t / 4t / Kombi)

Chronik:

1978: Deutschlandstart Ende Mai, Starlet mit einem Triebwerk und drei Karosserieformen erhältlich.

1979: Zusätzliche Varianten ab Februar lieferbar (1,2 L-Motor mit Fünfganggetriebe für beide Versionen); außerdem viertüriger Kombi mit 33 kW-Motor eingeführt. Zur IAA im September Modellreihe neu gegliedert, Grundmodell mit schwächerem Motor erhalten die Bezeichnung

1978 initiierte Toyota mit dem Starlet-Cup einen der höchstdotierten Markencups in Europa. Hier das Gespann Heiler/Heiler auf ihrem 82er Starlet.

Der Starlet DLX 1983: in der Optik deutlich moderner, in der Technik mit Heckantrieb und hinterer Starrachse hinter der Zeit zurück.

»Starlet 1.0«, die beiden stärkeren »1.2«.

1980: Ab September optisch geändert. Merkmale sind die flachere Haube und die Rechteckscheinwerfer. Bessere Ausstattung für alle Modelle: Verbundglasscheibe, Öldruckwarnleuchte, Seitenschutzleisten rundum, Armlehnen, abblendbarer Innenspiegel. Rücksitzlehne geteilt umklappbar. Starlet 1.2 jetzt auf 5-Zoll-Felgen (Reifen 165/70 SR 13), Drehzahlmesser und Heckscheibenwischer mit Waschanlage. Außerdem Dreispeichen-Lenkrad und Choke-Warnleuchte. Erste Preiserhöhung seit der Einführung, Spanne von 9.995,– bis 11.395,–. Fahrzeuge jetzt als »Starlet DL« bzw. »Starlet 1.2 S« geführt.

1982: Im Februar ersetzt 1.3 Liter-Motor das bisherige S-Triebwerk: überarbeiteter Corolla-Motor mit verbessertem Kurbelwellentrieb, höherer Verdichtung 9,5:1, max. Drehmoment von 98 Nm bei 3600/min. DM 12.690,– bzw. 13.090,–. Dreistufen-Automatikgetriebe lieferbar (nur Zweitürer, DM 12.980,–).
Ab 20. Oktober überarbeitete Modellreihe eingeführt. Größere Stoßfänger, anderer Kühlergrill, Standleuchten neben den Scheinwerfern an den Kotflügelkanten, dadurch vergrößerte Blinkleuchten in der Stoßstange. Heckklappe weiter heruntergezogen, neue Rückleuchten. Armaturenbrettlayout modernisiert, Econometer Serie. S-Starlet aus dem Programm genommen.

1985: Zum Jahreswechsel steht der Nachfolger bereit.

Toyota Starlet (1985–1990)

Höchste Zeit für die Neuzeit; mit Hinterradantrieb und Starrachse war längst schon kein Blumentopf mehr zu gewinnen. Mit dem neuen Jahrgang präsentierte sich eine völlig verwandelte Starlet-Generation. Mit glatten Blech- und großen Fen-

Toyota Starlet 1.3 S 1985

Motor	
Zylinder / Bauart	4 Reihe, quer eingebaut
Bohrung × Hub	73 × 77,4 mm
Hubraum	1295 cm³
Leistung	55 kW / 74 PS bei 6200/min
Max. Drehmoment	75 Nm bei 3800/min
Verdichtung	9:1
Gemischaufbereitung	1 Unterdruckvergaser mit Venturisystem
Ventile / Steuerung	3 / OHC
Batterie	12 V 40 Ah
Kraftübertragung	
Antrieb	Vorderradantrieb
Getriebe	5-Gang
Übersetzungen	I = 3,545
	II = 1,904
	III = 1,310
	IV = 0,969
	V = 0,816
	R = 3,250

Fahrwerk	
Radaufhängung vorn	McPherson-Federbeine, Querlenker und Stabilisator
Radaufhängung hinten	McPherson-Federbeine, Längslenker, Torsionsstab, Panhardstab,
Lenkung	Zahnstangenlenkung
Bremse	Bremskraftverstärker und -regler, vorn: innenbelüftete Scheibenbremsen, hinten: selbstnachstellende Trommelbremsen
Allgemeine Daten	
Gesamtmaße	3700 × 1590 × 1395 mm
Radstand	2300 mm
Spur vorne/hinten	1385/1345 mm
Felgen	5 J × 13
Reifen	165/70 SR 13
Leergewicht	765 kg
Zul. Gesamtgewicht	1225 kg
Höchstgeschwindigkeit	169 km/h
0 auf 100 km/h	10,5 s
Verbrauch l/100 km	8,1 l Normal
Tankinhalt	40 l

sterflächen, entgratet und vom Windkanal frisiert, machte der Starlet eine ausgesprochen gute Figur.
Eine gute Aerodynamik gehörte nicht zu den einzigen Vorteilen des schlanken Fünfsitzers. Der Fronttriebler erhielt ein völlig neuentwickeltes Vierzylindertriebwerk mit fünffach gelagerter obenliegender Nockenwelle und Mehrventil-Technik. Zwei Einlaß- und ein Auslaßventil pro Brennraum sorgten für schnellen Gasdurchsatz und damit mehr Drehfreude. Auch das Fahrwerk war nicht wiederzuerkennen. Der kleine Toyota umrundete die Kurven leicht untersteuernd, gefiel durch einen tadellosen Geradeauslauf und ließ sich von plötzlichen Lastwechseln wenig beeindrucken.

Mit der nächsten Starlet Generation vollzog Toyota 1985 den längst fälligen Schritt zum Frontantrieb.

MODELLE, VARIANTEN, PREISE

Modellreihen:	Zwei- und viertürige Schrägheck-Limousine mit Heckklappe
Motoren:	999 cm³ / 40 kW (54 PS) bei 6000/min 1295 cm³ / 55 kW (74 PS) bei 6200/min 1295 cm³ / 55 kW (74 PS) Eurokat bei 6200/min ab 10.86 1453 cm³ / 40 kW (54 PS) Diesel bei 5200/min ab 10.86 1295 cm³ / 55 kW (78 PS) Kat bei 6000/min ab 9.89
Ausstattung:	DX: heizbare Heckscheibe, Heckscheibenwischer, Außenspiegel von innen verstellbar, Heckklappe mit zwei Gasdruckhebern. Beifahrersitz mit Einstiegshilfe, Quarzuhr, Gepäckraumabdeckung, einzeln umklappbare Rücksitze. S: Front- und Heckspoiler, Velourspolster-Sportsitze. Schriftzug »12 Valve«.
Varianten:	Starlet 1.0 E/DX/XL/Cliff – XL Diesel – 1.3 S
Preise (DM):	12.390,– / 13.040,– / 14.490,– (DX 2t / 4t / Starlet S)

Toyota Starlet 1,5 XL Diesel 1987

Motor	
Zylinder / Bauart	4 Reihe, quer eingebaut
Bohrung × Hub	74 × 84,5 mm
Hubraum	1453 cm³
Leistung	40 kW / 54 PS bei 5200 U/min
Max. Drehmoment	91 Nm bei 3800/min
Verdichtung	22:1
Gemischaufbereitung	Verteilereinspritzpumpe, Vorglüh-Automatik
Ventile / Steuerung	2 / OHC
Batterie	12 V 60 Ah
Kraftübertragung	
Antrieb	Vorderradantrieb
Getriebe	5-Gang
Übersetzungen	I = 3,545 II = 1,904 III = 1,310 IV = 1,031 V = 0,864 R = 3,250
Fahrwerk	
Radaufhängung vorn	McPherson-Federbeine, Querlenker und Stabilisator
Radaufhängung hinten	McPherson-Federbeine, Längslenker, Torsionsstab und Panhardstab
Lenkung	Zahnstangenlenkung
Bremse	Bremskraftverstärker und -regler, vorn: innenbelüftete Scheibenbremsen, hinten: selbstnachstellende Trommelbremsen
Allgemeine Daten	
Gesamtmaße	3700 × 1590 × 1395 mm
Radstand	2300 mm
Spur vorne/hinten	1385/1345 mm
Felgen	4,5 J × 13
Reifen	145 SR 13
Leergewicht	810 kg
Zul. Gesamtgewicht	1265 kg
Höchstgeschwindigkeit	150 km/h
0 auf 100 km/h	14,5 s
Verbrauch l/100 km	5 l Diesel
Tankinhalt	40 l

Chronik:

1985: Ab Januar offiziell im Programm: die zweite Starlet-Generation. Ein völlig neues Modell mit Frontantrieb, zeitgemäßer Karosserie und modernem 12V Mehrventilmotor. Lieferbar als Zwei- und Viertürer, Kombi entfällt. Einstiegsmodell 1.0 DX sowohl mit Viergang für 11.990,– als auch mit Fünfgang-Getriebe lieferbar. Spitzenmodell wird der 1.3 S mit 55 kW-Motor; gegen Aufpreis von 450 Mark mit Zweifarben-Lackierung.

1986: Im Oktober 1.3 S auch mit ungeregeltem Katalysator (16.070,–) lieferbar. Serienmäßig mit Schmutzfängern und Fernentriegelung für Tank- und Heckklappe. Neu erschienen: Starlet 1.5 XL Diesel (15.790,–/16.290,–). Wechsel in der Modellbezeichnung, Grundmodell heißt nun 1.0 E, aus DX wird XL.

1987: Bis Juni wird der 1.3 S ohne Eurokat aus dem Programm genommen, zur IAA keine gravierenden Änderungen.

1988: Modellreihe gestrafft; XL mit 4-Ganggetriebe und XL Diesel mit vier Türen entfallen.

1989: Sondermodell Cliff (März): Sonnendach, Heckscheiben-Waschanlage, Dekorstreifen und Felgenabdeckung. Preis 13.990,–. Zur IAA nur noch Starlet 1.0 E und 1.3 XL (Dreitürer) im Programm. Mäßige Modifikationen: XL jetzt mit geregeltem Katalysator, andere Polsterdesigns.

Toyota Starlet (seit 1990)

Nur keine Experimente: Der vorherige Starlet war sechs Jahre lang praktisch unverändert gebaut worden und erfreute sich großer Beliebtheit, der Neue sollte daran nichts ändern. Also beschränkten sich die Arbeiten vor allem auf die äußere Erscheinung. Das Ergebnis fand nicht allenthalben Anklang. Ein bißchen pummeliger, und vor allem verschwommener – der neue Starlet hatte an Kontur verlorenen. Wo beim Vorgänger noch sympathische Kanten für Profil sorgten, verbreiteten nun weiche, runde Formen unauffällige Langeweile. In Länge, Breite und Höhe hatte sich nur wenig geändert, der Radstand war mit 2300 mm so lang wie beim Vorgänger, und beim Motor griff man ebenfalls auf Bewährtes zurück: Der 1,3 Liter, einzige Motorisierungsmöglichkeit für den Einsteiger-Toyota, beflügelte auch schon den ersten Fronttriebler.

MODELLE, VARIANTEN, PREISE

Modellreihen: Zweitürige Schrägheck-Limousine mit Heckklappe

Motoren: 1295 cm³ / 55 kW (75 PS) Kat bei 6000/min

Ausstattung: Ausstellfenster hinten, Heckscheibenwischer mit Intervall, H4-Licht, Fahrlicht-Warnsummer, Leuchtweitenregulierung, Automatikgurte hinten, geteilt umlegbare Rücksitzbank. Zeituhr, Türablage links, Gepäckraumabdeckung

Bequem und praktisch: bei umgelegter Rückbank ergibt sich ein Gepäckvolumen von 591 Litern (VDA-Norm).

Toyota Starlet 90: auf Wunsch auch mit elektronisch geregeltem ABS-Bremssystem.

Sechs Jahre Garantie gegen Durchrostung, drei Jahres Lackgarantie: umfassender Schutz für die Käufer eines neuen Starlet XLi 1990.

Varianten:	Starlet 1,3 XLi
Preise (DM):	16.070,–

Chronik:

1990: Starlet 90 ab April lieferbar. Nur eine Version im Programm, geregelter Katalysator serienmäßig. C_w-Wert 0,34 (Vorgänger 0,37); Armaturenbrett und Karosserie neu entwickelt. Fahrwerk nahezu identisch, Änderungen: Spur, Längslenker der Hinterachse verlängert. ABS-System – erstmals in dieser Klasse – gegen Aufpreis von DM 1.400,–.

Toyota Starlet 1,3 XLi 1990

Motor	
Zylinder / Bauart	4 Reihe, quer eingebaut
Bohrung × Hub	73,0 × 77,4 mm
Hubraum	1295 cm^3
Leistung	55 kW / 75 PS bei 6000/min
Max. Drehmoment	103 Nm bei 4200/min
Verdichtung	9,5 : 1
Gemischaufbereitung	Elektronische Benzineinspritzung D-Jetronic, Luftmengenmessung
Abgasreinigungssystem	geregelter 3-Wege-Katalysator mit Lambda-Sonde
Ventile / Steuerung	3 / OHC
Batterie	12 V 50 Ah
Kraftübertragung	
Antrieb	Frontantrieb
Getriebe	5-Gang
Übersetzungen	I = 3,545
	II = 1,904
	III = 1,310
	IV = 0,969
	V = 0,815
	R = 3,250

Fahrwerk	
Radaufhängung vorn	McPherson-Federbeine, Querlenker, Stabilisator
Radaufhängung hinten	McPherson-Federbeine, Längslenker, Torsionsstab, Panhardstab, Stabilisator
Lenkung	Zahnstangenlenkung
Bremse	Bremskraftregler, vorn: innenbelüftete Scheibenbremsen hinten: selbstnachstellende Trommelbremsen
Allgemeine Daten	
Gesamtmaße	3720 × 1600 × 1385 mm
Radstand	2300 mm
Spur vorne/hinten	1390/1370 mm
Felgen	4,5 J × 13
Reifen	145 SR 13
Leergewicht	720 kg
Zul. Gesamtgewicht	1225 kg
Höchstgeschwindigkeit	170 km/h
0 auf 100 km/h	10,3 s
Verbrauch l/100 km	6,4 l Normal, bleifrei
Tankinhalt	40 l

Toyota Tercel (1979–1985)
Höhenflug mit Hindernissen

Hochfliegende Erwartungen setzte Toyota in sein erstes Frontantriebsmodell Tercel. Der Name steht für das männliche Tier der Gattung Hühnerhabicht oder auch Wanderfalke. Die Kunden in Deutschland allerdings flogen nicht darauf, der Falke kam nie richtig vom Boden weg.

Toyota Tercel (1979–1982)

Der erste frontgetriebene Toyota war zugleich auch der erste mit Einzelradaufhängung rundum. McPherson-Federbeine vorn und eine aufwendige Doppelschräglenker-Achse hinten bescherten dem Tercel ein in den Kurven deutlich untersteuerndes Fahrverhalten mit spürbaren, aber leicht beherrschbaren Lastwechselreaktionen. »Fahrwerk: guter Durchschnitt«, wie »auto motor und sport« insgesamt lakonisch vermerkte.

Ebenfalls neu war der 1,3 Liter-Vierzylindermotor, der den Falken beflügelte. Das längs im Bug eingebaute Aggregat mit obenliegender Nockenwelle, über Zahnriemen gesteuert, war weder besonders sparsam noch besonders sportlich – dafür aber laut. Auch die Stummelheck-bewehrte Karosserie (das Modell mit Heckklappe kam nicht nach Deutschland) fand wenig Gefallen. Gerade 15.000 Käufer entschieden sich für den ersten Tercel, Toyotas »technisch anspruchsvollsten Kompaktwagen« – zu wenig für einen Überflieger.

»Fahrwerk: guter Durchschnitt«: Tercel Deluxe, 1979.

MODELLE, VARIANTEN, PREISE

Modellreihen:	Zwei- und viertürige Stufenheck-Limousine
Motoren:	1295 cm³ / 48 kW (65 PS) bei 5600/min
Ausstattung:	Verbundglasscheibe, Colorverglasung, heizbare Heckscheibe, verstellbare Kopfstützen vorn, elektrische Zeituhr. Warnleuchte für Handbremse und Bremsflüssigkeit, Tageskilometerzähler.

Toyota Tercel 1979

Motor

Zylinder / Bauart	4 Reihe
Bohrung × Hub	76 × 71,4 mm
Hubraum	1295 cm³
Leistung	48 kW / 65 PS bei 5600/min
Max. Drehmoment	101 Nm bei 3800/min
Verdichtung	9:1
Gemischaufbereitung	Fallstrom-Registervergaser
Ventile / Steuerung	2 / OHC
Batterie	12 V 40 Ah

Kraftübertragung

Antrieb	Vorderradantrieb
Getriebe	4-Gang
Übersetzungen	I = 3,467
	II = 2,076
	III = 1,380
	IV = 1,000
	R = 3,377

Fahrwerk

Radaufhängung vorn	McPherson-Federbeine, Quer- und Schräglenker, Stabilisator
Radaufhängung hinten	Einzelradaufhängung an Schräglenkern, Schraubenfedern, Stabilisator, Teleskopstoßdämpfer
Lenkung	Zahnstangenlenkung
Bremse	Bremskraftverstärker, vorn: Scheibenbremsen, hinten: Trommelbremsen

Allgemeine Daten

Gesamtmaße	3960 × 1550 × 1370 mm
Radstand	2500 m
Spur vorne/hinten	1330/1315 mm
Felgen	4,5 J × 13
Reifen	145 SR 13
Leergewicht	830 kg
Zul. Gesamtgewicht	1260 kg
Höchstgeschwindigkeit	150 km/h
0 auf 100 km/h	14,7 s
Verbrauch l/100 km	10,0 l Normal
Tankinhalt	45 l

Toyotas erster Fronttriebler: relativ kleiner Kofferraum, dafür aber mit niedriger Ladekante.

Mit veränderter Frontansicht ins neue Modelljahr: Tercel Deluxe 1982.

Varianten: Tercel DL
Preise (DM): 10.495,– / 10.995,– (Tercel 2t / 4t)

Chronik:

1979: Europastart im April, zwei Karosserien, ein Motor. Erster Fronttriebler von Toyota. Japanisches Schwestermodell heißt Corsa. Ab Jahresende Automatik für viertürige Limousine lieferbar.

1980: Ab November geliftetes Modell: Neue Frontpartie mit breiten Halogenscheinwerfern, niedrigerer Haube, Frontspoiler, Fünfganggetriebe. Bessere Ausstattung: Neugestaltete Armaturen mit Drehzahlmesser, Dreispeichen-Lenkrad, besser konturierte Vordersitze, mehr Ablagefächer. Fünf-Zoll-Räder mit Reifen 165/70. Viertürer jetzt mit einzeln umlegbaren Rücksitzlehnen.

1982: Ablösung naht im August.

Toyota Tercel (1982–1985)

Die Gesamtlänge schrumpfte im Vergleich zum Vorgänger um 10 cm auf 3,88 m, der Radstand wurde um 7 cm verringert – und dennoch gelang es, den Innenraum deutlich größer zu gestalten.

Toyota Tercel 1982

Motor	
Zylinder / Bauart	4 Reihe
Bohrung × Hub	76 × 71,4 mm
Hubraum	1295 cm^3
Leistung	48 kW / 65 PS bei 6000/min
Max. Drehmoment	98 Nm bei 3800/min
Verdichtung	9,3:1
Gemischaufbereitung	1 Zweistufen-Doppelregister-Fallstromvergaser
Ventile / Steuerung	2 / OHC
Batterie	12 V 40 Ah
Kraftübertragung	
Antrieb	Vorderradantrieb
Getriebe	5-Gang
Übersetzungen	I = 3,667
	II = 2,071
	III = 1,377
	IV = 1,000
	V = 0,825
	R = 3,419
Fahrwerk	
Radaufhängung vorn	McPherson-Federbeine, Schraubenfedern, Stabilisator, Hydraulikstoßdämpfer
Radaufhängung hinten	McPherson-Federbeine, Doppelquerlenker, Stabilisator, Gasdruckstoßdämpfer
Lenkung	Zahnstangenlenkung
Bremse	Bremskraftverstärker und -regler, vorn: Scheibenbremsen, hinten: selbstnachstellende Trommelbremsen
Allgemeine Daten	
Gesamtmaße	3880 × 1615 × 1390 mm
Radstand	2430 mm
Spur vorne/hinten	1385/1370 mm
Felgen	4,5 J × 13
Reifen	155 SR 13
Leergewicht	870 kg
Zul. Gesamtgewicht	1340 kg
Höchstgeschwindigkeit	155,4 km/h
0 auf 100 km/h	16,6 s
Verbrauch l/100 km	9,2 l Normal
Tankinhalt	45 l

Auch in der Technik hatte sich einiges getan. Zum Beispiel der Motor: Das Herz des alten Tercel vom Typ 2A wurde einer gründlichen Überarbeitung unterzogen. Veränderte Brennraumformen, neue Kolbenböden und eine höhere Verdichtung machten den Tercel zeitweilig zum sparsamsten Kleinwagen seiner Klasse. Kein Zweifel, der Tercel war flügge geworden. Oder, um ein Testurteil von damals zu zitieren: »Der neue Tercel ist ein Fahrzeug mit erstaunlich wenigen Schwachpunkten. Alles, was bisher an japanischen Autos bemängelt wurde – Sitze, Fahrwerk, Styling –, hat man verbessert.«

Tercel SR 1984: bei unveränderter Motorleistung besonders reichhaltig ausgestattet. Das Stahlschiebedach wird elektrisch betätigt.

MODELLE, VARIANTEN, PREISE

Modellreihen:	Schrägheck-Limousine mit zwei- und vier Türen und Heckklappe
Motoren:	1295 cm³ / 48 kW (65 PS) bei 6000/min
Ausstattung:	Heckscheibenwischer mit Wascher und Nebelschaltung, Außenspiegel von innen verstellbar. Quarzuhr, Econometer, Handbrems-/Bremsflüssigkeits-Kontrolleuchte; Gepäckraumabdeckung. Zweitürer: Hintere Seitenfenster ausstellbar. Viertürer: Kindersicherung hinten.
Varianten:	Tercel DLX – SR
Preise:	12.790,– / 13.190,– (Tercel DLX 2t / 4t)

Chronik:

1982: Einführung im August. Komplett neu in Styling und Fahrwerk, Automatik gegen Aufpreis von 900 Mark (nur Dreitürer). Motor längs eingebaut, um fünf Grad nach vorn geneigt (wegen Allradantrieb). Luftwiderstands-Beiwert 0,38. Tercel mit zuschaltbarem Allradantrieb ab November lieferbar.

1984: Modellreihe ergänzt um Tercel SR-Typen (Mai): Elektrisches Schiebedach, separate Karten-Leselampen vorn, Drehzahlmesser. Akustische Warnung, wenn Scheibenbremsbeläge gewechselt werden müssen; Seitenschutzleisten, Sitze aus Tercel-Allrad. Preise: 14.440 und 14.840 Mark.

1985: Ab Februar nicht mehr in Deutschland, Corolla Compact übernimmt seinen Platz.

Großer Innenraum, bequeme Sitze, aber schwergängige Lenkung: die zweite Tercel-Generation, 1982.

Toyota Tercel Allrad (1982–1988)
Bergfalke

Der populärste Tercel war auch der am längsten gebaute: Erst nach sechsjähriger Bauzeit wurde die viertürige Kombiversion mit zuschaltbarem Allradantrieb abgelöst. Die Hochdach-Limousine entsprach bei unverändertem Radstand bis zur C-Säule dem Frontantriebsmodell, die Säule selbst war als Überrollbügel ausgebildet.

Das Fahrwerk war vorn identisch mit der McPherson-Aufhängung des frontgetriebenen Tercel, erhielt aber größere Stoßdämpfer, verstärkte Federn und Stabilisator. Die Vierlenker-Hinterachse stammte aus der Corolla-Limousine. Die Kraftübertragung zu den Doppelgelenk-Halbachsen (mit Hypoid-Achsausgleich) erfolgte über ein Fünfganggetriebe mit vorgelegtem Geländegang. Dieser mit 4.714 besonders kurz übersetzte Kriechgang ließ sich nur bei zugeschaltetem Heckantrieb eingelegen.

Großen Wert legte Toyota auf den Rostschutz. Bei Motorhaube, Spritzwand, Kotflügeln, Radhäusern, Türen und Bugschürze verwendete man galvanisiertes Stahlblech; Korrosionschäden waren denn auch beim TÜV kein Thema. Lediglich bei oft im Gelände bewegten Falken monierten die Herren mit dem Adlerblick übermäßigen Verschleiß an den vorderen Radaufhängungen. 1988 wurde der Tercel aus dem Programm genommen und durch den Corolla Tercel XLi ersetzt.

Europa-Premiere für den viertürigen Tercel Allrad auf dem Pariser Automobilsalon 1982.

MODELLE, VARIANTEN, PREISE

Modellreihen:	Viertürige Kombilimousine
Motoren:	1452 cm³ / 52 kW (71 PS) bei 5600/min 1452 cm³ / 50 kW (68 PS) Kat bei 5600/min ab 10.86
Ausstattung:	Getönte Scheiben, Heckscheibenwischer mit Wascher; Rückfahrscheinwerfer, Nebelschlußleuchte. Fußstütze Fahrerseite, Allrad-Kontrolleuchte, Topometer (Steig- und Kippwinkel-Anzeigegerät). Gepäckraumabdeckung, M+S-Allwetterreifen.

Mäßig modifizierte für das neue Modelljahr: Tercel 4WD, 1986.

Varianten:	Tercel 4WD
Preise (DM):	17.990,–

Chronik:

1982: Ab Mitte November lieferbar. Technische Basis bildet der Tercel. Kombilimousine mit zuschaltbarem Heckantrieb, neuentwickelter 1,5 Liter-Motor (vorn längs, 5 Grad nach links geneigt) eingebaut. Zweifarben-Lakkierung serienmäßig (außer rot); Heckklappe in zweiter Farbe lackiert.

1985: Mäßig modifizierter Frontbereich, Haube jetzt nicht mehr zwischen die Scheinwerfer gezogen. Zwei betonte Lamellen halbieren den Grill der Länge nach. Schriftzug wird nach oben versetzt. Andere Polsterdesigns, Ablagefach auf Armaturenbrett, neues Lenkrad.

1986: Zum Oktober Modell mit geregeltem Katalysator vorgestellt; neues Dreispeichen-Sportlenkrad bei beiden Modellen. Keine Zweifarbenlackierung mehr. DM 22.400,–.

1987: Zum Herbst Variante ohne Entgiftung aus dem Programm genommen. Ausstattungsverbesserungen (Fernentriegelung für Tank- und Heckklappe).

1988: Ab August Nachfolger (Corolla Tercel XLi) erhältlich.

Toyota Corolla (seit 1971) Aller-Welts-Wagen

Der japanische Volkswagen Corolla hat alle Chancen, den Produktionsrekord des legendären Käfers zu überflügeln. Die erste Million, bekanntlich die schwierigste, wurde im Juni 1970 erreicht. Im Januar 1976 fiel die Fünf-Millionen-Grenze, drei Jahre später wurde der siebenmillionste Corolla produziert. Ein Ende der Flut ist nicht abzusehen: Zur IAA 1989 näherte sich Toyota zügig der 15 Millionen-Marke.

Toyota Corolla (1971–1974)

Nach knapp vier Jahren stand dem 1966 vorgestellten Corolla der erste Modellwechsel ins Haus. Das war im Mai 1970, und mit diesem Modell feierte der drittgrößte Automobilproduzent der Welt seinen Einstand in Deutschland.

Der simple Starrachser schlug sich wacker. Die zeitgenössische Kritik an dem 3,95 m langen Wagen beschränkte sich auf das steifbeinige Fahrwerk, die in Mittellage unexakte Lenkung und die bei Geschwindigkeiten jenseits der 100 km/h auftretenden Motor- und Windgeräusche. Auf der Haben-Seite stand der temperamentvolle Motor, die gute Handlichkeit, die gute

Toyota Tercel 4 × 4 1983

Motor	
Zylinder / Bauart	4 Reihe
Bohrung × Hub	77,5 × 77 mm
Hubraum	1452 cm³
Leistung	52 kW / 71 PS bei 5600/min
Max. Drehmoment	108 Nm bei 3800/min
Verdichtung	9:1
Gemischaufbereitung	1 Doppelregister-Fallstromvergaser
Ventile / Steuerung	2 / OHC
Batterie	12 V 40 Ah
Kraftübertragung	
Antrieb	Vorderradantrieb, hinten zuschaltbar
Getriebe	5-Gang mit Geländegang (G)
Übersetzungen	I = 3,667 II = 2,071 III = 1,377 IV = 1,000 V = 0,825 G = 4,714 R = 3,419

Fahrwerk	
Radaufhängung vorn	McPherson-Federbeine, Schraubenfedern, Stabilisator, Hydraulikstoßdämpfer
Radaufhängung hinten	Starrachse, Schraubenfedern, Längslenker, Panhardstab und Stabilisator
Lenkung	Zahnstangenlenkung
Bremse	Bremskraftverstärker und -regler vorn: Scheibenbremsen, hinten: selbstnachstellende Trommelbremsen
Allgemeine Daten	
Gesamtmaße	4175 × 1615 × 1510 mm
Radstand	2430 mm
Spur vorne/hinten	1380/1350 mm
Felgen	5 J × 13
Reifen	175/70 SR 13
Leergewicht	1000 kg
Zul. Gesamtgewicht	1450 kg
Höchstgeschwindigkeit	155 km/h
0 auf 100 km/h	15,5 s
Verbrauch l/100 km	10,5 l Normal
Tankinhalt	50 l

Ausstattung, die routinierte Verarbeitung und – nicht zu unterschätzen – das Bewußtsein, einen Exoten zu besitzen.

MODELLE, VARIANTEN, PREISE

Modellreihen:	Zwei- und viertürige Stufenheck-Limousine, Coupé, Kombi
Motoren:	1166 cm³ / 43 kW (58 PS) bei 6300/min 1166 cm³ / 40 kW (55 PS) bei 5600/min ab 11.74
Ausstattung:	Liegesitze mit integrierten Kopfstützen, Ausstellfenster hinten, abschließbarer Tankdeckel. Beleuchteter Kofferraum. Coupé: Getönte Scheiben, Dreispeichen-Sportlenkrad. Tageskilometerzähler.
Varianten:	Corolla 1200
Preise:	6.890,– / 7.650,– (Limousine / Coupé)

Wie alles begann: der Toyota Corolla 1200 steht am Anfang der deutschen Toyota-Erfolgsstory.

Chronik:

1971: Die ersten Corolla 1200 treffen Ende März in Deutschland ein. Zwei Karosserien, Kofferraumklappe bei der Limousine bis zur Stoßstange hinabgezogen. Coupé »Sprinter« mit Fließheck, hoher Ladekante, schwarzem Kühlergrill (vertikal unterteilt) und besser ausgestattet. Technik und Konzept ähnlich Ford Escort oder Opel Kadett. Aufpreis Halogenscheinwerfer DM 140,–; heizbare Heckscheibe (nur Coupé) DM 72,15.
Facelift im September: Kühlergrill mit senkrechten Chromstäben über die ganze Breite, integriert die Scheinwerfer. Neues Enblem rechts auf der Fahrerseite, Begrenzungsleuchten mit den vorderen Blinkern unterhalb der Stoßstange zusammengefaßt.

1972: Im Frühjahr Modellreihe um zweitürigen Kombi erweitert (7.795,–). Neuer Komplettpreis für Limousine und Coupé 7.190,– bzw. 7.820,–. Im Preis enthalten: Gürtelreifen (155 SR 17, 75 Mark) und heizbare Heckscheibe (85 Mark). Zur dieser Zeit nicht ohne diese Extras lieferbar.

Toyota Corolla Sprinter 1971

Motor	
Zylinder / Bauart	4 Reihe
Bohrung × Hub	75 × 66 mm
Hubraum	1166 cm³
Leistung	58 PS bei 6300 U/min
Max. Drehmoment	83 Nm bei 3900/min
Verdichtung	9:1
Gemischaufbereitung	1 Zweistufen-Fallstromvergaser Aisan
Ventile / Steuerung	2 / OHV
Batterie	12 V 60 Ah
Kraftübertragung	
Antrieb	Hinterradantrieb
Getriebe	4-Gang
Übersetzungen	I = 3,684 II = 2,050 III = 1,383 IV = 1,000 R = 4,316
Fahrwerk	
Radaufhängung vorn	McPherson-Federbeine, Quer- und Schräglenker, Stabilisator
Radaufhängung hinten	Starrachse mit Halbelliptik-Blattfedern, Hilfsfeder, Teleskopstoßdämpfer
Lenkung	Kugelumlauflenkung
Bremse	Bremskraftregler, vorn: Scheibenbremsen, hinten: Trommelbremsen
Allgemeine Daten	
Gesamtmaße	3945 × 1505 × 1345 mm
Radstand	2335 mm
Spur vorne/hinten	1255/1245 mm
Felgen	4 J × 12
Reifen	155 SR 12
Leergewicht	780 kg
Zul. Gesamtgewicht	1185 kg
Höchstgeschwindigkeit	146,7 km/h
0 auf 100 km/h	15,8 s
Verbrauch l/100 km	10,3 l Super
Tankinhalt	45 l

Das Coupé erhielt traditionsgemäß einen anderen Kühlergrill. So auch das 73er Modell.

Der Corolla mit Kühlergrill-Retuschen und neuen Rücklicht-Einheiten für das Modelljahr '73.

Modelländerungen zum September: Breiter Chromgittergrill, bis in den Kotflügel weitergeführt, Toyota-Enblem in der Mitte. Blinker nicht mehr an vorderen Kotflügelkanten sondern seitlich. Länge um 10 mm gewachsen, neues Radkappendesign, Sicherheitsgurte. Coupé mit hervorstehender Grilleinfassung.

1974: Lieferschwierigkeiten ab Jahresmitte, Rückgang der Verkaufszahlen in Deutschland. Zum Spätjahr Import des Coupés und Kombis eingestellt; Reduzierung der Motorleistung auf 55 PS.

1975: Der Nachfolger kommt im März nach Deutschland, die alte Corolla-Limousine wird bis Jahresmitte parallel dazu weiterverkauft.

Toyota Corolla (1975–1979)

Deutlich europäischer als seine Konkurrenten aus dem fernen Osten, gab sich die dritte Corolla-Generation, die im Frühjahr 1975 nach Deutschland kam. Das Bestseller-Trio aus Toyota-City hatte in jeder Beziehung zugelegt. Der Radstand wuchs um 3,5 cm; die Spur vorn um 6 und hinten um 5 cm. Die Karosserie erreichte die Vier-Meter-Grenze, der Kombi lag sogar darüber.

Die Ausstattung der neuen Corollas war mit heizbarer Heckscheibe, Rückfahrscheinwerfer und Bodenteppichen gewohnt reichhaltig. Wichtige Details wiederum fehlten völlig: so gab es an den Türen nur Griffschlaufen, aber keine Armlehnen und keinerlei Haltgriffe für die Insassen. Eine Verbundglas-Front-

Corolla Kombi 1973: Gesamtlänge 3,98 m; Laderaumvolumen bei umgeklappter Rücksitzlehne 1,56 cbm. Höchstgeschwindigkeit 137 km/h.

Toyotas preisgünstige Mittelklasse erschien 1975 im neuen Gewand: größer, schwerer und teuerer.

scheibe war auch nicht gegen Aufpreis lieferbar und auch die Kunstlederbezüge trugen nur wenig dazu bei, um den Aufenthalt im Corolla angenehmer zu gestalten.

MODELLE, VARIANTEN, PREISE

Modellreihen: Stufenheck-Limousine zwei- und viertürig, Coupé, Kombi

Motoren: 1166 cm³ / 40 kW (55 PS) bei 5600/min
1588 cm³ / 53 kW (73 PS) bei 5000/min ab 11.76
1588 cm³ / 62 kW (84 PS) bei 5400/min ab 11.76

Ausstattung: Zweiklanghorn, dreistufiges Gebläse, Innenluftzirkulation, Heckraumentlüftung. Hintere Seitenfenster ausstellbar, Coupé mit voll versenkbaren Fondscheiben (ohne Mittelsäule).

Varianten: Corolla 1200 – Liftback 1200/1600/GSL

Preise (DM): 8.490,– / 8.890,– / 9.390,– / 9.490,– (Corolla / 4t / Coupé / Kombi)

Chronik:

1975: Neue Corolla im April 1974 in Japan vorgestellt. Einführung in Deutschland im März 1975. Vier Karosserieformen, 1,2 Liter-Motor obligatorisch. Automatik nur für zwei- und viertürige Limousine, 750 Mark über Grundmodell.

1976: November: Einführung der Liftback-Modelle. Fließheck-Limousine, bei gleichem Radstand und Spurweiten

Toyota Corolla Limousine 1975

Motor	
Zylinder / Bauart	4 Reihe
Bohrung × Hub	75 × 66 mm
Hubraum	1166 cm³
Leistung	55 PS bei 5600 U/min
Max. Drehmoment	87 Nm bei 3800/min
Verdichtung	9:1
Gemischaufbereitung	1 Fallstrom-Registervergaser
Ventile / Steuerung	2 / OHV
Batterie	12 V 40 Ah
Kraftübertragung	
Antrieb	Hinterradantrieb
Getriebe	4-Gang
Übersetzungen	I = 3,684
	II = 2,050
	III = 1,383
	IV = 1,00
	R = 4,316

Fahrwerk	
Radaufhängung vorn	McPherson-Federbeine, Querlenker, Stabilisator
Radaufhängung hinten	Starrachse an Blattfedern, Teleskopstoßdämpfer
Lenkung	Kugelumlauflenkung
Bremse	Bremskraftverstärker und -regler, vorn: Scheibenbremsen, hinten: Trommelbremsen
Allgemeine Daten	
Gesamtmaße	3995 × 1570 × 1375 mm
Radstand	2370 mm
Spur vorne/hinten	1295/1285 mm
Felgen	4,5 J × 13
Reifen	155 SR 13
Leergewicht	865 kg
Zul. Gesamtgewicht	1320 kg
Höchstgeschwindigkeit	145,7 km/h
0 auf 100 km/h	15,6 s
Verbrauch l/100 km	10,7 l Super
Tankinhalt	50 l

Beim Coupé ließen sich die hinteren Seitenscheiben voll versenken. Der Gepäckraum war mit rund 300 Litern Fassungsvermögen sehr knapp bemessen.

Beim Facelift 1977 erhielten die Corollas neben einem anderen Kühlergrill auch höhenverstellbare Kopfstützen und ein geändertes Armaturenbrett.

Die Antwort auf Hondas erfolgreichen Accord Hatchback: der Corolla Liftback GSL, 1977 erschienen.

wie übrige Corolla-Familie. Eigenständiges Karosseriedesign; zusätzliche Motor-Variante mit 73 PS. Spitzenmodell 1600 GSL mit Fünfganggetriebe, 175/70 HR 13-Stahlgürtelreifen und Doppelvergaser-Anlage; 84 PS. Insgesamt drei Modelle zur Auswahl: Liftback 1200 (11.490,–), Liftback 1600 (11.990,–) und Liftback 1600 GSL (12.990,–).

1977: Modellpflege zur IAA: Neuer Kühlergrill mit horizontalem Mittelsteg. Einstellbare Kopfstützen, Intervallschaltung für Scheibenwischer (auch Corolla Liftback). Schriftzug »1200« an den Vorderkotflügeln.

1978: Facelift im Sommer: Kühlergrill mit waagerechten Streifen, von Chromleisten eingefaßt. Breite Chromleiste

Toyota Corolla Liftback 1600 GSL 1977

Motor	
Zylinder / Bauart	4 Reihe
Bohrung × Hub	75 × 66 mm
Hubraum	1588 cm³
Leistung	62 kW / 84 PS bei 5400/min
Max. Drehmoment	128 Nm bei 3000 min
Verdichtung	9,4 : 1
Gemischaufbereitung	1 Doppelregister-Fallstromvergaser Aisan
Ventile / Steuerung	2 / OHC
Batterie	12 V 60 Ah
Kraftübertragung	
Antrieb	Hinterradantrieb
Getriebe	5-Gang
Übersetzungen	I = 3,587
	II = 2,022
	III = 1,384
	IV = 1,000
	V = 0,861
	R = 3,484

Fahrwerk	
Radaufhängung vorn	McPherson-Federbeine, Querlenker, Stabilisator
Radaufhängung hinten	Starrachse mit Blattfedern, Teleskopstoßdämpfer
Lenkung	Kugelumlauflenkung
Bremse	Bremskraftverstärker und -regler, vorn: Scheibenbremsen, hinten: Trommelbremsen
Allgemeine Daten	
Gesamtmaße	4120 × 1600 × 1320 mm
Radstand	2370 mm
Spur vorne/hinten	1320/1335 mm
Felgen	5 J × 13
Reifen	175/70 HR 13
Leergewicht	985 kg
Zul. Gesamtgewicht	1395 kg
Höchstgeschwindigkeit	163 km/h
0 auf 100 km/h	11,6 s
Verbrauch l/100 km	11,2 l Super
Tankinhalt	50 l

Der Gepäckraum faßte 390 Liter, ließ sich aber durch Umklappen der Rücksitzlehnen auf 845 Liter vergrößeren.

Neues Styling, neue Technik, niedrigerer Preis: Corolla 1300, 1980.

darüber an der Haube, seitlich umlaufende Zierleisten. Schriftzug »1200« entfällt zum Jahresende.
1979: Ablösung zum Jahresende.

Toyota Corolla (1980–1983)

Frankfurt, 13. September 1979. Auf dem Stand von Toyota Deutschland feierte der neue Corolla Europa-Premiere. Der erfolgreichste Toyota in Deutschland, zwischen 1974 und 1977 das meistgebaute Auto der Welt, war nicht mehr wiederzuerkennen.
Das neue Styling mit der heruntergezogenen Motorhaube, der niedrigen Gürtellinie und dem scharf abfallenden Heck hätte ebensogut in Rüsselsheim, Köln oder Wolfsburg entstehen können. Bei praktisch unveränderten Außenmaßen wuchs der Innenraum um 6 cm. Die hintere Starrachse, größte Schwachstelle der Vorgängermodelle, wurde jetzt an Längslenkern geführt und über Schraubenfedern abgestützt. Wenngleich das Resultat immer noch weit von gut liegenden europäischen Starrachsern entfernt war, so tat das seiner Beliebtheit keinen Abbruch. 22.148 Käufer entschieden sich im Einführungsjahr für den Corolla – eine beachtliche Steigerung gegenüber 1979, wo gerade 3.000 Fahrzeuge ihre Käufer fanden.

MODELLE, VARIANTEN, PREISE

Modellreihen: Stufenheck-Limousine zwei- und viertürig, Kombi, Schrägheck-Limousine, Liftback

Toyota Corolla Kombi DX 1981

Motor

Zylinder / Bauart	4 Reihe
Bohrung × Hub	75 × 73 mm
Hubraum	1290 cm^3
Leistung	48 kW / 65 PS bei 5400/min
Max. Drehmoment	98 Nm bei 3600/min
Verdichtung	9,5 : 1
Gemischaufbereitung	1 Doppelregister-Fallstromvergaser
Ventile / Steuerung	2 / OHV
Batterie	12 V 60 Ah

Kraftübertragung

Antrieb	Hinterradantrieb
Getriebe	5-Gang
Übersetzungen	I = 3,789
	II = 2,220
	III = 1,435
	IV = 1,000
	V = 0,865
	R = 4,136

Fahrwerk

Radaufhängung vorn	McPherson-Federbeine, Querlenker, Stabilisator
Radaufhängung hinten	Starrachse mit Blattfedern, Längslenker, Panhardstab, Teleskopstoßdämpfer
Lenkung	Zahnstangenlenkung
Bremse	Bremskraftverstärker und -regler, vorn: Scheibenbremsen, hinten: Trommelbremsen

Allgemeine Daten

Gesamtmaße	4160 × 1610 × 1390 mm
Radstand	2400 mm
Spur vorne/hinten	1320/1335 mm
Felgen	4,5 J × 13
Reifen	155 SR 13
Leergewicht	920 kg
Zul. Gesamtgewicht	1390 kg
Höchstgeschwindigkeit	150 km/h
0 auf 100 km/h	14,6 s
Verbrauch l/100 km	10,0 l Normal
Tankinhalt	47 l

Während es bei der Limousine nur einen 44 kW-Motor gab, wurde der Liftback in vier verschiedenen Motorisierungen angeboten.

Bei unveränderten Außenabmessungen wuchs die Innenraumlänge um sechs Zentimeter.

Anfang 1982 erhielten die Corollas einen moderneren Kühlergrill und Breitbandscheinwerfer. Im Bild der Combi DX mit 48 kW.

Motoren:	1290 cm^3 / 44 kW (60 PS) bei 5400/min 1588 cm^3 / 54 kW (74 PS) bei 5200/min 1588 cm^3 / 63 kW (86 PS) bei 5400/min 1588 cm^3 / 81 kW (110 PS) bei 6200/min 1290 cm^3 / 48 kW (65 PS) bei 5400/min ab 2.82 1588 cm^3 / 55 kW (75 PS) bei 5400/min ab 2.82 1839 cm^3 / 43 kW (58 PS) Diesel bei 4500/min ab 2.83
Ausstattung:	Verbundglas-Frontscheibe, heizbare Heckscheibe, Tank abschließbar, Kindersicherung hinten. DX: Getönte Scheiben, Halogen-Scheinwerfer, Tankanzeige mit Warnleuchte, Zeituhr, abblendbarer Innenspiegel. SE/GT: Drehzahlmesser, Amperemeter, Choke-Warnleuchte, Warnlicht für nicht geschlossene Türen.
Varianten:	Standard 1,3/DX – 1,3 GL – 1,6 DX – 1,8 DX Diesel – Liftback 1300 DX – 1600 DX – 1600 SE – 1600 GT
Preise (DM):	9.995,– / 10.395,– (1,3 / 4t); 10.495,– / 10.895,– (DX / 4t); 11.295,– / 11.695,– (Kombi / DX); 11.495,– / 12.495,– / 13.495,– / 15.295,– (Liftback 1,3 / 1,6 DX / 1,6 SE / 1,6 GT)

Chronik:

1980: Auslieferungbeginn der neuen Reihe im Januar. Preise teilweise unter denen der Vorgänger. Limousine und Kombi nur mit 1,3 Liter-Motor erhältlich. Liftback außer als 1300 DX auch mit drei 1,6 Liter-Triebwerken: 1600 DX/54 kW; 1600 SE/63 kW, 1600 GT/81 kW. SE und GT mit Fünfgang-Getriebe, zusätzlicher Panhardstab an der Hinterachse und Breitreifen (185/70). Kugelumlauflenkung. Automatik nur für Liftback 1600 DX (13.595 DM).

1982: Überarbeitete Modellreihe zum Jahresbeginn eingeführt. Lamellenkühlergrill, rechteckige Breitbandscheinwerfer, Rückleuchten profiliert, Rückfahrscheinwerfer mittig. Spiegel im vorderen Fensterdreieck. Neu geformte Sitze, von innen verstellbarer Außenspiegel, neues Armaturenbrettlayout, Econometer, Zahnstangen- statt Kugelumlauflenkung. Motorleistung 1,3 DX auf 48 kW angehoben, Bezeichnung jetzt Corolla GL. DM 12.590,– (Zweitürer); 12.990,– (Viertürer). Automatik DM 900,– Aufpreis. Liftback GT und SE gestrichen. Verdichtung Liftback 1600 DX auf 9,4:1 angehoben (Drehmomentsteigerung auf 118 Newtonmeter, vorher 112 Nm).

August: 1,6 Liter-Motor auch im Stufenheck, Halogenscheinwerfer, Nebelschlußleuchte. Fünfganggetriebe, Reifen 165 SR 13, Seitenschutzleisten, Quarzuhr, Felgenzierblenden. Preisempfehlung für DX 1,6: DM 13.490,–.

1983: Corolla-Limousine mit 1,8 Liter Dieselmotor lieferbar, 14.890 Mark, ab Februar. Ablösung der gesamten Reihe im August.

Toyota Corolla (1983–1987)

Die Akteure hatten sich verändert, das Programm war geblieben: der Corolla spielte auch mit Frontantrieb die erste Geige im Toyota-Programm. Die neue Besetzung umfaßte neben den renovierten Stufenheck- und Liftback-Modellen auch das überaus ansprechende Corolla Coupé GT mit aufwendigem 16-Ventil-DOHC-Motor und elektronischem Management. Nach guter alter Sportwagentradition brachte der GT die Motorkraft über die Hinterräder auf den Boden.

Das Herzstück des neuen Corolla-Topmodells bildete der computergesteuerte Mehrventil-Motor. Alle wichtigen Motordaten verarbeitete ein 8-Bit-Mikroprozessor, der die elektronische Einspritzanlage steuerte, den Zündzeitpunkt regelte und ein Ansaugluft-Steuerventil in den Ansaugkanälen kontrollierte. Unterhalb von 4650/min blieb es geschlossen und bewirkte eine gleichmäßige Verteilung des Benzin-/Luftgemischs. Im oberen Drehzahlbereich öffnete sich das Ventil, vergrößerte das Ansaugvolumen und damit die Leistung. Darüberhinaus hatten die findigen Toyota-Techniker ein Notprogramm mit festen Werten installiert. Bei einem Ausfall des gesamten Regel- und Steuersystems konnte sich der waidwunde Corolla zumindest bis zur nächsten Werkstatt schleppen.

Liftback 1,6: erkennbar an den vollflächigen Radabdeckungen, die der schwächere Liftback 1,3 l nicht hatte.

MODELLE, VARIANTEN, PREISE

Modellreihen: Stufenheck-Limousine viertürig, Liftback viertürig, Kombi viertürig, Coupé zweitürig; Steilheck-Limousine Compact zwei- und viertürig mit Heckklappe.

Motoren:
1295 cm^3 / 51 kW (69 PS) bei 6000/min
1587 cm^3 / 62 kW (84 PS) bei 5600/min
1587 cm^3 / 91 kW (124 PS) 16V bei 6600/min

Die fünfte Corolla-Generation 1983: komplett neue Karosserien mit Frontantrieb und Einzelradaufhängung hinten. Der Kombi blieb davon unberührt.

Corolla Compact: die längst fällige Ergänzung in der Golf-Klasse. Ab 1985 lieferbar.

Corolla GT 1983, der erste Großserien-Vierventiler: viel Drehzahl, viel Leistung, aber starke Tendenz zum Übersteuern.

1295 cm³ / 55 kW (74 PS) 12V bei 6200/min ab 1.85
1587 cm³ / 89 kW (121 PS) 16V bei 6600/min ab 1.85
1587 cm³ / 54 kW (73 PS) Kat bei 5400/min ab 5.85
1587 cm³ / 85 kW (116 PS) 16V Kat bei 6600/min ab 5.85
1839 cm³ / 47 kW (64 PS) Diesel bei 4700/min ab 3.86
1295 cm³ / 54 kW (73 PS) Eurokat bei 6200/min ab 9.86

Ausstattung:	Limousine: von innen verstellbarer Außenspiegel, höhenverstellbarer Fahrersitz, Kindersicherung. Liftback: Außenspiegel links/rechts, von innen einstellbar; Heckscheibenwischer, einzeln umklappbare Rücksitzlehnen. Coupé: höhenverstellbares Lenkrad, Colorverglasung, einzeln umklappbare Rücksitzlehnen.
Varianten:	1300 DX – 1300 12V DX/GL/SR – 1600 DX/GL – 1800 DX Diesel – GT 16V – Coupé GT
Preise (DM):	13.890,– / 14.440,– (Limousine 1,3 / 1,6); 14.690,– / 15.240,– (Liftback 1,3 / 1,6); 14.790,– (Kombi);

Toyota Corolla Coupé GT 16V 1984

Motor

Zylinder / Bauart	4 Reihe
Bohrung × Hub	81×77 mm
Hubraum	1587 cm³
Leistung	91 kW / 124 PS bei 6600/min
Max. Drehmoment	142 Nm bei 5200/min
Verdichtung	10:1
Gemischaufbereitung	elektronische Kraftstoffeinspritzung EFI-D-Jetronic
Ventile / Steuerung	4 / DOHC
Batterie	12 V 45 Ah

Kraftübertragung

Antrieb	Hinterradantrieb
Getriebe	5-Gang
Übersetzungen	I = 3,587
	II = 2,022
	III = 1,384
	IV = 1,000
	V = 0,861
	R = 3,484

Fahrwerk

Radaufhängung vorn	McPherson-Federbeine, Querlenker, Zugstrebe, Stabilisator
Radaufhängung hinten	Starrachse mit Schraubenfedern, Längslenker, Panhardstab, Teleskopstoßdämpfer, Stabilisator
Lenkung	Zahnstangenlenkung
Bremse	Bremskraftverstärker und -regler, vorn: innenbelüftete Scheibenbremsen, hinten: Scheibenbremsen

Allgemeine Daten

Gesamtmaße	4180×1610×1390 mm
Radstand	2400 mm
Spur vorne/hinten	1355/1345 mm
Felgen	5,5 J×13
Reifen	185/70 HR 13
Leergewicht	970 kg
Zul. Gesamtgewicht	1345 kg
Höchstgeschwindigkeit	199 km/h
0 auf 100 km/h	8,4 s
Verbrauch l/100 km	10 l Super
Tankinhalt	50 l

Chronik:

1983: Neue Modellreihe eingeführt (August). Viertürige Limousine mit Stufenheck und viertürige Liftback-Version. Frontantrieb, Einzelradaufhängung rundum, drei Motoren zur Auswahl. Automatik nur in Verbindung mit Corolla 1,3 DX Limousine (14.990 DM). Coupé vorgestellt, im November ausgeliefert. Vierventilmotor, elektronisches Motormanagement. Heckantrieb (Starrachse); vier Scheibenbremsen, Differentialsperre, Frontspoiler, Sportsitze (19.990,–).

1984: Liftback 1,6 GL (ab April): Colorverglasung, zwei von innen verstellbare Außenspiegel, Fahrersitz mit Bandscheibenstütze, Drehzahlmesser usw. 16.545 Mark.

1985: Neue Modellreihe eingeführt: Corolla Compact mit Steilheck und Heckklappe, zwei- und viertürig, ersetzt Tercel. Gesamte Reihe (außer Coupé): Zwölfventilmotor (aus Starlet) löst bisherigen 1,3 Liter ab (außer Kombi). Ausstattungsvarianten: DX (13.990,–/14.640,–) bzw. GL (15.140,–/15.790,–). Topmodell: Corolla GT 16V (1587 cm³/121 PS), nur Zweitürer, mit etwas schwächerem Coupé GT-Motor. Breitreifen, modifiziertes Fahrwerk, Seitenschweller, Dachspoiler, Lederlenkrad, Sportsitze, Preis DM 20.490,–.
Mai: Dreiwege-Katalysator gegen Aufpreis von 1.300 bzw. 1.600 DM sowohl für Limousine und Liftback 1,6 DX als auch für Coupé GT (85 kW/116 PS).
September: Modifikationen bei Limousine und Liftback. Gitter-Kühlergrill statt der Lamellen, Begrenzungsleuchten auf Kotflügel übergreifend. Liftback-Heckklappe: Nummerschildleuchten in Heckspoiler integriert, nicht mehr hervorstehend; Reflektorband am Heckklappenabschluß in Höhe der Rückleuchten (vorher schwarz).

1986: März: 1,8 Liter-Dieselmotor (47 kW/65 PS) für Liftback DX und Compact DX (17.090,– / 18.140). Gleichzeitig Sondermodelle Compact SR eingeführt: getönte Scheiben, Drehzahlmesser, Felgenblende; zwei von innen einstellbare Außenspiegel (15.240,– / 15.790,–). Coupé mit Seitenblinker neben Standlicht, Kühlergrill zur Hälfte abgedeckt, Seitenschweller und Heckspoiler. Alu-Felgen.
September: SR-Modelle mit (ungeregeltem) Eurokat (1295 cm³/55 kW) eingeführt, einen Monat später für alle Corolla 1,3 serienmäßig.

1987: Ablösung zur IAA.

Toyota Corolla (seit 1987)

Nur das Coupé hatte sich verabschiedet, ansonsten blieb die umfangreiche Corolla-Familie erhalten: vier Karosserien, drei Motoren und zwei Ausstattungspakete machten den Besuch beim Toyota-Händler zur Qual. Nicht weniger als 13 Modelle wetteiferten um die Gunst der Käufer. Um die Verwirrung

Toyota Corolla Liftback 1,3 1984

Motor		**Fahrwerk**	
Zylinder / Bauart	4 Reihe, quer eingebaut	Radaufhängung vorn	McPherson-Federbeine, Querlenker
Bohrung×Hub	76×71,4 mm	Radaufhängung hinten	McPherson-Federbeine, Doppelquerlenker, Längslenker, Zugstreben, Stabilisator
Hubraum	1295 cm³	Lenkung	Zahnstangenlenkung
Leistung	51 kW / 69 PS bei 6000/min	Bremse	Bremskraftverstärker und -regler, vorn: Scheibenbremsen, hinten: Trommelbremsen
Max. Drehmoment	102 Nm bei 3800/min		
Verdichtung	9,3:1		
Gemischaufbereitung	1 Register-Fallstromvergaser		
Ventile / Steuerung	2 / OHC		
Batterie	12 V 50 Ah		
Kraftübertragung		**Allgemeine Daten**	
Antrieb	Vorderradantrieb	Gesamtmaße	4135×1635×1385 mm
Getriebe	5-Gang	Radstand	2430 mm
Übersetzungen	I = 3,545	Spur vorne/hinten	1425/1405 mm
	II = 1,905	Felgen	5 J×13
	III = 1,310	Reifen	155 SR 13
	IV = 0,970	Leergewicht	884 kg
	V = 0,816	Zul. Gesamtgewicht	1395 kg
	R = 3,250	Höchstgeschwindigkeit	160 km/h
		0 auf 100 km/h	14,4 s
		Verbrauch l/100 km	8,8 l Normal
		Tankinhalt	50 l

Vom Windkanal gezeichnet: die sechste Corolla-Generation, 1987 präsentiert. Im Bild die klassische Stufenhecklimousine, Modell 1990.

Besonders der Liftback hat von der aerodynamischen Feinarbeit profitiert.

komplett zu machen, war ab August 1988 Verstärkung angesagt.

Der Nachfolger des allradgetriebenen Tercel hörte auf den unaussprechlichen Namen »Corolla Tercel XLi 1,6 4WD« und basierte auf dem aktuellen Corolla-Modell. Gleichwohl war der neue Tercel völlig eigenständig und unterstrich dies durch seine individuell gestylte Karosserie, permanenten Allradantrieb und zeitgemäßen Sechzehnventilmotor mit 105 PS und geregeltem Katalysator.

MODELLE, VARIANTEN, PREISE

Modellreihen:	Stufenheck-Limousine viertürig, Steilheck-Limousine, Compact zwei- und viertürig, Liftback viertürig, Kombi mit vier Türen; Tercel
Motoren:	1295 cm³ / 55 kW (74 PS) 12V Eurokat bei 6200/min
	1587 cm³ / 66 kW (90 PS) 16V Eurokat bei 6000/min
	1587 cm³ / 85 kW (116 PS) 16V Kat bei 6600/min
	1839 cm³ / 47 kW (64 PS) Diesel bei 4700/min

Toyota Corolla Tercel XLi 4×4 1988

Motor	
Zylinder / Bauart	4 Reihe, quer eingebaut
Bohrung×Hub	81×77 mm
Hubraum	1587 cm³
Leistung	77 kW / 105 PS bei 5600/min
Max. Drehmoment	142 Nm bei 4800/min
Verdichtung	9,5:1
Gemischaufbereitung	elektronische Kraftstoffeinspritzung (TCCS-D-Jetronik)
Abgasreinigungssystem	geregelter 3-Wege-Katalysator mit Lambdasonde
Ventile / Steuerung	4 / DOHC
Batterie	12 V 60 Ah
Kraftübertragung	
Antrieb	permanenter Allradantrieb, zuschaltbare Sperre im Zentraldifferential
Getriebe	5-Gang
Übersetzungen	I = 3,833
	II = 2,045
	III = 1,333
	IV = 0,918
	V = 0,775
	R = 3,583

Fahrwerk	
Radaufhängung vorn	McPherson-Federbeine, Querlenker, Stabilisator
Radaufhängung hinten	Starrachse mit Längszugstreben, Panhardstab, Stabilisator
Lenkung	servounterstützte Zahnstangenlenkung
Bremse	Bremskraftverstärker und -regler, vorn: Scheibenbremsen, hinten: Trommelbremsen
Allgemeine Daten	
Gesamtmaße	4250×1655×1450 mm
Radstand	2430 mm
Spur vorne/hinten	1440/1380 mm
Felgen	5 J×13
Reifen	185/70 HR 13
Leergewicht	1135 kg
Zul. Gesamtgewicht	1590 kg
Höchstgeschwindigkeit	170 km/h
0 auf 100 km/h	12 s
Verbrauch l/100 km	8,6 l Super, bleifrei
Tankinhalt	50 l

1587 cm³ / 77 kW (105 PS) 16V Kat bei 5600/min ab 8.88
1295 cm³ / 53 kW (72 PS) Kat bei 6000/min ab 9.89

Ausstattung: XL: höheneinstellbarer Fahrersitz, Warnton für nicht abgeschaltetes Fahrlicht, Rücksitzlehnen umklappbar, Heckscheiben-Waschanlage (Compact und Liftback). GL: getönte Scheiben, elektrisch einstellbare Außenspiegel, höhenverstellbares Lenkrad, Lendenwirbelstütze, Zentralverriegelung. GTi: Heckspoiler, Lederlenkrad, Drehzahlmesser, Öldruck- und Voltanzeige, Alufelgen.

Varianten: 1,3/1,8 XL/XLi – 1,6 GTi/GL/GLi/Si – SR – Tercel XLi

Preise (DM): 16.250,– / 17.940,– / 18.300,– / 19.370,– (1,3 XL Compact / Limousine / Liftback / Kombi) 20.800,– / 21.500,– / 25.800,– (1,6 GL Limousine / Liftback / Compact GTi)

Chronik:

1987: Präsentation im Spätjahr: Compact, Liftback, Limousine, Kombi; Spitzenmodell wird Compact GTi 16V (nur als Zweitürer mit Heckklappe). 1,3 XL-Modelle ausnahmslos mit ungeregeltem Katalysator, nur in Verbindung mit Automatik (Aufpreis DM 750,–) ohne Abgasentgiftung. 1,6 Liter-Triebwerk mit geregeltem Kat im 1,6 GTi (85 kW), ohne im Liftback 1,6 GL (66 kW). XL Diesel nicht für Limousine erhältlich. Diesel-Preise: 17.790,– (Compact 4t), DM 19.840,– (Liftback), 20.880,– (Kombi).

1988: SR-Limousine ab Sommer: Dreispeichen-Sportlenkrad, Drehzahlmesser, zwei Außenspiegel. DM 16.840,–
August: Einführung Corolla Tercel XLi. 16V-Motor, permanenter Allradantrieb, sperrbares Zentraldifferential. Starrachse hinten, Servolenkung. 27.490 Mark.

Blieb ein Einzelstück: das Corolla Cabriolet auf Basis des dreitürigen Compact-Modells. Gebaut von der Würzburger Firma Voll.

Vollkommen eigenständig im Design: Toyota Corolla Tercel XLi mit permanentem Allrad-Antrieb und Zwischendifferential-Sperre.

Als erste japanisches Auto erreichte der Toyota Corolla die Produktionsmarke von 15 Millionen Fahrzeugen. Damit liegt der Corolla seit Juni 1990 hinter dem VW Käfer auf Platz zwei der ewigen Bestenliste.

1989: Liftback-Sondermodell SR: Lackierter Heckspoiler, voll abgedeckte Räder, Stereo-Cassettengerät. 1,3 Liter-Motor mit Euro-Kat. 19.940 Mark. Compact 1,6 Si (21.670,–) mit 105 PS-Tercel-Motor ersetzt GTi. Geregelter Katalysator mit Lambda-Sonde auf Wunsch für alle Modelle (März).
IAA-Modellpflege: Dreiwege-Katalysator und Einspritzanlage für alle Modelle obligatorisch (außer Diesel); neue Bezeichnung XLi bzw. GLi. Fahrwerksabstimmung geändert, Bremsanlage anders ausgelegt, Sitzdesign und Detailänderungen Innenraum, Außenspiegel rechts. Karosserie ansonsten identisch, lediglich 1,6 Liter-Modelle erhalten neues Radkappen-Design.

Toyota Carina (seit 1971)
Mittelstands-Gesellschaft

Identisch in der Technik, ähnlich in den Dimensionen, doch völlig verschieden im Charakter präsentierten sich die Toyota-Neulinge Celica und Carina im April 1971. In der Optik wurden getrennte Wege beschritten: der Carina empfahl sich als geräumige Familienkutsche mit vier Türen, der Celica als sportliches Pendant für traute Zweisamkeit.

Toyota Carina (1971–1978)

Der Mittelständler mit den vier Türen wußte zu gefallen. Die solide Technik, ansprechende Fahrleistungen und eine saubere Verarbeitung zum günstigen Preis ließen das zeitgenössische Tester-Urteil (»...daher absolut verständlich, wenn Autofahrer in Ländern ohne heimische Produktion... ebenso gern einen Toyota wie einen Fiat oder Ford kaufen«) gerechtfertigt erscheinen.
Während ihrer siebenjährigen Laufzeit wurde die Carina-Baureihe TA 12 mehrfach überarbeitet. Die umfangreichen Änderungen betrafen dabei vor allem den Front- und Heckbereich, die technische Substanz blieb unberührt.

Toyota Corolla Compakt 1.6 GTi Kat 1988

Motor	
Zylinder / Bauart	4 Reihe, quer eingebaut
Bohrung × Hub	81×77 mm
Hubraum	1587 cm³
Leistung	85 kW / 116 PS bei 6600/min
Max. Drehmoment	138 Nm bei 5000/min
Verdichtung	9,5:1
Gemischaufbereitung	elektronische Kraftstoffeinspritzung (TCCS-D-Jetronik)
Abgasreinigungssystem	geregelter 3-Wege-Katalysator mit Lambdasonde
Ventile / Steuerung	4 / DOHC
Batterie	12 V 60 Ah
Kraftübertragung	
Antrieb	Vorderradantrieb
Getriebe	5-Gang
Übersetzungen	I = 3,166
	II = 1,904
	III = 1,310
	IV = 0,969
	V = 0,815
	R = 3,250
Fahrwerk	
Radaufhängung vorn	McPherson-Federbeine, Dreiecksquerlenker, Hilfsrahmen
Radaufhängung hinten	McPherson-Federbeine, Querlenker, Längszugstreben, Stabilisator, Hilfsrahmen
Lenkung	Zahnstangenlenkung
Bremse	Bremkraftverstärker und -regler, vorn: innenbelüftete Scheibenbremsen, hinten: Trommelbremsen
Allgemeine Daten	
Gesamtmaße	3995×1655×1365 mm
Radstand	2430 mm
Spur vorne/hinten	1430/1410 mm
Felgen	5,5 JJ×13
Reifen	185/60 HR 14
Leergewicht	1025 kg
Zul. Gesamtgewicht	1525 kg
Höchstgeschwindigkeit	190 km/h
0 auf 100 km/h	8,5 s
Verbrauch l/100 km	7,4 l Super, bleifrei
Tankinhalt	50 l

Carina TA 12: Stufenheck-Limousine mit Celica-Technik, ein bevorzugtes Objekt der Toyota-Stylisten. Der erste Facelift fand 1972 statt.

... dann folgte 1974 der nächste Wechsel...

... und ein weiterer 1976. In seinem letzten Jahr fand dieser Typ nur noch rund 800 Käufer.

MODELLE, VARIANTEN, PREISE

Modellreihen:	Zwei- und viertürige Stufenheck-Limousine
Motoren:	1588 cm³ / 58 kW (79 PS) bei 5800/min
	1588 cm³ / 63 kW (86 PS) bei 5600/min ab 9.73
	1588 cm³ / 55 kW (75 PS) bei 5400/min ab 4.76
Ausstattung:	Getönte Scheiben, heizbare Heckscheibe, Drehzahlmesser, Liegesitze, Kopfstützen, elektrische Scheibenwascher, Rückfahrscheinwerfer, Doppeltonhorn, verschließbarer Tankdeckel, Handlampe.
Varianten:	Carina/dL – ST
Preise (DM):	9.350,– (Carina)

Toyota Carina 1600 1972

Motor	
Zylinder / Bauart	4 Reihe
Bohrung × Hub	85 × 70 mm
Hubraum	1588 cm³
Leistung	58 kW 79 PS bei 5800/min
Max. Drehmoment	123 Nm bei 3700/min
Verdichtung	8,5:1
Gemischaufbereitung	1 Fallstrom-Registervergaser
Ventile / Steuerung	2 / OHV
Batterie	12 V 35 Ah
Kraftübertragung	
Antrieb	Hinterradantrieb
Getriebe	4-Gang
Übersetzungen	I = 3,587
	II = 2,022
	III = 1,384
	IV = 1,000
	R = 3,384
Fahrwerk	
Radaufhängung vorn	McPherson-Federbeine, Querlenker, Stabilisator
Radaufhängung hinten	Starrachse, Längslenker, Panhardstab, Schraubenfedern, Teleskopstoßdämpfer
Lenkung	Kugelumlauflenkung
Bremse	vorn und hinten Trommelbremsen
Allgemeine Daten	
Gesamtmaße	4135 × 1570 × 1385 mm
Radstand	2425 mm
Spur vorne/hinten	1280/1285 mm
Felgen	4,5 J × 13
Reifen	165 SR 13
Leergewicht	980 kg
Zul. Gesamtgewicht	1350 kg
Höchstgeschwindigkeit	150 km/h
0 auf 100 km/h	14,5 s
Verbrauch l/100 km	12,2 l Super
Tankinhalt	55 l

Chronik:

1971: Deutschland-Start für den viertürigen Carina dL zum Spätjahr hin. Coupé-Version nennt sich Celica. Reichhaltig ausgestattet, einzig lieferbares Extra: Metallic-Lackierung, DM 122,10.

1972: Zur September Carina-Facelift: senkrechte Kühlerrippen (vorher waagrecht) mit einer betonten Chromzierleiste über die ganze Fahrzeugfront. Tankeinfüllstutzen in der C-Säule links statt am Heck; Rückfahrscheinwerfer über statt unter Stoßstange. Neues Lenkrad, geändertes Armaturenbrett (Luftdüsen).

1973: Neu für die Frankfurter Septemberschau: Carina dL als Zweitürer (8.995,–) und als zweitürige ST-Version mit 86 PS-Motor und Fünfgang-Getriebe aus dem Celica (9.995,–).

1974: Facelift zum Oktober: Kühlergrill schließt auch die Hauptscheinwerfer mit ein; Begrenzungsleuchten wandern aus den Stoßstangen zwischen Fahr- und Fernscheinwerfer. Vertikale Stäbe am Grill stärker betont, Chromzierleiste verschwindet.

1975: Stoffpolster statt der bisherigen Kunststoffpolster bei Carina 1600 ST und 1600 dL (Juli). Carina dL (viertürig) mit Dreistufen-Getriebeautomatik erhältlich, Aufpreis DM 940,–.

1976: Optische Auffrischung im April: Chromumrandung um die inneren Scheinwerfer, ausgehend von den beiden Begrenzungsleuchten. Kühlergrill deutlich in 24 rechteckige Segmente unterteilt; Stoßfänger mit schmalen Gummileisten an der Oberkante. Neugestaltetes Armaturenbrett mit Mittelkonsole und Zweispeichen-Lenkrad. Smog-Schaltung (Innenluft-Umwälzung). Leistungsreduzierung auf versicherungsgünstige 75 PS. Carina ST aus dem Programm genommen. Dreigang-Automatik für Limousine dL.

1978: Ablösung im Januar durch TA40-Serie.

Toyota Carina (1978–1981)

Eindeutig europäisch wirkte der neugestylte Toyota, der zum Jahreswechsel 1977/78 in Deutschland eingeführt wurde. Der Carina erhielt eine schnörkellose Karosserie mit klaren Kanten, einer tiefen Gürtellinie und größeren Fensterflächen. Das Fahrwerk blieb gleich: Einzelradaufhängung vorn und Starrachse hinten. Lediglich die hintere Spurweite und die Abstimmung von Federung und Dämpfung wurden geändert.

Auffälligstes Merkmal der im Januar 1980 verbesserten Carina-Reihe war der neugestaltete Bug mit breiten Rechteck-Scheinwerfern und den um die Karosserieecken greifenden Blinkleuchten. Die Gesamtlänge wuchs dabei um stattliche 13 cm. Radstand und Platzangebot wie gehabt.

Toyota Carina ST 1975

Motor	
Zylinder / Bauart	4 Reihe
Bohrung × Hub	85 × 70 mm
Hubraum	1588 cm^3
Leistung	63 kW 86 PS bei 5600/min
Max. Drehmoment	123 Nm bei 3700/min
Verdichtung	8,5:1
Gemischaufbereitung	1 Doppelregister-Fallstromvergaser Aisan
Ventile / Steuerung	2 / OHV
Batterie	12 V 60 Ah
Kraftübertragung	
Antrieb	Hinterradantrieb
Getriebe	4-Gang
Übersetzungen	I = 3,587
	II = 2,022
	III = 1,384
	IV = 1,000
	R = 3,484
Fahrwerk	
Radaufhängung vorn	McPherson-Federbeine, Querlenker, Stabilisator
Radaufhängung hinten	Starrachse mit Schraubenfedern, Längslenker, Panhardstab, Teleskopdämpfer
Lenkung	Kugelumlauflenkung
Bremse	Bremskraftverstärker und -regler, vorn: Scheibenbremsen, hinten: Trommelbremsen
Allgemeine Daten	
Gesamtmaße	4135 × 1570 × 1385 mm
Radstand	2425 mm
Spur vorne/hinten	1280/1285 mm
Felgen	4,5 J × 13
Reifen	165 HR 13
Leergewicht	970 kg
Zul. Gesamtgewicht	1395 kg
Höchstgeschwindigkeit	158 km/h
0 auf 100 km/h	14,5 s
Verbrauch l/100 km	11,5 l Super
Tankinhalt	50 l

Carina GL 1978: nur noch die runden Doppelscheinwerfer erinnern an den Vorgänger.

Mit dem Modellwechsel gelangte auch die Kombi-Version des Carina nach Deutschland.

MODELLE, VARIANTEN, PREISE

Modellreihen:	Viertürige Stufenheck-Limousine, Kombi (ab 1.80)
Motoren:	1588 cm³ / 55 kW (75 PS) bei 5200/min
Ausstattung:	Verbundglas-Frontscheibe, Liegesitze, Zeituhr, abschließbares Handschuhfach, Teppichboden vorn und hinten, Kindersicherung an den hinteren Türen.
Varianten:	Carina DL/GL/DX/DLX – Kombi DL/DX
Preise (DM):	12.100,– / 13.490,– / 13.100,– (DL / GL / Kombi)

Chronik:

1978: Einführung der neuen Modellreihe. Zwei Karosserieformen, erhältlich als Stufenheck-Limousine und Kombi. GL-Ausstattung nur für die Limousine, Grundmodell in Verbindung mit Automatikgetriebe als DLX.

1980: Carina ab Januar 1980: Frontpartie mit Breitbandscheinwerfern und neuem Grill, Blink- und Standleuchten an den Ecken. Rechteckige Rückleuchten mit integrierten Rückfahrscheinwerfern. Gesamtlänge um 13 cm gewachsen. GL-Version üppiger ausgestattet: Verschließbare Ablagebox zwischen den Vordersitzen,

Toyota Carina GL 1980

Motor	
Zylinder / Bauart	4 Reihe
Bohrung × Hub	85 × 70 mm
Hubraum	1588 cm³
Leistung	55 kW 75 PS bei 5200/min
Max. Drehmoment	112 Nm bei 3600/min
Verdichtung	9:1
Gemischaufbereitung	1 Fallstrom-Registervergaser
Ventile / Steuerung	2 / OHV
Batterie	12 V 60 Ah
Kraftübertragung	
Antrieb	Hinterradantrieb
Getriebe	4-Gang
Übersetzungen	I = 3,587
	II = 2,022
	III = 1,384
	IV = 1,000
	R = 3,484

Fahrwerk	
Radaufhängung vorn	McPherson-Federbeine, Quer- und Schräglenker, Schraubenfedern, Stabilisator
Radaufhängung hinten	Starrachse an Schraubenfedern, Längslenker, Panhardstab, Teleskopstoßdämpfer
Lenkung	Kugelumlauflenkung
Bremse	Bremskraftverstärker und -regler, vorn: Scheibenbremsen, hinten: Trommelbremsen
Allgemeine Daten	
Gesamtmaße	4360 × 1630 × 1395 mm
Radstand	2500 mm
Spur vorne/hinten	1350/1365 mm
Felgen	4,5 J × 13
Reifen	165 SR 13
Leergewicht	990 kg
Zul. Gesamtgewicht	1465 kg
Höchstgeschwindigkeit	155 km/h
0 auf 100 km/h	15 s
Verbrauch l/100 km	11 l Normal
Tankinhalt	61 l

Mit neugestaltetem Heck und Nummerntafeln oberhalb der Stoßstange: Carina GL, 1980.

Kartentasche links und neue Sitze mit einstellbarer Bandscheibenstütze, Sitzhöhenverstellung und vergrößerten Kopfstützen. Die neuen Carinas sind um 400 bzw. 800 Mark billiger als ihre Vorgänger (Grund: günstiger Wechselkurs.) Im Oktober erhält die Modellreihe neue Bezeichnungen, aus dem Grundmodell DL und LX Aut. wird der Carina DX/DX Automatik; GL bleibt. Fünfgang-Getriebe auch im DX, Mittelkonsole für alle Carinas, ebenso getönte Scheiben, Quarzuhr und zusätzliche Ablage, neue Sitze.

1982: Im Februar Überarbeitung.

Toyota Carina (1982–1984)

Ein neues Design prägte die Carina-Reihe des Modelljahrgangs 1982. Bei weitgehend unveränderter Technik – der Motor erhielt eine Transistorzündung – wurde die Optik der TA 6 genannten Reihe aufgefrischt. Kennzeichen der neuen Reihe waren eine tiefere Gürtellinie, ein leicht schräggestellter Kühlergrill mit dem Toyota-Schriftzug auf der Fahrerseite teilweise versenkte Wischer und breitere Heckleuchten. Der Inneraum wurde geringfügig länger (11,5 mm), breiter (35,5 mm) und höher (20 mm), Geräuschisolierung, Heizung und Belüftung dem Komfort der größeren Cressida-Reihe angepaßt. Im Gegensatz zum hiesigen Markt erschien der Hecktriebler im fernen Osten auch in einer Coupé-Version, als Turbo- und als Dieselmodell.

MODELLE, VARIANTEN, PREISE

Modellreihen:	Viertürige Stufenheck-Limousine, Kombi
Motoren:	1588 cm^3/ 55 kW (75 PS) bei 5200/min
Ausstattung:	Verbundglas-Frontscheibe, getönte Scheiben, Halogenscheinwerfer, zweistufiger Scheibenwischer mit Waschanlage, abschließbarer Tank. Kombi: geteilt umlegbare Rücksitzlehne.
Varianten:	Carina DL – Kombi DX
Preise (DM):	15.190,– / 16.490,– (DL / DX)

Carina DL/GL 1980: nach kaum zwei Jahren schon wieder überarbeitet. Limousine und Kombi erhalten Rechteckscheinwerfer.

Bei gleicher Technik noch einmal gründlich renoviert: Carina DX, Modelljahr 1982.

Europäisches Design: Carina Kombi DX, in dieser Form zwischen 1982 und 1984 importiert.

Chronik:

1982: Überarbeitung der Carina-Reihe zum Februar. Technik und Kraftübertragung unverändert. Optik ähnlich Cressida. Automatik wahlweise für Limousine, Aufpreis DM 1.000,–.

1984: Carina II-Modellreihe mit Frontantrieb und neuem Motor ab Januar.

Toyota Carina II (1984–1988)

Mit dem Carina II vollzog Toyota auch in der Mittelklasse die Abkehr vom traditionellen Heckantrieb. Das rundum erneuerte Auto schloß die Lücke im Modellprogramm zwischen Corolla und Camry.

Die wohlproportionierte Karosserie ohne Ecken und Kanten machte nicht nur im Windkanal eine gute Figur, auch in der Praxis »könnte die Rundumsicht kaum besser sein«, wie die Zeitschrift »mot« bei einem ersten Test feststellte. Lobende Worte fand man über den günstigen Verbrauch, den geräumigen Innenraum, die bequemen Sitze und die leichtgängige Schaltung. Bekrittelt wurde der rauhe Motorlauf, die mißglückte Vergaserabstimmung bei den Übergängen vom Teil- zum Vollastbereich, die laut schnarrende Lüftung und die

Toyota Carina II Liftback 1984

Motor	
Zylinder / Bauart	4 Reihe, quer eingebaut
Bohrung × Hub	81×77 mm
Hubraum	1587 cm^3
Leistung	62 kW / 84 PS bei 5600/min
Max. Drehmoment	130 Nm bei 3600/min
Verdichtung	9,3:1
Gemischaufbereitung	1 Fallstrom-Registervergaser
Ventile / Steuerung	2 / OHC
Batterie	12 V 40 Ah
Kraftübertragung	
Antrieb	Vorderradantrieb
Getriebe	5-Gang
Übersetzungen	I = 3,167
	II = 1,905
	III = 1,310
	IV = 0,970
	V = 0,816
	R = 3,250

Fahrwerk	
Radaufhängung vorn	McPherson-Federbeine, Querlenker
Radaufhängung hinten	McPherson-Federbeine, Querlenker, Längszugstreben, Stabilisator, Gasdruckstoßdämpfer
Lenkung	Zahnstangenlenkung
Bremse	Bremskraftverstärker und -regler, vorn: Scheibenbremsen, hinten: Trommelbremsen
Allgemeine Daten	
Gesamtmaße	4330×1670×1365 mm
Radstand	2515 mm
Spur vorne/hinten	1425/1435 mm
Felgen	5 J×13
Reifen	175/70 SR 13
Leergewicht	1005 kg
Zul. Gesamtgewicht	1490 kg
Höchstgeschwindigkeit	170 km/h
0 auf 100 km/h	12,9 s
Verbrauch l/100 km	7,5 l Normal
Tankinhalt	55 l

Frontantrieb und komplett neue Karosserie: Carina II, mit DX- und GL-Ausstattung erhältlich.

Toyota sprach vom »Grand Lit« (großes Bett): beim Liftback ließen sich die Rücksitzlehnen auch nach hinten klappen.

unpraktische Zündschloßsicherung:
Ungeschickte Fahrer brauchten beide Hände, um den Schlüssel abzuziehen.

MODELLE, VARIANTEN, PREISE

Modellreihen:	Viertürige Stufen- und Schrägheck-Limousine
Motoren:	1587cm³ / 62 kW (84 PS) bei 5600/min 1832cm³ / 74 kW (101 PS) bei 5200/min ab 12.85 1974cm³ / 51 kW (69 PS) Diesel bei 4600/min ab 12.85 1587cm³ / 55 kW (75 PS) Kat bei 5400/min ab 10.86
Ausstattung:	Getönte Frontscheibe, heizbare Heckscheibe, integrierte Nebelschlußleuchte, Warnlampe für nicht geschlossene Türen. Innenbelüftete Scheibenbremsen vorn mit akustischem Warnsignal für abgenutzte Bremsklötze. GL-Modelle: Drehzahlmesser, digitale Quarzuhr, Heckscheiben-Waschanlage (Liftback)
Varianten:	1,6 DX/XL/SX/GL – Liftback 1,6 GL/XL D – 1,8 GLi
Preise (DM):	16.990,– / 17.990,– / 18.990,– (DX / GL / Liftback)

Carina II Liftback GL, 1984: das Modell mit Heckklappe ersetzte die bisherige Kombi-Version.

Chronik:

1984: Einführung der neuen Carina II-Reihe im Januar. Komplett neu mit Frontantrieb. Zwei Karosserieformen, eine Motorversion. Liftback GL-Ausstattung .

1985: Zum Jahresende umfangreiche Modifikationen. Chrom-Trennlinie zwischen Blinker- und Scheinwerfereinheit, Stoßfänger bündig in die Karosserie eingepaßt. GL: Stoßfänger in Wagenfarbe lackiert. Einführung des Diesel- und 1,8 L-Einspritz-Triebwerks. Diesel (XLD, 21.190,–) nur im Liftback, GLi in beiden Karosserien (20.990,–/21.990,–). DX-Bezeichnung durch XL ersetzt, Automatik nur im stärksten Liftback-Modell.

1986: Ab Oktober zusätzlich Katalysator-Variante für 1,6 L-Motor (Liftback, Lim., Liftback Automatik)

1987: Modellreihe gestrafft, nur noch Katalysator- und Dieselmodelle lieferbar. Optisch nahezu unverändert (Ausnahme: betonter Mittelsteg am Grill), Ausstattungsverbesserungen (Drehzahlmesser, gefälligere Stoffbezüge; Diesel mit Servolenkung). Neue Bezeichnung: 1,6 SX.

1988: Ablösung der Reihe im April.

Die zweite Carina-Frontantriebsgeneration 1988: vom Start weg in drei Karosserievarianten.

Toyota Carina II (seit 1988)

Der Debütant des Genfer Automobilsalons im März 1988 konnte sich rühmen, das erste Großserienauto mit Mager-Motor zu sein. Umweltfreundlich ohne geregelten Katalysator, sparsam, leistungsstark und drehmomentgewaltig – Toyota schien mit dem neuen Konzept den Stein der Weisen gefunden zu haben. Ein mager eingestellter Motor verbraucht weniger Kraftstoff, und das wiederum hat einen niedrigen Schadstoffausstoß zur Folge. Andererseits wird er von Zündaussetzern und Schüttelkrämpfen im Leerlauf geplagt. Diesem Problem rückten die Techniker mit ihrem speziellen Gemisch-Verwirbelungsprinzip, kennfeldgesteuerten Zündung und ungeregeltem Euro-Katalysator zu Leibe. Der Carina in der Magerstufe erfüllte damit – High hin, Tech her – allerdings nur die vergleichsweise harmlosen EG-Bestimmungen. Von den amerikanischen Richtwerten war man noch weit entfernt.

Der ADAC-Liebling: in der Pannenstatistik ist der Carina II ungeschlagen. Toyota wirbt mit dem Slogan vom »meistunterschätzten Auto Deutschlands«.

Carina II Liftback XLi, 1988: das erste Fahrzeug mit Magermix-Motor.

MODELLE, VARIANTEN, PREISE

Modellreihen: Stufenheck-Limousine, Schrägheck-Limousine, Liftback, Kombi

Motoren: 1587 cm³ / 66 kW (90 PS) 16V bei 6000/min
1587 cm³ / 75 kW (102 PS) 16V Magermix bei 5800/min
1587 cm³ / 66 kW (90 PS) 16V Magermix bei 6000/min ab 10.88
1998 cm³ / 89 kW (121 PS) 16V Kat bei 5600/min ab 3.89
1587 cm³ / 72 kW (98 PS) 16V Kat bei 5800/min ab 3.90

Ausstattung: XL: Gurthöhenverstellung, von innen verstellbare Außenspiegel, heizbare Heckscheibe mit Zeit-Relais, Drehzahlmesser, Fernentriegelung für Tank- und Heckklappe. Rücksitzlehne geteilt klappbar, Warnton für Fahren mit Parklicht. GLi: Elektr. Fensterheber, Zentralverriegelung, Ablage unter Vordersitzen.

Varianten: Carina XL/XLi – GLi – 2,0 GLi Kat

Preise (DM): 21.820,– / 24.710,– (XL / GLi); 22.720,– / 25.610,– (Liftback XL / GLi); 23.250,– (Kombi)

Chronik:

1988: Ab April Carina II als Kombi, Liftback und Limousine. Zwei Motorvarianten (XL, 66 kW und GLi, 75 kW) mit ungeregeltem Euro-Katalysator im Modellprogramm. 75 kW-GLi-Modelle nur mit Magermix-Motor; Kombi nur als XL mit 66 kW. Gemeinsame Basis bildet das Corolla 16V-Triebwerk. 90 PS-Basismotor mit Venturi-

Toyota Carina II Kombi 1.6 GLi 1989

Motor	
Zylinder / Bauart	4 / Reihe quer eingebaut, Magergemisch
Bohrung × Hub	81×77 mm
Hubraum	1587 cm³
Leistung	75 kW / 102 PS bei 5800/min
Max. Drehmoment	142 Nm bei 3000/min
Verdichtung	9,5:1
Gemischaufbereitung	elektronisch Kraftstoffeinspritzung (EFI-L-Jetronik)
Abgasreinigungssystem	ungeregelter Oxidationskat
Ventile / Steuerung	4 / DOHC
Batterie	12 V 60 Ah
Kraftübertragung	
Antrieb	Vorderradantrieb
Getriebe	5-Gang
Übersetzungen	I = 3,166 II = 1,904 III = 1,310 IV = 0,969 V = 0,815 R = 3,250
Fahrwerk	
Radaufhängung vorn	McPherson-Federbeine mit Querlenker, Stabilisator, Hilfsrahmen, Gasdruckstoßdämpfer
Radaufhängung hinten	McPherson-Federbeine, Querlenker, Längszugstreben, Stabilisator, Hilfsrahmen, Gasdruckstoßdämpfer
Lenkung	Zahnstangenlenkung mit Servounterstützung
Bremse	Bremskraftverstärker, vorn: innenbelüftete Scheibenbremsen, hinten: Trommelbremsen, selbstnachstellend
Allgemeine Daten	
Gesamtmaße	4435×1690×1435 mm
Radstand	2525 mm
Spur vorne/hinten	1467/1437 mm
Felgen	5 J×13
Reifen	165 HR 13
Leergewicht	1085 kg
Zul. Gesamtgewicht	1585 kg
Höchstgeschwindigkeit	180 km/h
0 auf 100 km/h	10,4 s
Verbrauch l/100 km	6,7 l Super, bleifrei
Tankinhalt	60 l

Vergaser, Mix-Variante mit elektronisch gesteuerter Reihen-Einspritzung EFI-L-Jetronic. Extras: Metallic-Lack DM 380,–; elektrisches Schiebedach DM 1.400,–; Klimaanlage DM 2.180,–.
Oktober: 1,6 XLi-Modelle als Lim. und Liftback eingeführt (DM 23.470,– / 24.370,–). Im Unterschied zum bisherigen XL mit Magermix-Motor bei gleicher Leistung.

1989: Zum Frühjahr Modellreihe erweitert, Liftback jetzt auch als 2,0 GLi mit geregeltem Katalysator erhältlich (27.950,–). Seit der IAA bezeichnet die XL-Version die Modelle mit 66 kW-Katmotor, XLi/GLi steht für Magermix-Eurokat-Varianten; Topmodell heißt 2,0 GLi und hat Dreiwege-Katalysator. Einführung von Carina 1,6 Si: Metallic-Lackierung, Lederlenkrad, Reifendimension 185/70 HR 14. Elektr. Fensterheber, Zentralverriegelung. Auflage 1300 Fahrzeuge, 24.370 und 25.270 Mark. Sondermodell Carina 2000 Liftback: Leichtmetallfelgen, Frontspoiler, Heckschürze, Seitenschweller, Servolenkung. DM 32.170,–.

1990: Einführung der 1,6 l-Magermix-Motoren mit geregeltem Katalysator (März). Modelle mit Eurokat gestrichen. Modellpflegemaßnahmen: Radabdeckungen, neugestaltete Rundinstrumente, neue Sicherheitslenksäule. Bedienungselemente und Polsterdesigns modifiziert.

Toyota Corona Mark II (1971–1976)
Namen, die keiner mehr nennt

Mit dem wenig anspruchsvollen Corona begann 1960 Toyotas Export-Offensive. 1963 erreichte die Springflut auch Europa und spülte die ersten Coronas in Dänemark an Land. In Deutschland erschien der Corona-Ableger Mark II, der 1968 auf der Tokio Motor Show debütierte.

Toyota Corona Mark II 1900 (1971–1972)

In der technischen Konzeption gleich, unterschied er sich vor allem durch die eigentümlich schräge Kühlergrillgestaltung und die um 12 cm gewachsene Außenhülle von seinem Stammvater, der weiterhin gebaut wurde. Fortan gab es also zwei Corona-Modelle mit zahlreichen Motor- und Karosserievarianten – zeitweise drängelten sich nicht weniger als 48 Corona- und Mark II-Typen im Toyota-Programm.
In Deutschland beschränkte man sich auf den Corona 1900 Mark II als Limousine und als »Hardtop« genanntes Coupé. Wie bei vielen japanischen Automobile der Frühzeit ließ auch beim Corona 1900 das Design den Neuling um mindestens zehn Jahre älter erscheinen. Entsprechend antiquiert präsen-

Toyota Corona 1900 Mark II 1971

Motor	
Zylinder / Bauart	4 Reihe
Bohrung × Hub	86 × 80 mm
Hubraum	1858 cm³
Leistung	64 kW / 87 PS bei 5500/min
Max. Drehmoment	149 Nm bei 2300/min
Verdichtung	9:1
Gemischaufbereitung	1 Fallstrom-Registervergaser
Ventile / Steuerung	2 / OHC
Batterie	12 V 60 Ah
Kraftübertragung	
Antrieb	Hinterradantrieb
Getriebe	4-Gang
Übersetzungen	I = 3,673
	II = 2,114
	III = 1,403
	IV = 1,000
	R = 4,183
Fahrwerk	
Radaufhängung vorn	Teleskopstoßdämpfer, Schraubenfedern, Querlenker, Querstabilisator
Radaufhängung hinten	Starrachse mit Halbelliptik-Blattfedern, Teleskopstoßdämpfer
Lenkung	Kugelumlauflenkung
Bremse	Bremskraftregler, Servounterstützung, vorn: Scheibenbremsen, hinten: Trommelbremsen
Allgemeine Daten	
Gesamtmaße	4300 × 1605 × 1405 mm
Radstand	2510 mm
Spur vorne/hinten	1325/1320 mm
Felgen	4,5 J × 13
Reifen	165 SR 13
Leergewicht	1060 kg
Zul. Gesamtgewicht	1450 kg
Höchstgeschwindigkeit	160 km/h
0 auf 100 km/h	13,8 s
Verbrauch l/100 km	12,2 l Super
Tankinhalt	52 l

Mit dem Corona 1900 Mark II wagte Toyota 1971 den Sprung nach Deutschland.

tierten sich auch Fahrwerk und Fahrkomfort. Die vordere Radaufhängung übernahmen Querlenker mit Schraubenfedern; die Einfachst-Führung der Hinterräder an Blattfedern dagegen erntete herbe Kritik. Für deutsche Verhältnisse völlig ungenügend war die »gefährlich schwammige Lenkung« (»mot«). Absolut zeitgemäß erwies sich dagegen der solide 1,9 Liter-Motor mit einer obenliegenden Nockenwelle. Leise und elastisch, drehfreudig und sparsam, war er Design und Fahrwerkstechnik weit voraus.

MODELLE, VARIANTEN, PREISE

Modellreihen:	Viertürige Stufenheck-Limousine, Coupé
Motoren:	1858 cm³ / 65 kW (89 PS) bei 5500/min 1858 cm³ / 64 kW (87 PS) bei 5500/min ab 8.71
Ausstattung:	Halogenscheinwerfer, Liegesitze, dreistufiges Heizgebläse, umschaltbar auf Innenzirkulation. Rückfahrleuchten, Zigarettenanzünder. Coupé: voll versenkbare Seitenscheiben, wärmedämmendes Glas, abschließbares Handschuhfach, Mittelkonsole.
Varianten:	Corona 1900 Mark II
Preise (DM):	8.900,– / 9.700 (Limousine / Coupé)

Chronik:

1971: Corona 1900 Mark II ab Ende März lieferbar. Zwei Karosserieformen, ein Motor. Kühlergrill des Coupés mit schmalem Mittelkeil, Doppelscheinwerfer integriert. Rundinstrumente, Registervergaser. Verkaufsbezeichnung allgemein nur Corona 1900 (ohne Zusatz), da im Gegensatz zu anderen Ländern, z. B. Schweiz, nur MK II im Angebot. Extras: heizbare Heckscheibe (85,–), aufsteckbare Kopfstützen (97,70 DM).
Facelift (Herbst): breite Blechsicke auf der Haube endet in einem kantig-abgeschrägten Wulst und teilt den Kühlergrill in zwei Hälften. Kennzeichen-Schild am Heck in der Stoßstange integriert. 87 PS-Triebwerk. Extras: Heizbare Heckscheibe (beim Coupé Serie) DM 85,–; Metallic-Lackierung 122,10.

1972: Im November erscheint zur Ablösung der stärkere Mark II 2000.

Toyota Corona Mark II 2000 (1972–1977)

»Die Menschen in aller Welt kennen das olympische Zeltdach von München. Seine kühne Architektur. Die Bauweise des Jahres 2000. Sie ist schön, beschwingt, gekonnt. Sie weist in die

Der Corona Mk II, Modell 1972, unterschied sich vom Vorgänger durch die eigentümliche Grillgestaltung mit breitem Mittelkeil.

Nur 7% der rund 5500 Toyota-Verkäufe von 1972 entfielen auf den Corona 1900. Der Mark II 2000, sollte Abhilfe schaffen.

Corona Mk II 2000 Coupé 1975: bei der Limousine mit noch einmal unterteiltem Mittelkeil.

Zukunft. Wie Linie und Konstruktion des neuen Coupés TOYOTA CORONA MARK II 2000. Zwischen diesem Fahrzeug und dem Olympia-Zeltdach besteht die selbstverständliche Harmonie geglückter moderner Ausdrucksformen.«
Die Wirklichkeit jenseits der schwülstigen Prospekt-Prosa des Jahres 1972 sah anders aus. Der Mark II 2000, knapp 5 cm länger als ein Ford Taunus, war ein typischer Vertreter der amerikanischen Designschule, made in Japan. Ansonsten hatte sich nicht viel geändert, lediglich die Blattfedern der starren Hinterachse (beim Coupé geteilt) machten einer moderneren Konstruktion mit Schraubenfedern Platz.

MODELLE, VARIANTEN, PREISE

Modellreihen: Viertürige Stufenheck-Limousine, Coupé
Motoren: 1968 cm³ / 65 kW (89 PS) bei 4900/min

Toyota Corona 2000 Mark II Coupé 1972

Motor	
Zylinder / Bauart	4 Reihe
Bohrung × Hub	88,5 × 80 mm
Hubraum	1968 cm³
Leistung	65 kW / 89 PS bei 4900/min
Max. Drehmoment	158 Nm bei 3400/min
Verdichtung	8,5 : 1
Gemischaufbereitung	1 Fallstrom-Registervergaser
Ventile / Steuerung	2 / OHC
Batterie	12 V 35 Ah
Kraftübertragung	
Antrieb	Hinterradantrieb
Getriebe	4-Gang
Übersetzungen	I = 3,579
	II = 2,081
	III = 1,397
	IV = 1,000
	R = 4,399
Fahrwerk	
Radaufhängung vorn	Doppelquer- und Schräglängslenkern, Querstabilisator, Schraubenfedern und Teleskopstoßdämpfer
Radaufhängung hinten	Starrachse an Schraubenfedern, Längslenker, zusätzliche Führungsstäbe, Panhardstab, Teleskopstoßdämpfer
Lenkung	Kugelumlauflenkung
Bremse	Bremskraftregler, Servounterstützung, vorn: Scheibenbremsen, hinten; Trommelbremsen
Allgemeine Daten	
Gesamtmaße	4325 × 1625 × 1380 mm
Radstand	2585 mm
Spur vorne/hinten	1355/1345 mm
Felgen	4,5 J × 13
Reifen	165 SR 13
Leergewicht	1120 kg
Zul. Gesamtgewicht	1560 kg
Höchstgeschwindigkeit	165 km/h
0 auf 100 km/h	13,5 s
Verbrauch l/100 km	12,5 l Super
Tankinhalt	60 l

Ausstattung: Liegesitze mit verstellbaren Kopfstützen, getönte Scheiben, heizbare Heckscheibe, Warnleuchte für Handbremse und Bremsenfunktion, Zeituhr, Bodenteppiche. Üppiges Bordwerkzeug mit Handlampe und Farbtöpfchen mit Lack. Coupé: Rundinstrumente, Warnleuchten in den Türen.

Varianten: Corona Mark II 2000

Preise (DM): 10.950,– / 11.600,– (Limousine / Coupé)

Chronik:

1972: Ab November in Deutschland präsent. Zwei Karosserieformen, neuer 2,0 Liter-Motor mit 89 PS. Technisch weitgehend identisch; Coupé-Kühlergrill in vier Rechtecke unterteilt, Rundinstrumente.

1975: Modellpflege zum Juli: Cord- statt Kunststoffpolster, Handbremse zwischen den Vordersitzen, Kofferraum um zehn Prozent vergrößert, Automatic-Sicherheitsgurte serienmäßig. Kühlergrill erhält keilförmiges Mittelstück, in Wagenfarbe lackiert und mit angedeuteten Kühlrippen versehen. Begrenzungs- und Blinkleuchten in Stoßfänger integriert. Heckpartie mit neuen Rückleuchten. Stoßstangen gerade, weniger massiv und nicht mehr seitlich nach oben geschwungen. 14-Zoll-Räder, Spurverbreiterung. Kofferraumschloß, (zuvor im Blech neben der rechten Rückleuchten-Einheit), sitzt jetzt auf dem Kofferraumdeckel.

1977: Neues Modell Cressida ersetzt im Juni die Mark II-Reihe.

Toyota Corona (1976–1981)
Der Vetter von Dingsda

Toyota, mit dem Mark II in der Mittelklasse eigentlich schon vertreten, schickte zum Beginn des Jahres 1976 Verstärkung: der Toyota Corona 2000 war die Weiterentwicklung des in Deutschland nicht angebotenen Ur-Corona-Modells. Der kompakte, 4,25 m lange Viertürer war mit dem Zweiliter-Triebwerk des Mark II ausgerüstet. Seine sachlich gezeichnete Karosserie hob ihn wohltuend ab von seinem barocken Vetter.

Toyota Corona 2000 (1976–1979)

Erstmals bediente Toyota nun auch die Kombi-Freunde der Mittelklasse. Bis zur C-Säule mit der Limousine identisch, konnte der Viertürer mit einem Vinyl-tapezierten Gepäckabteil von 1,09 m Länge und 1,30 m in der Breite (gemessen oberhalb der Radkästen) aufwarten. Die Rücksitzbank ließ sich ganz umlegen, so ergab sich eine durchgehende Ladefläche von immerhin 175 Zentimetern Tiefe.

Zur Frankfurter IAA im September 1977 verschwand die eigentümliche Lücke an der Haubenvorderkante. Der Corona-Bug erhielt einen bombastischen Kühlergrill im Mercedes-Format und eine neue Innenraumgestaltung. Bei dieser Gelegenheit stiegen auch die Preise, die Limousine kostete jetzt DM 14.640,– und der Kombi DM 14.340,–.

Reichhaltiges Bordwerkzeug inklusive: ein Satz Maulschlüssel, Kerzenschlüssel, Kombizange, Schraubendreher, Unterlegkeil, Handlampe und Farbtöpfchen. (Corona 2000, 1975 – 1977).

Zwei Liter Hubraum und 89 PS: Corona 2000 (1976), parallel zum Mark II angeboten.

Die Modellpflege für 1978 brachte dem Corona eine neue Frontgestaltung.

MODELLE, VARIANTEN, PREISE

Modellreihen:	Viertürige Stufenheck-Limousine, Kombi
Motoren:	1968 cm^3 / 65 kW (89 PS) bei 5000/min
Ausstattung:	Liegesitze mit integrierten Kopfstützen, heizbare Heckscheibe, Zeituhr. Warnleuchten für nicht geschlossene Türen. Abschließbares Handschuhfach, Heckscheibenwischer (nur Kombi).
Varianten:	Corona 2000 – 2000 Kombi
Preise (DM):	12.750,– / 13.550,– (Limousine / Kombi)

Chronik:

1976: Einführung zum Jahresbeginn. Motor und Technik entsprechend dem Corona Mark II. Völlig neue Karosserie. Automatik für Limousine gegen DM 1.100,– Aufpreis.

1977: Modellpflege zur IAA: Neue Frontgestaltung (Haube und Kühlergrill jetzt ohne Spalt; neues Toyota-Enblem). Verbesserte Innenaustattung: Veloursbezüge, Kopfstützen verstellbar, durchgehend Bodenteppich, Intervall-Schaltung für Scheibenwischer.

1979: Zum Jahreswechsel abgelöst.

Toyota Corona 2000 Kombi 1977

Motor	
Zylinder / Bauart	4 Reihe
Bohrung × Hub	88,5 × 80 mm
Hubraum	1968 cm^3
Leistung	65 kW / 89 PS bei 5000/min
Max. Drehmoment	148 Nm bei 3500/min
Verdichtung	8,5 : 1
Gemischaufbereitung	1 Doppelregister-Fallstromvergaser Aisan
Ventile / Steuerung	2 / OHC
Batterie	12 V 60 Ah
Kraftübertragung	
Antrieb	Hinterradantrieb
Getriebe	4-Gang
Übersetzungen	I = 3,579
	II = 2,081
	III = 1,397
	IV = 1,000
	R = 4,399

Fahrwerk	
Radaufhängung vorn	McPherson-Federbeine, Doppelquer- und Schräglängslenker, Stabilisator
Radaufhängung hinten	Starrachse an Halbelliptik-Blattfedern, Längslenkern, Stabilisator, Teleskopstoßdämpfer
Lenkung	Kugelumlauflenkung
Bremse	Bremskraftverstärker und -regler, vorn: Scheibenbremsen, hinten: Trommelbremsen
Allgemeine Daten	
Gesamtmaße	4320 × 1620 × 1430 mm
Radstand	2500 mm
Spur vorne/hinten	1345/1320 mm
Felgen	5 J × 14
Reifen	175 SR 14
Leergewicht	1170 kg
Zul. Gesamtgewicht	1700 kg
Höchstgeschwindigkeit	160 km/h
0 auf 100 km/h	14,4 s
Verbrauch l/100 km	12,5 l Super
Tankinhalt	55 l

Halogendoppelscheinwerfer und reichlich Chrom prägten die äußere Erscheinung des Toyota Corona von 1979.

Corona Liftback GL: hohe Ladekante, aber geteilt umklappbare Rücksitzlehnen, Gepäckraumblende und Haltegurte serienmäßig.

Toyota Corona (1979–1981)

Knapp fünf Monate nach der japanischen Premiere gelangte die neue Corona-Generation – die sechste seit 1957 – auch nach Deutschland. Der überzeugend geformte Corona kam in zwei Karosserievarianten, neben der schon obligatorischen Stufenheck-Limousine gab es auch eine elegante Fließheck-Limousine mit großer Heckklappe im Stil des Audi 100 Avant. Das stark amerikanisierte Corona-Coupé tauchte hierzulande nicht auf.

Bei gleicher Außenlänge bot der neue Corona mehr Platz im Innenraum und einen um 20 Prozent vergrößerter Kofferraum, der allerdings sehr flach ausfiel. Die um zehn Prozent größere Fensterfläche ermöglichte eine bessere Rundumsicht, eine vibrationshemmende Motoraufhängung senkte den Innengeräuschpegel.

Für mehr Fahrkomfort sorgte das modifizierte Fahrwerk, vorne kam eine neue McPherson-Federbein-Konstruktion zum Einsatz. Vier Längslenker führten die Hinterachse. Neu war auch der 1770 cm³ große Vierzylindermotor, der, im Gegensatz zu seinem Vorgänger, sich mit Normalbenzin begnügte.

Toyota Corona Liftback GL 1979

Motor	
Zylinder / Bauart	4 Reihe
Bohrung × Hub	85 × 78 mm
Hubraum	1770 cm³
Leistung	63 kW / 86 PS bei 5200/min
Max. Drehmoment	142 Nm bei 3400/min
Verdichtung	9:1
Gemischaufbereitung	1 Fallstrom-Registervergaser
Ventile / Steuerung	2 / OHV
Batterie	12 V 60 Ah
Kraftübertragung	
Antrieb	Hinterradantrieb
Getriebe	5-Gang
Übersetzungen	I = 3,287
	II = 2,043
	III = 1,394
	IV = 1,000
	V = 0,853
	R = 4,039
Fahrwerk	
Radaufhängung vorn	McPherson-Federbeine, Schräg- und Querlenker, Stabilisator
Radaufhängung hinten	Starrachse an Schraubenfedern, Längslenkern, Panhardstab, Teleskopstoßdämpfer
Lenkung	Kugelumlauflenkung
Bremse	Bremskraftverstärker und -regler, vorn: Scheibenbremsen, hinten: Trommelbremsen
Allgemeine Daten	
Gesamtmaße	4290 × 1655 × 1385 mm
Radstand	1350 mm
Spur vorne/hinten	1350/1350 mm
Felgen	5 J × 14
Reifen	175 SR 14
Leergewicht	1100 kg
Zul. Gesamtgewicht	1540 kg
Höchstgeschwindigkeit	156,1 km/h
0 auf 100 km/h	15,1 s
Verbrauch l/100 km	12,6 l Normal
Tankinhalt	61 l

MODELLE, VARIANTEN, PREISE

Modellreihen:	Viertürige Stufen- und Schrägheck-Limousine
Motoren:	1770 cm^3 / 63 kW (86 PS) bei 5200/min
Ausstattung:	DL: Getönte Scheiben, heizbare Heckscheibe, Liegesitze mit Sitzhöhenverstellung, Warnlicht für nicht geschlossene Türen, Kindersicherung hinten. GL: Fünfgang-Getriebe, Fahrersitz mit Bandscheibenstütze, Fernentriegelung von Tank- und Heckklappe, Intervallschalter für Innenbeleuchtung.
Varianten:	Corona DL/GL, Liftback DL/GL
Preise (DM):	14.995,– / 16.195,– (Limousine DL / GL); 15.695,– / 16.895,– (Liftback DL / GL)

Chronik:

1979: Völlig neues Fahrzeug, ab Januar lieferbar. Ein Motor, zwei Ausstattungsvarianten. Keine Kombiversion oder Coupé-Version für Deutschland. In der Modell-Hierarchie zwischen Carina und Cressida angesiedelt. Reichhaltig ausgestattet, Automatik gegen Aufpreis von DM 900,– (Limousine DL) und DM 1.100,– (Liftback GL).

1981: Corona-Reihe aus dem Programm genommen (Juli), kein Nachfolger mit gleichem Namen.

Toyota Cressida (1977–1984)
Ehret die Klassiker

Die japanische Nation hegt bekanntermaßen große Bewunderung für die abendländische Kultur. Auch die Autobauer aus Toyota City zollten ihr Tribut. Sie würdigten den großen englischen Dramatiker William Shakespeare auf ganz besondere Weise: Das Nachfolgemodell des Corona Mk II erhielt den Namen Cressida. So heißt die leichtlebige Titelheldin eines 1609 entstandenen Schauspiels, das zur Zeit des Trojanischen Krieges spielt.

Toyota Cressida (1977–1981)

Das neue Spitzenmodell von Toyota Deutschland basierte auf bewährter Technik. Über das renovierte Mark II-Fahrwerk – vorn mit Federbeinen und hinten mit einer breiteren Spur – stülpte man eine geradlinig geformte, 4,53 m lange Karosserie mit deutlichen Anklängen an das amerikanische Geschmacksempfinden. Limousine, Kombi und Coupé wetteiferten um die Gunst der Käufer. Keine Alternative gab es beim Antrieb, der elastische Zweilitermotor mit 66 kW kam in allen drei Typen zum Einsatz.

Toyota Cressida 1977

Motor	
Zylinder / Bauart	4 Reihe
Bohrung×Hub	88,5×80 mm
Hubraum	1967 cm^3
Leistung	66 kW / 90 PS bei 5000/min
Max. Drehmoment	150 Nm bei 3400/min
Verdichtung	8,5:1
Gemischaufbereitung	1 Fallstrom-Registervergaser
Ventile / Steuerung	2 / OHC
Batterie	12 V 60 Ah
Kraftübertragung	
Antrieb	Hinterradantrieb
Getriebe	4-Gang
Übersetzungen	I = 3,579
	II = 2,081
	III = 1,397
	IV = 1,000
	R = 4,399
Fahrwerk	
Radaufhängung vorn	McPherson-Federbeine mit Quer- und Schräglenkern, Stabilisator
Radaufhängung hinten	Starrachse an Längslenkern, Schraubenfedern, Teleskopstoßdämpfern, Panhardstab
Lenkung	Kugelumlauflenkung
Bremse	Bremskraftverstärker und -regler, vorn: Scheibenbremsen, hinten: Trommelbremsen
Allgemeine Daten	
Gesamtmaße	4530×1680×1445 mm
Radstand	2645 mm
Spur vorne/hinten	1375/1350 mm
Felgen	5 J×14
Reifen	175 SR 14
Leergewicht	1120 kg
Zul. Gesamtgewicht	1540 kg
Höchstgeschwindigkeit	160,7 km/h
0 auf 100 km/h	13 s
Verbrauch l/100 km	12,2 l Normal
Tankinhalt	65 l

Gehobene Mittelklasse: Toyota Cressida 1977, der Nachfolger des Mark II 2000.

Im Gegensatz zu der flatterhaften Cressida des Shakespeare-Stücks, die ihren Geliebten Troilus schmählich im Stich läßt, war die japanische Cressida ein höchst solides Mädchen. Erzkonservativ in der Technik, brav in der Optik und behäbig im Fahrverhalten, bestätigte sie all die Vor- und Nachteile, die einem japanischen Automobil in den 70er Jahren nachgesagt wurden: die Ausstattung galt als sehr üppig, die Lenkung als gefühlsarm; das Fahrverhalten erschien höchstens als amerikatauglich, die Verarbeitung war erstklassig. Insgesamt wurden 6.858 Cressida in Deutschland zugelassen.

MODELLE, VARIANTEN, PREISE

Modellreihen: Viertürige Stufenheck-Limousine, Kombi, Coupé

Motoren: 1967 cm³ / 66 kW (90 PS) bei 5000/min

Ausstattung: Getönte Scheiben, heizbare Heckscheibe, höhenverstellbarer Fahrersitz, einstellbare Kopfstützen. Ökonometer. Coupé: Drehzahlmesser, versenkbare Scheiben. Kombi: Heckscheibenwischer mit elektrischem Wascher.

43 DM kostete die Umrüstung des Cressida Coupés auf Halogenscheinwerfer, Paßform-Gummimatten waren 24 DM teuerer.

Varianten: Cressida DL/GL

Preise (DM): 14.490,– / 15.290,– / 15.090,– (Limousine/Kombi/Coupé)

Chronik:

1977: Vorstellung der Cressida im Sommer am Tegernsee. Drei Karosserieformen, technisch gleich. Kurzhubig ausgelegter Motor, der später auch im Celica XT zum Einsatz kommt. Die Federung der Starrachse beim Kombi erfolgt über Blattfedern. Automatik gegen Aufpreis.

1979: Modifikationen zum Jahresbeginn: neuer Grill (nicht mehr nach unten hin schmaler; versetzte Chromleisten statt einzelner -punkte), angedeuteter Frontspoiler, bessere Ausstattung. GL-Ausstattung für Limousine und Coupé: Fünfganggetriebe, verstellbare Lenksäule, Kofferraum und Tankklappe von innen zu öffnen, Warnton für nicht abgeschaltetes Licht, Digitalquarzuhr; Kopfstützen hinten. Preise 16.995,–/17.395,–. Zum Jahresende Import des Coupés eingestellt.

1981: Ablösung durch neues Modell im April.

In der Technik waren alle drei Cressida-Varianten identisch. Die Blattfeder-Hinterachse gab es nur beim Kombi.

Die Cressida-Aufpreisliste umfaßte nur drei Positionen: ein elektrisches Schiebedach (1000,-), Automatik-Getriebe (1000,-) und Metallic-Lackierung (200,-).

Der Cressida GLi-6, 1982: Toyotas Flaggschiff mit Sechszylinder-V-Motor, vier innenbelüftetetn Scheibenbremsen und Einzelradaufhängung hinten.

Toyota Cressida (1981–1984)

Nach knapp vierjähriger Bauzeit wurde die Cressida einer radikalen Verjüngungskur unterzogen. Klare Linien, größere Fensterflächen und Breitbandscheinwerfer bestimmten das Bild. Die neue Welle bestimmte auch die Gestaltung des Innenraums. Im Cockpit dominierte ein übersichtliches Armaturenbrett mit zwei großen, gut ablesbaren Rundinstrumenten. Eine ganze Batterie von Leuchtanzeigen – für defekte Rückleuchten bis zum zu Ende gehenden Scheibenwaschwasser – half bei der Widerspenstigen Zähmung. Viel Lob erntete die überaus wirkungsvolle Heiz- und Lüftungsanlage.

Der 1972 cm³ große Zweilitermotor mit obenliegender Nokkenwelle war in Deutschland bislang noch nicht in Erscheinung getreten. Der neue Langhuber bot nicht nur mehr Leistung, sondern auch mehr Drehmoment. Die angetriebene Hinterachse wurde von vier Längslenkern und einem Panhardstab geführt, was eine eindeutige Verbesserung gegenüber dem Vorgängermodell darstellte.

MODELLE, VARIANTEN, PREISE

Modellreihen:	Viertürige Stufenheck-Limousine, Kombi
Motoren:	1972 cm³ / 77 kW (105 PS) bei 5200/min 2188 cm³ / 49 kW (67 PS) Diesel bei 4200/min ab 9.81 1988 cm³ / 80 kW (109 PS) bei 5000/min ab 11.82
Ausstattung:	DX: Bandscheibenstütze für den Fahrersitz, Scheinwerfer-Waschanlage, Gepäckraumbeleuchtung, Drehzahlmesser. GL: Veloursbezüge und -teppiche, Voltmeter, Öldruckanzeige, Warnleuchte für Kühlmittel- und Waschwasservorrat, separate Leselampen im Fond, Kopfstützen hinten.
Varianten:	Cressida DX/GL – DX Diesel – GLi-6
Preise (DM):	14.695,– / 15.795,– / 15.995,– (Cressida DX / GL / Kombi DL)

Cressida-Profil 1981: klare Linien, große Fensterflächen, abgerundeter Bug.

Chronik:

1981: Modellreihe Ende Februar eingeführt, beim Händler ab April verfügbar als Limousine und Kombi (nur DL). Aufpreispflichtig sind: Automatik-Getriebe DM 1.000,–; elektrisches Schiebedach DM 1.000,–; Metallic-Lackierung DM 200,–. Ergänzung der Reihe durch Cressida DX Diesel zur IAA (20.200 Mark), ab Dezember auch mit Automatik. Zum Jahresende Diesel auch im Kombi lieferbar.

1982: Cressida GLi-6 ersetzt DX- und GL-Versionen: Sechszylinder-Einspritzmotor, einzeln angelenkte Halbachsen hinten, an Schräglenkern geführt. Transistorzündung, innenbelüftete Scheibenbremsen rundum. Seitliche Fensterrahmen schwarz. 21.840 Mark. Diesel nur noch als Kombi, Modifikationen: Unabhängige Radaufhängung hinten, Servolenkung. Gleichzeitiger Facelift beider Modelle: Kühlergrill durch Chromleisten zweigeteilt; Stoßfänger hinten reichen bis zum Radausschnitt. Anderes Raddesign.

1984: Zum Jahresende Import eingestellt.

Toyota Camry (seit 1983) Neue Besen kehren gut

Lange, fast allzulange hatte Toyota auf das klassische Konzept – Motor vorn, Antrieb hinten – gesetzt. Alle anderen japanischen Produzenten hatten den Schritt zum Frontantrieb schon vollzogen, nur der Riese aus Nagoya hatte gezögert. Der komplett neue Camry vollzog den längst fälligen Übergang zum Frontantrieb in der Mittelklasse.

Toyota Camry (1983–1986)

Glatt und ohne Schnörkel, geräumig und unauffällig, funktionell perfekt und bieder bis zur Langeweile: der Camry verkörperte die typische Familienlimousine aus Fernost.

Glanzstück des Corona-Nachfolgers war der neuentwickelte, quer eingebaute Vierzylindermotor mit Aluminiumkopf. Die fünffach gelagerte Kurbelwelle mit acht Ausgleichsgewichten war hohlgebohrt, genau wie die obenliegende Nockenwelle mit separat aufgesetzten Nocken. Die Betätigung der hängenden Ventile erfolgte über Schlepphebel. Ein hydraulischer Ventilspielausgleich machte das Nachstellen überflüssig, daher mußte der neue Camry nur noch alle 15.000 Kilomter zur Inspektion.

Toyota Cressida 2.2 Diesel 1983

Motor	
Zylinder / Bauart	4 Reihe
Bohrung × Hub	90 × 86 mm
Hubraum	2188 cm³
Leistung	49 kW / 67 PS bei 4200/min
Max. Drehmoment	130 Nm bei 2600/min
Verdichtung	21,5:1
Gemischaufbereitung	Verteiler- Einspritzpumpe
Ventile / Steuerung	2 / OHC
Batterie	12 V 70 Ah
Kraftübertragung	
Antrieb	Hinterradantrieb
Getriebe	5-Gang
Übersetzungen	I = 3,567
	II = 2,056
	III = 1,385
	IV = 1,000
	V = 0,850
	R = 4,092
Fahrwerk	
Radaufhängung vorn	McPherson-Federbeine mit Schraubenfedern, Querlenker, Stabilisator
Radaufhängung hinten	Starrachse an Längslenkern, Panhardstab, Schraubenfedern, Stabilisator, Teleskopstoßdämpfer
Lenkung	Kugelumlauflenkung mit Servounterstützung
Bremse	Bremskraftverstärker und -regler, vorn: innenbelüftete Scheibenbremsen, hinten: Trommelbremsen
Allgemeine Daten	
Gesamtmaße	4670 × 1690 × 1445 mm
Radstand	2645 mm
Spur vorne/hinten	1390/1385 mm
Felgen	5,5 J × 14
Reifen	185/70 HR 14
Leergewicht	1265 kg
Zul. Gesamtgewicht	1690 kg
Höchstgeschwindigkeit	145 km/h
0 auf 100 km/h	20,8 s
Verbrauch l/100 km	9,5 l Diesel
Tankinhalt	65 l

Zwischen Carina und Cressida positionierte Toyota die unauffälligste Neuheit des IAA-Jahres 1983: den Camry DX.

Nach dem Tercel der zweite Fronttriebler von Toyota, wahlweise auch als Liftback.

Zum Sommer 1984 wurde die Camry-Familie um die GLi-Modelle mit Zweiliter-Motor erweitert. Nicht nach Deutschland dagegen gelangte die 1983 auf der IAA vorgestellte Camry-Version mit einem aufgeladenen 1,8 Liter-Dieselmotor, der eine Leistung von 54 kW bei 4500 Umdrehungen pro Minute entwickelte.

MODELLE, VARIANTEN, PREISE

Modellreihen: Stufen- und Schrägheck-Limousine, jeweils viertürig

Motoren: 1832 cm³ / 66 kW (90 PS) bei 5200/min
1995 cm³ / 79 kW (107 PS) bei 5200/min ab 8.84
1995 cm³ / 73 kW (99 PS) Kat bei 4800/min ab 1.86

Ausstattung: Fünffach verstellbarer Fahrersitz, Econometer, Warnleuchten für nicht geschlossene Türen, Kopfstützen und Kindersicherung hinten. Liftback: Rücksitzlehnen einzeln umklappbar, Laderaumabdeckung, Heckscheibenwischer.

Toyota Camry Limousine DX 1983

Motor	
Zylinder / Bauart	4 Reihe, quer eingebaut
Bohrung × Hub	80,5 × 90 mm
Hubraum	1832 cm³
Leistung	66 kW / 90 PS bei 5200/min
Max. Drehmoment	142 Nm bei 3400/min
Verdichtung	9:1
Gemischaufbereitung	1 Fallstrom-Registervergaser
Ventile / Steuerung	2 / OHC
Batterie	12 V 60 Ah
Kraftübertragung	
Antrieb	Vorderradantrieb
Getriebe	5-Gang
Übersetzungen	I = 3,538 II = 1,960 III = 1,250 IV = 0,946 V = 0,732 R = 3,154

Fahrwerk	
Radaufhängung vorn	McPherson-Federbeine, Schraubenfedern, Stabilisator, Hydraulikstoßdämpfer
Radaufhängung hinten	McPherson-Federbeine, Doppelquer- und Längslenker, Stabilisator, Niederdruck-Gasdruckstoßdämpfer
Lenkung	Zahnstangenlenkung
Bremse	Bremskraftverstärker und -regler, vorn: innenbelüftete Scheibenbremsen, hinten: selbstnachstellende Trommelbremsen
Allgemeine Daten	
Gesamtmaße	4415 × 1690 × 1395 mm
Radstand	2600 mm
Spur vorne/hinten	1465/1420 mm
Felgen	5 J × 13
Reifen	165 SR 13
Leergewicht	1035 kg
Zul. Gesamtgewicht	1550 kg
Höchstgeschwindigkeit	175 km/h
0 auf 100 km/h	12 s
Verbrauch l/100 km	10,7 l Super
Tankinhalt	55 l

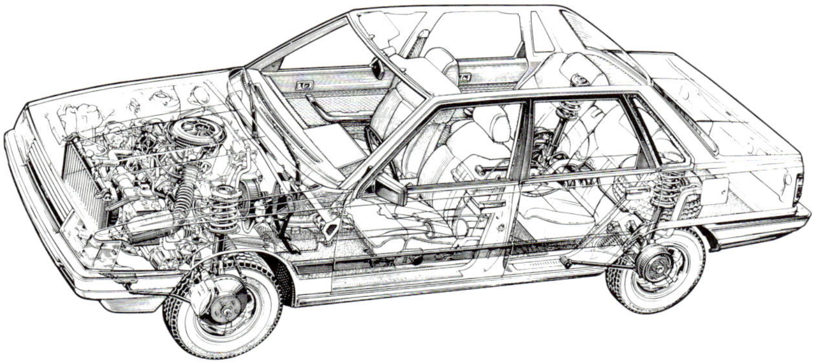

Ein Blick hinter die Kulissen: Vierzylinder-Frontmotor, quer eingebaut, McPherson-Federbeine, Schraubenfedern und Stabilisator vorn, hinten Parallelquerlenker mit Stabilisator.

Varianten: 1,8 DLX – 2,0 GLi/Super – 2,0 GLi Kat
Preise (DM): 16.990,– / 17.690,– (Limousine / Liftback)

Chronik:

1983: Einführung der neuen Modellreihe Ende Januar. Frontriebler, zwischen Carina und Cressida angesiedelt, füllt die Lücke, welche der Corona (Serie RT 104/118) hinterlassen hat. Nur eine Motorisierung verfügbar, Vierstufen-Automatik mit Overdrive (Direkt-Schaltung zur Überbrückung des Drehmoment-Wandlers im letzten Gang) nur für Limousine.

1984: Camry GLi ab August: 79 kW-Motor, bessere Ausstattung. Frontspoiler, schwarze Seitenscheibeneinfassungen, stufenlos höhenverstellbares Lenkrad, Drehzahlmesser, Digitaluhr, Check-Panel. Zwei elektrisch verstellbare Außenspiegel, Lendenwirbelstütze Fahrersitz, Veloursbezüge, neues Lenkrad. Preise: DM 21.100,– und DM 22.000,– für die Liftback-Version. Als Camry Super GLi zusätzlich mit Servolenkung, elektr. Fensterheber und Zentralverriegelung. Stoßfänger in Wagenfarbe lackiert (23.140,–, Liftback DM 900,– mehr). Geänderte Optik Grundmodell DLX: Kühlergrill mit acht Rippen, Toyota-Schriftzug aus der Mitte auf die Fahrerseite gewandert. Chromumrandete Scheinwerfer. Zweiter Außenspiegel, vollflächige Radabdeckungen, leicht modifizierte Heckleuchten.

1986: Zum Januar Import des 1,8 DLX eingestellt; Einführung des 2,0 GLi-Katalysator-Modells (DM 25.340,–/DM 26.190,– Liftback). Super-GLi-Ausstattung obligatorisch. Der neue Camry erscheint zum Jahresende.

Toyota Camry Kombi 2,0 GLi-16V 1987

Motor	
Zylinder / Bauart	4 Reihe, quer eingebaut
Bohrung × Hub	86 × 86 mm
Hubraum	1998 cm³
Leistung	89 kW / 121 PS bei 5600/min
Max. Drehmoment	176 Nm bei 4400/min
Verdichtung	9,8 : 1
Gemischaufbereitung	elektronische Kraftstoffeinspritzung(TCCS-L-Jetronik)
Abgasreinigungssystem	geregelter 3-Wege-Katalysator mit Lambda-Sonde
Ventile / Steuerung	4 / DOHC
Batterie	12 V 60 Ah
Kraftübertragung	
Antrieb	Vorderradantrieb
Getriebe	5-Gang
Übersetzungen	I = 3,285
	II = 2,041
	III = 1,322
	IV = 1,082
	V = 0,820
	R = 3,153

Fahrwerk	
Radaufhängung vorn	McPherson-Federbeine, Querlenker, Stabilisator, Gasdruckstoßdämpfer
Radaufhängung hinten	McPherson-Federbeine, Zugstreben, Stabilisator, Längslenker und Querachsträger, Gasdruckstoßdämpfer
Lenkung	Zahnstangenlenkung mit Servounterstützung
Bremse	Bremskraftverstärker und -regler, vorn: innenbelüftete Scheibenbremsen, hinten: selbstnachstellende Trommelbremsen
Allgemeine Daten	
Gesamtmaße	4520 × 1710 × 1400 mm
Radstand	2600 mm
Spur vorne/hinten	1475/1445 mm
Felgen	5,5 J × 14
Reifen	185/70 R 14
Leergewicht	1280 kg
Zul. Gesamtgewicht	1785 kg
Höchstgeschwindigkeit	185 kn/h
0 auf 100 km/h	9,7 s
Verbrauch l/100 km	8,3 l Normal, bleifrei
Tankinhalt	60 l

Toyota Camry (seit 1987)

Recht gesichtslos kam er daher, der neue Camry, ganz hübsch, aber ohne besonderen Pfiff. Der Meinung war man wohl auch bei Toyota und offerierte für den Camry umfangreiches Originalzubehör. Vom zehn Teile umfassenden Satz Schwellerleisten (Toyota-Teile-Nummer 53800–00080–83) bis zum Frontspoiler mit integrierten Nebelscheinwerfern (53854–14080–83), von den Leichtmetallfelgen (42611–14075–83) bis zur Dachreling für den Kombi (63101–74838–83) fehlte nichts, was aus dem Biedermann zumindest optisch einen Brandstifter machen konnte. Ungleich magerer fiel das technische Tuning-Angebot aus. Eine Steigerung der Motorleistung war werksseitig überhaupt nicht vorgesehen; der Einbau eines Sportfahrwerks, bestehend aus Koni-Stoßdämpfern und progressiv arbeitenden Schraubenfedern, war möglich.

Ob mit oder ohne Sportanzug, der Käufer erhielt in jedem Fall eine grundsolide und hervorragend verarbeitete Familienlimousine mit einem feinen Sechzehnventil-Motor von beeindruckender Elastizität, die vielleicht doch den einen oder anderen bewundernden Blick auf sich ziehen konnte. Damit es nur beim Hinschauen blieb, hielt das Ersatzteillager unter der Position 90981–03000–83 ein leistungsfähiges Alarmsystem bereit.

Camry GXi V6, 1988: 2,5 Liter Hubraum, vier obenliegende Nockenwellen mit kombinierten Zahnriemen-/Ritzelantrieb und vier Ventile pro Zylinder.

MODELLE, VARIANTEN, PREISE

Modellreihen: Viertürige Stufenheck-Limousine, Kombi

Motoren: 1998 cm³ / 94 kW (128 PS) 16V bei 5600/min
1998 cm³ / 89 kW (121 PS) 16V Kat bei 5600/min
1974 cm³ / 62 kW (84 PS) Diesel bei 4500/min

Bis zum Erscheinen des Lexus die nobelste Art, eine Toyota-Limousine zu fahren: Camry 2,0 GLi, seit 1988 mit Katalysator.

Camry Laguna 2,0 GLi: ein Sondermodell mit ABS-Anlage, Glas-Schiebedach, Stereo-Cassettenradio und Dekorstreifen.

	2508 cm³ / 118 kW (161 PS) Kat bei 5800/min ab 8.88
Ausstattung:	Lenkrad mit Höhen-/Neigungsverstellung und »Memory-Taste«, höhenverstellbare Sicherheitsgurte vorn, asymmetrisch umklappbare Rücksitzlehnen, Cockpitschalter für bleifrei Super-/Bleifrei Normal-Betrieb, Drehzahlmesser. Servolenkung.
Varianten:	GLi/GLi Kat – XL Turbo-D – 2.5 V6 GXi
Preise (DM):	26.490,– / 27.390,– / 26.290,– (Camry GLi / Kat / XL); 27.790,– / 28.690,– / 27.590,– (Kombi GLi / Kat / XL)

Chronik:

1987: Vorstellung der neuen Reihe zum Jahresbeginn. Stufenheck- und Kombilimousine, Mehrventil-Motoren. Benzin-Modelle GLi mit und ohne geregelten Katalysator, XL-Modelle mit Turbo-Diesel. Ab Herbst nur noch Katalysator-Versionen.

1988: Ab August Modellreihe um Sechszylinder-Limousine GXi erweitert: V6-Maschine, Scheibenbremsen hinten, ABS, Heckscheibenwischer, Stereo-Cassettengerät mit Automatikantenne, elektrisches Glasschiebedach mit Innenblende. Reifen 195/60 VR 15. Preis DM 37.440,– , mit Automatik DM 39.820,–.

1989: Camry-Sondermodell »Tour« (September): Leichtmetallfelgen, Breitreifen, elektrisches Stahlschiebedach, Dachreling, Radio-Cassettenanlage mit sechs Lautsprechern. DM 32.760,–.

1990: Zum April erscheint der Camry 2,5 V6 GXi Kombi (43.490,–): V6-Leichtmetallmotor quer zur Fahrtrichtung eingebaut, elektronisch gesteuerte Vierstufen-Automatik, A.B.S.. Optik: V6-Schriftzug, Doppelrohrauspuff.

Toyota Crown 1980

Motor	
Zylinder / Bauart	V6 Reihe
Bohrung × Hub	83 × 85 mm
Hubraum	2758 cm³
Leistung	107 kW / 145 PS bei 5000/min
Max. Drehmoment	226 Nm bei 4000/min
Verdichtung	9,2 : 1
Gemischaufbereitung	elektronische Kraftstoffeinspritzung
Ventile / Steuerung	2 / OHC
Batterie	12 V 60 Ah
Kraftübertragung	
Antrieb	Hinterradantrieb
Getriebe	5-Gang
Übersetzungen	I = 3,287 II = 2,043 III = 1,394 IV = 1,000 V = 0,853 R = 4,039

Fahrwerk	
Radaufhängung vorn	McPherson-Federbeine, Doppelquerlenker, Stabilisator
Radaufhängung hinten	Starrachse an Längslenkern, Schraubenfedern, Panhardstab, Teleskopstoßdämpfer, Stabilisator
Lenkung	Kugelumlauflenkung mit Servounterstützung
Bremse	Bremskraftverstärker, vorn: innenbelüftete Scheibenbremsen, hinten: Trommelbremsen, Bremskraftminderer
Allgemeine Daten	
Gesamtmaße	4860 × 1715 × 1430 mm
Radstand	2690 mm
Spur vorne/hinten	1430/1400 mm
Felgen	5,5 J × 14 H
Reifen	195/70 HR 14
Leergewicht	1495 kg
Zul. Gesamtgewicht	1915 kg
Höchstgeschwindigkeit	191,2 km/h
0 auf 100 km/h	10,5 s
Verbrauch l/100 km	14,9 l Super
Tankinhalt	72 l

Toyota Crown (1980–1983)
Der Luxus-Laster

Die erste Million ist immer die schwerste: Es dauerte 15 Jahre und drei Modellwechsel, bis Toyotas Krönungs-Mobil die Millionengrenze überschritt. Das war im Mai 1970, noch vor dem vierten Modellwechsel. Die Crown-Generationen vier und fünf schafften die nächste Million in fast der Hälfte der Zeit, bereits im Mai 1979 rollte der zweimillionste Wagen vom Band. Der sechste Crown wurde am 18.September 1979 gekürt und machte sich ein halbes Jahr später auf, Deutschland einen Besuch abzustatten. Er blieb drei Jahre.

Der Zweidrittel-Cadillac war ursprünglich nur für den asiatischen Binnenmarkt konzipiert worden. 143.761 Wagen verließen Toyota City 1979, rund zehn Prozent – 15.097 Stück – wurden exportiert. Der überwiegende Teil landete in Amerika. Auf den dortigen tempolimitierten Highways paßte Toyotas 4,86 m langes Flaggschiff sowohl von der Technik als auch von der Optik her am besten hin. Für die Kurvenhatz auf bundesdeutschen Schnellstraßen war der Anderthalbtonner nicht gebaut – wenngleich gut gerüstet: der neuentwickelte Reihensechszylinder mit Einspritzanlage (Lizenz Bosch L-Jetronic) bot überraschend gute Fahrleistungen bei moderatem Verbrauch.

Bei umgeklappten Rücksitzen mit 2,20 m langer Ladefläche: Crown Combi Deluxe, Dezember 1980.

Daß sich das neue Toyota-Oberhaupt auch hierzulande einiger Beliebtheit erfreute, lag zum einen an seinem sensationell günstigen Preis; zum anderen lockte der Crown mit einer schon fast unanständigen Ausstattungsfülle – wer kann schon einem beleuchteten Make-up-Spiegel im Handschuhfachdeckel widerstehen?

MODELLE, VARIANTEN, PREISE

Modellreihen: Viertürige Stufenheck-Limousine, Kombi
Motoren: 2758 cm³ / 107 kW (145 PS) bei 5000/min

Der erste japanische Versuch in der Oberklasse: der Crown 2,8Si Super Saloon, 1980. Kofferraumvolumen 600 Liter.

Ausstattung:	Veloursitze, Bandscheibenstütze Fahrersitz, Zentralverriegelung, elektrische Fensterheber, Kofferraum und Tankverschluß vom Fahrersitz aus zu öffnen, Mittelarmlehne hinten. Automatische Lichtabschaltung bei Verlassen des Wagens; herausnehmbare Abfallbox im rechten Fußraum. Si: Klimaanlage, Stereo-Cassettengerät mit Sendersuchlauf, Motorantenne.
Varianten:	Crown Super Saloon 2,8i/2,8 Si – Combi DL
Preise:	23.195,– / 26.195,– (Crown 2,8i / Si)

Chronik:

1980: Ende März vorgestellt. Erster Toyota-Sechszylinder in Deutschland. Zwei Ausstattungsvarianten, Vierstufen-Automatik (Aufpreis DM 1.300,–) mit abschaltbarem Overdrive für i und Si. Ab Dezember Erweiterung der Modellreihe um Crown Combi Deluxe (24.995,–). Ausstattung und Technik identisch; durch aufklappbare Reservesitzbank im Laderaum als Siebensitzer nutzbar.

1983: Juli: Import eingestellt; das Nachfolgemodell mit völlig neuer Karosserie (Breitbandscheinwerfer), dem Supra-Sechszylindermotor (125 kW) und neuem Fahrwerk (Schräglenkerkonstruktion statt hinterer Starrachse) wird – entgegen ursprünglicher Planungen – nicht offiziell eingeführt.

Toyota Celica (seit 1970)
Forever young

In der Toyota-Typenreihe war der Celica ursprünglich nichts anderes als die Coupé-Version des Carina. Stilistisch allerdings unterschieden sich beide grundlegend. Der japanische Carina-Ableger mit dem europäisch wirkenden Mädchennamen entwickelte sich zum Exportschlager, seit 1976 verlassen durschschnittlich 250.000 Celica pro Jahr die Werkshallen. Und ein Ende ist nicht abzusehen, zur Frankfurter IAA 1989 gab die sechste Celica-Generation ihre Visitenkarte ab.

Toyota Celica (1971–1975)

Das hübscheste, was in jenen Jahren aus Japan nach Deutschland gelangte, hieß Celica und war ein schmuckes 1,6 Liter-Coupé von 4,16 m Länge. Seine weich fließenden Linien und die voll versenkbaren Seitenfenster ohne störende B-Säule machten den Zweitürer zum Hecht im Karpfenteich der braven Jedermanns-Sportwagen.

Nicht ganz so sportlich gebärdete sich dagegen der Motor. Der Vierzylinder mit kurzem Hub, fünffach gelagerter Kurbelwelle, seitlich hochgelegter Nockenwelle und stoßstangenge-

Toyota Celica 1970

Motor	
Zylinder / Bauart	4 Reihe
Bohrung × Hub	85 × 70 mm
Hubraum	1588 cm^3
Leistung	58 kW / 79 PS bei 5800/min
Max. Drehmoment	123 Nm bei 3700/min
Verdichtung	8,5 : 1
Gemischaufbereitung	1 Fallstrom-Registervergaser
Ventile / Steuerung	2 / OHV
Batterie	12 V 35 Ah
Kraftübertragung	
Antrieb	Hypoidantrieb auf die Hinterräder
Getriebe	5-Gang
Übersetzungen	I = 3,579 II = 2,081 III = 1,397 IV = 1,000 V = 0,861 R = 4,399

Fahrwerk	
Radaufhängung vorn	McPherson-Federbeine mit Quer- und Schräglängslenkern, Stabilisator
Radaufhängung hinten	Starrachse an Längslenkern, Panhardstab, Schraubenfedern, Teleskopstoßdämpfer
Lenkung	Kugelumlauflenkung
Bremse	Bremskraftverstärker und -regler, Servounterstützung, vorn: Scheibenbremsen, hinten: Trommelbremsen
Allgemeine Daten	
Gesamtmaße	4164 × 1600 × 1310 mm
Radstand	2425 mm
Spur vorne/hinten	1280/1285 mm
Felgen	4,5 J × 13
Reifen	165 SR 13
Gewicht	960 kg
Zul. Gesamtgewicht	1350 kg
Höchstgeschwindigkeit	165 km/h
0 auf 100 km/h	13,6 s
Verbrauch l/100 km	11,0 l Super
Tankinhalt	50 l

Gleicher Radstand, gleiche Technik, gleicher Motor: der Celica 1971 unterschied sich nur durch die Karosserie vom Carina.

Kennzeichen der ersten Celica-GTs: der Bienenwaben-Kühlergrill, die Radkappen im LM-Look und das schwarze Vinyldach.

steuerten Ventilen scheute hohe Drehzahlen und bot keine überragenden Fahrleistungen. Dafür ging er mit dem kostbaren Super-Kraftstoff vergleichsweise sparsam um. Mehr Temperament entwickelte der 1973 vorgestellte Celica GT. Der 108 PS starke Sportmotor mit zwei obenliegenden Nockenwellen und zwei Solex-Doppelvergasern beschleunigte den Celica aus dem Stand in 10,9 Sekunden auf 100 km/h.

MODELLE, VARIANTEN, PREISE

Modellreihen:	Zweitüriges Coupé
Motoren:	1588 cm³ / 58 kW (79 PS) bei 5800/min
	1588 cm³ / 63 kW (86 PS) bei 5600/min ab 9.72
	1588 cm³ / 79 kW (108 PS) bei 6200/min ab 9.73
Ausstattung:	Getönte Scheiben, Liegesitze mit integrierten Kopfstützen, voll versenkbare Seitenschieben hinten; Teppichboden. Drehzahlmesser, Armstützen mit Haltegriffen, Mittelkonsole, abschließbares Handschuhfach, Zigarettenanzünder.
Varianten:	Celica LT – ST – GT
Preise (DM):	10.450,– (LT)

Chronik:

1970: Premiere auf der Tokio Motor Show, deutsche Erstvorstellung im Dezember, Auslieferungsbeginn ab Frühjahr 1971. Technik identisch mit Carina. Zuerst nur als 79 PS-Modell LT. Serienmäßig mit Fünfganggetriebe, Scheibenbremsen vorn

1972: Zum Herbst Modellreihe ergänzt um stärkeren Celica ST. Facelift: Benzineinfüllstutzen jetzt seitlich links (Fahrerseite) in der C-Säule statt im Heck. Entlüftungsschlitz-Reihe links und rechts auf der Fronthaube. Kühlergrill mit senkrechten Chromstäben; Celica-Symbol linke Grill-Seite mittig, neuer Schriftzug rechts oben neben Fernlicht. Heckleuchteneinheit unterteilt, heizbare Heckscheibe. Begrenzungsleuchten nicht mehr unterhalb der Stoßstange angesiedelt.

1973: Im September Modellreihe durch GT erweitert (14.450,–). 108 PS-Triebwerk, schwarzer Kühlergrill im Wabenmuster. Radläufe mit Chromzierleisten eingefaßt, Armaturenbrett vinylbezogen, nicht mehr im Holzdekor. Schwarzes Lenkrad, Radkappen im Leichtmetallfelgen-Design. In der Schweiz: Vinyldach, Mittelwellenradio und Seitendekor serienmäßig.

1974: Entlüftungsblende der C-Säule aus drei Teilen (Januar).

1976: Ablösung zum Jahresbeginn.

Toyota Celica (1976–1978)

Selten ging ein Modellwechsel unbemerkter vonstatten. Der neue war dem alten Celica wie aus dem Gesicht geschnitten, nur wenn beide nebeneinanderstanden, ließen sich die wesentlichen Unterschiede feststellen. Der TA 2 (ab September ’76 TA 23) war 8 cm länger und 20 Millimeter breiter als sein Vorgänger; die Spurweite wurde um 50 mm und der Radstand um 70 mm vergrößert. Die Motorleistung sank um vier auf versicherungsgünstige 75 PS. In der Optik blieb alles beim alten, lediglich die vorderen Blinker wanderten in die massiven Chromstoßfänger.

Die Liftback-Version des Celica wurde hierzulande erst im April 1976 eingeführt. Die überaus gelungenen Fließheck-Variante mit Heckklappe erinnerte an die frühen Ford Mustang-Modelle und wurde bereits seit 1974 in der Schweiz angeboten.

Selten ging ein Modellwechsel unauffälliger vonstatten: Celica LT, 1976.

Erstklassig verarbeitet, perfektes Cockpit, aber mangelhafter Federungskomfort und schlechte Übersichtlichkeit: Celica Liftback GT mit großer Heckklappe.

MODELLE, VARIANTEN, PREISE

Modellreihen:	Coupé, Schrägheck-Coupé, Liftback mit Heckklappe
Motoren:	1588 cm³ / 55 kW (75 PS) bei 5400/min 1588 cm³ / 63 kW (86 PS) bei 5600/min 1588 cm³ / 86 kW (108 PS) bei 6200/min 1968 cm³ / 88,5 kW (120 PS) bei 5800/min ab 11.76
Ausstattung:	LT: Tageskilometerzähler, Drehzahlmesser, Dreistufen-Gebläse, Innenzirkulation, getönte Scheiben. ST: Fünfgang-Getriebe, Zeituhr, Öldruckmesser, Amperemeter, Warnleuchte in den Türen. GT: Verbundglas-Frontscheibe, Vierspeichen-Lenkrad, Motorraum-Handleuchte, Breitreifen 185/70 HR 14 auf Felgen 5 J×13. Sperrdifferential.
Varianten:	Celica LT – ST – GT
Preise (DM):	11.990,– / 12.790,– / 14.990,– (LT / ST / GT)

Toyota Celica GT 2000 Liftback 1976

Motor	
Zylinder / Bauart	4 Reihe
Bohrung × Hub	88,5×80 mm
Hubraum	1968 cm³
Leistung	88,5 kW / 120 PS bei 5800/min
Max. Drehmoment	118 Nm bei 4000/min
Verdichtung	9,7:1
Gemischaufbereitung	2 Doppel-Horizontalvergaser Mikuni-Solex
Ventile / Steuerung	2 / OHC
Batterie	12 V 60 Ah
Kraftübertragung	
Antrieb	Hypoidantrieb auf die Hinterräder
Getriebe	5-Gang
Übersetzungen	I = 3,587 II = 2,022 III = 1,384 IV = 1,000 V = 0,861 R = 3,484

Fahrwerk	
Radaufhängung vorn	McPherson-Federbeine mit Querlenkern und Stabilisator
Radaufhängung hinten	Starrachse an Schraubenfedern, Längslenkern, Panhardstab, Teleskopstoßdämpfer
Lenkung	Kugelumlauflenkung
Bremse	Bremskraftverstärker und -regler, Servounterstützung, vorn: Scheibenbremsen, hinten: Trommelbremsen
Allgemeine Daten	
Gesamtmaße	4260×1620×1310 mm
Radstand	2495 mm
Spur vorne/hinten	1355/1315 mm
Felgen	5,5 J×14
Reifen	185/70 HR 14
Gewicht	1045 kg
Zul. Gesamtgewicht	1310 kg
Höchstgeschwindigkeit	195,8 km/h
0 auf 100 km/h	10,6 s
Verbrauch l/100 km	12,6 l Super
Tankinhalt	58 l

Halogen-Scheinwerfer gab es nur gegen Aufpreis.

Neues Karosseriestyling mit europäischen Akzenten: Toyota Celica, Modell 1978.

Chronik:

1976: Modellwechsel unter Beibehaltung der Technik und Optik; Haubenhutze, Entlüftungsöffnungen auf der Haube entfallen. Begrenzungsleuchten oben, neben den Scheinwerfern. Kühlergrill überarbeitet, größerer Rückspiegel. Neugestaltete Schriftzüge. Alle drei Leistungsstufen lieferbar, Coupé LT (Vierganggetriebe) nur noch 75 PS.
Im April Liftback-Version vorgestellt, DM 13.790,–. Vorderwagen unverändert, Heckpartie wie Ford Mustang. Große Heckklappe, dreigeteilte Rückleuchten. Seitliche Entlüftungsblenden. Abschließbare Tankklappe in Kotflügel hinten rechts. Gepäckraumabdeckung, umklappbare Rücksitzlehne, Koffer-Haltegurte, Stoffsitze. Kartenleselampe; Heckscheibenwischer gegen Aufpreis (DM 142,50). Motorisiert wie Celica ST-Coupé mit 86 PS.
Zum Spätjahr Programmerweiterung durch Celica Liftback 2000 GT, Preis 18.490,–. Kühlergrill und Technik wie GT Coupé, Zierstreifen. Zweiliter-Vierzylinder mit 88,5 kW/120 PS.

1978: Einführung des Nachfolgers im Mai.

Toyota Celica (1978–1982)

Auch die TA40-Baureihe, im Mai 1978 eingeführt, basierte auf dem Carina, wirkte aber ungleich attraktiver. Kenner halten sie für die schönste Celica-Reihe überhaupt. Nichtsdestotrotz erschien bereits zweieinhalb Jahre später eine modifizierte Version mit Rechteck-Doppelscheinwerfern.
Revolutionär gewandelt hatte sich nur die Außenhaut, der Pressetext verhieß »einen 9 cm breiteren Innenraum«, »4 cm mehr Kopffreiheit über den Vordersitzen« und ein um 30 Prozent vergrößertes Coupé-Gepäckabteil. Die Rücksitze allerdings blieben das, was sie schon vorher waren: eine Zumutung, zugelassen für drei Personen.
Die exklusivste Art, Celica zu fahren, bot das Celica-Cabriolet, hierzulande von der Crailsheimer Firma Tropic gefertigt. Neben einem nur wenig verwindungssteifen Vollcabrio auf Coupé-Basis (zirka 50 Stück gebaut) entstand der »Sunchaser«, ein Targa-Cabriolet mit herausnehmbarem Dachmittelteil, breitem Überrollbügel und hinterem Faltverdeck (zwischen 130 und 150 mal gebaut). Am beliebtesten war die in einer Auflage von rund 250 Stück hergestellte Liftback-Version mit Targa-Dach. Zwischen 6.800 (Sunchaser) und 8.230 Mark (Vollcabrio) mußten für einen Umbau angelegt werden.

MODELLE, VARIANTEN, PREISE

Modellreihen:	Coupé, Liftback mit Heckklappe
Motoren:	1588 cm³ / 55 kW (75 PS) bei 5200/min
	1588 cm³ / 66 kW (90 PS) bei 5000/min
	1588 cm³ / 80 kW (108 PS) bei 6200/min
	1967 cm³ / 90 kW (123 PS) bei 5800/min
	1968 cm³ / 65 kW (89 PS) bei 5000/min ab 11.78
	1588 cm³ / 63 kW (86 PS) bei 5400/min ab 1.80
	1588 cm³ / 81 kW (110 PS) bei 6200/min ab 1.80
Ausstattung:	LT: Liegesitze mit verstellbarer Kopfstütze, Teppichboden, Ausstellfenster hinten, abschließbarer Tankdeckel, getönte Scheiben. ST: Fünfganggetriebe, Verbundglasscheibe, Tageskilometerzähler, Öldruckmesser, beleuchteter Zigarettenanzünder, abblendbarer Innenspiegel. GT: Sperrdifferential, Quarzuhr, Bandscheibenstütze,
Varianten:	Coupé LT – ST – GT – 2000 XT
Preise (DM):	13.100,– / 13.990,– / 16.290 (LT / ST / GT); 14.590,– / 18.890,– (Liftback ST / GT)

Variabler Innenraum durch geteilt umlegbare Rücksitze: Celica Liftback 2000 GT, mit 123 PS das Top-Modell der Reihe.

Rechteck- statt Rundscheinwerfer, flachere Motorhaube, Schmutzfänger und geänderte Mittelkonsole für das Modelljahr 1980.

Chronik:

1978: Nachfolgemodell im März eingeführt, Erstvorstellung in Japan im August 1977. Zwei Karosserievarianten, drei Ausstattungsstufen in Deutschland. Ab April Velourspolster auch für GT (vorher ausschließlich Kunstleder). Im November Modell XT 2000 Liftback (RA40) mit Zweiliter-65-kW-Triebwerk. Velourspolster, GT-Fahrersitz mit Bandscheibenstütze und Sitzhöhenverstellung. Umlaufende Schutzleiste, DM 16.595,–.

1980: Überarbeitete Modellreihe ab Januar: Halogenrechteck- statt Rundscheinwerfer, Motorhaube flacher, dezenter Frontspoiler, zweiter Spiegel. Größere Rückleuchteneinheit (Rückfahrscheinwerfer mittig). Schmutzfänger an allen vier Rädern (außer LT), Gummischutzleisten rundum. XT-Variante auf Breitreifen 185/70 HR 14. Geänderte Mittelkonsole mit verschließbarer Box zwischen den Sitzen, höhenverstellbarer Fahrersitz. Ab ST höhenverstellbare Lenksäule, Fußstütze links neben Kupplungspedal, von innen verstellbarer Fahrerspiegel.

Toyota Celica GT 1978

Motor	
Zylinder / Bauart	4 Reihe
Bohrung × Hub	85 × 70 mm
Hubraum	1588 cm³
Leistung	80 kW / 108 PS bei 6200/min
Max. Drehmoment	126 Nm bei 5200/min
Verdichtung	9,8 : 1
Gemischaufbereitung	2 Flachstromvergaser Solex
Ventile / Steuerung	2 / DOHC
Batterie	12 V 60 Ah
Kraftübertragung	
Antrieb	Hinterradantrieb
Getriebe	5-Gang
Übersetzungen	I = 3,587
	II = 2,022
	III = 1,384
	IV = 1,000
	V = 0,861
	R = 3,484

Fahrwerk	
Radaufhängung vorn	McPherson-Federbeine mit Schraubenfedern, Quer- und Schräglenkern, Stabilisator
Radaufhängung hinten	Starrachse an Schraubenfedern, Längslenkern und Panhardstab, Stabilisator, Teleskopstoßdämpfer
Lenkung	Kugelumlauflenkung
Bremse	Bremkrafverstärker und -regler, vorn: Scheibenbremsen, hinten: Trommelbremsen
Allgemeine Daten	
Gesamtmaße	4330 × 1640 × 1325 mm
Radstand	2500 mm
Spur vorne/hinten	1350/1365 mm
Felgen	5,5 J × 14
Reifen	185/70 HR 14
Gewicht	1100 kg
Zul. Gesamtgewicht	1530 kg
Höchstgeschwindigkeit	180 km/h
0 auf 100 km/h	11 s
Verbrauch l/100 km	13 l Super
Tankinhalt	61 l

Mit Erstzulassung 1.4.1982 einer der letzten Tropic-Sonnenjäger. Die Felgen sind Toyota-Originalzubehör.

Celica Tropic »Sunchaser«: das Dachmittelteil wird im Kofferraum verstaut, das hintere Verdeck läßt sich flach auf die Hutablage legen.

XT- und GT: Kartentasche in den Türen, Intervallschaltung für Innenbeleuchtung. Insgesamt acht Varianten lieferbar (davon zwei mit Automatikgetriebe), Preise von 13.395,– (Coupé LT) bis 19.295,– (Liftback 2000 GT). Geringfügig geänderte Motorleistung bei 1,6 ST und GT. Gewinn der Deutschen Rallye-Meisterschaft durch Achim Warmbold auf Celica GT (236 Punkte) vor Opel Ascona 400 (231 Punkte) und Mercedes-Benz 450 SLC 5.0 (196 Punkte)

1982: Ab Februar neue Modellreihe (TA60/RA61/RA63).

Toyota Celica (1982–1985)

Der Modellwechsel zum Jahresanfang 1982 hätte radikaler nicht sein können. Keilförmig, mit weit herabgezogener Bugpartie und den um 45 Grad nach vorn klappbaren Scheinwerfern machte der neue Sportler eine ausgesprochen gute Figur. Der Fortschritt steckte auch unter dem Blech: Entweder wurde die Technik verbessert (ST-Modelle) oder völlig neu konzipiert (XT und GT). Die stärkeren XT- und GT-Modelle erhielten Einzelradaufhängung rundum und innenbelüftete Scheibenbremsen; beim Grundmodell ST ließ ein Zahnstangen-Lenkge-

Toyotas »Linie der Zukunft« in Serie: Celica Coupé 2000 GT, 1982.

85 mm mehr Kopffreiheit und 20 mm mehr Beinraum vorn im Liftback 2000 XT.

Modell 1984: Voll versenkbare Scheinwerfer und neue Frontansicht. Das Coupé GT erhält den 124 PS-16V-Motor des neuen Corolla GT.

triebe die wenig zielgenaue Kugelumlauflenkung der Vorgänger vergessen. Außerdem stattete man den bewährten 1,6 Liter-Motor mit einem neuen Zylinderkopf und kontaktloser Transistor-Zündanlage aus. Beim XT-Modell kam der 77 kW/ 105 PS-Vierzylinder aus dem Cressida zum Einsatz. Spitzenmodell der TA/RA 60-Reihe wurde der Sechszylinder Celica Supra 2,8i, der nur als Liftback nach Deutschland kam.

MODELLE, VARIANTEN, PREISE

Modellreihen: Coupé, Liftback mit Heckklappe

Motoren: 1588 cm^3 / 63 kW (86 PS) bei 5400/min
1972 cm^3 / 77 kW (105 PS) bei 5000/min
1968 cm^3 / 88 kW (120 PS) bei 5800/min
2759 cm^3 / 125 kW (170 PS) bei 5600/min
ab 5.82
1576 cm^3 / 91 KW (124 PS) 16V bei 6600/min
ab 11.83

Ausstattung: ST: Zwei von innen verstellbare Außenspiegel, Sitzhöhenverstellung, verstellbare Lenksäule. XT: einzeln umklappbare Rücksitze, Teppichboden Kofferraum, Gepäckraumabdeckung, Kofferraumbeleuchtung. GT: Bandscheibenstütze, umklappbare Rücksitze mit Durchlademöglichkeit zum Kofferraum. Tankverschluß von innen zu öffnen.

Varianten: 1600 ST – 2000 GT – 2000 XT – GT 16V – Celica Supra 2,8i

Preise: 16.590,– / 22.390,– (Coupé ST / GT);
17.590,– / 19.490,– (Liftback ST / XT)

Der Würzburger Umbau-Spezialist Schwan verwandelte für 7.300 Mark Celica-Coupés in Cabriolets.

Der sportlichste Toyota: das Sechszylinder-Liftback-Coupé Celica Supra 2,8i, 1982.

Celica Supra, Modelljahr 1984: Breitreifen, Alufelgen und Frontschürze in Wagenfarbe.

Chronik:

1982: Ab Februar neue Modellreihe. Coupé als ST und GT, Liftback als ST und XT. Vollständig neue Karosserien, verbesserte Technik. Günstiger C_W-Wert von 0,34 (Liftback) bzw 0,36 (Coupé). Innenraum um 95 mm länger, 15 mm breiter; 85 mm mehr Kopffreiheit. ST- und GT- mit bekannten Motoren, XT-Triebwerk neu in der Reihe. Nur Liftback XT mit Automatik lieferbar (20.990,–).

1983: Umfangreiche Verbesserungen, ab Ende November lieferbar. Besonders markant: voll versenkbare Klappscheinwerfer. Celica GT-Coupé mit 16V-Motor aus Mai: Vorstellung des Spitzenmodells Liftback Supra 2,8i mit kennfeldgesteuertem Sechszylindermotor, längerem Vorderwagen und voll versenkbaren Klappscheinwerfern. Ausgestattet mit Servolenkung, elektrischen Fensterhebern, Leichtmetallfelgen, Preis 29.990,–.

Toyota Celica Liftback 2000 XT 1982

Motor	
Zylinder / Bauart	4 Reihe
Bohrung × Hub	84 × 89 mm
Hubraum	1972 cm^3
Leistung	77 kW / 105 PS bei 5000/min
Max. Drehmoment	157 Nm bei 4000/min
Verdichtung	9:1
Gemischaufbereitung	1 Doppelregister-Fallstromvergaser
Ventile / Steuerung	2 / OHC
Batterie	12 V 60 Ah
Kraftübertragung	
Antrieb	Hypoidantrieb auf die Hinterräder
Getriebe	5-Gang
Übersetzungen	I = 3,567
	II = 2,056
	III = 1,385
	IV = 1,000
	V = 0,850
	R = 4,092

Fahrwerk	
Radaufhängung vorn	McPherson-Federbeine mit Schraubenfedern, Querlenkern, Stabilisator
Radaufhängung hinten	Einzelradaufhängung an Schräglenkern, Schraubenfedern, Stabilisator, Teleskopstoßdämpfer
Lenkung	Zahnstangenlenkung
Bremse	Bremskraftverstärker und -regler, vorn: innenbelüftete Scheibenbremsen, hinten: Trommelbremsen
Allgemeine Daten	
Gesamtmaße	4450 × 1665 × 1320 mm
Radstand	2500 mm
Spur vorne/hinten	1395/1385 mm
Felgen	5,5 J × 14
Reifen	185/70 HR 14
Gewicht	1175 kg
Zul. Gesamtgewicht	1575 kg
Höchstgeschwindigkeit	181,8 km/h
0 auf 100 km/h	11,6 s
Verbrauch l/100 km	12,5 l Super
Tankinhalt	61 l

Corolla Coupé GT ausgerüstet, Ausstattung durch Sportsitze und einzeln umklappbare Rücksitzlehnen erweitert (24.490,–). Supra '84 rollt auf 6 Zoll-Aluminiumfelgen und Goodyear-Reifen der Größe 205/60; Digital-Armaturen. Ab sofort auch mit elektronisch gesteuerter Vier-Stufen-Automatik mit Overdrive (ECT) lieferbar. Option: Kotflügelverbreiterungen und Pirelli-Breitreifen 225/60 auf 7 Zoll-LM-Felgen

1985: Celica mit Frontantrieb angeboten (September). Ab diesem Zeitpunkt Supra als eigenständige Modellreihe geführt (bis 9.86 in dieser Form weitergebaut).

Toyota Celica (1985–1989)

Es dauerte immerhin fünfzehn Jahre, um aus dem Carina-Derivat Celica einen echten Sportwagen zu machen. Mit der fünften Generation war das Ziel nun endlich erreicht. Wichtigstes Merkmal war die Umstellung auf Frontantrieb. Im Grundmodell, dem Celica 1,6 GT saß der 16ventilige Vierzylinder des Vorgängers unter der Haube, nunmehr quer eingebaut. Die Aufbaustufe 2,0 GT erhielt den brandneuen Zweiliter-Vierventiler mit 150 PS.

Jetzt konnte auch das Fahrverhalten überzeugen. Stabiler Geradeauslauf bei hohen Geschwindigkeiten – und der 2,0 ging immerhin 211 km/h –, gut kontrollierbares Untersteuern in der Kurve und »ein für Sportwagenverhältnisse bemerkenswert guter Federungskomfort« »ams« gehörten zu den erfreulichsten Verbesserungen gegenüber der alten Garde. Da ließ sich dann schon eher verzeihen, daß der neue Celica nicht das war, was die Pressemappe versprach: Deutschen Käufern wurde die Liftback-Version als Coupé verkauft. Das echte Coupé kam erst 1987 hierher und mußte für den Umbau zum Celica-Cabriolet herhalten.

Targa-Cabriolet auf Liftback-Basis, Hersteller Schwan, Würzburg. Die Umbaukosten liegen bei 6.140 Mark.

MODELLE, VARIANTEN, PREISE

Modellreihen: 2+2 Schrägheck-Coupé

Motoren: 1588 cm³ / 91 kW (124 PS) 16V bei 6600/min
1998 cm³ / 110 kW (150 PS) 16V bei 6400/min
1998 cm³ / 103 kW (140 PS) 16V Kat bei 6000/min
1588 cm³ / 85 kW (116 PS) 16V Kat bei 6600/min ab 9.87

Toyota Celica 2,0 GT: nach dem Modellwechsel nur noch als Liftback-Modell mit großer Heckklappe.

Entwickelt von Schwan, gebaut von Voll, vertrieben von Toyota: Celica Cabriolet. Als Basis diente das hierzulande nicht angebotene Celica Coupé.

	1998 cm³ / 136 kW (185 PS) 16V Turbo Kat bei 6000/min ab 9.87
Ausstattung:	Sechsfach verstellbarer Fahrersitz, getönte Scheiben, Fernentriegelung für Gepäckraum- und Tankklappe, Rücksitzlehnen umklappbar, elektr. Außenspiegel. 2,0 GT: Fahrersitz mit elektrisch verstellb. Seitenstützen. Zentralverriegelung, elektr. Fensterheber, Außenspiegel beheizbar. Reifen 195/60 VR 14; Servolenkung, Scheibenbremsen hinten.
Varianten:	1,6 GT – 2,0 GT – 2,0 GT Turbo 4×4 – 2,0 GT Cabrio
Preise (DM):	28.840,– / 33.190,– / 34.490,– (1,6 / 2,0 / 2,0 Kat)

Chronik:

1985: Celica mit Frontantrieb eingeführt (September). Nur Liftback-Variante, als 1,6 und 2,0 GT mit kennfeldgesteuerter Zündanlage, EFI-Kraftstoffeinspritzung. 2,0 GT auch mit geregeltem Katalysator erhältlich.

1987: Celica-Cabrios ab April: gebaut von der Würzburger Karosseriefabrik Voll. Gute Verwindungsstabilität, kompliziert zu bedienendes Verdeck, Stereo-Cassettengerät. Ausschließlich 2,0 GT mit und ohne Kat; Preise 42.350 bzw. 46.200 Mark. Rund 2000 Stück gebaut.
Zur IAA dezenter Facelift. Front mit vier schwarzen Lamellen, Toyota-Schriftzug mittig. Spiegel in Wagenfarbe lackiert, ebenso wie das Kennzeichenfeld am Heck (vorher schwarz). Neue Leichtmetallfelgen, nicht

Allradantrieb, Turbolader und 185 PS Leistung als Ausgangspunkt für ein neues Toyota-Rallyegerät: Celica 2,0 GT 4WD, 1987.

mehr sternförmig; anderes Dreispeichenlenkrad.
Neue Modelle im September: Celica 1,6 GT jetzt auch mit Kat (31.560,–) und GT 2,0 Turbo Allrad-Kat (51.850,–): Permanenter Allradantrieb mit Zentraldifferential und Sperre, Turbolader mit Wasserkühlung und Ladeluftkühler, ABS. Breitreifen 205/60 VR 14; elektr. Schiebedach, Stereo-Cassettenradio und vier Lautsprecher Serie. Fahrzeug um 15 mm länger als Basis, Spurweite hinten 10 mm breiter.

1988: Modellreihe gestrafft, ab März ausschließlich Modelle mit geregeltem Katalysator im Programm.

1989: Europa-Premiere für den zweiten Celica mit Frontantrieb zur IAA im September.

Untrügliches Erkennungszeichen des Turbo-Celicas: die auffällige Lufthutze auf der Haube.

Toyota Celica (seit 1990)

Evolution statt Revolution, unter diesem Motto stand die Entwicklung der sechsten Celica-Generation. Unter der völlig neu konfektionierten Karosserie steckte das bewährte Frontantriebs-Fahrwerk mit einzeln aufgehängten Querlenkern an der Vorderachse und doppelten Querlenkern mit Längszugstreben hinten.

Das gleiche Fahrwerk-Layout wurde für die Neuauflage etwas aufpoliert; sensibler ansprechende Schraubenfedern hier, bessere Gasdruckstoßdämpfer da, neu gelagerte Querlenker dort sollten mehr Sicherheit und Fahrkomfort bringen. Die nachhaltigste Änderung fand unter der Haube des Celica 1,6 statt. Der schwächste Celica erhielt einen neuen Vierzylinder-Sechzehnventiler mit 105 PS – werksinterne Bezeichnung 4A-FE –, der auch im Corolla Tercel für Vorschub sorgte.

Toyota Celica 2.0 GT Kat 1987

Motor	
Zylinder / Bauart	4 Reihe, quer eingebaut
Bohrung × Hub	86 × 86 mm
Hubraum	1998 cm³
Leistung	103 kW / 140 PS bei 6000/min
Max. Drehmoment	175 Nm bei 4800/min
Verdichtung	9,2:1
Gemischaufbereitung	elektronische Kraftstoffeinspritzung (TCCS-System L-Jetronic)
Abgasreinigungssystem	geregelter 3-Wege-Katalysator mit Lambda-Sonde
Ventile / Steuerung	4 / DOHC
Batterie	12 V 60 Ah
Kraftübertragung	
Antrieb	Vorderradantrieb
Getriebe	5-Gang
Übersetzungen	I = 3,285 II = 2,041 III = 1,322 IV = 1,028 V = 0,820 R = 3,153
Fahrwerk	
Radaufhängung vorn	McPherson-Federbeine mit Dreiecksquerlenkern, Gasdruckstoßdämpfer, Stabilisator
Radaufhängung hinten	McPherson-Federbeine, Doppelquerlenker, Längszugstrebe, Stabilisator, Gasdruckstoßdämpfer
Lenkung	Zahnstangenlenkung
Bremse	Bremskraftverstärker und -regler, vorn: innenbelüftete Scheibenbremsen, hinten: Scheibenbremsen
Allgemeine Daten	
Gesamtmaße	4365 × 1710 × 1290 mm
Radstand	2525 mm
Spur vorne/hinten	1465/1430 mm
Felgen	6 J × 14
Reifen	195/60 VR 14
Gewicht	1161 kg
Zul. Gesamtgewicht	1620 kg
Höchstgeschwindigkeit	212 km/h
0 auf 100 km/h	8,8 s
Verbrauch l/100 km	8,3 l Normal, bleifrei
Tankinhalt	60 l

Permanenter Allradantrieb, ABS und 16V-Turbomotor mit Ladeluftkühlung: Celica GT 2,0 Turbo 4×4.

Toyota Celica Turbo 4 WD 1990

Motor

Zylinder / Bauart	4 Reihe, quer eingebaut
Bohrung × Hub	86 × 86 mm
Hubraum	1998 cm³
Leistung	150 kW / 204 PS bei 6000/min
Max. Drehmoment	275 Nm bei 3200/min
Verdichtung	8,8:1
Gemischaufbereitung	elektronische Kraftstoffeinspritzung EFI-L-Jetronik, Turbolader mit Ladeluftkühlung
Abgasreinigungssystem	geregelter 3-Wege-Katalysator mit Lambdasonde
Ventile / Steuerung	4 / DOHC
Batterie	12 V 60 Ah

Kraftübertragung

Antrieb	permanenter Allradantrieb mit Zwischendifferential und Visco-Kupplung, Torsen-Sperre an der Hinterachse
Getriebe	5-Gang
Übersetzungen	I = 3,583
	II = 2,045
	III = 1,333
	IV = 0,972
	V = 0,731
	R = 3,545

Fahrwerk

Radaufhängung vorn	McPherson-Federbeine mit Querlenker, Stabilisator, Gasdruckstoßdämpfer
Radaufhängung hinten	McPherson-Federbeine mit Doppelquerlenkern, Längszugstreben, Stabilisator, Gasdruckstoßdämpfer
Lenkung	Zahnstangenlenkung, servounterstützt
Bremse	Bremskraftverstärker und -regler, ABS, vorn und hinten innenbelüftete Scheibenbremsen

Allgemeine Daten

Gesamtmaße	4430 × 1745 × 1300 mm
Radstand	2525 mm
Spur vorne/hinten	1475/1440 mm
Felgen	6,5 JJ × 15
Reifen	215/50 R 15
Gewicht	1525 kg
Zul. Gesamtgewicht	1890 kg
Höchstgeschwindigkeit	230 km/h
0 auf 100 km/h	6,9 s
Verbrauch l/100 km	9,2 l Super, bleifrei
Tankinhalt	68 l

MODELLE, VARIANTEN, PREISE

Modellreihen:	Schrägheck-Coupé
Motoren:	1998 cm³ / 115 kW (156 PS) 16V Kat bei 6600/min 1998 cm³ / 150 kW (204 PS) 16 V Turbo Kat bei 6000/min 1587 cm³ / 77 kW (105 PS) 16V Kat bei 5600/min ab 9.90
Ausstattung:	Sportsitze, elektrisch verstellbare Außenspiegel, elektr. Fensterheber, Zentralverriegelung. Geteilt umlegbare Rücksitzlehnen; heizbare Heckscheibe, Heckscheibenwischer mit Intervallschaltung. ABS, Servolenkung. Turbo: Permanenter Allradantrieb, Scheinwerfer-Waschanlage, Lederlenkrad, Stereo-Cassettenradio. Koppelung Zündschloß-Lenkradhöhenverstellung (wenn der Zündschlüssel gezogen, schwenkt das Lenkrad automatisch in höchste Position.)
Varianten:	GT 1,6 – 2,0 GT-i 16 – Turbo 4×4
Preise (DM):	40.600,– / 55.880,– (GTi-16 / Turbo 4×4)

Chronik:

1990: Auslieferungsbeginn im März, erhältlich in zwei Leistungsstufen als GT 2,0 und GT 2,0 Turbo 4×4. Völlig neue Karosserie, Technik im Prinzip vom Vorgänger übernommen und verfeinert. Innenraum und Cockpit neu. Turbo mit Lufthutze auf der Haube und verripptem Lufteinlaß unter der Stoßstange. Leergewicht 4WD 1410 kg (250 kg mehr als GT-i 16); Gepäckraumvolumen 217 Liter (GT: 319 l). Extras (GT): Heckspoiler DM 313,–; Sonderfarbe schwarz DM 450,–; elektrisches Schiebedach DM 1.400,–. Ab Herbst Celica 1,6 lieferbar. Motor des Corolla Tercel XLi – 1,6 Liter, 77 kW.

Celica '90: Konsequent auf Aerodynamik getrimmt.

Toyota Supra (seit 1986)
Die Kraft und die Herrlichkeit

Supra 3,0i Turbo: mit modifizierter Frontpartie im Modelljahr 1989.

Die Supra-Wurzeln reichen weit zurück. Bereits zu Zeiten des seligen Celica TA40 gab es eine nur Japan vorbehaltene Top-Version mit längerem Vorderwagen und 2,6 Liter-Sechzylindermotor mit 140 PS. Aus diesem »XX« genannten Modell wurde dann beim nächsten Modellwechsel der Celica Supra. In der neuesten Ausgabe tauchte überhaupt kein Hinweis mehr auf die Altvorderen auf, übrigens vollkommen zurecht: Zu dem ursprünglichen Vierzylindermodell bestand praktisch keine Verbindung mehr.

Der stärkste und teuerste Toyota im deutschen Angebot unterschied sich wesentlich von seinem Vorgänger. Die Länge blieb mit 4620 mm unverändert, die Breite nahm um 60 mm zu, der Radstand dagegen wurde von 2615 auf 2595 mm verkürzt. Formal machte der Neuling mit dem markanten Heckspoiler, der langen flachen Haube, den wuchernden Seitenschwellern und den Kotflügelverbreiterungen einen ausgesprochen dynamischen Eindruck. Der Supra-Motor mit dem Entwicklungscode 7M-GE basierte auf dem Vollaluminium-Sechszylindertriebwerk, das auch den ersten Supra beflügelt hatte. Eine langhubigere Kurbelwelle, ein neuentwickelter Vierventil-Zylinderkopf und ein aufwendiges elektronisches Motormanagement mit Schubabschaltung und Ansaugluft-Steuerung steigerte die Leistung des DOHC-Aggregats auf 204 PS. Damit beschleunigte der 1.590 Kilogramm schwere Wagen in 8,6 Sekunden von 0 auf 100 km/h und erreichte eine Höchstgeschwindigkeit von 220 Stundenkilometern.

Toyota Celica Supra 2.8i 1982

Motor	
Zylinder / Bauart	V6 Reihe
Bohrung × Hub	83 × 85 mm
Hubraum	2759 cm³
Leistung	125 kW / 170 PS bei 5600/min
Max. Drehmoment	230 Nm bei 4600/min
Verdichtung	9,2 : 1
Gemischaufbereitung	elektronische Benzineinspritzanlage Nippon Denso EFI, Oxygensensor, temperaturabhängige Kaltstart-einspritzung
Ventile / Steuerung	4 / DOHC
Batterie	12 V 60 Ah
Kraftübertragung	
Antrieb	Hinterradantrieb
Getriebe	5-Gang
Übersetzungen	I = 3,286
	II = 1,849
	III = 1,276
	IV = 1,000
	V = 0,861
	R = 3,769
Fahrwerk	
Radaufhängung vorn	McPherson-Federbeine mit Schraubenfedern, Querlenker, Stabilisator
Radaufhängung hinten	Einzelradaufhängung an Schräglenkern, Schraubenfedern, Stabilisator, Gasdruckstoßdämpfer
Lenkung	Zahnstangenlenkung mit Servounterstützung
Bremse	Bremskraftverstärker und -regler, vorn und hinten innenbelüftete Scheibenbremsen
Allgemeine Daten	
Gesamtmaße	4620 × 1685 × 1315 mm
Radstand	2615 mm
Spur vorne/hinten	1425/1385 mm
Felgen	5,5 J × 14
Reifen	195/70 VR 14
Gewicht	1280 kg
Zul. Gesamtgewicht	1700 kg
Höchstgeschwindigkeit	210 km/h
0 auf 100 km/h	9,3 s
Verbrauch l/100 km	14,4 l Super
Tankinhalt	61 l

Zusammen mit den Concept Cars FXV und AXV war der neue Supra der Star des Toyota-Messestandes in Genf 1986.

Toyota Supra 3.0 i Turbo 1989

Motor

Zylinder / Bauart	V6 Reihe
Bohrung × Hub	83 × 91 mm
Hubraum	2954 cm³
Leistung	173 kW / 235 PS bei 5600/min
Max. Drehmoment	344 Nm bei 3200/min
Verdichtung	8,4 : 1
Gemischaufbereitung	Turbolader mit Ladeluftkühler, Luftmengenmessung, elektronische Kraftstoffeinspritzung (TCCS)
Abgasreinigungssystem	geregelter 3-Wege-Katalysator mit Lambda-Sonde
Ventile / Steuerung	4 / DOHC
Batterie	12 V 70 Ah

Kraftübertragung

Antrieb	Hinterradantrieb
Getriebe	5-Gang
Übersetzungen	I = 3,251
	II = 1,955
	III = 1,310
	IV = 1,000
	V = 0,753
	R = 3,180

Fahrwerk

Radaufhängung vorn	McPherson-Federbeine an Doppeldreieckslenkerachse, Stabilisator, Hilfsrahmen
Radaufhängung hinten	McPherson-Federbeine mit Dreiecks- und Querlenkern, Zugstreben, Hilfsrahmen, Stabilisator
Lenkung	Zahnstangenlenkung mit drehzahlabhängiger Servounterstützung
Bremse	Bremskraftverstärker und -regler, ABS, vorn und hinten innenbelüftete Scheibenbremsen

Allgemeine Daten

Gesamtmaße	4630 × 1745 × 1310 mm
Radstand	2595 mm
Spur vorne/hinten	1120/1120 mm
Felgen	7 JJ × 16
Reifen	225/50 VR 16
Gewicht	1540 kg
Zul. Gesamtgewicht	2070 kg
Höchstgeschwindigkeit	245 km/h
0 auf 100 km/h	6,3 s
Verbrauch l/100 km	11,3 l Super, bleifrei
Tankinhalt	70 l

MODELLE, VARIANTEN, PREISE

Modellreihen: Coupé 2+2

Motoren: 2954 cm^3 / 150 kW (204 PS) 16V bei 6000/min
2954 cm^3 / 173 kW (235 PS) 16V Turbo Kat bei 5600/min ab 9.87

Ausstattung: Fahrersitz mit elektr. verstellbarer Lenden- und Bandscheibenstütze, Tempomat, Außenspiegel elektrisch verstellbar und beheizbar. Scheinwerferwaschanlage, abnehmbares Dachmittelteil. Zentralverriegelung, elektr. Antenne, Radio-Cassettengerät.

Varianten: Supra 3,0i – 3,0i Turbo

Preise (DM): 49.200,– (3,0i)

Chronik:

1986: Europa-Premiere auf dem Genfer Salon im März, in Deutschland ab September. Ausschließlich mit herausnehmbarem Dachmittelteil lieferbar. Komplett ausgestattet, aber hoher Verbrauch. Kein Katalysator, nicht schadstoffarm.

1987: Modellreihe durch Einführung der Turbo-Modelle erweitert. ABS und geregelter Kat serienmäßig, Automatik auf Wunsch (2.800 DM). Preis DM 57.000,–.

1988: Ab September nur noch Turbo-Version im Programm. Optik: Breiter Steg verbindet Stoßfänger mit der Motorhaube, Kühlergrill zweigeteilt mit horizontalen Verstärkungen. Heckspoiler dreigeteilt und auf die Seitenteile übergreifend; Heckscheibenwischer in Ruhestellung senkrecht (vorher horizontal).

Gehörte in Deutschland zum serienmäßigen Lieferumfang: das herausnehmbare Dachmittelteil.

Toyta MR 2 (seit 1985)
Mister Two

Ein Vierteljahrhundert Tokio Motor Show – das mußte gefeiert werden. Besonders zahlreich erschienen die Gratulanten aus Toyota City. Neben einem Sortiment augenblicklich produzierter Serienmodelle – es dürften um die 50 gewesen sein – wurde auch ein ganzer Strauß aus Prototypen und Designstudien überreicht. Unter den elf stach besonders der SV–3 heraus: ein 3,92 m kurzer Zweisitzer mit flacher Schnauze und Klappscheinwerfern, der mit einem Mittelmotor ausgerüstet war.

Wuchtige C-Säulen und ein ausladender Heckspoiler machten den MR2 nicht zu einem Musterbeispiel an Übersichtlichkeit.

Toyota MR 2 (1985–1990)

Im Gegensatz zu dem futuristischen FX–1 (Biturbo, Sechszylinder 24V) oder dem allradgetriebenen TAC 3 ging der Flachmann SV–3 in Serie. Als MR 2 rollt er seit 1985 auf bundesdeutschen Straßen. MR 2 heißt »mid-ship engine, reardrive, two-seater«, und sagt nicht anderes, als daß es sich hier um einen hinterradgetriebenen Zweisitzer mit Mittelmotor handelte – Welcome, Mister Two.
Die Anordnung des Motors vor der Hinterachse war zwar nicht gerade neu – der Bertone-Fiat X 1/9 und der VW-Porsche 914 hatten sich daran versucht –, die japanische Interpretation des Themas gefiel durch ihre Perfektion. Die spielerische Leichtigkeit, mit der sich Toyotas vierrädriges Motorrad um die Kurven zirkeln ließ, bestätigte die Vorteile des Mittelmotor-Konzepts: die nahezu optimale Achslastverteilung – 45 Prozent auf der MR-Vorderachse und 55 Prozent hinten – und der niedrige Fahrzeugschwerpunkt. Die putzigen Koffertäschchen (70 Liter vorn, 142 Liter hinten), die schlechte Zugänglichkeit des Trieb-

Toyota MR 2 1985

Motor		**Fahrwerk**	
Zylinder / Bauart	4 Reihe, Mittelmotor, quer vor der Hinterachse	Radaufhängung vorn	McPherson-Federbeine mit Quer- und Stützlenkern, Querstabilisator
Bohrung × Hub	81×77 mm	Radaufhängung hinten	McPherson-Federbeine mit Quer- und Längslenkern, Stabilisator, Teleskopstoßdämpfer
Hubraum	1587 cm³		
Leistung	91 kW / 124 PS bei 6600/min		
Max. Drehmoment	142 Nm bei 5000/min	Lenkung	Zahnstangenlenkung, Sicherheitslenksäule
Verdichtung	10:1		
Gemischaufbereitung	elektronisch gesteuerte Kraftstoffeinspritzung (D-Jetronic)	Bremse	Bremskraftverstärker und -regler, vorn: innenbelüftete Scheibenbremsen, hinten: Scheibenbremsen
Ventile / Steuerung	4 / DOHC		
Batterie	12 V 40 Ah		
Kraftübertragung		**Allgemeine Daten**	
Antrieb	Hinterradantrieb	Gesamtmaße	3925×1665×1250 mm
Getriebe	5-Gang	Radstand	2320 mm
Übersetzungen	I = 3,166	Spur vorne/hinten	1440/1440 mm
	II = 1,904	Felgen	5,5 J×14
	III = 1,310	Reifen	185/60 R 14
	IV = 0,969	Gewicht	1030 kg
	V = 0,815	Zul. Gesamtgewicht	1260 kg
	R = 3,250	Höchstgeschwindigkeit	200 km/h
		0 auf 100 km/h	8,1 s
		Verbrauch l/100 km	7,5 l Super, bleifrei
		Tankinhalt	41 l

werks und die starke Wärmeentwicklung im Innenraum zählten zu den weniger angenehmen Seiten des enggeschnittenen Zweisitzers.
Mittschiffs ging der 91 kW-Sechzehnventiler des Corolla-Coupés rasant zur Sache. Damit ihn nicht beim Sprint von 0 auf 100 km/h in 8,1 Sekunden der Hitzetod ereile, schaltete sich bei Temperaturen ab 75 Grad ein Ventilator ein, der die heiße Luft ins Freie scheuchte. Den Kühler hatte man unter die vordere Haube gequetscht; die notwendigen Zuleitungen steckten im hohen Mitteltunnel, der überdies noch den nur 41 Liter fassenden Benzintank beherbergte.

MODELLE, VARIANTEN, PREISE

Modellreihen:	Mittelmotorcoupé
Motoren:	1587 cm³ / 91 kW (124 PS) 16V bei 6600/min 1587 cm³ / 85 kW (115 PS) 16V Kat bei 6600/min ab 11.86
Ausstattung:	Siebenfach verstellbarer Fahrersitz, getönte Scheiben, abnehmbares Glashubdach, zwei elektrisch verstellbare Außenspiegel, Zentralverriegelung. Tank- und beide Kofferraumklappen von innen zu öffnen. Lederummantelter Schaltknüppel, Econometer.
Varianten:	MR 2 – T-bar
Preise (DM):	28.990,– (MR 2)

MR2 als Targa ohne Mittelsteg, ein Umbau der Firma Schwan.

Chronik:

1983: Prototypen-Vorstellung auf der 25. Tokio Motor Show (12.10. bis 8.11.); Mittelmotor-Sportwagen mit herausnehmbaren Dachhälften (T-bar).

1985: Einführung in Deutschland Ende März. Drei Farben zur Wahl (weiß, rot, dunkelgrün/metallicbeige). Scheibenbremsen rundum, vorn innenbelüftet. Einzelner Lufteinlaß an der rechten Wagenflanke, verrippt. Keine Abgasentgiftung, kein T-bar, dafür Glashebedach.

Steuerfrei und Spaß dabei: MR2 1989, nur noch mit T-bar und geregeltem Katalysator lieferbar.

1986: Modelljahrgang '87: modifizierte Frontpartie (Stoßfänger und Frontspoiler in Wagenfarbe), geänderte Blende beim Lufteinlaß, anderes Felgendesign, Instrumente besser ablesbar, anderes Lenkrad. Zusätzliche Varianten mit geregeltem Katalysator (DM 33.680,–) und T-bar (DM 35.080,–, erst Mitte 1987 eingeführt).
1987: Zur IAA nur noch Katalysator-Versionen lieferbar.
1988: Seit Frühjahr nur noch als T-bar Kat, serienmäßig rot lackiert (schwarz gegen Aufpreis).
1990: Bis Mai 3.823 mal verkauft. Komplett neu entwickelter Nachfolger ab Juli in Deutschland.

Toyota MR 2 (seit 1990)

Unter den vielen Neuheiten der Tokio Motor Show im Oktober 1989 fiel er besonders auf: der neuentwickelte MR 2. In der Optik war nichts mehr von den Ecken und Kanten des Vorgängers zu entdecken. Mister Two schloß sich dem allgemeinen Designtrend an, der Windkanal modellierte weiche Linien und sanfte Rundungen. Solchermaßen von den charakteristischen Kanten befreit, wuchsen Radstand, Breite und Länge, Reifendimension und Preis. Die Sitznischen – wenngleich neu bestuhlt – vermittelten immer noch jenen behaglichen Höhlencharakter,

Auch die zweite Mittelmotor-Generation läßt sich mit wenigen Handgriffen in ein Beinahe-Cabrio verwandeln.

lediglich die Zahnbürsten hinter den Sitzen hatten etwas mehr Platz – sofern derselbe nicht von den herausgenommenen Dachhälften belegt war.
Das Mittelmotor-Konzept blieb auch in der Neuauflage erhalten, der 1,6 Liter-Sechzehnventiler dagegen wich einem Zweiliter-Vierzylinder mit Graugußblock, der 165 PS bei 6800 Touren entwickelte. Die noch stärkere Version mit Turboaufladung und

Toyota MR2 2.0 GT-i16 1990

Motor	
Zylinder / Bauart	4 Reihe, Mittelmotor, quer vor der Hinterachse
Bohrung×Hub	86,0×86,0 mm
Hubraum	1998 cm³
Leistung	115 kW / 156 PS bei 6600/min
Max. Drehmoment	186 Nm bei 4800/min
Verdichtung	10:1
Gemischaufbereitung	elektronische gesteuerte Kraftstoff-Einspritzung, D-EFI, Oxygensensor
Abgasreinigungssystem	geregelter 3-Wege-Katalysatoren mit Lambda-Sonde
Ventile / Steuerung	4 / DOHC
Batterie	12 V 60 Ah
Kraftübertragung	
Antrieb	Hinterradantrieb
Getriebe	5-Gang
Übersetzungen	I = 3,285
	II = 1,960
	III = 1,322
	IV = 1,028
	V = 0,820
	R = 3,153
Fahrwerk	
Radaufhängung vorn	McPherson-Federbeine. Zugstreben, Querstabilisator, Gasdruckstoßdämpfer
Radaufhängung hinten	McPherson-Federbeine, Quer- und Längslenker, Querstabilisator, Gasdruckstoßdämpfer
Lenkung	Zahnstangenlenkung
Bremse	Bremskraftregler an der Hinterachse, vorn und hinten innenbelüftete Scheibenbremsen, elektronisch gesteuertes ABS
Allgemeine Daten	
Gesamtmaße	4180×1700×1240 mm
Radstand	2400 mm
Spur vorne/hinten	1470/1450 mm
Felgen	vorn: 6 JJ×14
	hinten: 7 JJ×14
Reifen	vorn: 195/60 R 14
	hinten: 205/60 R 14
Gewicht	1190 kg
Zul. Gesamtgewicht	1515 kg
Höchstgeschwindigkeit	220 km/h
0 auf 100 km/h	7,9 s
Verbrauch l/100 km	8,1 l Super, bleifrei
Tankinhalt	55 l

einer Leistung von 225 PS gelangte nicht nach Deutschland – kein Schaden, wenn man den Tester-Erfahrungen Glauben schenken will: »Schlichtweg übermotorisiert«.

MODELLE, VARIANTEN, PREISE

Modellreihen:	Mittelmotorcoupé
Motoren:	1998 cm^3 / 115 kW (156 PS) 16V Kat bei 6600/min
Ausstattung:	Herausnehmbare Dachhälften, Lederlenkrad, Warnsummer für nicht abgeschaltetes Licht, regelbares Scheibenwischer-Intervall. Elektrische Fensterheber, Zentralverriegelung, Fernentriegelung Front-, Gepäckraum- und Motorhaube sowie Tankklappe. Dreiband-Radiocassettengerät mit sechs Lautsprechern und elektrischer Antenne. Abschließbares Fach hinter dem Beifahrersitz. Vierkanal-ABS.
Varianten:	MR 2 2,0 GT-i16
Preise:	44.400,–

Chronik:

1990: Komplett neues Fahrzeug, Europapremiere Genf. Lieferbar ab Juli. Karosserie um rund 25 cm länger und drei cm breiter, Zweiliter-Mittelmotor. Fahrwerk wie Vorgänger – breitere Spur –, Tankvolumen 55 Liter. 14-Zoll-Felgen, Reifen vorn 195/60 R 14 V und 205/60 R 14 V hinten; innenbelüftete Scheibenbremsen rundum. Kofferraumvolumen (VDA) 219 Liter.

MR2 2,0 GT-i16 1990: im Windkanal gerundet, mit leicht nach hinten ansteigender Gürtellinie und markanten Lufteinläßen.

Toyota Lexus LS 400 (seit 1990)
Ende der Fahnenstange?

Mit der Achtzylinder-Limousine Lexus LS 400 startete Toyota in einem Markt, der bislang als Domäne europäischer Nobelmarken galt.

Stück für Stück hatten sich die japanischen Hersteller den Automobilmarkt erobert, nur in der Oberklasse waren bislang alle Invasionsversuche fehlgeschlagen. Was an Image fehlt, kann auch Luxus nicht wettmachen. Also ging es zunächst darum, vom Ruch des Massenfabrikanten loszukommen. Honda hatte es vorexerziert: Der Legend wurde in Übersee ausschließlich als »Acura« verkauft und verbuchte phänomenale Erfolge, Nissan schuf die Luxusmarke »Infiniti« und Toyota konzipierte den »Lexus«.
Operation Lexus lief 1983 an. Eiji Toyoda, oberster Toyota-Feldherr, befahl noch nie Dagewesenes auf die Räder zu stellen: eine Luxuslimousine, die Maßstäbe setzten sollte. Zwei Dutzend Forschungs- und Produktplanungsstäbe legten die Marschrichtung fest, 1.400 Ingenieure, Designer und Marketingexperten sondierten das Gelände, und 2.300 Techniker errichteten die Stellung – der zweitgrößte Automobilhersteller

Toyota Lexus 1990

Motor	
Zylinder / Bauart	V8 Reihe
Bohrung × Hub	87,5 × 82,5 mm
Hubraum	3969 cm³
Leistung	180 kW / 245 PS bei 5400/min
Max. Drehmoment	350 Nm bei 4400/min
Verdichtung	10:1
Gemischaufbereitung	elektronische Mehrpunkt-Einspritzung L-EFI mit Schubabschaltung, Oxygensensor
Abgasreinigungssystem	zwei geregelte 3-Wege-Katalysatoren mit Lambda-Sonde
Ventile / Steuerung	4 / DOHC
Batterie	12 V 64 Ah
Kraftübertragung	
Antrieb	Hinterradantrieb
Getriebe	4-Gang-Automatik-Getriebe mit hydrodynamischem Drehmomentwandler und Überbrückung, ECTi-Steuerung und Programmwahl
Übersetzungen	I = 2,531
	II = 1,531
	III = 1,00
	IV = 0,753
	R = 1,880
Fahrwerk	
Radaufhängung vorn	McPherson-Federbeine, obere Dreiecksquerlenker, untere Querlenker, Schubstreben, Querstabilisator, Gasdruckdämpfer
Radaufhängung hinten	McPherson-Federbeine, obere Dreiecksquerlenker, untere Querlenker, Zugstreben, Querstabilisator
Lenkung	Zahnstangenlenkung mit degressiver Servounterstützung
Bremse	Bremskraftverstärker, elektronisches ABS mit Antriebsschlupf-Regulierung (TCR), vorn und hinten innenbelüftete Scheibenbremsen
Allgemeine Daten	
Gesamtmaße	4995 × 1820 × 1425 mm
Radstand	2815 mm
Spur vorne/hinten	1565/1555 mm
Felgen	6,5 JJ × 15
Reifen	205/65 ZR 15
Gewicht	1815 kg
Zul. Gesamtgewicht	2215 kg
Höchstgeschwindigkeit	240 km/h
0 auf 100 km/h	8,5 s
Verbrauch l/100 km	11 l Super, bleifrei
Tankinhalt	85 l

Ein ernstzunehmender Konkurrent in der Oberklasse? Zumindest in den USA bringt der Lexus die etablierte Konkurrenz ins Schwitzen.

der Welt hatte die europäische Oberklasse voll im Visier. Dabei hatte man wohl etwas zu fest auf den Feind gestarrt. Der Toyota im Lexus-Mäntelchen enttarnte sich als konservativ-elegante Mischung aus Siebener-BMW, Mercedes-S-Klasse und Audi V8.

Toyotas schwerstes Kaliber – fünf Meter lang, Radstand 2,8 Meter, Gewicht 1,7 Tonnen – beeindruckte nicht nur durch die stattlichen Ausmaße, auch die technischen Daten klangen vielversprechend: Vier Liter Hubraum, Beschleunigung von Null auf 100 in 8,5 Sekunden, Höchstgeschwindigkeit 240 km/h, Leistungsgewicht sieben Kilogramm pro PS. Herzstück der neuen Luxuslimousine bildete der Leichtmetall-V8-Motor, der 245 PS bei 5400 Touren leistete. Sein maximales Drehmoment von 350 Nm lag bei 4400/min. Damit der Treibsatz besser zündete, installierten die Samurai aus Toyota City Vierventil-Zylinderköpfe mit obenliegenden Nockenwellen – insgesamt vier an der Zahl – , die obligatorische Benzineinspritzanlage und ein computergesteuertes Motormanagement. Die Intelligenz aus dem Computer steuerte auch die neuentwickelte ECT-I-Getriebeautomatik, die während des Schaltvorganges Zündzeitpunkt, Motordrehmoment und hydraulischen Kupplungsdruck regulierte. Dieses Manöver diente dazu, besonders weiche Schaltvorgänge zu verwirklichen, die somit – nach Auskunft des Herstellers – »praktisch nur vom Tourenzähler« abgelesen werden konnten. Gleichfalls zum ersten Mal verwendete Toyota in seinem LS 400 eine Kombination aus Antischlupfregelung und Antiblockiersystem.

Trotz aller Hochrüstung: die europäischen Hersteller behaupteten nach einhelliger Tester-Meinung ihre Vormachtstellung auf fahrwerkstechnischem Gebiet. Ganz anders bei der serienmäßigen Ausstattung, dort erwies sich die neue Toyota-Garde unschlagbar. Vom zehnfach verstellbaren Fahrersitz bis zur Sitzheizung im Fond, von der automatischen Gurthöhenverstellung bis zur Pioneer-Hifi-Stereoanlage samt CD-Player und Wechsler (für die Schweiz) fehlte nichts, was auch verwöhnteste Ansprüche zufriedenstellen konnte.

Man nahm den neuen Gegner ernst: Mercedes-Benz verglich seine neue S-Klasse in internen Fahrversuchen nicht nur mit der europäischen Luxuswagen-Konkurrenz, auch zwei LS 400 begleiteten den Troß auf seinen Testfahrten.

MODELLE, VARIANTEN, PREISE

Modellreihen:	Viertürige Stufenheck-Limousine
Motoren:	3969 cm^3 / 180 kW (245 PS) 16V Kat bei 5400/min
Ausstattung:	Achtfach verstellbarer Fahrersitz, elektrisch einstellbar sind außerdem: Beifahrersitz (vierfach), Kopfstützen, Gurthöhe, Teleskoplenkrad mit Memory-Taste, Rückspiegel, Scheinwerferleuchtweite. Armlehne in der Mitte hinten mit 2 Getränkehaltern in Walnußholz gefaßt. Elektrische Fensterheber, Außenspiegel elektrisch verstell- und beheizbar, Zentralverriegelung. Klimaanlage mit Heizkanal für Fondpassagiere (nur Schweiz). Dreiband-Radio-Cassettengerät; Alarmanlage, Servolenkung, Leichtmetallfelgen, ABS, Antischlupfregelung.
Varianten:	Lexus LS 400
Preise (DM):	87.650,–

Chronik:

1990: Entwicklungsbeginn August 1983, 1989 in Japan Auto des Jahres, C_w-Wert von 0,29. Nach Eigenverständnis das »luxuriöseste und technisch höchstentwickelte Fahrzeug, das Toyota je hervorgebracht hat«.
Europa-Premiere auf dem Genfer Salon, unmittelbar danach Beginn der Auslieferung in der Schweiz. »Lexus« steht für neue Luxusmarke, Hersteller Toyota tritt nicht in Erscheinung. Enblem (Kreisoval mit bumerangförmigem Buchstaben »L«) eigens für Lexus entwikkelt. Extras: elektrisches Schiebe/Hubdach (DM 2.000,–) Lederausstattung mit Sitzheizung vorn und hinten DM 4.490,–. Memory-Schaltung für elektrische Sitzverstellung DM 1.780,–. Für die Schweiz (Grundpreis sFr. 78,900,–) zusätzlich noch lieferbar: elektrisches Fahrwerk (Luftfederung in Verbindung mit Niveauregulierung und Sport/Normaleinstellung) Fr. 3.500,– und Airbag (1.800,–).
Deutschlandstart im September, ausschließlich über rund 20 Exclusivhändler vertrieben.

Datsun 1600 1972

Motor

Zylinder / Bauart	4 Reihe
Bohrung × Hub	83×73,3 mm
Hubraum	1595 cm^3
Leistung	59 kW / 80 PS bei 5600/min
Max. Drehmoment	133 Nm bei 4000/min
Verdichtung	8,5:1
Gemischaufbereitung	1 Fallstrom-Doppelvergaser Hitachi
Ventile / Steuerung	2 / OHC
Batterie	12 V 60 Ah

Kraftübertragung

Antrieb	Hinterradantrieb
Getriebe	4-Gang
Übersetzungen	I = 3,382
	II = 2,013
	III = 1,312
	IV = 1,0
	R = 3,364

Fahrwerk

Radaufhängung vorn	Einzelradaufhängung an Querlenkern, Federbeine, Stabilisator, Teleskopstoßdämpfer
Radaufhängung hinten	Einzelradaufhängung an Schräglenkern und Schraubenfedern, Teleskopstoßdämpfer
Lenkung	Kugelumlauflenkung
Bremse	Bremskraftverstärker, vorn: Scheibenbremsen; hinten: Trommelbremsen

Allgemeine Daten

Gesamtmaße	4120×1560×1410 mm
Radstand	2420 mm
Spur vorne/hinten	1290/1290 mm
Felgen	4 J×13
Reifen	165 SR 13
Gewicht	993 kg
Zul. Gesamtgewicht	1415 kg
Höchstgeschwindigkeit	162,2 km/h
0 auf 100 km/h	13,5 s
Verbrauch l/100 km	10,3 l Super
Tankinhalt	46 l

Bluebird 1,8 GL 1980

Motor

Zylinder / Bauart	4 Reihe
Bohrung × Hub	85×78 mm
Hubraum	1770 cm^3
Leistung	65 kW / 88 PS bei 5750/min
Max. Drehmoment	139 Nm bei 3500/min
Verdichtung	8,5:1
Gemischaufbereitung	1 Fallstrom-Registervergaser Hitachi
Ventile / Steuerung	2 / OHC
Batterie	12 V 60 Ah

Kraftübertragung

Antrieb	Hinterradantrieb
Getriebe	5-Gang
Übersetzungen	I = 3,321
	II = 2,077
	III = 1,308
	IV = 1,00
	V = 0,833
	R = 3,900

Fahrwerk

Radaufhängung vorn	McPherson-Federbeine, Zugstreben, Stabilisator
Radaufhängung hinten	Einzelradaufhängung mit Schräglenkern und Schraubenfedern
Lenkung	Zahnstangenlenkung
Bremse	Bremskraftregler, vorn: innenbelüftete Scheibenbremsen; hinten: Trommelbremsen

Allgemeine Daten

Gesamtmaße	4350×1655×1400 mm
Radstand	2525 mm
Spur vorne/hinten	1380/1345 mm
Felgen	5 J×14
Reifen	185/70 SR 14
Gewicht	1130 kg
Zul. Gesamtgewicht	1580 kg
Höchstgeschwindigkeit	169 km/h
0 auf 100 km/h	13,2 s
Verbrauch l/100 km	11,6 l Normal
Tankinhalt	62 l

Bluebird Grand Prix 16 V Schrägheck Kat 1989

Motor

Zylinder / Bauart	4 Reihe, quer eingebaut
Bohrung × Hub	83 × 83,6 mm
Hubraum	1794 cm^3
Leistung	95 kW / 129 PS bei 6400/min
Max. Drehmoment	153 Nm bei 5200/min
Verdichtung	9,5 : 1
Gemischaufbereitung	elektronische Benzineinspritzung LH-Jetronic, Schubabschaltung
Abgasreinigungssystem	geregelter 3-Wege-Katalysator mit Lambdasonde
Ventile / Steuerung	4 / DOHC, Ventilsteuerzeiten-Kontrollsystem
Batterie	12 V 60 Ah

Kraftübertragung

Antrieb	Vorderradantrieb, Sperrdifferential (Visco-Kupplung)
Getriebe	5-Gang
Übersetzungen	I = 3,40
	II = 1,95
	III = 1,27
	IV = 0,95
	V = 0,80
	R = 3,43

Fahrwerk

Radaufhängung vorn	Einzelradaufhängung mit McPherson-Federbeinen, Querlenkern und Stabilisator
Radaufhängung hinten	Einzelradaufhängung mit Federbeinen, Querlenker, Längslenker und Stabilisator
Lenkung	Zahnstangenlenkung mit drehzahlabhängiger Servounterstützung
Bremse	Bremskraftverstärker und -regler, vorn: innenbelüftete Scheibenbremsen; hinten: Scheibenbremsen

Allgemeine Daten

Gesamtmaße	4410 × 1705 × 1395 mm
Radstand	2550 mm
Spur vorne/hinten	1460/1460 mm
Felgen	6 JJ × 15
Reifen	195/60 R 15 H
Gewicht	1270 kg
Zul. Gesamtgewicht	1760 kg
Höchstgeschwindigkeit	196 km/h
0 auf 100 km/h	9,9 s
Verbrauch l/100 km	9,4 l Super, bleifrei
Tankinhalt	60 l

Nissan Primera Limousine 2,0 SLX 1990

Motor

Zylinder / Bauart	4 Reihe, quer eingebaut
Bohrung × Hub	86,0 × 86,0 mm
Hubraum	1998 cm^3
Leistung	85 kW / 115 PS bei 6000/min
Max. Drehmoment	166 Nm bei 4000/min
Verdichtung	9,5 : 1
Gemischaufbereitung	elektronisch geregelte Zentraleinspritzung, Schubabschaltung
Abgasreinigungssystem	geregelter 3-Wege-Katalysator mit Lambdasonde
Ventile / Steuerung	4 / DOHC, elektronisches Motorsteuerungssystem ECCS
Batterie	12 V 48 Ah

Kraftübertragung

Antrieb	Vorderradantrieb
Getriebe	5-Gang
Übersetzungen	I = 3,060
	II = 1,830
	III = 1,210
	IV = 0,930
	V = 0,730
	R = 3,15

Fahrwerk

Radaufhängung vorn	Einzelradaufhängung mit McPherson-Federbeinen, Querlenkern, und Stabilisator
Radaufhängung hinten	Einzelradaufhängung mit Federbeinen, Doppelquerlenker, Längslenker und Stabilisator
Lenkung	Zahnstangenlenkung mit drehzahlabhängiger Servounterstützung
Bremse	Bremskraftverstärker und -regler, vorn: innenbelüftete Scheibenbremsen; hinten: Scheibenbremsen

Allgemeine Daten

Gesamtmaße	4400 × 1700 × 1390 mm
Radstand	2550 mm
Spur vorne/hinten	1470/1460 mm
Felgen	5,5 JJ × 14
Reifen	185/65 R 14 H
Gewicht	1226 kg
Zul. Gesamtgewicht	1665 kg
Höchstgeschwindigkeit	201 km/h
0 auf 100 km/h	9,8 s
Verbrauch l/100 km	11,0 l Super, bleifrei
Tankinhalt	60 l

Literaturverzeichnis

Zeitschriften und Periodika:

auto revue, Wien. Jahrgänge 1988, 1989, 1990.
Auto-Jahr 28, Genf 1980.
auto-katalog, Stuttgart. Jahrbände 1965 – 1990.
auto, motor und sport, Stuttgart. Verschiedene Jahrgänge seit 1967.
autodata – Verzeichnis von Modelländerungen und Typenmerkmalen, Pfäffikon. Jahrgänge 1977, 1985, 1988, 1989.
hobby, das Magazin der Technik, Stuttgart. Heft 5/1955.
Katalog der Automobilrevue, Bern. Jahrbände 1965 – 1990.
mot, die Autozeitung, Stuttgart. Verschiedene Jahrgänge seit 1970.
motor-Rundschau, Frankfurt. Heft 20/1965.
sportauto, Stuttgart. Verschiedene Jahrgänge seit 1975.
Quick, München. Heft 41/1963.

Buchveröffentlichungen:

Blum/Follath: Nippon – Der neue »Superstaat« Japan. Stuttgart, 1984.
Buhlmann/Klein, 30 Jahre Rallyesport. Wiehl, 1988/89.
Honda, Soichiro: Honda über Honda. Stuttgart, 1980.
Mazda – Meine Marke. Nürnberg, ohne Jahresangabe.
Meyer-Larsen, Werner: Auto-Großmacht Japan. Hamburg, 1980.
Reichert/Kirchberger: Mitsubishi – High Tech im Zeichen der drei Diamanten. München, 1989.
Ruiz, Marco: The complete History of the Japanese Car. Sparkford, 1988.
Yamaguchi/Thompson: Mazda MX–5 – Die Wiedergeburt des klassischen Roadsters. Stuttgart, 1990.

Verkaufsprospekte und Presseunterlagen der Hersteller.